能源工程管理
第二版

栗继祖　吴玉程　等　著

科学出版社

北京

内 容 简 介

本书在能源革命、能源资源及能源工程管理现状分析基础上，对能源工程管理进行系统介绍。从技术的创新应用势必会引起能源产业创新生态系统的变革，进而引发产业生产生态系统及应用生态系统变动的视角，分析能源工程在推动产业及经济社会发展方面的作用。从开发、储存和利用角度对能源领域的工程技术进行系统分析。围绕能源工程面临的新问题，从能源工程和技术创新角度，分析了新能源带来的机遇与挑战，阐述了能源工程管理的基本要求，以及对提高能源开发、转化、利用效率的价值和对推动节能减排、环境保护、可持续等社会经济发展的引领作用。

本书理论结合实际，适用性强，既可作为高等院校能源动力类、管理类、环境工程类专业本科生的参考书，也适合从事能源生产、能源转换和利用及能源管理、能源经济技术分析等能源工程领域的技术人员及管理培训人员参考。

图书在版编目（CIP）数据

能源工程管理/栗继祖等著. —2 版. —北京：科学出版社，2024.1
ISBN 978-7-03-076600-7

Ⅰ. ①能… Ⅱ. ①栗… Ⅲ. ①能源-工程管理 Ⅳ. ①TK01

中国国家版本馆 CIP 数据核字（2023）第 191461 号

责任编辑：吴凡洁　冯晓利 / 责任校对：王萌萌
责任印制：吴兆东 / 封面设计：赫　健

科 学 出 版 社 出版
北京东黄城根北街 16 号
邮政编码：100717
http://www.sciencep.com
北京中科印刷有限公司印刷
科学出版社发行　各地新华书店经销
*
2024 年 1 月第 一 版　开本：787×1092　1/16
2024 年 6 月第二次印刷　印张：18 1/4
字数：431 000
定价：198.00 元
（如有印装质量问题，我社负责调换）

前言

世界能源经历了煤炭代替薪柴、油气代替煤炭两次重大变革，当前，以清洁化、低碳化、智能化为核心的能源科技革命已经呈现，碳中和已经成为国际社会的普遍共识和共同行动。在此背景下，不同技术领域的交叉融合是引发能源科技革命的关键因素，成为各国抢占能源科技制高点的主要手段。能源工程是指将科学技术和相关知识应用到能源领域，使物质通过开发、转化、利用，满足人类和社会发展需求。从能源工程科技发展现状和趋势来看，未来重点是多领域深度交叉融合，其中包括能源工程与信息、材料、生物、社会科学等的交叉融合。在能源工程与信息领域，能源工程科技与网络技术、传感技术和大数据方法等信息技术的融合，催生了智慧能源网络和智慧建造。能源工程与材料领域，在解决能源存储、能源转化、能源增效和环境检测及修复方面具有独特作用。能源工程与生物领域，可以模拟植物光合作用提高太阳能转化效率，利用生物技术治理大气污染等。能源工程与社科领域，可以为能源工程科技重大成果的落实提供制度、机制、政策、金融和商业模式等方面的支持。

能源工程快速发展有力支撑着我国经济高速增长。1978～2019 年，中国 GDP 总量增加了 37.8 倍（2010 年不变价美元），占世界经济的比重由 1.8%上升到近 16.5%。1978 年能源生产量为 6.3 亿 t 标准煤，2019 年达到 39.7 亿 t 标准煤，增长了 5.3 倍。2019 年我国能源消费总量达到 48.7 亿 t 标准煤，比 1978 年增长 7.5 倍，位居世界第一。煤炭、石油、天然气消费量分别是 1978 年的 6.5 倍、7.2 倍和 22.1 倍；电力消费达到 7.2 万亿 kW·h，位居世界第一，是 1978 年的 28.8 倍。与世界主要国家煤电相比，在不考虑负荷因素影响下，我国煤电效率与日本基本持平，总体上优于德国、美国，供电煤耗、单位发电的烟尘排放量、二氧化硫排放量和氮氧化物排放量均处于世界领先水平。在这一过程中，我国能源工程技术水平得到大幅提升，尤其是近年来，随着我国能源产业快速发展，能源工程科技创新能力不断增强，在部分领域已建立了具有国际竞争力的能源工程装备技术产业，部分能源工程技术甚至达到了世界领先水平，有力保障了国家能源安全和能源结构优化。总体上来看，我国能源工程技术走了一条从跟跑、并跑到部分领域领跑之路，是我国科技创新驱动发展的重要组成部分。

从我国能源发展现状及趋势来看，我国能源结构正持续优化。2019 年我国能源生产总量 39.7 亿 t 标准煤，能源消费总量 48.6 亿 t 标准煤。据中国工程院研究，预计 2035 年我国能源生产总量 47 亿 t 标准煤，消费总量 57 亿 t 标准煤，化石能源占能源消费总量将从 2018 年的 85.6%下降到 2035 年的 77%。随之而来，我国能源工程发展面临诸多挑战，主要体现在：能源工程结构不合理，高能耗工程占比较高；能源工程科技对外依存度高，工程安全存在重大隐患；能源工程生态环境保护和碳排放问题突出。近几年，我国多个大型能源工程项目相继投产，但是存在结构分散、项目雷同、招投标过程同质化低价竞争严重、技术创新能力不足、高端领域替代进口缓慢等问题。

能源工程管理是一门适用于能源工业企业的管理科学，是一项全方位、全过程的系统性工作，将贯穿能源工程的各个阶段，实现各阶段内部及整体高效的管理，才能实现能源工程管理的目标。狭义的能源工程管理是指能源技术经济研究，即在能源工程中，从多个能源技术参数方案中寻找出一个技术上可行、经济上节约和合理的技术方案。广义的能源工程管理中，能源技术方面的研究不仅包括能源技术经济研究，还包括对能源技术推动能源产业发展的路径和机制、能源产业发展规律的研究，以及能源工程项目管理和能源产业管理。

在能源技术变革过程中，本书从管理理论、模式、政策建议等方面对现存的管理环境提出独特观点。特别是本书针对能源发展的经济性、环境友好性、可持续发展等要求，解决能源产业现存问题，创新管理模式和方法，从全新的角度为能源革命提供理论和政策支持，对新管理理论下能源产业如何促进区域和社会经济的发展等进行了系统阐述，提出通过推进能源工程领域技术革命，逐步实现我国能源工程战略转型，适应开放条件下的能源资源可供给、经济可承受、科技可支撑、发展可持续，构建新时代能源工程新体系。

作者先后参加刘吉臻院士、干勇院士和谢克昌院士主持的中国工程院关于能源发展及能源材料方面的战略咨询项目，承担能源及能源材料领域的国家自然科学基金和委托课题等，在能源发展及工程管理方面取得相关研究成果。本书由太原理工大学栗继祖教授、合肥工业大学吴玉程教授负责书稿大纲撰写及书稿审阅工作。各章节具体分工如下：第 1 章由合肥工业大学吴玉程教授撰写，第 2 章由太原理工大学李江鑫博士撰写，第 3 章由太原理工大学付轼辉副教授撰写，第 4 章由太原理工大学李立功讲师撰写，第 5 章由合肥工业大学吴玉程教授撰写，第 6 章由太原理工大学靳杰副教授撰写，第 7 章由太原理工大学米捷副教授撰写，第 8 章由太原理工大学栗继祖教授、申雄博士撰写，第 9 章由太原理工大学苏民副教授撰写，第 10 章由太原理工大学张锦副教授撰写。

作者期望本书的出版能为我国能源工程管理教学与科研、技术管理的发展提供参考，由于水平有限，敬请大家批评指正。

栗继祖　吴玉程

2021 年 1 月于太原

目录

第 1 章

全球能源趋势

1.1 能源发展趋势

能源是国家工业发展的物质基础，是国民经济发展的命脉。能源问题不仅涉及全球经济持续发展和金融稳定，还涉及国家之间外交对话、全球和平安全和生态环境等问题。随着工业生产的规模化，过度地开发和使用化石燃料使得地球大气中的二氧化碳排放量逐年增加，能源短缺和环境污染日益严重。减少化石能源消耗、提升清洁能源占比、促进新能源发展、引导能源消耗和供给改革等已成为当今能源革命的核心内容。

1.1.1 国际趋势

当今世界，人类社会发展迅速，工业、农业、第三产业和高科技产业都处于百年未有之大变局中。社会的进步发展不但提高了人们的生活水平质量，而且对能源的需求和消费也在大幅增加，从汽车内燃机到家用电器，无不需要能源来运转。中国的 GDP 正以每年 10%的速度增长，能源消费也随之快速增长。

1. 能源转换阶段

在能源发展史上，人类对能源的利用发生了两次重大转变(安琪，2020)(图 1-1)：第一次，木柴走下能源需求神坛，煤炭取而代之成为主要能源需求类型；第二次，石油取代煤炭占据全球能源消费的主要地位；在当今世界，虽然石油在全球能源消费结构中的首要地位依然不可取代，但是在绿色经济发展背景下，石油资源占比逐渐减少，能源结构向着多层次过渡。

早在 18 世纪，人类还局限于直接利用风能、水力、动物能、木柴等自然能源，这些能源在世界一次能源消费结构中占有第一的位置。然而，随着蒸汽机的成功发明，西方世界和 18 世纪的工业革命开始高速发展，煤炭在全球能源消费比例中的占比上升。在 19 世纪后期，人类历史上发生了第一次能源转换。1860 年煤炭使用量占世界一次能源消费结构比重为 24%，到 1920 年上升为 62%，较 1860 年增长 1.58 倍，开启了"煤炭时代"。20 世纪下半叶，随着电力的迅速发展，蒸汽机被逐步取代，煤炭消耗也逐步下降。1965 年，在世界能源结构中，石油取代煤炭成为能源使用主要形式，"石油时代"随之到来。1979 年，在世界能源消费占比中，石油占 54%，成为世界第二次能源转换的象征。

随着世界经济的不断扩张，能源消费持续增长，年均增长率约为 1.8%。世界能源消费结构不断趋向优化，其中油煤占比下降，天然气占比不断提高。石油占世界能源使用量的比例最高，但它也面临着逐渐枯竭的问题。核能、风能、地热等能源不断革新，正在形成可再生能源与化石能源并立的能源格局。因此，新能源的发展和向多元能源结构的转变是当今人类的必然。

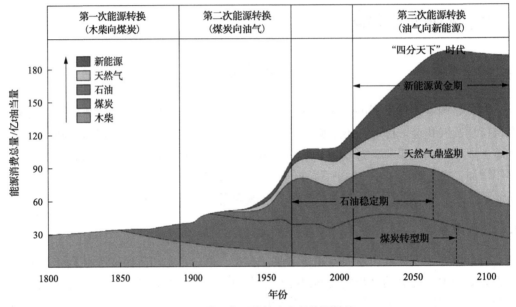

图 1-1　世界能源结构中主导能源转换

2. 发展趋势

经济发展判断是能源预测的基础。中东石油危机导致石油价格高涨，使一些能源消耗国意识到必须要发展成熟的能源消耗预测。每年，国际能源组织、主要石油公司和能源咨询机构都根据各自的预测模型系统发布几十个全球能源前景，并根据全球经济趋势分析长期世界能源趋势。如今，在全球能源模式过渡的"十字路口"，能源前景的准确预测更有助于把握未来能源发展的趋势。

1) 能源需求增长放慢步幅

未来 20 年全球人口增长率将明显放缓，经济增长小幅下滑将成为经济社会发展的主要趋势。到 2040 年，世界经济将达到 100 万亿至 130 万亿美元，人口将达到 90 亿左右（安琪，2020）。然而，未来的能源需求增长和经济增长率并不完全相同。预计到 2040 年，世界能源需求的增长预估值在 25%到 35%之间，以及按照中国石油经济研究所发布的"2050 年世界和中国能源前景"，未来 30 年的能源增长将远低于同期，全球增长率将占 36%。不同国家能源需求的增长具有波动，几个机构预测未来世界能源的需求增长主要依靠印度和中国一些新兴经济体。作为最大的能源消费国，中国的能源需求仍在增长，但增长率将在未来 30 年内放缓，这是由于工业转型产业升级对能源的需求与消费将会不断下调。中国石油经济技术研究院(ETRI)也预测到 2035 年之后，中国能源需求将逐渐下降，稳定消费世界上占比 23%的能源，那时的单位能耗比 2015 年将下降 54%，相反地，另外的发展中国家将是世界能源增长的主要贡献国家。国际能源署(IEA)预测，到 2040 年，印度将是全球能源需求增长最快的国家，比例约为 30%，还有东南亚也会对全球能源需求增长做出巨大贡献，预计其能源需求增速是目前中国的两倍(安琪，2020)。OPEC 认为到 2040 年，印度将超越中国成为世界上最大的能源消费者，但这种变化主要是因为中国的能源需求预期被下调，而不是印度的能源需求前景更加乐观。

IEA 指出，2020 年以来，疫情给能源经济带来了重大不确定性，如果疫情持续蔓延，得不到有效抑制，那么世界经济整体水平预计在 2023 年才能恢复到 2019 年的基本水平，能源方面受此影响更大，恢复更为迟缓，预计在 2025 年恢复到疫情暴发前的水平。受经济放缓影响，全球不同种类能源需求均有所下降，石油下降了 8%，煤炭降低了 7%，天然气下降了 3%，电能下降了 2%，使得全球能源领域碳排放量直接降至十年前排量，即 2.4Gt[①] (戴家权和霍丽君，2021)。

2)化石能源仍是世界能源主导形式

2018 年 IEA 预测，即使在 2040 年可持续发展目标愿景基础上，化石能源仍将是一次主要能源来源。在石油需求方面，各机构预测其将在《巴黎协定》情景基础上呈整体下降趋势，如表 1-1 所示。ETRI 还认为 2035 年后，世界石油需求将基本停滞不前，增长主要来自非经合组织国家。

表 1-1 化石能源消费在《巴黎协定》理想愿景下的预测值

化石能源	2019 年	2030 年	2040 年	2050 年
原油/(百万 bbl/d)	98	60	41	22
天然气/万亿 m³	3.9	4.0	3.4	2.3
煤炭/亿 t 标准煤	54	32	20	7
降幅/%		−20	−40	−64

注：1bbl=159L。

为应对新冠疫情导致的石油需求急剧萎缩，OPEC 于 2020 年 4 月 12 日实现了历史上最大的减产，最初减产幅度高达 970 万 bbl。由表 1-2(戴家权和霍丽君，2021)可以看出，OPEC+的月度生产政策机制，加上沙特阿拉伯在 2～4 月份日产量减产 100 万 bbl，进一步显著提振了石油市场。美国恢复对伊朗的制裁后，中国的石油进口量大幅减少，解除制裁后中国的进口预计将大幅增长。特别是在 2021 年 3 月 27 日中伊签署为期 25 年全面合作协议，预计中国对伊朗原油进口将大幅增长。

---

① 1Gt=10 亿 t。

表 1-2 OPEC+实际减产规模

时间	实际减产规模/(万 bbl/d)
2020 年 5~7 月	970(沙特阿拉伯、阿联酋、科威特自愿在 6 月份合计额外减产 118 万 bbl/d)
2020 年 8~12 月	770
2021 年 1 月	720
2021 年 2 月	812.5(含沙特阿拉伯额外减产 100 万 bbl/d)
2021 年 3 月	805(含沙特阿拉伯额外减产 100 万 bbl/d)
2021 年 4 月	790(含沙特阿拉伯额外减产 100 万 bbl/d)
2021 年 5 月	730(含沙特阿拉伯额外减产 75 万 bbl/d)
2021 年 6 月	660(含沙特阿拉伯额外减产 40 万 bbl/d)
2021 年 7 月	576

注：最初计划为 2020 年 5~6 月减产 970 万 bbl/d，7~12 月减产 770 万 bbl/d，2021 年 1~4 月减产 580 万 bbl/d。

石油非燃烧利用已成为需求的主要来源，包括化学产品，这些用品的原料是由润滑剂、沥青等制成。到 2030 年，石化行业将占石油需求的 34%以上，2050 年将超越卡车、航空和航运行业(周问雪，2018)，达到近 50%。

天然气是能源发展前景中一直关注的焦点。近年来全球范围内天然气行业的发展又呈现上升趋势。2017 年全球天然气消费量呈现增长趋势，其较同期增长了 2.2%(表 1-3)，表明其消费市场迅速打开。对于亚洲地区而言，这是十年来的最高增速，对于欧洲地区而言，也首次转变为增长趋势。此外，随着天然气发电的逐步实现，预计其他地区的天然气需将持续上升。在未来几年内，世界天然气的供应需求和贸易将保持强劲的增长势头。区域供应不平衡将越来越明显：一是新兴的国家将继续成为天然气市场发展的主要推动力。如北美和亚洲及大洋洲等地区，其作为天然气的主要生产地和消耗地，市场选择

表 1-3 世界各地区天然气需求表   (单位：10 亿 m³)

地区	2015 年	2017 年	2019 年	平均增速/%
经合组织美洲	923	955	968	0.8
经合组织亚洲-大洋洲	237	248	256	1.9
经合组织欧洲	486	498	504	0.0
非洲	132	145	159	5.0
非经合组织亚洲(除中国)	310	335	357	3.9
中国	213	263	315	11.3
非经合组织欧洲	675	676	681	0.0
拉丁美洲	171	186	204	3.8
中东	456	495	535	3.9
总计	3602	3800	3980	2.2

将更加突出。二是对于独联体和欧洲的天然气市场发展将会受到限制，主要受到其国内市场和出口市场双重萧条的影响。三是地区间天然气价格差距将持续存在，但由于全球供应充足，替代能源竞争加剧，未来30年其价格差距将缩小，天然气在各个领域的应用将得以蓬勃发展，居民、商业、工业和运输将增长更快，发电需求空间广阔(秦园等，2015；罗佐县等，2019；高慧等，2020；李洪言等，2020)。

IEA在2018年发布的《世界能源展望》中指出，过去十年，电力部门对天然气的使用量增加了50%，但未来十年工业部门将占天然气消费增长的40%，成为电力部门之外天然气需求的主要推动力。英国石油公司(BP)认为，天然气的需求迅速增长，尤其在工业领域应用增长的主要原因是天然气供应的低成本和液化天然气贸易合作的扩大化。

3) 可再生能源前景看好

对于可再生资源而言，水电经历的发展历史最长，受资源分配空间的限制，水电开发对周边生态环境会产生一定程度的影响。因此，水能满足不了电力系统向大规模高比例新能源转变的要求。光伏和风电经过20多年发展，每千瓦时的发电成本接近化石能源发电成本，市场竞争优势逐步显现。此外，一些可替代原油的清洁燃料，像生物质燃料如乙醇、甲烷等这类易燃清洁燃料，未来可在航空等重要交通领域大规模应用发挥其重要作用。

国际可再生能源机构(International Renewable Energy Agency，IRENA)指出，未来两年，在发电技术不断革新基础上，使用可再生能源(生物质能、水力发电等)发电的成本将与使用化石燃料发电的成本相当，有助于推动可再生能源发电进入全球能源结构。2010年锂离子电池价格的下降是进入电池新能源时代的重要标志(张世国，2021)。根据麦肯锡发布的《2021年全球能源展望》预测，在能源领域，至2036年，全球一半的电力或都将来自可再生能源，而这主要是由电池实现的。公用事业在使用能源过程中，煤炭的使用将会逐渐减少，天然气和可再生能源使用率逐步提高。由此，可再生能源的前景应用被持续看好，是未来应用需求增长最快的能源。

IEA发布的《2020年中国可再生能源展望报告》指出，中国非化石能源比重未来会持续高速增长，到2050年，中国非化石能源比重将提升至78%。可再生能源的加速发展，不仅需要从电力、交通及供热等全领域展开，更需要是政策的支持和对技术开发的重视(张世国，2021)。2020年，全球有超过130个国家和地区都纷纷宣布或出台相关草案，提出在2045~2060年实现碳中和目标，其中包括欧盟、瑞典、加拿大、日本、韩国及中国。为实现这一目标，日韩均在2020年启动了发展海上风电的新能源发展新措施，以风电、光伏为代表的新能源产业的国际投资与合作已成为实现全球碳中和核心目标的核心手段。

4) 能源结构正在深度调整

世界一次能源消费结构正在朝着清洁、低碳方向发展。2040年，全球除煤炭以外的燃料消费量正在上升，石油和天然气将占55%。在BP近三年的预测中，风能和太阳能到2035年增速将达到150%，石油和天然气的消费需求占主导地位依旧保持不变。此外，世界范围内的生产和消费也出现一定程度的转移，生产逐渐向西移，消费则逐渐东移。

原油价格的决定权不仅仅掌握在石油输出国的手中，同样地，天然气的贸易规则也发生了重要变化。世界能源结构正在逐步发生深度调整和变化。

能源消费的增长速度放缓，其中工业和建筑领域是全球能源需求消费增长最快的行业。有预测表明，全球工业部门方面的能源需求将在 2040 年到顶峰后保持稳定，成为全球能源主要消费部门。天然气可以满足未来全球工业部门的能源需求。IEA 表示，电力在世界所有能源终端中具有重要的地位，在 2040 年占最终能源消耗增长的四成，同时在过去 25 年的能源消费增长中占有一定比例。相比目前水平，到 2050 年，化石能源消耗的总量将低于目前的 2/3，2050 年后原有的煤炭消费下降很快。天然气需求将在 2025 年达到峰值，并会成为需求最大的化石能源，但产量仍降低 40%以上（邱丽静，2017；张所续和马伯永，2019）。

ETRI 在其能源展望指出，中国的能源消费已进入新老动能转换期。不久的将来，中国工业化进入尾声，城市化进程稳步推进，能源需求重点将逐渐转为国内能源。工业能源占最终能源比例会下降，交通和建筑能源将稳步提高。中国工业部门在 2025 年将达到顶峰。到 2050 年，终端能源消费结构中，煤炭将大幅降低至 17%，天然气将上升到 15%，石油仍将在 20%左右。结构性变化的部分原因是工业部门以天然气为基础的煤炭和动力煤的加速发展，部分是由于家庭电气化迅速增加。

1.1.2 国内趋势

在现今世界经济发展格局中，发展中国家正在逐步向工业化阶段迈进，使得其能源消费成为影响世界经济的重要因素。现阶段，虽然中国的发展取得了一定成果，但仍是发展中国家，因此，坚持发展可持续的绿色经济是必由之路。改革开放以来，作为世界上发展最为迅速的发展中国家，中国在社会经济发展、科学技术革新、基础设施建设、人文教育等方面均取得了傲人的成就，开辟了中国特色社会主义道路，为全世界的经济发展和社会文明繁荣做出了巨大的贡献。

1. 中国能源概况

目前，我国是世界上最大的发展中国家，在能源需求和消费方面名列前茅。作为能源生产国，我国拥有种类丰富的能源资产，但能源资源分布十分不均。煤炭资源在化石能源中占据主要地位，但由于地质问题，煤炭大都采取井工方式进行采掘，开发难度较大。同时，我国人口基数大，能源总量虽大，但人均占有量仍比世界平均水平低出不少。因此，只有持续增长的能源供应，才能支撑我国社会经济持续高效发展。同时，由于能源消费的飞速增长，世界能源市场获得了巨大的发展空间，作为世界能源市场最重要的组成部分，我国在维护世界能源安全和发展方面做出了巨大的努力与贡献。

当前世界的社会政治、经济发展格局正在进行着深刻调整，随之而来的便是能源的供求关系正在迅速发生变化。在这种时代背景下，我国能源发展也面临着一系列新问题、新挑战和新机遇。由于全球能源资源产量控制以及生态环境问题的逐步显现，调整能源产业结构、提高能源利用效率、保障能源转换利用安全的压力进一步加大。而可再生能源进一步发展、非常规油气勘探和深海油气能源等技术创新方面的不断突破，加上广泛的国际能源合作，为我国能源产业发展进步创造了新的机遇。

坚持国内基本政策和对外开放是中国能源发展利用的基本国策。中国政府将大力推动现代化能源产业发展，加快推动可再生能源市场化应用技术攻关，进一步深化自然环境保护政策，促进经济可持续发展能力的快速提升，为世界经济发展、人类文明进步和社会繁荣做出更大贡献。能源充足供给和能源资源安全与我国经济现代化建设息息相关。21世纪以来，中国在能源发展上取得了显著的成就，稳步提高了能源供给能力，不断优化完善了能源结构，不断提高节能减排成效，在科学技术研究上迈出新步伐，深入进行国际合作并获得了丰硕成果，最大的能源供应体系在我国成功建设完成，为经济建设提供物质基础。

2. 中国能源变革

在当前世界格局随时将发生变化的背景下，中国面临着世界能源战略和国际关系的挑战。因此，根据我国国情，全面分析能源资源特点、国家经济发展特点、能源储备、能源消费效率、未来能源需求预测发展和环境问题等因素，可以缓解能源危机造成的各种问题。同时，根据我国能源发展战略和世界其他国家发展特点，调整能源发展规划，积极开拓国外能源消费市场；研究节能消费新技术，提高能效，支持和落实节能政策，加强新能源开发利用，增强能源创新能力。

1) 大力推进能源革命

2016年，国家发改委、国家能源局印发的《能源生产和消费革命战略(2016—2030)》提出了"四个革命、一个合作"战略任务。随着全球化进程的不断深入，从全球能源发展高度审视我国能源生产和消费革命战略，有助于推动能源转型，促进经济社会发展和生态环境保护。

到2030年，中国能源消费增长将继续放缓，中国也将大力推进循环模式发展和绿色环保能源体系建设，努力达到碳峰值目标，为2060年实现碳中和做好战略铺垫。清洁能源主要包含一次能源中的风能、水能、太阳能、核能等非化石能源，以及化石能源中的天然气。相比其他发达经济体，我国清洁能源在一次能源中的消费占比处于相对偏低水平。目前，中国非化石能源的比重仅为15%~16%，到2030年至少需要提高10%。从国内非化石能源结构来看，水能大约占60%，风能及太阳能大约占30%，核能占比最小(李晓西，2013；刘立，2019)。因此未来的十年间，非化石能源大幅提升，主要还得依靠水能、风能和太阳能的加速推进；而化石能源方面，我国受到富煤、少油及缺气的资源结构限制，目前的煤炭消费占比过大，达到化石能源消费占比的55%~60%；同时，天然气消费占比过低，仅有10%左右；石油消费占比20%左右，相对合理(苏晓晖，2011；吴磊和曹峰毓，2019)。为实现碳达峰碳中和目标，从一次能源方面来看，必须要大力抑制煤炭消费，同时也要尽快提升天然气消费占比，发达国家天然气消费占比基本都在20%~35%。从二次能源来看，电能和氢能是主要方向，但受到投资限制、技术瓶颈、氢能推进速度有限的影响，电能是二次能源的核心生产力。因此，改善电能的生产方式也是实现碳中和的主要途径之一。

当前国内火电占比过多，但火电主要消耗煤炭在燃烧时产生的热能，仍然会产生大量的碳排放，在碳中和目标下，火力发电也必然会受到抑制；而核电因为核辐射问题难以全面铺开，所以未来清洁能源中风力、水力和太阳能发电将会受到大力推进。就天然气来看，燃烧时也会产生二氧化碳，因此其属于低碳能源，并非绝对清洁能源。天然气是化石燃料中碳排放相对最低的，且从历年占比变化来看，十年间已经涨了一倍多，未来十年天然气20%左右的占比应该能够实现，因此，天然气消费占比提升也是2030年中国实现碳达峰目标的重要驱动[①]。此外，经济社会需求侧和供给侧的同步转型可以加强需求侧的内需拉动，弥补供给侧产业的薄弱环节。

对于石油行业而言，炼油行业是碳排放的主要载体，当前中国炼油能力呈逐年增强态势，且仍未达到峰值，未来仍将有新的大型炼化项目投产，以中石油、中石化为首的炼化企业将陆续进行产能扩张，未来五年内至少有1亿t的新增炼油产能落地。炼油行业对实现碳中和的推动主要还是在于将落后产能出清，未来十年内逐步淘汰或整合200万～500万t/a的炼能，同时支持技术和设计理念先进的大型炼厂推进、兼并收购，推动炼厂的大型集中化和一体化发展。总体来看，为实现碳中和终极目标，我国一次能源中的化石能源应逐步减少煤炭消耗，同时提升天然气用量，而一次能源中的非化石能源方面则应继续大力推进水能、风能和太阳能发展。

此外，还应不断地优化改善二次能源中电能的生产方式，积极推进水电、风电和太阳能发电进程，加大技术投资和科研人员投入，推动科学技术在二次能源中的战略支撑，大力推进技术自主创新、深化和调整国家创新机制，努力实现能源领域核心技术攻关。以绿色能源体系创建为目标，大力提升我国能源科技技术和能源优势产业在国际上的竞争力。有序安排关键技术的攻关突破，集中力量办大事，不断探索核心软件技术、燃料电池技术、燃料电池重要材料和新型电池的电解质，以及可再生能源制取氢能及油气储存技术的优化，激发技术研发市场活力，共同推进核心技术突破，实现核心技术和关键设备国产化，有效解决各科技领域产业链的断裂和瓶颈问题。推进重点设备国产化，将科技优势转化为产业优势，加快动力电池系统、电力基础电子设备国产化和自主化，推动能源技术在更广泛领域的应用。

随着能源系统向能源互联网的转型和发展，工业和交通的能源消费模式将由传统的单一服务向多服务转变，打破传统的工业领域能源"井"模式。逐步建立向电气化、梯级利用、能源循环的高效转换升级模式，输电能力力争实现电气化、网络化、智能化、共享化、绿色化发展，逐步向"五个现代化"融合方向发展。通过市场手段整合，逐步形成终端能源供需互动一体化服务，推动传统的点式服务向全方位服务的转变。将商务咨询、规划设计、工程建设等多个环节结合起来，运维、终端服务等环节实现跨境融合，创新总承包模式，提供整体解决方案；全面开发建设施工用电终端和综合供电基础设施，促进多能源协调供应和综合梯级用电，满足用户用电需求；实现不同能源品种的互补

---

① 助力碳达峰、实现碳中和，天然气大有作为. (2022-01-10). https://gas.in-en.com/html/gas-3652295.shtml.

协调，提供更加多样化、灵活的能源消费选择，充分满足用户的能源消费需求(郭彤荔，2019；闫晓卿和鲁刚，2019；高世楫和俞敏，2021)。能源消费者可以生产或储存自己的能源，除了满足自己能源需求外，逐步探索发电与销售的一体化。

努力推动 5G 和人工智能在发电系统中的大规模应用，大力提高发电系统的智能化水平。企业自身的能源销售和使用，形成闭环联动运行，构建基于企业能源大数据的智能能源产业集成应用平台，探索多领域集成数据应用模型，多种业务模型可实现智能能源产业的集成。全面建设数字化油气田，努力推动全国覆盖率百分百的目标；促进智能电站在建设上的重大突破，力争数量占主发电企业 60%以上，大力推进风电等分布式能源推广利用；大力发展天然气分布式能源，深度扩展天然气分布式能源以及推进天然气发电与风能、太阳能、生物质能、储能等新能源深度融合，加快建设多能源整合电网，有序推动建设智能化电力系统。

2) 深化能源市场改革

以创新为目标导向，继续拓展能源市场革命，进一步推动能源市场的多层次开放，鼓励自主创新，攻克在能源领域的新技术、新产业的颠覆革新，提出适合本区域的特有能源市场改革方案(王晓飞等，2021)。创新能源新技术、改进能源新模式、创建能源新业态、攻克能源新兴技术从而带动其相关产业，创造中国产业结构转型升级的新增长模式。

在竞争背景下多层次放开市场价格，创建由供需市场来决定调节的价格机制，遵从客观市场规律，科学地调控市场垄断价格规章制度，进一步优化电网、管网输配电成本监控体系(《能源节约与利用》编辑部，2019)。建立独立的输配电绩效激励定价体系，加快建立和完善分时电价市场机制；对成品油、天然气产品全面开标，依托油气交易中心，通过市场谈判或招标形成价格；充分发挥能源财税政策的指导和支持作用，建立健全以能源资源为导向，有效整合集散供应体系，深化资源税改革，完善环境保护税；建立系统、可预测的税收优惠政策体系，拓宽非常规油气勘探开发技术的实际应用。

第一，不断优化市场结构。区分自然垄断环节和竞争环节，鼓励多元化主体依法依规进入能源市场中，推动形成多元繁荣发展的能源格局(赵刚，2017)。第二，促进能源技术创新商业模式。不断刺激能源主体大力开展能源重大科技技术创新需求动力，鼓励技术创新实现能源技术独立。培养拥有自主创新能力和自主知识产权的能源创新代表企业，完善国有能源企业技术创新绩效考核体系，提高技术创新比重，有效推进创新创业。第三，提升能源治理能力和体系。推动能源行业法律、行政法规修订，加强能源行业法律法规监督检查，依法推进能源治理。通过建立解决标准化重大问题的长效机制，在技术标准和关键领域国际竞争优势方面取得重大进展，完善研发协调机制。创新国际标准化组织工作机制，着力解决重大技术标准体系建设等问题，制定核心标准。随着中国能源革命的深入，能源技术领域出现了越来越多的自主创新，推动能源产业转型升级；深化能源体制改革，努力恢复能源产品属性，建立公平、开放、有序的市场体系，在共建、协商、共享方面，国际能源合作更加富有成效，合作程度进一步深化。在日益开放的背景下，国家的能源独立能源安全有效得到保障，加快能源开发使用科学技术的创新及其相关能源产业，带动全国的相关产业结构进一步优化，实现产业高质量发展。

3)完善能源治理体系

在中国的能源治理中，政府组织所有利益相关者形成能源治理的制度和规则，这在对其他利益相关者进行指导和监督方面发挥着决定性作用(吴磊，2021)。继续深化管理和服务改革，创建行之有效的能源治理监督体系，推进"三权分立"改革；创新监管模式，完善以"双随机开放"监管，建立具有创新性和执行性的新监管机制，推进"互联网+"监管体系等大数据平台建设，有效提升监管手段的权威性和有效性。

着力解决重大技术标准体系建设等问题，制定核心标准，提高全产业链标准化效率。发布实施重要核心标准，广泛开展国际交流与合作，培育绿色能源关键技术国际标准，努力提升国际竞争力，重点布局和发展绿色能源核心技术体系。按照绿色能源产业发展和技术装备创新的要求，尽快建立和完善绿色能源发展政策体系，法制上稳步推进现代能源法律政策的建立及完善来保障国内能源市场的公平有序，尽快修改矿产资源法；有序建立和完善绿色能源体系在生产和消费方面的技术规范细则、标准体系和政策指导，加快制定和修订新能源技术、新能源装备标准。

1.1.3 国际趋势与国内趋势的相互作用

罗伯茨(2008)认为，当今世界，能源已成为政治和经济力量的通货，是国家之间力量等级体系的决定因素，甚至是成功和物质进步的一个新筹码。因此，获得能源成为21世纪压倒一切的首要任务。因此，在21世纪获得能源独立已成为各国的重要战略任务。对今天的中国来说，能源比以往任何时候都重要，自20世纪90年代以来，一方面，自身能源的开采已无法满足经济发展的需求；另一方面，我国整体对能源的需求迅速增长，不仅增加了对外国的依赖，同时也导致中国的财富大量外流。2021年，在全球能源需求上升和供需关系恶化的背景下，有两个热点正在对全球能源格局产生重大影响，西亚和北非的动荡，以及日本的核危机。西亚和北非的局势正在对全球能源局势产生重大影响(吴磊，2021)。一是影响区域能源生产和运输安全，破坏国际油价稳定；二是影响能源消费国的经济发展。而日本的核事故则对全球核工业产生了重大影响，并以不同方式影响了许多国家的核政策。从长远来看，化石能源的主导地位仍未受到挑战，石油价格仍有上升的趋势，这为天然气的发展提供了新的机遇。但是，核能并没有被赶出历史舞台，恢复对其发展的信心还需要很长的时间来权衡。这些热点问题不仅影响着国际能源的供需与价格波动，中国的能源供需和经济发展也深受其影响，因为中国虽然也是能源生产国但是不能自给自足，国内的工业发展严重依赖来自西亚和北非的能源供应，而最近的动荡造成的油价飙升使中国面临更严重的进口通胀，并且中国核能计划的步伐也已经大大放缓。

同时，目前国际局势风云变幻错综复杂，全球能源格局也在不断深化变化。清洁能源和可再生能源的低成本获取和大规模应用的关键技术攻关，将成为众多国家在经济发展"再工业化"的目标战略，以此推动全球经济的绿色复兴，建筑业的快速发展，运输系统的结构改善，以及燃料效率的提高。随着世界能源消费的东移，新兴市场国家正在向低碳绿色经济过渡，以确保其能源供应。中国尝试不断调整能源产业消费结构，经济可持续健康绿色发展与生态文明建设并存，这不仅造福于中国人民，还将对全球的经济可持续绿色稳定发展产生重要推动。

1. 当前世界能源的总体状况

能源一直是影响世界各国经济发展和人民生活的一个关键因素。今天，能源消耗在不断增加，供需之间的矛盾越来越严重。目前，虽然新兴经济体也加入各种能源消费结构中，但是全球大部分能源生产运输等仍然掌握在西方国家手中，可再生能源也正在迅速发展，但其规模化应用技术突破还需要时间，并且国际石油价格的波动对能源生产国和消费国都构成了严重挑战。

1）能源供给与消费现状

目前，全球对一次能源的需求仍在逐年上涨，且全球能源的供应以化石能源体系为主，如图 1-2 所示（李洪言等，2020），2019 年全球一次能源消费中化石能源占比领先地位十分牢固，比例为 85%，不可再生能源占比为 5%。另外，2019 年全球使用化石燃料的碳排放量达到 330 亿 t，占碳排放总量的 97%。因此，世界能源供应系统迫切需要向低碳甚至无碳过渡。

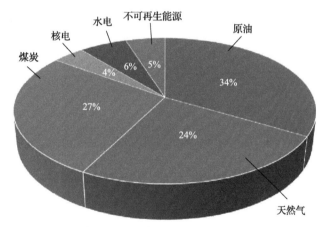

图 1-2　2019 年世界能源消费结构

一次能源形成后，经过能源加工、转化和储运等三个中间环节，会损失 30%～50%，最后实际能耗称为终端能耗。中间环节的损失包括选煤和煤炭加工损失，炼油损失，油气田损失，发电、电厂供热、焦化、天然气生产损失，输电损失，煤炭储运损失，油气运输损失等。

目前，虽然全球能源需求使用量大，但是能源电气化仍处于较低水平。例如根据 IEA 2018 年的统计数据，全球最终能源消费量为 291EJ[①]（99.4 亿 t 标准煤），终端能耗的种类中原油占比仍是遥遥领先，占比 41%，整体的化石燃料消费占比为终端能耗的 67%，沼气等生物量占能源消耗的 10%，但是只有 7.8%的最终使用能源消耗不产生排放。在能

①　$1EJ=1\times10^{18}J$。

源电气化率方面则非常低，为 19%，到 2019 年仅增长 1% 至 20%。从终端能源消费行业看，工业运输和建筑业是主要能源行业，各占近 30%。在电气化方面，全球建筑和工业部门是重要发电部门，占比最低是 1% 的运输部门。建筑部门能源消耗的 70% 来自住宅，电气化率仅为 11%。商业和公共部门的电气化率最高，达到 51%。

2）当前各类能源的储量和生产现状

全球石油探明储量保持小幅上升，炼油能力继续增长。例如，截至 2019 年底，全球石油探明储量为 17339 亿 bbl，比 2018 年（17359 亿 bbl）减少 20 亿 bbl，储采比为 49.9 年，见图 1-3（李洪言等，2020）。从地区上，石油探明储量最多的地区仍然是中东，达到 8338 亿 bbl，占全球石油已探明储量 48.1%，与 2018 年（8339 亿 bbl）相比基本持平，仅减少 1 亿 bbl；其次是中南美洲的石油探明储量为 3241 亿 bbl，占全球石油已探明储量的 18.7%，储采比最高达 143.8 年，与 2018 年（3247 亿 bbl）相比减少 6 亿 bbl；北美洲石油探明储量为 2444 亿 bbl，占全球石油已探明储量的 14.1%，与 2018 年（2455 亿 bbl）相比减少 11 亿 bbl；独联体和非洲地区石油探明储量与 2018 年持平，分别为 1457 亿 bbl 和 1257 亿 bbl，分别占全球石油已探明储量的 8.4% 和 7.2%；欧洲石油探明储量为 144 亿 bbl，占全球石油已探明储量的 0.8%，与 2018 年（146 亿 bbl）相比减少 2 亿 bbl，储采比为 11.6 年。

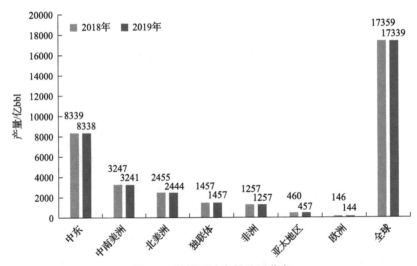

图 1-3　世界石油产量地区分布

非常规天然气一直是天然气行业中备受关注的焦点。据数据统计，非常规天然气目前约占全球天然气资源的一半，但是其分布范围比常规天然气资源更广。非常规天然气在维护一些国家和地区的能源安全上有积极的作用。一是成本方面，天然气的成本与石油相比更加低廉，大约是石油的三分之一；二是环境保护方面，天然气燃烧排放的温室气体比石油少。此外，非常规天然气产地国主要在北美、中国和欧洲，相比石油对中东产油国的依赖性较高，非常规天然气的运输通道相对安全，承担风险低，而且目前储量丰富，如近年来在澳大利亚开发的煤层甲烷产量一直呈上升趋势。

煤炭需求量下降创新高。2019 年，全球煤炭探明储量为 10696 亿 t，储采比为 132 年，其中亚太地区煤炭总探明储量居于首位，为 4568 亿 t，占全球煤炭总探明储量的 42.7%。煤炭探明储量最多的国家依次为美国（2495 亿 t）、俄罗斯（1622 亿 t）、中国（1416 亿 t），在全球煤炭总探明储量中占比分别为 23.3%、15.2%、13.2%，超过全球煤炭总探明储量一半的煤炭产量增长主要来自非 OECD 国家（李洪言等，2020）。

其他可再生能源，如生物质能源也在增长。毫无疑问，全球碳中和新目标扩大了全球可再生能源巨大的市场空间，风电、光伏产业已成为全球可再生能源主战场。2020 年，由于新冠疫情的爆发，使得全球传统能源消费需求大幅下降，但是可再生能源包括水力发电、风力发电及光伏发电等所产生的发电量与 2019 年相比增长了近 7%，且在全球发电总量占比中，可再生能源也达到 28%（高慧等，2020）。全球燃煤发电率下降了 5% 左右，创下近十年能源历史上最大跌幅。全球可再生能源未来发展可观，作为大力发展可再生能源的代表，中国和美国的风能增长占全球风能的 70%。到 2021 年底，中国新增的风力发电装机容量占世界总量的 48%，使其份额增加两倍。尽管如此，风力发电仍将只占中国总发电量的 1.2%。在生物燃料方面，其产量也一直呈增长趋势，领先的美国和巴西则分别增长了 17% 和 11.5%。

近年来，全球对气候和环境的日益关注，化石能源碳排放超标和供应安全风险担忧，共同驱动着可再生能源的应用发展。然而，虽然可再生能源的发展前景被持续看好，但一些规模化应用的技术瓶颈仍未突破，对政府政策引导和经济补贴非常依赖，要想投入市场化应用，还需要攻克现存的技术难题，提升市场竞争力。

2. 中国应对世界能源变革的战略选择

不断变化的国际能源体系的双重动力对世界主要能源消费国产生了深刻的影响，直接影响各个国家的发展战略。美国将能源安全和经济发展作为其能源政策的核心目标，而将环境保护作为次要领域。1973 年，在第一次石油危机之后，美国推出了"能源独立"战略，以确保能源安全。在这种情况下，可再生能源开发的主要目标是摆脱对进口石油和天然气资源的依赖。与此同时，美国在环保方面继续投入，但对自己的国际义务持相对消极态度。随着页岩气革命的启动，其发展可再生能源的紧迫性大大降低。特朗普政府在其任期内对可再生能源发展的态度明显逆转。德国和美国一样，从能源安全的角度出发，在 20 世纪 70 年代开始大力研究可再生能源，于 2000 年所颁布的《可再生能源法》则从法律上明文要求可再生能源要优先发展。为了解决 21 世纪能源资源短缺、人口老龄化和高工资、高福利的经济压力等问题，德国将技术创新和可持续发展相结合，进一步推广可再生能源产业的分布，促使其成为新的经济领跑者（高慧等，2020）。

与美国和德国等其他发达国家相比，中国的能源消费具有自身特点，世界三大经济体——中国、美国和欧盟是世界可再生能源的主要发展方。作为主要的工业出口国，中国工业生产是能源利用较为广泛的国家，而大量工业出口是造成国内能源消费和碳排放基数庞大的根本原因。目前，中国能源消费高度依赖化石能源，而原油及天然气对外依赖较高，因此，中国不仅面临着碳排放的压力，还存在能源独立的风险。到 2030 年，全国可再生能源用电责任权重需要达到 40%，其中非水力耗电责任权重达到 25.9%，这意味着高碳能源消费模式的持续存在和能源需求的增加。目前，煤炭仍占中国能源消费的61.8%，在能源转型阶段，中国仍处于从煤炭向石油和天然气资源转移的过程中，中国以煤为主的能源消费结构将维持相当长的时间。据预测，中国的煤炭消费到2025年左右会出现明显下降，煤炭在中国能源消费结构中的占比需要到2030年或以后才可能降到50%以下。另外，中国直到1978年才开始真正实现工业化，大多数还处于工业化的中间阶段，三分之二的省份仍然依靠资源、能源和资本投入保持经济继续增长。与能源消费稳定或下降的发达国家不同，中国的能源需求将随着工业化的推进而继续增加。2030年前是我国能源转型关键期，因汽车保有量持续增长、航空和航运业快速发展，石油需求有望继续增加，较目前水平再提高1亿t左右，接近7.5亿t达峰。石油需求达峰后多快回落取决于现代交通体系建设的快慢及替代能源（新能源汽车）的发展。

面对特殊的能源消费形势和全球能源体系的双重转型，中国的能源转型需要另辟蹊径。作为主要的能源消费国和进口国，中国能源转型的首要目标是要同时确保保护环境和能源安全（刘明明和李佳奕，2016）。能源转型应有助于减少对进口能源的依赖，并在确保实现这一目标的同时，尽量减少对环境的破坏。鉴于能源需求还没有达到顶峰、高碳能源消费模式将继续存在的现实，中国能源转型的主要方向是提高使用效率、清洁利用和减低排放。有效的能源利用是中国能源转型的一个重要方向，提高能源效率将有助于减少能源消耗，确保经济增长，减少对进口能源的依赖，同时促进中国经济从粗放型向集约型发展过渡，提高经济的整体竞争力。面对日益增长的环境保护压力，应努力促进清洁能源利用和降低排放，积极开发碳捕获和储存等技术，以最大限度地减少使用化石燃料造成的环境破坏。相比之下，可再生能源的发展是通往清洁能源使用道路的一个重要部分，但不是唯一部分。最大限度地开发国内常规和非常规油气资源，也有利于减少中国对外部能源的依赖，减轻国际油气价格波动对国内能源市场的巨大冲击。

1.2   能源治理趋势

1.2.1   全球能源治理体系的构建

全球能源治理的根本目标是凝聚国际社会的共同努力，确保全球能源安全，避免能源领域的冲突升级成为全球安全危机，建立公平合理的能源新秩序。"全球能源治理"概念出现，为国际社会提供了一个不同的视角，即能源治理方式从传统的以国家为中心的方式转变为多层次、多平台、多成员参与者共享的方式。全球能源治理的基础是全球共同治理，而不能仅仅靠单一国家的政治和经济能力，能源治理的参与者必须由代表不同利益的复杂个体组成。治理秩序的实现有赖于政府与能源机构的合作、协商和共建，而能源治理的关键在于各方的合作而不是冲突，所有的能源治理活动都是基于对全球能源秩序的尊重。此外，全球能源治理还意味着发达国家和政府需要承担更多的责任，并在能源领域做出一些让步（刘明明和李佳奕，2016）。

1. 全球能源治理组织概况

1）国际能源论坛

20 世纪 70 年代，以美国和苏联为首的两个阵营仍在对峙之中，能源安全成为国家安全中最重要的因素之一。基辛格直言"谁控制了石油，谁就控制了所有国家"。这应该是美国石油禁运的教训。随着第四次中东战争的爆发，阿拉伯产油国以石油为武器实施石油禁运，对西方世界的经济发展造成沉重打击。这场危机已成为现代全球能源治理韧性的一个典型例子，能源供应紧缺。随后，以美国为首的西方列强开始建立能源治理体系，开始国际社会在全球能源治理领域的尝试。

国际能源论坛（International Energy Forum，IEF）于 1991 年首次召开，该论坛极大地强化了现有能源治理机制，并与 OPEC、IEA 构建了座谈机制，定期性地开展各类讨论会（刘明明和李佳奕，2016；张潇，2018；王礼茂等，2019）。IEF 秘书处于 2005 年正式接手协调联合组织数据倡议（JODI），该倡议指出应让各利益相关者得以分享数据，打造透明化的能源机制。我国高度重视这一对话机制，参加了两年一度的部长级会议，并在 2011 年在沙特阿拉伯利雅得举行的国际论坛特别部长级会议上签署了《国际经济论坛宪章》。

2）能源宪章条约

在全球能源治理的初期，能源治理机构的重中之重就是能源战略安全。20 世纪 90 年代苏联解体后，荷兰发出了《能源宪章条约》（International Energy Charter）和全球能源治理组织的倡议，以整合欧洲内部的能源资源，并进一步建立有效的能源治理系统。1998 年 4 月，该条约生效，成为第一个具有法律约束力的以自由贸易为主要原则的多边能源协定，维护了能源生产、运输、贸易等部门的合法利益，对促进能源贸易、投资以及相关的基础设施建设具有重要意义（王礼茂等，2019）。《能源宪章条约》属于多边政策间能源协议，该协议包含的各争端解决机制具有较高的法律约束力。这些国际能源安全组织的建立，大大加强了能源市场参与者之间的磋商和沟通，是全球能源治理史上的重要一步。

3）二十国集团（G20）

G20 是一个国际经济合作论坛，其前身是 1999 年在华盛顿成立的八国集团，是一个非正式对话机制。2015 年，G20 成员国的国内生产总值之和约占世界国内生产总值的 85%，与能源相关的二氧化碳排放总量占世界总量的 81%，能源消费占世界总量的 77%，由此可见，其在全球能源治理乃至国际经济的重要性。G20 每年就发达国家和新兴国家之间能源领域的实质性问题进行公开的建设性研讨。于 2016 年中国杭州举行的 G20 峰会更加关注了国际能源问题，成立了能源可持续性工作组，深入讨论全球能源治理、清洁能源、能源效率、能源可及性以及落实过去 G20 能源成果等问题。

当前，能源治理领域存在的问题主要集中在保障能源供需安全、缓解能源与环境保护矛盾、保障能源公平正义等方面（朱雄关，2020）。为此，IEA 促进与 OPEC 的合作与交流，共同维护石油和天然气市场的稳定，以 G20 等全球平台拓展新兴市场，大力推进清洁能源与技术开发，缓解能源与环境保护的矛盾。另一方面，全球能源协同对话机制正在深化。2003 年，碳收集问题领导人论坛在华盛顿成立，作为发展后运输和储存技术的部长级合作社，已有 24 个国家和地区加入；国际可再生能源机构(IIA)于 2009 年在德国成立，80 多个国家或组织承诺参与促进全球可再生能源利用；此外，各国还组织了能源治理机构，为全球能源治理体系提供人才支持，同时，能源问题已成为世界主要合作和会议议题，联合国气候变化秘书处、全球气候变化峰会、清洁能源部长会议，都使全球乃至本地区能源治理成为新时期的重要任务。

2. 全球能源治理体系的特点

1)国际能源组织机构碎片化特征

全球能源治理必须更具包容性和活力，并能够跨越国家和部门的利益界线。而目前的治理机构体系主要是为了应对 20 世纪 70 年代的能源垄断挑战，其日益僵化的形式与当下的能源治理所需解决的问题是不适配的。一方面，在新时期能源治理所需的背景下，能源治理机构应该进一步革新和完善；另一方面，全球能源治理组织要明确其治理目标应从"保障石油供应"向"利用新能源和技术合作"发展，在满足能源供应的基础上建立有效的世界合作秩序。

在经济全球一体化背景下，能源问题在大国对峙中的关注度也日益凸显，旧的国际能源秩序已调节失灵，新一轮变革箭在弦上。目前，全球能源治理体系已开始发生转变，从双边开始走向多边化，直接导致多边化的全球性和区域性能源治理机构如雨后春笋；在能源治理机构上的进一步发展也带来了治理领域机制上的突破，从开始解决能源供需问题向维护秩序公平转变，从传统能源治理向创新能源发展转变(黄晓勇，2020)。总之，全球能源治理正在逐步形成多元化、多边化、多层次治理的新格局。一些国际组织和机制也在创新合作形式(杨泽伟，2021)，例如，在 2015 年 11 月于巴黎举行的部长级会议上，IEA 和中国、印度尼西亚及泰国宣布启动 IEA "联盟计划"。联盟计划不仅标志着 IEA 与联盟国在能源安全、能源数据统计以及能源政策三个领域进一步合作的开始，而且标志着 IEA 向 "全球能源组织" 改革的开始。但是，现有的国际能源治理机构没能提供一个让所有能源消费产出需求可以平等友好对话的平台。

2)全球能源治理体系民主性欠缺

19 世纪，石油经济开始发展，西方发达国家凭借其经济先入为主的优势，在全球能源管理领域占据主导地位。虽然目前全球能源治理组织和机制尽可能覆盖发达能源消费国和新兴能源消费国，但长期以来，欧美发达能源消费国在全球能源治理结构中占据主导地位，新兴能源消费国没有足够的话语权。发达能源国家的"强烈声音"表现在制定国际议程、决议表决权、执行中采取行动的权利和处理国际能源问题的主导作用。以国际议程为例，1973 年石油危机后，美国将能源安全列入国际议程，主张建立 IEA，从而在美国领导的国际能源领域建立多边国际体系。但是在全球能源结构占有重要分量的俄罗斯，其石油产量占世界石油产量的 12.4%，既不是 OPEC 成员国，也不是 IEA 的成员；中国也不是 IEA 的正式成员，虽然积极参与国际合作，但收效不够理想；巴西、印度和南非在能源治理方面甚至不那么积极(Javier，2021；刘燕华，2021)。这反映了现有全球能源治理体系缺乏民主、缺乏治理能力和效率，难以在全球实现能源安全、可持续发展和改善环境的目的。

3)全球能源治理体系面临多重挑战

新冠疫情加剧了全球各国在地缘政治和战略方面对能源的竞争，促进了全球经济秩序形成"冷战"新格局。2020 年 2 月，时任美国总统特朗普在国情咨文中明确表示，美国在页岩油爆发革命和一系列能源政策的支持下，已成功转型成为能源生产国。总之，在各种能源政策帮助下，美国已成为重要的石油和天然气出口国。国际能源市场供求关系发生了重大变化，标志着国际油气市场进入了一个新时代。以美国为代表的发达国家的石油需求量大幅下降，受发达国家制造业转移的影响，一些新兴经济体已成为国际能源经济交流合作的主要参与者。其中，中国已成为世界上最大的能源需求国，这也是近年来全球能源治理体系面临的最深远变化之一。中美在国际治理和经济体系、中国台湾和南海问题、全球贸易体系、中美未来高科技产业主导地位和影响力等方面的战略竞争，将对亚欧产生重大影响。新冠疫情导致了灾难性的公共卫生事件和经济危机，加剧了各国社会和经济的不平等，以及战后世界秩序的分裂；贸易战破坏了以世贸组织为核心、基于规则的多边贸易体系，已逐渐蔓延到地缘政治和战略领域，并迅速升级。

在当前高度互联的全球经济中，转型成本和效率损失使得中美全面脱钩几乎不可能。随着全球性竞争与博弈愈演愈烈，国际形势将呈现不稳定发展态势，主要国家和地区与中国或美国结盟，且已就不同议题或多或少达成了一致。当前，由于美国实施全面对华遏制战略，使得两国关系陷入至暗时刻，美对华进入"无限期全面竞争"之中，这种综合竞争体现在各个领域和行业，长期的综合竞争已成为新的常态。然而，经济一体化大局面下，全球能源供需平衡对世界各国经济绿色可持续发展具有深远影响，因此，在面对能源安全、气候温控等世界共同困难时，任何国家都不能独善其身。

1.2.2　全球能源治理体系下的中国力量

中国参与全球能源组织符合中国自身利益。第一，中国已成为各种化石燃料的净进口国，能源资源高度依赖国外，获得全球能源进出口组织机构的信任不仅对自身能源变革转型大有裨益，对国际能源经济转型也有重要影响；第二，拓宽与各个国际能源机构的交流对话，加强各种能源先进技术的革新，以便应对当前日益复杂的能源格局和全球气候的温控难题，保障中国绿色经济发展；第三，随着中国能源企业向国际拓展，将促进更多合作，并大大降低地缘政治风险；第四，中国作为一方大国勇于承担使命，正积极参与全球能源治理行动。

1. 全球能源治理体系制度制定的参与者

在描述中国与国际能源体系的接触时，国家能源局有以下评价："中国与国际社会的能源合作度仍然很低，缺乏实质内容和总体对话。在同盟型和协作型国际组织中没有中国的身影，中国作为成员的国际能源组织往往是协作型或对话型组织①。"

在参与全球能源治理体系方面，中国由能源治理规则的被动遵循者，逐渐向积极参与治理转变。从能源治理体系的局外人到 1983 年成为世界能源理事会成员，到 1991 年加入亚太经合组织能源工作组，再到参与 G20 积极解决能源治理问题，中国一步步从"被动"到"积极"，如今，更是发起了"一带一路"能源平台合作。IEA 也曾表示："中国参与能源治理并非一刀切，能源治理的两大转变是从相对独立于国际社会的局外人转变为能够对全球事务产生巨大影响的局外人"。自 20 世纪 90 年代以来，中国逐渐适应了这一角色，并于 1996 年与 IEA 建立了长期伙伴关系（李洪兵和张吉军，2021；佚名，2017）。

进入 21 世纪，中国开始探索"多极化"能源体系，在重点地区开展多边、多元化的能源合作，以友好相处、互惠互利的态度逐步增强在全球能源治理机构平台上的影响力。2001 年，中国与《能源宪章》组织建立了伙伴关系，并促成了一项联合数据倡议；2002 年，中国与其他成员国共同创立了 IEF；2005 年，中国与 OPEC 建立了合作关系；2007 年，中国发出上海合作组织能源俱乐部倡议，成为上海合作组织创始成员；同年，中国帮助制定了《全球核能合作计划》，正式更名为《国际核能合作框架》（田洪志等，2021）。进入新时期后，我国能源进入发展转型深水区，能源管理工作更多地包括时代的使命和大国的作用。当前，世界能源形势发生了新的变化，全球化遭遇阻力。贸易保护主义逐步抬头，油价开始回升，现有国际能源治理体系远未满足时代需要，我国能源工作的重点已转向结构转型技术改造，中国参与能源治理的挑战与机遇并存。今后，在促进全球能源治理体系的完善和绿色能源经济发展的同时，还需要看到我国在能源领域的短板并采取战略措施互补，推动技术创新和能源革命转型，为中华民族的振兴打下坚实的动力基础。

1）未来继续推动全球能源治理体系

目前，中国经济处于发展转型阶段，这对中国参与全球能源治理提出了新要求。随着中国能源需求和消费总量的不断增长，中国在全球能源治理领域发挥着重要作用。十八大明确提出"要倡导人类命运共同体意识，在追求本国利益时兼顾他国合理关切②"，体现了我国在能源领域的全球意识。党的十九届五中全会提出"坚定不移贯彻创新、协调、绿色、开放、共享的新发展理念③"，为现阶段中国能源治理指明了方向。新时期能源工作的总体观点包括：构建人类命运共同体的全球能源合作，构建公平合理的国际能源治理体系，确保能源安全成为能源治理思维的首要共识。

人类命运共同体理念指导着新时期中国能源发展战略。2012 年以来，中国开始全面、多元化地参与全球能源治理，从成为全球能源秩序的参与者到全球治理体系平台倡议的引导者，在国际能源领域的影响力不断提高。在全球治理问题上，一方面，中国要善于

---

① 中国参与国际能源组织的合作现状. (2006-07-17). http://www.nea.gov.cn/2006-07/17/c_131101975.htm。

② 推进国际法理念和原则创新. (2016-03-28). http://theory.people.com.cn/n1/2016/0328/c40531-28230902.html。

③ 坚定不移贯彻创新协调绿色开放共享的新发展理念——学习贯彻党的十九届五中全会精神访谈. (2020-11-02). https://news.gmw.cn/2020-11/02/content_34328903.htm。

利用自身国家力量和影响力来保护国际能源合作交流的公正公平；另一方面，积极拓宽除经济方面之外的各种能源合作交流，以共同目标展开能源对话合作，如中国创新性地构建了全球能源治理新对话平台，填补了新能源、气候保护等领域的空白。

近年来，国际格局错综复杂，能源结构革命大量兴起，能源技术进展迅速，世界新兴经济体的能源生产和消费实力逐步增强，能源金融进一步全球化，这些因素导致全球能源治理主体和治理对象、特征内涵和治理工具、治理机制都发生了巨大变化。新的变化要求包括中国在内的新兴消费国更加积极地参与全球能源治理体系的改革，在新的全球能源治理体系中发挥与消费国数量相匹配的作用。

由于话语权与消费权的不匹配，使得国际油气贸易惯例合同中的"目的地条款""支付不支付"等模式在油价波动中的不公平性日益凸显，这种交易风险主要由消费者和油气进口国来担负。由于石油贸易结算的货币选择权掌握在众多贸易商手中，不受政府间协议的影响，导致石油贸易货币选择权和议价能力的贬值(冯升波，2021)。在此背景下，全球能源治理体系矛盾日益突显，治理秩序失灵和协调能力低等问题不断出现。作为新兴经济体的代表，中国积极参与全球能源治理体系的改革。尽管新冠疫情的爆发对中国能源安全提出了新的挑战，但也给中国深入参与全球能源治理提供了可能和空间。

当前，全球能源治理结构较为分散，缺乏权威性，迫切需要在现有机制的基础上构建新的全球能源机制，这需要包括中国在内的新兴经济体的参与。G20 是涵盖全球最具影响力的经济体平台之一，利用 G20 平台可以促进全球在能源治理方面达成共识，协调和应对全球能源主题之间的冲突，为世界和平和稳定发展做出贡献。G20 平台利用自身的广泛影响力可以促进更多国家积极地参与全球能源供需结构，为全球能源治理出谋划策，促进全球能源供需市场协调发展以保障市场稳定和繁荣发展。积极推动构建全球节能与清洁能源技术研发与推广体系，以能源转型为契机，推动绿色能源治理格局建设。

2) 全球能源治理体系的第三方监督者

全球能源治理体系具有以下特点：第一，国际社会的能源治理仍在探索发展阶段，建立时间短、实践经验少。虽然 IEA、IEF 等组织诞生于 20 世纪 70 年代，但有效治理只有 20 年，而新的治理机构是 21 世纪的产物。第二，全球能源治理体系建设进展缓慢，有效治理机制尚未形成，能源安全治理没有得到正确落实。能源对每个国家发展的重要性以及必要性是众所皆知的，但目前国际社会对能源治理体系维护公正公平的关注远远不够(董秀成等，2021)。距离上次石油危机暴发已过去半个世纪，而全球能源治理体系的完善仍局限于成员国数目的扩大或自身平台的发展，大部分待处理的能源机制问题仍处于筹备阶段。第三，全球能源治理机构区域化。自最早的国际能源机构成立以来，全球能源治理机制具有明显的政治色彩，迫切需要扩大参与能源治理的主体范围。

整体来看，全球能源治理体系"碎片化"严重。同时，国家行为体的缺位导致全球能源治理缺乏统一的全球性能源治理。从世界能源生产的分布角度来看，全球能源已经呈现出非常严重的贫富差距。能源贫困问题的解决仍然受一些发达国家治理视野的局限，同时，发达国家的操纵也使得不公正不合理的旧能源秩序难以改革。

从第二次工业革命开始，西方世界形成了瓜分世界的趋势，逐步确立了所谓的"全球霸权"。当前各种"全球化"思想，其实来源于二战后全球工业生产及生活方式对全球治理秩序的影响，尤其在科技技术创新、贸易合作交流的互通等方面，"地球村"的治理理念成为时代热词。2008 年金融风暴及 2020 年新冠疫情的暴发，令全球格局发生了重要变化。西方国家能源需求增长缓慢，经济发展长期处于停滞疲软状态，劳动力就业率低迷。但与此同时，以一些发展中国家为代表的新兴经济体发展迅速，综合国力不断增强，以西方国家为主导的传统全球能源治理秩序的公平性、民主性及透明性开始受到质疑，国际能源秩序的未来发展格局也开始不甚清晰(郭海涛等，2021)。在此国际背景下，西方等发达国家纷纷提出一些绿色发展理念，如"能源自主""能源独立"等，并积极部署"再工业化"策略来刺激制造业。同时，经济危机催生了工业革命，技术密集型产业逐渐成为全球工业技术革命创新的原始动力，这极大地推动了能源开发利用领域的技术突破，对全球能源治理秩序产生了深远影响。地缘政治对全球能源的影响日益深化以及保守国家和新兴国家之间的能源冲突进一步加剧，旧的能源治理体系已调和失灵，每一次能源冲突都在呼吁着全球能源治理体系新秩序的到来。

在世界能源的双重转型下，中国作为一方大国，将肩负起大国使命，推动在全球能源领域建设与人为邻、友好磋商、合作共赢的新型国际关系，加强全方位的国际能源合作，帮助建设人类命运共同体，坚持共同协商、共建、共享的原则，坚持不同国家、不同模式的原则，为建设和平安全、稳定发展的世界贡献自己的一份力。中国也将加大国家自主创新力度，驱动能源技术和能源机制的双创新，争取 2030 年前二氧化碳排放达到峰值，努力争取 2060 年前实现碳中和目标。

当下，世界各国都迫切需要衡量目前及未来的经济增长和就业目标与绿色发展愿景之间的协调关系，大多数发达国家已基本就绿色发展与经济复苏同步达成一致。从长远来看，绿色发展是世界经济发展的主基调和动力。中国的能源革命将有助于全球绿色复苏和应对气候变化。中国将义不容辞地配合参与全球能源治理体系的变化，积极拓宽各层次国际能源机构及各成员国之间的交流合作，推动形成公平民主透明的国际能源和气候治理体系。

2. 在全球能源治理体系和治理架构下贡献中国力量

1) 在理论构建方面倡导新的能源安全观

以全球能源安全为共同追求，构建世界能源安全新理念。全球能源治理过程中，能源安全实现了从传统能源供应保障向包括能源运输渠道、技术专长、市场价格、外交等因素在内的综合安全理念的转变。积极参与全球能源治理体系的建设可以有效传递中国重视全球能源环境的构建以及积极参与全球能源治理的意愿与决心。早期，中国所采用的是有着传统思维的"重商主义"的能源安全战略，为了缓解"马六甲能源过境困境"，便避开这一能源通道另外开辟陆地能源渠道，虽然表面解决了能源过境的问题但其潜在的政治风险依然未消除(张潇，2018)。此外，中国国内的大部分能源公司对能源矿产更倾向于"走出国门"而不是"引进来"，而且在走出去的同时以高溢价与其他能源领域外的投资捆绑在一起。全球能源的供应以及运输深受地缘政治的影响，早期采用的传统的能源安全观一定程度上给中国在国际能源交流平台上正常的能源合作对话造成阻力。在现阶段，有必要更加明确认识到能源安全是中国当前能源治理工作的核心目标，是中国能源交流的核心利益。要克服传统的"重商主义"能源思维，重塑全球能源市场对中国能源交流的信心，同时也要继续推动能源供需以及消费革命，实现能源体制的改革和能源市场化的转型。此外，多元化是能源安全的基础，开放是能源安全的重要组成部分，国际合作有助于推动中国的能源安全，而能源合作的公平性是满足能源持续供应的首要目标。

当前国际局势错综复杂，全球能源治理体系迭代更新，能源格局也在不断变化，能源安全威胁更是形式多样。世界范围内应对气候变化形势日益紧迫，推进实现控制温升1.5℃目标导向下减排路径的趋势和呼声日益强烈。坚持"共商、共建、共享"是中国一贯坚持的基本原则，以互联互通为出路，以大局为战略导向。"不要用一国的国家安全来换取别国的不安全，也不要用部分地区的安全来换取其他国家的不安全。"中国倡导各国更新能源治理理念，摒弃传统的零和博弈观念，以共赢思维应对复杂交织的安全挑战。如今，在百年未有之大变局中，利益共享和责任共建的模式才能推动国际能源治理体系的变革并避免能源问题的军事化。

2) 在实践中促进全球能源治理体系建设

在全球能源体系建设中，中国本着互利共赢的原则推进全球能源体系建设。随着全球化的深入和能源相互依赖的加深，全球能源治理迫切需要一个应对突发性多边能源不稳定的新能源体系。"一带一路"倡议是中国参与全球治理的标志性名片。这是国际社会实现共同发展与繁荣的新平台，也是全球治理的新途径。能源合作是"一带一路"建设进程的重要组成部分，已成为能源外交的重要途径。从能源治理的角度来看，"一带一路"沿线分布着世界最主要的能源生产国、消费国和通道国。三种不同能源需求类型的国家昭示着多层次能源治理体系的必要性，这些不同的利益诉求，赋予了丝绸之路经济带无限的能源治理潜力。

一是对于参与全球能源治理的成员国来说，都应该共同积极努力构建一个多层次、多元化的合作交流氛围。中国一贯坚持开放性、多元化和包容性的合作交流，友好磋商，深度拓宽战略上的互相信任以及进一步将能源领域的治理合作扩大化，努力构建属于能源生产国和消费国的全球能源治理友好平台，成为国际能源治理体系的一部分(董秀成等，2021)。各国应努力树立和谐包容的能源合作价值观，促进能源领域的跨境交流，为能源转型合作发展营造友好环境。

二是大力推进能源开发利用内容创新，实现合作内容多元化。目前，可再生能源领域前景大好，除了传统能源领域自身的技术革新外，也应该积极寻求核能、天然气、氢能等可再生能源的开发创新和规模化工业应用关键技术的攻关，做到技术成果共享，政策分歧共商，经济发展合作共赢。同时，在各种能源技术开采和储量勘探方面，借鉴并积极引入一些国际合作机制的优点，推动建立友好的国际合作交流伙伴关系，不断拓宽合作的宽度及深度，努力实现各方共同利益的最大化，解决能源发展不平衡的全球性问题。

三是要深化能源合作形式，做好能源技术研发和创新。当前，科技已成为推动全球能源治理发展的重要引擎。能源技术合作的范围不仅限于各国政府间的能源交流，还包括对能源治理中其他主体的治理研究。以论坛和对话形式的合作平台交流先进理论，以能源利益驱动能源开发技术的革新，将国际上优秀典型的合作机制引入专业技术领域，在国家和政府的能源开发合作体系基础上创造成果。

中亚、俄罗斯和位于"一带一路"沿线的部分东南亚国家都是能源生产国，由此为中国进一步开拓陆地能源渠道奠定了客观基础。同样地，依托"一带一路"在南亚、北非等地区建立能源合作途径，与俄罗斯等煤炭资源丰富的大国也同样建立友好合作关系，一起推动全球能源经济发展，共同保障、巩固能源安全(朱雄关，2020)。对于"一带一路"能源通道沿线国家，通过管道基础设施带来的经济效益也可以实现共同发展。"一带一路"能源命运共同体的构建不仅会与东亚主要能源消费国做到互通有无，同时也能影响全球能源版图的重塑。

为克服当前能源治理机制"执行"和"权威"不足的短板，中国要利用国际能源组织平台，发挥自己的影响力，逐步推动全球能源治理体系的自我完善与创新。同时，依托互联网和新能源技术革新，向世界推广"一带一路"等新兴理念。能源互联网不仅是中国在能源领域的战略平台，也是创新能源治理理念的全新实践。大力促进"一带一路"战略合作，不断完善平台规章制度创新，促进各成员国之间的互通交流，增强能源互联网在国际能源领域的"执行力"，使其进一步成为全球能源治理体系中能源机构组织的进步性代表性平台(黄晓勇，2020；Valdes，2021；李月清，2020)。作为发展中国家主导的合作平台，"一带一路"看到了 IEA、OPEC 等能源组织的短处，借鉴了当前国际能源机构的长处，并结合自身实际，成功构建了一个新兴经济体的能源合作交流对话平台，实现新兴经济体的产业转型升级，也为能源出口国和进口国之间的对话创造了一个和谐的平台。

"一带一路"框架有利于推动中国深度参与全球能源治理。过去数十年中，尽管新兴市场和发展中国家的综合实力有了较大提升，但在全球重大事务上却无法获得与其自身实力相适应的国际话语权。究其原因，是长期以来广泛存在的国际关系不民主、不公正、不合理。而"丝路精神"所构建的新型"相互依附"国际关系，为构建更加公正、合理、均衡的全球治理体系提供新动能。在丝路精神指引下，"一带一路"终将成为造福世界的"发展带"、惠及各国人民的"幸福路"。西方国家对"一带一路"能源合作关系存疑大多是从地缘政治的角度表达担忧，比如倡议内容里的策略、真实合作效果、惠及范围及力度等。因此，我们需要将"一带一路"的友好理念传递给世界各国，加深国与国之间的信任与合作交流。

此外，G20 也是中国参与全球能源治理体系平台的一个途径，中国应利用好这一全球对话平台，促进国际能源机构合作与改革，共同推动全球能源治理常态化，加深全球对中国的能源治理命运共同体理念的认识，深化拓展多渠道多层次的合作交流。

在未来推动全球能源治理体系更加民主、公平和透明化的实践中，中国应该始终保持智、保持清醒，找准自己的国际角色定位，为能源安全、全球能源可持续绿色发展和促进经济全球化等做出贡献。在全球能源治理中，利益与挑战危机是并存的，中国作为一方大国，既要担负起全球能源治理的责任，也会和其他共同治理的各国一同分享利益果实。另外，作为发展中国家的一员，中国始终坚持以发展为第一要务，以提高人民生活水平为目标，以坚持为人民服务的宗旨，打好坚实的下层建筑，为实现中华民族的伟大复兴保驾护航。

第 2 章

能源及其管理

2.1 能源及能源工程

2.1.1 能源

1. 能源定义

生活中能量的用处十分广泛，大到支持技术的进步、经济的发展，小到维持人体的生命、一个房间的温度。能量存在的形式多种多样，主要以机械能、热能、光能、核能、电能、磁能、化学能等运动能量、储存能量和分配能量形式存在。而能源指的是能量的来源，亦称能量资源或能源资源，是指可产生各种能量，如热量、电能、光能和机械能等或可做功的物质的统称。能源不仅包括供人类生产、生活的自然资源，还包括那些经加工、转换而得到的能量来源。

2. 能源分类

能源的分类多种多样，主要按使用类型、能否再生、获得的方法、能否作为燃料、对环境的污染情况、能否流入商品流通领域以及能量的来源等标准进行分类，因此，一种能源可能会分属于多个能源种类，见表 2-1。

表 2-1 能源的分类

按使用类型	按性质	按一次和二次能源分类	
		一次能源	二次能源
常规能源	燃料型能源	泥煤(化学能)、褐煤(化学能)、烟煤(化学能)、无烟煤(化学能)、石煤(化学能)、油页岩(化学能)、油砂(化学能、机械能)、生物燃料(化学能)、天然气水合物(化学能)	煤气(化学能)、焦炭(化学能)、汽油(化学能)、煤油(化学能)、柴油(化学能)、重油(化学能)、液化石油气(化学能)、丙烷(化学能)、甲醇(化学能)、酒精(化学能)、苯胺(化学能)、火药(化学能)
	非燃料型能源	水能(机械能)	电(电能)、蒸汽(热能、机械能)、热水(热能)、余热(热能、机械能)
新能源	燃料型能源	核燃料(核能)	沼气(化学能)、氯(化学能)
	非燃料型能源	太阳能(辐射能)、风能(机械能)、地热能(热能)、潮汐能(机械能)、海洋温差能(热能、机械能)、海流、波浪动能(机械能)	激光(光能)

按使用类型，可以将能源分为常规能源和新能源。常规能源即传统能源，是指已被

利用，目前仍在大规模利用的能源，如水能、生物能、煤和石油；新能源即非常规能源、替代能源，是指最近才被利用且未能被大规模利用的能源，如太阳能、风能、地热能、核能及沼气等。

按能否再生，可以将能源分为可再生能源和不可再生能源。可长期提供或可再生的能源，如水能、风能、太阳能、地热能、潮汐能等；不可再生能源是消耗后很难再生的能源，如煤炭、石油、天然气等。

按获得的方法，可以将能源分为一次能源和二次能源。一次能源即天然能源，指直接取自自然界，而且形状不发生变化的能源。一次能源又可以分为可再生能源和非再生能源；二次能源即人工能源，是指一次能源经人为加工成另一种形态的能源。如汽油、水电、蒸汽、煤气、焦炭及沼气等。二次能源可以分为"过程性能源"和"含能体能源"，电能就是应用最广的过程性能源，而汽油和柴油是目前应用最广的含能体能源。此外，二次能源同一次能源不同，二次能源不能直接取自自然界，只能由一次能源加工转换以后得到，因此，严格来说，二次能源不是"能源"，而应称之为"二次能"。能源危机，可再生能源等都不涉及二次能源。

按能否作为燃料，可以将能源分为燃料型能源和非燃料型能源。燃料指燃烧时能产生热能和光能的物质，如煤、油、气、藻类、木料、沼气、铀等；而不作为燃料使用，直接产生能量提供人类使用的能源为非燃料能源，如水能、风能、潮汐能、海洋能，激光能等。

按对环境的污染情况，可以将能源分为清洁能源和非清洁能源。清洁能源指的是使用时对环境没有污染或污染小的能源，如水能、风能、太阳能及核能等。而非清洁能源指的是使用时会对环境造成较大影响的能源，如煤炭、石油等。

按能否进入商品流通领域，可以将能源分为商品能源和非商品能源。商品能源可以进入市场作为商品销售，如煤、石油、天然气和电等。而非商品能源不能在市场流通，一般就地利用，如柴薪、秸秆及粪便等。

按能量来源，可以将能源分为来自太阳辐射的能源、来自地球内部的能源以及来自天体引力的能源。如生物能、煤、石油、天然气、水能、风能、海洋能等均为直接或间接来自太阳辐射的能源。而地下蒸汽、温泉、火山爆发以及地球上存在的铀、钍、锂等核燃料所蕴含的核能都属于来自地球内部的能源。来自天体引力的能源主要是太阳及月亮等星球对大海的引潮力所产生的涨潮和落潮所拥有的巨大潮汐能。

3. 能源发展现状

1) 能源生产及供应

(1) 能源生产稳定。

我国持续推进煤炭增优减劣，有序发展能源优质先进产能，积极推进油气增储上产和清洁能源消纳，加强能源输送设施建设，保障了能源安全生产和有效供给，不断形成包括煤炭、石油、天然气、电力、新能源和可再生能源等在内的完善的能源生产和供应体系。

近十年来，能源生产总量经历持续增长后在 2016 年出现首次下降，而 2017 年又开始回升。2019 年,能源生产总量达到历史高点,全国一次能源生产总量 39.7 亿 t 标准煤,较上年增长 5.1%,见图 2-1。其中,原煤产量 38.5 亿 t,同比增长 4%。原油产量 1.91 亿 t,同比增长 0.9%。天然气产量 1761.7 亿 m^3,同比增长 10%。发电量 75034.3 亿 kW·h,同比增长 4.7%。火电、水电、核电发电量 68729.4 亿 kW·h。不同能源品种的增长势头分化明显。

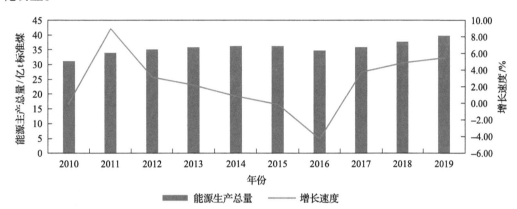

图 2-1　2010～2019 年中国能源生产总量(中电传媒·能源情报研究中心,2020)

(2)能源供应结构清洁化进程任重道远。

近年来,随着能源转型步伐加快,我国能源结构持续优化,但煤炭仍然占能源生产结构的大比重。根据能源基金会首席执行官兼中国区总裁邹骥估计,我国要实现 2030 年达到碳峰值、2060 年实现碳中和的目标,煤炭在能源中的占比要降到 10%甚至 5%以下。

国家统计局数据显示,2019 年能源生产结构中,原煤占比 68.8%,原油占比 6.9%,天然气占比 5.9%,水电、核电、风电等占比 18.4%(表 2-2)。且在电力结构方面,2019 年全国发电装机容量 201066 万 kW,比上年末增长 5.8%。其中,火电装机容量 119055 万 kW,增长 4.1%;水电装机容量 35640 万 kW,增长 1.1%;核电装机容量 4874 万 kW,增长 9.1%;并网风电装机容量 21005 万 kW,增长 14%;并网太阳能发电装机容量 20468 万 kW,增长 17.4%。水电、核电、风电和太阳能发电占全部发电量的 27.7%,较上年提高了 1 个百分点。

从近十年不同品种能源占比情况看,如表 2-2 所示,原煤生产占比在轻微波动之后呈下降趋势。原油生产总量占比持续下降,十年间下降 2.4 个百分点。除 2018 年有所回落外,天然气和水电、核电、风电等清洁能源生产占比持续上升,这主要因为 2018 年水电、核电、风电占比较上年有较大波动。

(3)能源贸易持续增长。

从近年能源贸易情况看,如表 2-3 所示,煤、原油和天然气进口量均持续增加,但出口量较小,与进口量相比有较大差距。

煤炭贸易方面,煤炭进口量在 2013 年达到峰值 32700 万 t 之后逐年下滑,至 2015 年跌至 20406 万 t。2016 年,在国内煤炭供给侧结构性改革之际,进口煤量反弹至 25543 万 t,

表 2-2 2010～2019 年中国能源生产结构(中电传媒·能源情报研究中心，2020)

(单位：%)

年份	原煤	原油	天然气	水电、核电、风电
2010	76.2	9.3	4.1	10.4
2011	77.8	8.5	4.1	9.6
2012	76.2	8.5	4.1	11.2
2013	75.4	8.4	4.4	11.8
2014	73.6	8.4	4.7	13.3
2015	72.2	8.5	4.8	14.5
2016	69.6	8.2	5.3	16.9
2017	68.6	7.6	5.5	18.3
2018	69.9	7.2	5.7	17.2
2019	68.8	6.9	5.9	18.4

表 2-3 2010～2019 年我国能源进出口情况(中电传媒·能源情报研究中心，2020)

年份	煤炭/万 t		原油/万 t		天然气/亿 m³	
	进口	出口	进口	出口	进口	出口
2010	16310	1910	23768	303	165	40
2011	22220	1466	25378	252	312	32
2012	28841	928	27103	243	421	29
2013	32700	751	28174	162	525	27
2014	29120	574	30837	60	591	26
2015	20406	533	33550	287	616	33
2016	25543	879	38101	294	753	34
2017	27090	817	41957	486	956	27
2018	28123	493	46190	263	1250	25
2019	29967	603	50572	81	1322	26

同比增速高达 25.2%。2017 年，进口煤增速放缓，降至 6.02%，但总量仍然达到 27090 万 t 总量，显示国内市场对于进口煤仍有一定量的需求。2019 年，中国进口煤炭 29967 万 t，同比增加 1844 万 t，增长率较上年增加近 3 个百分点。

石油贸易方面，2019 年，中国原油进口量继续攀升，达到 50572 万 t，较上年增长了 9.49%，增长率有所下降。由于原油出口量微乎其微，使得国内原油净进口量持续走高。

天然气贸易方面，2019 年，中国天然气进口量为 1322 亿 m³，与上年同期相比增长 5.76%。

(4)能源输送能力显著提高。

根据《新时代的中国能源发展白皮书》数据，截至 2019 年，我国已建成天然气主干管道超过 8.7 万 km、石油主干管道 5.5 万 km、330kV 及以上输电线路长度 30.2 万 km。

(5)能源储备体系不断健全。

根据《新时代的中国能源发展白皮书》数据，截至 2019 年，我国已建成 9 个国家石油储备基地，天然气产供储销体系建设取得初步成效，煤炭生产运输协同保障体系逐步完善，电力安全稳定运行达到世界先进水平，能源综合应急保障能力显著增强。

2）能源消费

(1)国内能源消费结构向清洁低碳转变。

2019 年能源消费总量 48.6 亿 t 标准煤，比上年增长 3.3%。其中，煤炭消费占能源消费总量的 57.7%，石油占 18.9%，天然气占 8.1%，水能、核能、风能占 15.3%，见表 2-4。十年来，能源消费总量持续上升，以 2010 年能源消费总量 36.1 亿 t 标准煤为参照，2010～2019 年十年间能源消费增长了 34.8%。自 2014 年以来，能源消费增速持续低迷，2016 年以来同比增速略有回升，但较 2011 年同比增长 7.3%。煤炭消费总量占全国能源消费总量比例开始逐年下滑，2019 年中国煤炭消费总量占全国能源消费总量的 57.7%，较 2018 年减少了 1.3%；石油消费总量占全国能源消费总量的比例较为平稳，2019 年我国石油消费总量占全国能源消费总量的 18.9%，与 2018 年持平；天然气消费总量占全国能源消费总量的比例呈上升趋势，2019 年中国天然气消费总量占全国能源消费总量的 8.1%，较 2018 年增加了 0.3%；水电、核电、风电消费总量占全国能源消费总量的比例也在逐年增加，2019 年中国水电、核电、风电消费总量占全国能源消费总量的 15.3%，较 2018 年增加了 1.0%。

表 2-4　中国一次能源消费及结构

年份	能源消费总量/万 t 标准煤	构成(能源消费总量)/%			
		煤炭	石油	天然气	水电、核电、风电
2010	360648	69.2	17.4	4.0	9.4
2011	387043	70.2	16.8	4.6	8.4
2012	402138	68.5	17.0	4.8	9.7
2013	416913	67.4	17.1	5.3	10.2
2014	425806	65.6	17.4	5.7	11.3
2015	429905	63.7	18.3	5.9	12.1
2016	435819	62.0	18.5	6.2	13.3
2017	449000	60.4	18.8	7.2	13.6
2018	464000	59.0	18.9	7.8	14.3
2019	486000	57.7	18.9	8.1	15.3

数据来源：王庆一. 2020. 2020 能源数据. http://www.igdp.cn。

在国内能耗双控制度及节能低碳激励政策等的作用下，清洁能源消费占比持续增加，从 2010 年的 13.4% 上升到 2019 年的 23.4%，见图 2-2。总体看来，我国能源构成中，煤炭仍然发挥主体性地位，但未来环保、清洁型能源有较大发展空间，将是中国未来能源市场的消费趋势。

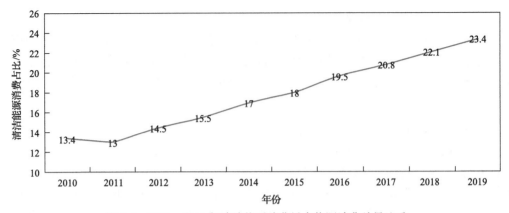

图 2-2　2010～2019 年清洁能源消费量占能源消费总量比重

数据来源：①中华人民共和国 2019 年国民经济和社会发展统计公报. (2020-02-28). http://www.gov.cn/xinwen/2020-02/28/content_5484361.htm；②《中国统计年鉴》(2011～2015)；③BP Statistical Review of World Energy 2019

(2)能源消费世界第一，化石能源占比偏高，可再生能源消费量位居世界首位。

据 2019 年《BP 世界能源统计年鉴》，2018 年中国一次能源消费 3273.5 百万 t 油当量，超过美国 2300.6 百万 t 油当量，位居世界第一。在能源消费构成中，中国、印度的煤炭占绝对比重。美国、俄罗斯、日本、加拿大、德国、伊朗均以油气为主要消费品种，加拿大、巴西也消耗较多水电，见表 2-5。从能源清洁度看，俄罗斯、加拿大、伊朗清洁能源消费占比较高，均超过 60%，而中国能源结构中清洁能源占比仅 22.1%。中国非水可再生能源消费同样居于世界首位，2018 年为 143.5 百万 t 油当量，超过第二名美国 39.7 百万 t 油当量，是第三名德国的 3 倍多，见图 2-3。总体比较，2018 年我国可再生能源、煤炭、水电消费均居世界首位，石油消费居于世界第二位，天然气、核能消费居于世界第三位。

表 2-5　2018 年世界一次能源消费量及结构

国家	一次能源消费量/百万 t 油当量	消费结构/%					
		石油	天然气	煤	核电	水电	可再生能源*
中国	3273.5	19.6	7.4	58.3	2.0	8.3	4.4
美国	2300.6	40.0	30.5	13.8	8.4	2.8	4.5
印度	809.2	29.5	6.2	55.9	1.1	3.9	3.4
俄罗斯	720.7	21.1	54.2	12.2	6.4	6.0	—
日本	454.1	40.2	21.9	25.9	2.4	4.0	5.6
加拿大	344.4	31.9	28.9	4.6	6.6	25.4	3.0
德国	323.9	34.9	23.4	20.5	5.3	1.2	14.6
韩国	301.0	42.8	16.0	29.3	10.0	0.2	1.7
巴西	297.6	45.5	10.3	5.7	1.2	29.4	7.9
伊朗	285.7	30.2	67.9	0.5	0.6	0.8	—

* 可再生能源是用于发电的风能、地热、太阳能、生物质和垃圾，水电和可再生能源按火电站转换率 38%换算热当量。

数据来源：BP Statistical Review of World Energy 2019.

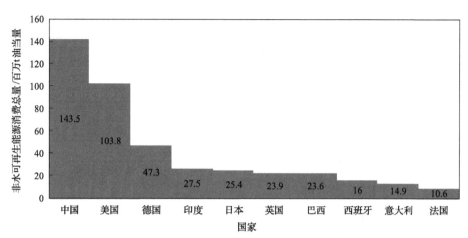

图 2-3　2018 年非水可再生能源消费总量前十名国家

数据来源：BP Statistical Review of World Energy 2019

3) 能源投资

2019 年，我国采矿业投资同比增长 24.1%，制造业投资同比增长 3.1%，电力、热力、燃气及水生产和供应业投资同比增长 4.5%。

2019 年，电源（电源、电网基本减少投资为纳入行业统计的大型电力企业完成数）基本建设投资完成额 3139 亿元（表 2-6），同比增长 12.6%。其中，水电投资 814 亿元，同比增加 16.3%，核电投资 335 亿元，同比下降 25%，火电投资 630 亿元，同比下降 20%。电网基本建设投资完成额 4856 亿元（表 2-6），同比下降 9.6%。

表 2-6　2010～2019 年能源行业固定资产投资（不含农户）　　（单位：亿元）

年份	煤炭采选业	石油及天然气开采业	石油及炼焦加工业	煤气生产和供应业投资	电源投资	电网投资
2010	3785	2928	2035	964	3969	3448
2011	4907	3022	2268	1244	3927	3687
2012	5370	3077	2500	1605	3732	3661
2013	5213	3821	3039	2210	3872	3856
2014	4684	3948	3208	2242	3686	4119
2015	4007	3425	2539	2331	3936	4640
2016	3038	2331	2696	2135	3408	5431
2017	2648	2649	2677	2230	2900	5340
2018	2804	2630	2947	2373	2721	5373
2019	3654	3306	3312	2802	3139	4856

数据来源：①电源、电网投资数据来自《中国能源大数据报告 2020》；②其他数据来自《中国统计年鉴》（2011～2020）。

4) 能源效率

(1) 能效水平提升，万元 GDP 能耗下降。

在能源转型背景下，我国能源行业大力加强节能技术攻关，努力提高能效水平，节能降耗不断取得新成效，单位 GDP 能耗持续下降。2019 年，全国万元国内生产总值能耗比上年下降 2.6%，见表 2-7。

表 2-7 2010~2019 年万元国内生产总值能耗降低率

年份	GDP 能耗下降率/%	年份	GDP 能耗下降率/%
2010	−4.01	2015	−5.6
2011	−2	2016	−5
2012	−3.7	2017	−3.7
2013	−3.8	2018	−3.1
2014	−4.8	2019	−2.6

数据来源：2019 年分省(区、市)万元地区生产总值能耗降低率等指标公报. (2020-08-11). http://www.stats.gov.cn/tjsj/tjgb/qttjgb/qgqttjgb/202008/t20200811_1782230.html。

(2)单位 GDP 二氧化碳排放持续下降。

2019 年，全国万元 GDP 二氧化碳排放下降 4.1%，见图 2-4。近年来，全国各地围绕大气污染防治攻坚任务，扎实推进减煤替代和电能替代，实现能源清洁高效利用，全国万元国内生产总值二氧化碳排放持续下降。

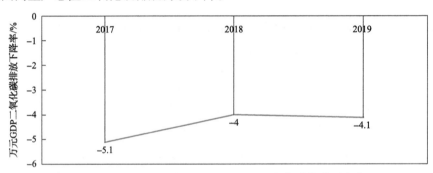

图 2-4 2017~2019 年全国万元 GDP 二氧化碳排放下降率

数据来源：《中国能源大数据报告 2020》；《中国统计年鉴》(2020)

(3)能源消费弹性系数有所回升。

能源消费弹性系数为能源消费增长率与 GDP 增长率的比值，反映能源消费增长速度与国民经济增长速度之间的比例关系，体现出经济增长对能源的依赖程度。2011 年，我国能源消费弹性系数 0.77 为近十年来最高值，表明经济发展对能源消费的依赖程度较高。2012~2015 年间能源消费弹性系数逐步下降到 0.14 后开始回升，2019 年能源消费弹性系数为 0.54，继 2015 年以来的反弹回升之势，见图 2-5。

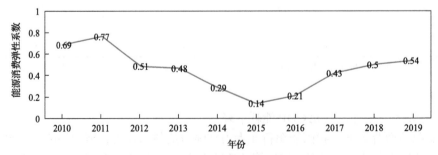

图 2-5 2010~2019 年国内能源消费弹性系数

数据来源：王庆一. 2020. 2020 能源数据. http://www.igdp.cn

2.1.2 能源工程

工程是为实现特定的目标，通过科学知识和技术手段的应用，使现有"实体"通过一个系统的操作，以最少的资源投入，高效、可靠地满足人类需求。这里的工程包括了广义和狭义两个层面的概念。狭义层面的工程概念中所作用的"实体"指的是具体的自然和人造系统，而广义工程还包括抽象的各种社会系统。

(1)工程是连接科技与生产力的桥梁。

工程强调通过应用技术解决现存的实际问题，实现经济社会的发展。经济发展离不开科学技术，科技成果转化为生产力离不开工程设计，工程是科技成果转化为生产力的重要环节，是科技成果转化为生产力的纽带。

(2)工程注重人的因素。

工程问题的解决需要考虑复杂的环境因素，要求工程主体掌握多种技能，注重工程主体的经验积累，以及利用多种技能、知识组合解决问题的能力。

(3)工程强调组织和沟通。

工程涉及的参与人员众多，组织协同非常重要，往往会设有庞大的管理层负责组织工作，由于注重流程、规范，内部会进行一定的标准化管理。

(4)工程追求的目标是满意解，不是最优解。

工程处于一定的环境条件，一方面，工程主体获取信息资源的能力是有限的，另一方面，工程主体自身信息分析能力也是有局限的，因此，不可能获取完备的信息，也不可能想到所有可能的方案，使得工程目标的决策也就不存在最优解。

(5)工程需要最优化内部各指标。

虽然工程追求的总体目标不是最优的，但在确定了满意解后，需要在已知条件下，将内部资源的利用最大化，通过各个分目标的实现追求满意解利益最大化。

与工程概念相对应，能源工程也包含广义和狭义两个层面的内容。狭义的能源工程是指将科学技术和相关知识应用到能源领域方面，使物质通过开发、转化、利用，满足一定的需要。依据所要解决问题的角度不同，可将能源工程进行分类：

(1)能源动力工程：解决如何安全、清洁、高效地转换能源，并且应用它们来产生动力，为人们生产、生活所使用。能源动力工程解决的是能源转化、传输、利用等的理论技术问题，动力技术包括锅炉、内燃机、航空发动机、制冷及相关技术等。

(2)能源化学工程：解决的是怎么在最大化利用能源的同时减少对大自然的伤害。主要方向包括：能源清洁转化、煤化工、石油化工、燃气及天然气工程，环境催化、绿色合成，新能源利用与化学转化环境工程等。

能源动力工程和能源化学工程分别为能源在物理和化学方面的应用，最终目的都是为了人类更好地利用能源资源。

广义的能源工程还包括为了达到社会发展和环境保护等目的，对能源系统进行规划与设计等内容，如能源系统工程。

2.2 能源工程管理综述

2.2.1 能源工程管理目的、作用及意义

根据研究对象的不同，可以将能源工程管理分为狭义的和广义的两种。狭义的能源工程管理是指从多个能源技术参数方案中寻找出技术上可行、经济上节省和合理的技术方案。广义的能源工程管理包括能源工程项目管理和能源产业管理，以及实现能源技术推动能源产业发展的路径和机制等方面的管理。

1. 能源工程管理目的

20 世纪以来，随着科技的发展，人们掌握了越来越多的能源技术，也越来越聚焦于能源技术的变革发展，与之相反，能源管理模式的发展变革却缺乏关注。然而，能源技术的变革与能源管理的创新是相辅相成的，一方面，如果没有相应的管理变革推动，技术将无法真正发挥其价值。技术创新和管理变革就像人的两条腿，真正决定这个"人"能否走得更远、更快的是两条腿的配合。另一方面，只谈组织变革、管理升级，却不聚焦于"硬核"的技术升级，那么也将无法真正提升价值。管理的意义在于发挥价值，而技术的意义在于创造价值，没有管理，技术创造的过程和结果都无法良好控制，而没有技术变革，管理将附着在沙滩上。

能源工程是能源技术成果转化为生产力的重要环节，是科技成果转化为生产力的纽带，对推动经济社会发展有重要的作用。能源工程项目投资大、关联多、周期长，使得其管理具有很大的复杂性和不可预测性。因此，在工程项目管理上除了要明确技术方向外，还要有先进的管理理念做指导，打造符合资源特点的管理模式，以协调工程建设涉及的多方利益主体，提高能源工程项目建设效率，减少资源浪费、材料消耗以及废弃物排放，为环境的可持续发展添砖加瓦。同时，作为工程项目中的关键成员，能源企业的管理也深刻影响着项目的效率和进展。拥有先进管理模式的企业更加"外向"、擅于突破自己、拥有良好的合作意识，更容易实现工程建设的组织协调。

中国共产党第十九次全国代表大会上，习近平指出，"经过长期努力，中国特色社会主义进入了新时代，这是我国发展新的历史方位。这标志着我国社会主要矛盾已经转化为人民日益增长的美好生活需要和不平衡不充分的发展之间的矛盾[①]"。能源产业发展与经济社会紧密联系，深刻影响着经济社会发展。要想通过矛盾日益凸显的能源产业的转型升级来推动经济社会绿色低碳发展，在解决气候问题的同时，助力中国经济在国际竞争中实现"弯道超车"，就要厘清能源工程与经济发展的相互作用机理。习近平在第七十五届联合国大会一般性辩论上的讲话："中国将提高国家自主贡献力度，采取更加有力的政策和措施，二氧化碳排放力争于 2030 年前达到峰值，努力争取 2060 年前实现碳中

[①] 中国共产党第十九次全国代表大会 习近平作报告. (2017-10-18). http://www.china.com.cn/19da/2017-10/18/content_41754142.htm。

和①。"这一重要宣示向国际和国内社会释放了清晰、明确的政策信号，为我国应对气候变化、绿色低碳发展提供了方向指引，明确了我国能源发展目标，这就要求我们从能源生产、消费、技术、体制各环节统一认识，从经济社会的宏观发展角度对能源产业进行规划，为能源产业支撑国家发展设计并保持一种良好的政策环境、市场环境以及休制机制环境，以实现产业创新升级、国家经济社会环境可持续发展的目标。

2. 能源工程管理作用

碳中和愿景明晰了能源转型战略目标，要实现二氧化碳排放 2030 年前达到峰值、2060 年前实现碳中和，不仅需要能源供应系统的清洁低碳化转型，大幅提高风能、太阳能、水能等非化石能源在能源使用中的占比，更需要工业、建筑、交通等终端用能部门加快推动自身变革。因此，碳中和愿景的提出将深刻地改变生产、生活方式。从生产方式来看，首先，新旧动能转换会不断推进，技术更高、能耗更低的新动能技术创新不断涌现，传统动能优化改造加速。其次，电气化、智能化进一步加强，"电代煤""电代油"等手段，氢能、生物燃料等低碳燃料应用将不断重塑企业的生产流程和组织结构。最后，新的发展理念和信息技术将不断与终端用能领域融合。工业领域生产更加灵活，5G、大数据、工业互联网等数字经济和传统工业深度融合，工业生产能效必将大幅提高。建筑方面，零碳建筑、柔性建筑将会成为主流，建筑屋顶、立面加装光伏板，安装直流配网，并配备储能电池，实现建筑自身供电、制冷、供热。新理念的不断应用将进一步提升能源电力系统的灵活性，促进以高比例可再生能源为特征的新一代电力系统建设。同时，工业、建筑等领域的电气化还将成为助力能源供应系统加速实现低碳化的需求响应资源。而从生活方式来看，碳中和愿景将对百姓的衣食住行产生深刻影响，零碳建筑、低碳出行工具等低碳生活方式将成为风尚。

综上所述，为完成能源转型战略目标，实现能源企业个体发展、能源产业升级以及经济社会协同发展，需要解决以下问题：如何优化改造传统动能，如何选择新旧动能转换方向，如何改变组织管理模式来推动新旧动能转换，如何从源头上杜绝污染环境的能源项目，如何通过建立综合标准体系以更好地实现新的发展理念及技术与终端用能部门的融合、如何将"绿色""节能"等观念深入人心等，这些都是能源工程管理题中应有之义。

1）能源工程与节能减排

现阶段，国内能源消费增速放缓，但由于我国仍处于工业化、城镇化加快发展的历史阶段，能源需求总量仍有增长空间。碳达峰碳中和目标下，我国能源结构逐渐步入战略性调整期，清洁能源替代步伐加快，能源消费由主要依靠化石能源供应转向由非化石能源满足需求增量转变，煤炭在一次能源消费中的比重将逐步降低，但在相当长时期内，其主体能源地位不会变化。

---

① 习近平在第七十五届联合国大会一般性辩论上的讲话.（2020-09-22）. http://www.gov.cn/xinwen/2020-09/22/content_5546169.htm。

根据建言"十四五"能源发展系列活动①发布的《节能新思路、新模式、新举措总结报告》，我国能源行业的碳中和任务(包括碳汇抵消量)约为每年 100 亿 t，从欧盟实现 2050 年碳中和目标的 50%需要依靠节能来完成的基准情景来看，节能也应成为我国实现能源领域碳中和目标的最重要手段②。系统、整体的能源工程管理将从以下四方面为节能减排战略的实现提供重要支撑。

(1)能源工程管理引导节能技术创新。

从能源效率角度来看，能源效率受技术进步、产业结构调整、能源消费结构分布、能源价格波动、工业化水平等诸多因素共同作用影响，而能源技术创新是影响能源效率最为关键的因素。能源技术创新不仅能够实现能源在生产、运输和消费等环节的低碳排放，还通过推动产业结构调整，淘汰高能耗产业，实现低碳排放。在国际先进节能减排技术向我国转移率低的现实情况下，仅仅依靠国外技术的引进、消化和吸收并不能实现我国节能减排的目标，必须致力于提高我国自身的能源技术创新能力。

能源技术的创新发展是能源工程管理中最重要的内容，通过政策引导和支持工业、建筑、交通等高耗能重点行业的能源技术创新，提高能源利用水平，向着更加节能方向发展，推动形成具有自主知识产权的先进节能技术和装备体系，建立开放的节能标准、检测、认证和评估技术体系。实现高耗能产品单位能耗明显降低，终端用能产品能效大幅提升，主要交通运输工具能耗显著下降，初步形成以超低能耗、高比例非化石能源为基本特征的绿色建筑体系，是当下能源工程加快落实节能减排措施、有力支撑节能减排战略目标实现所需要下功夫的重点。

(2)能源工程管理助力能源结构调整。

中国的能源结构现状，增大了节能减排的难度，亟须加大力度优化、调整能源结构。构建传统能源清洁高效利用，风能、太阳能等可再生能源共同发展的能源体系是未来能源结构调整的主要方向。这就要求大力发展新能源技术，新的技术呼唤新的管理理念和方式，同时，在新能源产业发展初期，市场力量不足以引导社会资本流入，还要靠政府出台扶持政策，引导社会资金流入。以支持能源技术创新为突破口，在能源供给、需求、体制环境等各方面辅以保障性措施，打破不符合现有发展形势的能源系统，推动更高级能源产业系统的形成。

能源政策落实的好坏不仅取决于政策本身，还同能源工程管理水平和能力有很大的关系。在掌握能源产业发展规律基础上，能源工程管理通过创新现有管理模式及方法，实现有限资源的最大化利用，开拓符合能源企业个体特点的能源发展方向，推动能源技术创新。正是无数个能源企业创新发展的合力，共同推动了能源产业技术创新体系的完善。同时，更为开放的管理模式还可以引导和鼓励能源企业运用技术、资金优势，通过贸易、投资、合作等方式"走出去"，参与国际市场资源开发利用，参与国际经贸合作，争取国际能源市场话语权，保障国内能源安全。鼓励吸收和借鉴国际能源发展先进经验，

---

① 建言"十四五"能源发展系列活动. (2020-10-12). https://energy.pku.edu.cn/docs/2020-12/b2346366d4104b5683938885d3dfed93.pdf。

② 年可节约至少 4.5 个三峡大坝电量，碳中和当首选这一举措. (2021-01-19). http://www.chinanecc.cn/website/News!view.shtml?id=245253。

完善国内能源市场体制机制，促进能源结构调整，丰富和发展能源工程管理理论和模式。因此，能源结构的调整和优化脱离不了能源工程管理。

（3）能源工程管理促进能源管理系统构建。

能源管理系统可以优化能源消耗最佳工艺数据，为企业提供一个成熟的、有效的、便捷的能源系统整体管控解决方案，提高能源系统的运行、管理效率。构建以客观数据为基础的能源管理系统，是冶金、化工、热力、电厂等能源消耗企业实施节能降耗最根本的办法。建设能源管理系统对提高能源系统运行和管理的水平，减少能源消耗，节能减排，提高供能质量，强化和完善能源考核和评价体系，提高劳动生产率，改善环境质量，提高企业能源产品的市场竞争力，都具有良好的作用和效果。

①能源信息的采集、存储、管理和利用有利于获得第一手运行工艺数据，实时掌握系统运行情况、及时采取调度措施，使系统尽可能运行在最佳状态，将事故的影响降到最低，从源头上减少资源的浪费。还可以实现能源数据的挖掘、分析、加工和处理，为管理决策提供信息。

②在掌握真实、动态能耗数据的基础上，实施能源监控和能源管理流程优化再造，可以减少能源管理环节，优化能源管理流程，减少不必要的人力投入，节约人力资源成本，简化能源运行管理，提高劳动生产率。并在科学数据支撑基础上，建立客观能源消耗评价体系，有效实施以数据为依据的能源消耗评价体系，提高管理效率。

③通过系统迅速从全局角度了解系统的运行状况，发现故障点，以便及时采取补救措施，降低损失。加快能源系统的故障和异常处理，提高企业对能源事故的反应能力。

④通过优化能源管理的方式和方法，改进能源平衡技术手段，使能源的合理利用达到一个新的水平，实现能源调度优化和指挥系统平衡，节约能源并改善环境。

（4）能源工程管理形成节能文化新风尚。

资源节约与环境友好型社会国家的建设离不开14亿人的努力。在结构节能、技术节能、管理节能的基础上，应当高度重视"文化节能"，即社会氛围和每个人素养对节能工作的重要性。如果说结构节能、技术节能与管理节能是"经济基础"的话，"文化节能"则为"上层建筑"。经济基础的夯实可以促进上层建筑的形成，同时上层建筑的构建有助于打牢经济基础。

要将节能文化渗透到全社会的每个角落，渗透到研发部门、生产部门、制造单位，渗透到每个用能单位、每个人，使节能工作成为大众认可的潜意识行为，利用社会监督机制杜绝资源浪费，并通过激励机制，加强节能减排的荣誉感。

2）能源工程与环境保护

能源是人类赖以生存和发展的资源，是国家经济社会发展和人民生活改善的重要物质基础。随着人类改造自然能力的增强，人类利用能源的能力也得到了迅速提升，这在推动经济快速发展的同时，使得人类对自然资源的依赖进一步加重。人类社会的发展、进步离不开能源资源的开发、输送、转换和利用，而环境保护是约束能源资源过度或不合理开发行为，为人类社会发展创造良好的自然环境和社会环境协调发展的生存空间。

能源在开采、输送、转换、利用以及消费的各个环节都会对生态环境产生一定影响。

如能源转换和利用过程中，产生烟尘、粉尘、硫化物、氮化物等有害物质，进入大气中，会危害人体健康，污染环境；能源转换和利用过程中产生冶金渣、燃料渣、化工渣等固体废物会破坏土壤、危害生物、淤塞河道、污染水质；能源转换和利用过程中会排出大量的废水，会使得工厂附近水域温度升高，水中的氧气含量降低，影响水中生物的生存；能源转换和利用过程中排放的洗煤污水、矿石污水、焦化厂污水、电厂循环水、冲渣水等都可能引起水污染，严重影响居民生活环境和身体健康。

大量化石燃料的粗放开采、利用造成严重的生态破坏，包括水土流失、荒漠化、草原退化、土地破坏以及生物多样性的丧失。中国正在经历着前所未有的生态赤字，2018年，我国消耗了自身生物承载力1.75倍的生态资源，只有青海和西藏仍维持生态盈余。人类对能源的开发和利用曾经历过一些曲折，究其原因，主要是在资源利用和环境保护两方面有所欠缺。

(1) 资源利用方面。

①缺乏能源资源危机意识，能源资源的有限性要求人类社会的发展应始终在能源资源利用容许的范围内对其进行开发和利用，对能源资源缺少紧迫性认识，造成资源能源浪费现象较为普遍。

②能源资源利用内生动力不足，能源资源利用方式粗放，设备落后，集约化、精细化利用水平有限。

③能源资源制度不够完善，突出表现为能源资源利用激励机制不完善、不健全，激励力度较弱，难以发挥其应有的引导作用。

④地区发展不平衡。东部经济发达地区能源资源开发过度，而西部地区能源资源开发不足，城市能源资源开发过度，农村开发不足现象依然存在。

(2) 环境保护方面。

①公众环保意识有待提升。由于环保知识宣传、普及的方式单一等因素，公众的环保意识薄弱，参与环保事业的主动性、积极性不强。

②环保技术含量低。由于资金投入不足、专业人才缺乏等因素，环保事业的技术含量较低。

③污染环境成本承担低。当前，由于环境资源的外部性和环境资源产权的不明确，使得企业为开采资源造成的生态环境破坏"买单"的代价太低，企业在生产活动中只考虑私人成本，不考虑社会成本，进而将其环境污染的责任转嫁给全社会，而自己却赚得盆满钵满。同时，企业处于这种不完善、不对称的产权体系中，使得其没有动机去有效使用环境资源，市场不能有效地配置环境资源，即市场失效，最终环境遭到破坏、市场效率遭到损失。

④环境保护未纳入政府政绩考核目标，使得决策的制定干预了市场最优化配置的实现，最后，在不断的偏差积累作用下，最终影响到劳动力等市场，并通过整个经济表现出来。新时代的大背景下，做好环境保护既要依靠先进技术、先进理念，还要从顶层做好环境保护规划设计，兼顾社会发展现实需要和能源资源高效利用。

环境保护是我国的一项基本国策，实现碳中和是保护生态环境的根本措施。环境保护指导能源工程发展方向，能源工程管理从以下三方面贯彻环境保护基本国策。

（1）能源工程管理将环境保护观念扎根到能源的利用上来。

传统的能源资源危机是扎根于"资源观"之中的，打破资源"诅咒"，要从转变观念入手，逐步由对资源的开采加工向资源的营造转变，逐步由"资源观"向"资产观"转变。

自改革开放以来，我国的工业发展迅速，但随之而来的是环境污染问题的日益严重。环境问题的实质是能源问题，而能源问题的关键在于能源的利用，如何协调好经济发展与环境问题也就归并到如何处理好能源利用及经济发展问题上来。

现阶段，我国主要的能源仍然是煤、石油和天然气，这些传统化石燃料在其利用过程中，会对环境造成严重的危害，释放出对生态环境和人体有害的物质和气体，这对生活高质量标准要求、环保意识逐渐增强的现代人来说是不能忍受的。在国内外能源形势变化之际，政府不断加大对可再生能源产业发展的投入，未来经济发展的成效会显著增长，因为无论是从大众向往美好生活诉求的角度，还是社会可持续发展角度，新能源发展带来的机遇都是巨大的。碳中和愿景下，能源的利用向着绿色、低碳、清洁方向发展，作为解决能源利用与经济协调发展的能源工程管理，其理念及模式也会发生相应的变化，将"环境友好"意识融入能源的开发、利用管理中，将环境视为资产和营造的对象，在更好地践行环境保护基本国策的同时，促成能源结构调整、系统优化，实现经济同环境保护的协调发展。

（2）能源工程管理从源头上遏制环境生态的破坏。

我国生态环境破坏十分严重。2018 年，全国 15.3 万座矿山的采矿活动损毁土地332.5 万 hm^2，有 220 万 hm^2 损毁土地尚未治理。采矿产生的固体废弃物成为矿区及其周边区域水土环境的重要污染源，对区域地下水系统产生不同程度的影响和破坏。同时，我国是世界上水土流失最严重的国家之一。2018 年水土流失面积为 273.9 万 km^2。大规模开发建设导致的植被严重破坏是造成水土流失严重的主要人为原因。严重的水土流失威胁国家生态安全、饮水安全、防洪安全和粮食安全，制约经济社会发展。

由于能源工程项目建设周期长、投资大、任务重，使得其本身存在很大的风险和不确定性。同时，在项目建设初期，由于项目方个体经验的有限性及信息的不全面，使得信息共享程度低、信息不对称现象普遍存在，在这种情形下做出的决策对环境的影响也带有很大的不确定性。另外，由于项目主体对项目的期望大多数建立在项目所带来的经济效益之上，而对其所带来的环境负面影响重视程度普遍不高，更加大了能源工程建设对环境造成影响的可能性。为了解决上述问题，能源工程管理要求工程项目主体立足整体、系统、长远的发展，将其对环境的影响作为评估工程项目能否实施的指标之一，对能源工程项目的可行性进行评估，全方位对项目进行论证研究，减少生态环境的人为破坏，并增加项目中期环境评估，强化环境污染问责机制，实现社会资本的优化利用。正是基于能源工程管理对生态环境的不断重视，促进了经济同环境的协调发展，实现了社会整体福利及人民幸福感不断提高。

（3）能源工程管理实现能源资源的最大化利用。

能源工程项目的顺利开展会受到很多因素的干扰，涉及技术、经济、管理等方面。

其中，管理是最重要的因素；技术方面的影响可以在管理组织协调下，通过自身研发或者外部购买来达到工程的预期水平；经济方面的影响同样也可以在管理组织协调下，通过调整方案的进度、改变工艺技术等手段来实现。在工程项目中，管理协调之所以最为重要，还因为项目的顺利完工并不是业主方、承包商或者其他建设相关方单独完成的，而是需要各方之间的相互协调和配合。少了任何一方，项目都不能顺利地开展。因此，工程项目的负责人需要在科学的方法指导下，在考虑自身利益的基础上，协调好其他各方的利益，达到使各方取得共赢的状态。同时，各方还应在科学的方法指导下提高自身决策能力和管理水平，为更好配合各方开展项目工作做出努力。

能源工程管理作为指导工程项目顺利开展的一门管理学科，不仅可以提高工程项目物质资源利用水平，还通过对工程项目的计划、组织、领导、控制，将工程项目各个参与方紧密地结合在一起，实现人力资源的整合利用。能源工程管理是一个周而复始、螺旋上升的动态发展过程，项目开展过程中出现的技术、经济、管理等问题，可以倒逼工程技术创新、技术改造，管理理论、模式更新，以及管理方法创新等的实现，在新的水平上，不断推进能源工程管理的现代化发展。现阶段，在云计算、大数据、移动互联网、人工智能、物联网、机器人等数字化技术推广应用的背景下，能源工程管理被赋予了更深更广泛的含义，利用数字化技术进行全产业链业务管理，进一步降低产业成本，更快更好地对系统外部需求做出反应，通过科学准确的决策，提高运营效率，不断重构能源行业组织商业模式和商业生态系统，推动技术创新、保障能源供应，推动管理创新、降本增效、提高效力(文柳依，2020)。

3) 能源工程与可持续发展

碳中和目标的实现顺应可持续发展要求，实现碳中和面临的困难非常多，但也并非实现不了。与欧美各国相比，我国要实现碳中和目标需付出更多努力。从碳排放总量来看，我国是目前全球碳排放第一大国，排放量为其他经济体的几倍，甚至十几倍，要实现碳中和，我国需实现的碳排放减量远远高于其他经济体。从发展阶段来看，欧美各发达国家早已实现碳达峰，而我国仍处于经济上升期、碳排放上升期，需要兼顾能源低碳转型与经济转型，统筹考虑约束碳排放和保持经济社会发展需求之间的矛盾。因此，如何发挥能源工程作用，理顺、化解能源产业发展与经济社会之间的矛盾是能源管理要解决的问题。

(1) 能源工程管理助力国家经济社会可持续发展。

我国能源消费水平大幅度增长、生态环境污染日益严重等现实问题给现有的能源供应格局和能源安全带来了新的挑战。现有的能源发展模式已不适应当前的发展现状，亟须从政策上推动改变，因此，为了实现经济社会的可持续发展，国家适时提出了"能源革命"战略。能源革命不是意味着因循守旧，依旧停留在过去怎么做，现在就怎么做，搞更多、更大，强调个体利益，忽视对整体的把握，"革命"思想就是要与过去模式有所区别，要把能源革命搞好，要从能源生产、消费、技术、体制各环节统一认识，从产业角度进行规划，为能源产业支撑国家发展设计并保持一种良好的环境，实现产业发展和国家宏观调控的目标。

　　能源革命战略的落地实施以能源工程管理模式、方法为抓手，强调的是能源工程管理在产业层面的作用。能源革命包括能源体制革命、能源需求革命、能源供给革命以及能源技术革命。能源体制革命是为了破除能源产业发展的体制壁垒，立足于为能源产业的发展打造一个市场化环境，促进公平、提高效率。能源技术革命是从技术角度升级能源产业，以期解决现有产业系统矛盾，实现产业转型升级，是能源革命战略实施的突破口。其重点在于发展绿色低碳技术，促进能源利用技术与其他技术相结合，培育带动产业升级的新增长点，是形成节能型生产和消费新模式的重要途径，是发展多层次能源供给的重要支撑。能源供给革命是为了充分调动能源产业市场资源的能动性，助力能源产业升级，改变能源结构，发展清洁能源，形成多元化的能源供应体系，保障能源安全。能源消费革命是指在需求侧提高能源利用率，减少能源不合理使用，引导能源产业结构向低碳、环保、可持续发展。系统的政策有利于全方位推动能源产业的转型升级，但不论生产、消费、技术、体制哪一领域的革命，如果脱离了系统、科学的管理，都会沦为一场空，管理是实践，是将口号落实为具体做法的模式、工具和手段，因此，能源产业的发展需要展开全方位的能源工程管理，同时，能源工程管理在产业层面的应用及发展过程中总结的经验、教训也为能源革命战略的实施提供理论支持和政策建议。

　　(2) 能源工程管理引导能源产业健康蓬勃发展。

　　创新是产业发展的核心动力，配套和支撑体系是科学技术创新转化为现实动力的保障，只有两者相得益彰的结合才能更好地促进产业发展。产业生态系统理论认为，某一产业的发展是由各种组成要素及其相互作用关系的集合，这些要素不仅包括产业技术创新、产业结构调整，还包括支撑产业发展的要素供给、基础设施、社会文化环境、国际环境、政策体系等辅助因素。产业生态系统理论立足于最大限度地降低物质资源消耗，对资源尽可能考虑回收利用或阶梯利用，提高深加工程度和附加效益。倡导在全产业链成员之间，通过将副产品或废弃物作为潜在原料进行相互利用，使整个产业管理形成一个有机整体，实现高效的物质交换。

　　能源产业要想建成完整的可以带动产业持续发展的生态系统，离不开能源工程管理的规划和引导管理。在科学、系统、全面的管理组织下，通过组织行业协会统一规划、协调、指导、沟通各行业的生产经营活动，构建能源技术创新体系，形成协调、互补的循环产业链组织方式，促进产业发展。同时还需要在国家层面同政府机构等进行积极沟通，通过制定各种金融、财政政策，以及完善市场机制、基础设施、营造文化氛围等措施辅助行业的发展。

　　(3) 能源工程管理帮助能源企业延长生命周期。

　　世界上任何事物的发展都存在着生命周期，企业也不例外。企业生命周期如同一双无形的巨手，始终左右着企业发展的轨迹。规律的存在可以左右企业的发展，但同时，目光长远的企业善于利用规律，发挥主观能动性，积极抓住发展机遇，修正自己的状态，尽可能地延长自己的寿命。

　　目前，我国环境污染问题日益严峻，温室气体排放量巨大、空气质量差、环境污染问题严重，使得中国已成为全球第一大二氧化硫和二氧化碳排放国，国际环保责任压力大。同时，中国能源结构不合理、浪费严重、供需矛盾突出。在这样的现实背景下，作为能源革命的践行者，碳中和任务的参与者，部分能源企业和用能单位开始致力于技术升级，减少旧技术的投资，以期延长企业生命周期，有些涉足新领域或对未来有前景的技术进行前沿研究投入，准备转战蓝海市场，但是，不论这些传统企业采取的是什么样的企业发展战略，其最终目的都是要在国家规划发展的框架下实现企业的可持续发展。要实现这个目的，需要能源企业运用科学的理论和方法，在"迷雾"中找寻适合自身条件，且能够实现满意效益的路径。我们知道，企业管理涉及的因素多且杂，单是通过努力实现近期目标已是不易，如何识别远期目标更需要管理者具备扎实的基本知识和较高的实践能力。因此，新形势下，能源工程管理理论和方法的掌握和运用，对指导能源企业审时度势、抓住机遇、延长生命周期有重要的引领作用。

3. 能源工程管理意义

能源工程管理对推动能源技术发展有很重要的意义，它可以立足能源发展现状而又超越现实桎梏，为能源技术变革指明方向，开放的管理理念和模式可以帮助推动新兴信息技术与能源系统的融合，可以帮助我们选用最符合现场实际情况的能源技术，还可以帮助我们推广经济效益和财务效果更好的能源技术代替老技术，促进能源技术发展，为能源发展事业直接服务，并使之不断发展。

先进且符合资源特点的管理模式对能源企业及能源工程项目建设工作的开展具有积极的引导作用。它是一种成型的、能供人们直接参考运用的完整管理体系，通过这套体系来发现和解决管理过程中的问题，完善管理机制，规范管理手段，实现既定目标，可以帮助我们开展最高效的工程建设，避免许多无所适从的问题，可以在众多目标重复甚至冲突时，提供一种解决问题的办法，促进各环节、各主体之间的协作，还可以在管理过程中提前发现问题、解决问题，提高管理水平，避免造成浪费。

碳中和愿景彰显了我国大国责任担当，也将加速能源革命进程。碳中和目标意味着未来三四十年我国能源系统将发生深刻变革，加之能源投资具有资金规模大、服役周期长、路径锁定效应明显等特点，使得具有前瞻性且符合国家宏观发展需要、产业客观规律的能源产业发展规划对国民经济和社会发展意义重大，是推进经济社会绿色转型升级的重要手段。科学决策意识和能力的增强为规划科学合理的能源产业体系打牢了基础，此外，政府不断投入人力、物力，积极出台各项政策引导能源产业发展，不断完善能源产业体制机制，为能源企业的发展打造良好的环境，促进产业资源配置优化，资源利用水平最大化，帮助能源企业识别市场机会，集中力量，提升能源技术创新水平，倒逼能源企业打破僵化的管理现状，探索先进管理模式，不断优化管理水平，提升管理能力，促进能源产业转型升级，为经济社会发展注入活力。

2.2.2 能源工程管理研究对象

1. 能源技术

能源技术和经济之间有着密切的联系，管理是架在技术与经济之间的一座桥梁，只有在符合产业发展规划和能源特点的科学管理引导下，能源技术发展才能实现与理想经济效益之间的匹配。

能源技术是指能源方面的生产能力，包括各种各样的能源设备、能量的资源和从事能源工作人员的技能三个方面（任有中，2004）。从总体来看，能源技术本质上是一个综合能源系统，既包括能源的开发、生产、转换、储存、输送、分配和利用等各个环节，又包括常规能源和新能源、一次能源和二次能源等各种能源。因此，如何系统地推动能源技术变革，更好地实现新兴信息技术与能源系统的融合，促进新技术对老旧技术的替代都需要科学、高效的管理做后盾。此外，任何能源技术应用于生产实际，都必须消耗大量的人力、财力和物力。现代化管理要讲究经济效益，为了使这些资源的消耗价值最大，在每项能源技术方案还没有付诸实施以前，应当对它们所能带来的经济效益进行估算，比较不同技术方案的价值。能源技术经济分析是研究工程技术经济效益的一种科学管理方法，为项目的经济评价提供原理与方法，使投入的资金发挥最大的经济效益，对决策有重要的指导作用，是相关行业从业人员必备的知识。

综上，能源工程管理不仅有助于制定适合本国、本地区、本企业能量资源特点和经济条件的能源技术发展路线，同时，还能为国家、地区、企业的能源规划和相关能源政策的提出、能源科学技术研究计划和研究方向的制定提供支撑。

2. 能源工程项目

由于能源工程项目在实施过程中存在着众多复杂的管理工作，通常需要具备专业化知识和经验的管理人员进行管理，确保能够及时发现工作中的问题并加以改进，还可以大大提高项目管理的效果和效率，保证工程项目的顺利实施。能源工程管理贯穿于能源工程项目建设的始终，从工程项目策划阶段开始到工程项目后期投产阶段，都对工程质量管理和控制发挥着重要作用。

(1)项目决策阶段。①提出项目环节。在能源工程项目正式投产前，需要评估项目具体实施方案的可操作性，了解工程项目是否符合国家工程建设要求、地区经济发展要求，如果存在不合格的地方要及时进行修改，保障实施方案具备可操作性。这个阶段，能源工程管理只需保障实施方案具备可行性。②项目分析与研究环节。这个阶段要对工程项目进行初步的分析，研究该项能源项目的科学性、合理性和可行性。尤其是对工程项目的技术、设计进行深入分析，确保能源工艺以及经济的可行性。③项目决策与评审环节。根据提供的数据、文件等，对项目方案以及建议书的合理性进行评审。

(2)项目实施阶段。①项目设计环节。对通过评审的项目进行设计，对项目的组成部分或模块进行完整系统设计，制定项目目标及项目计划、项目进度表。②项目施工准备环节。确定施工方案、准备好施工中使用的物资、机械设备，组建项目团队，对相关人员进行专业的技能培训，对项目施工工序进行科学合理安排，明确制定施工责任制度，避免出现问题后的责任推诿。③建立项目管理信息系统。对项目进行控制，跟踪并分析成本，记录并向上级管理层传达项目信息，包括项目中出现的问题、风险及变化等。

(3)项目交付阶段。在项目实施阶段完成后，需要对照项目定义和决策阶段提出的项目目标和项目计划与设计阶段所提出的各种项目要求，由团队全面检验整个工作和项目的成果，然后由团队向项目业主或用户进行验收和移交工作，直至项目业主接受该项目的整个工作结果。

3. 能源产业

生态领域及能源安全领域矛盾的凸显，暴露出中国能源产业的诸多问题。为了应对能源安全形势、实施可持续发展战略，承担起构建人类命运共同体的担当，国家需要宏观把控，通过出台相关能源政策和措施，引导社会资源的合理流动，实现能源产业转型升级。

国家能源政策、措施对能源工程开展、能源技术发展应用的作用，正是基于其对能源产业系统发展规律的科学认识基础之上实现的。抓住能源产业的发展规律，就是打开了产业转型升级的"潘多拉宝盒"，有利于集中资源解决关键矛盾。能源工程管理利用能源产业发展规律，研究某个地区乃至整个国家能源产业的布局及其技术经济分析，是开拓能源发展方向、优化能源产业结构的一门管理学科。在现有能源结构不满足国家发展需求时，从顺应能源产业发展规律的角度出发，为国家政策及措施的出台制定提供参考，通过政策及措施的外力作用，打破已不符合现有形势的能源系统，以能源技术政策为突破口，引导行业个体选择，同时，以政策性措施为保障，共同推动更高级的产业系统形成。能源革命战略的实施正是站到产业系统的角度，实现产业优化与管理创新、技术升级的良性互动，可以更好地推动发展、实现资金的高效利用。

2.2.3 能源工程管理特点

1. 综合性

管理是一个完整的过程。任何一项管理活动都由管理环境、管理主体、管理客体、管理目标、管理组织、管理问题和管理方案等基本要素构成。同时，任何一个管理过程可分为多个相对独立又相互关联的有序阶段，这些阶段自前往后的递进最终形成了完整的管理过程。因此，可以将管理活动看成是一类服务于特定管理目标的人造系统。

虽然能源行业所涉及的能源种类、工程类别和范围各不相同，使得能源工程管理的客体和范围有所差异。但是，从更广泛的意义上来讲，不同能源工程的管理对象和管理目标是存在一致性的，只是在具体的工程规划和建设中，不同的能源工程所处的管理环境、所形成的管理组织、所遇到的管理问题、所采取的管理措施方案等有所不同，进而形成不同的管理结果。因此，一方面，能源工程的管理过程中会存在很多共性的特征。管理人员通过广泛收集能源工程在管理实践中各种经常出现事件的共同点，加以归纳、总结和拓展，形成理论，可以更好地指导能源工程项目的开展。另一方面，由于不同的能源工程所处环境差异、组织模式的局限以及所面临问题的不同，又使得能源工程具有复杂性和多样性，这就决定了管理内容的综合性。能源工程管理的综合性，不仅包括能源工程管理理论内容的多样，还包括研究方法的多样。

2. 系统性

客观世界的事物是普遍联系的，系统是能够反映和概括客观事物普遍联系并形成一个整体和具有某种功能的最基本概念。系统是由相互依赖的若干组成部分结合而成，同时，具有特定功能的有机整体。自然科学、社会科学等是按照研究对象领域的纵向性来划分，系统科学则不论它们所研究具体领域和具体问题的特质性，只是将它们当作抽象的"系统"来看待，这就决定了系统科学具有横断科学的属性，即它是一门运用系统的思想和视角来研究其他各纵向科学所涉及领域的各门类问题，并在系统意义上形成这些问题共同的本质属性和规律，建立相应的理论与技术体系。因此，可以认为，在现代人类科学技术体系中，系统科学体系中的许多思想、概念、原理等对各纵向科学有着更高层次和更具深刻性的概括与解释性，包括管理。钱学森系统科学思想有助于人们认识管理的系统性这一本质属性，即任何管理实践既是系统的实践，又是实践的系统，"系统性"是一切管理活动的本质属性。

基于以上分析，我们认为能源工程管理具有系统性特点，这是由于涉及能源的工程管理活动均是由管理环境、管理主体、管理客体、管理目标、组织方式和待处理问题等几个部分组成，而且这些部分在管理中缺一不可且相互作用、相互依赖。同时，工程管理活动的开展是一个完整的过程，它的目的均是为了实现能源在开发、储存、运输和利用方面的有序性和有效性这一特定功能。而"特定功能"与"整体性"恰恰是"系统"的核心属性，即说明了能源工程管理的系统性属性。

3. 复杂性

随着人类复杂生产活动形态的出现，其所涉及的要素越来越多，活动内部关联性越来越强，使得与之"形影相随"的管理活动中出现的问题也趋于复杂化。

就管理环境而言，由于能源工程活动是高度开放的，一般涉及范围较大，而且工程环境动态变化性强，还可能发生演化与突变等复杂动态现象，这些都会对能源工程目标设计、功能规划、实施方案等产生深刻影响。如中国的天然气"西气东输"工程，西起新疆塔里木气田，东至上海市，干线全程超过4000km，使得西气东输大工程的实际管理活动变得非常复杂。同时，在当前能源安全形势及人类对生态环境日益关注的背景下，工程管理理念、模式与方法也在发生空前的变化，对工程提出了更加规范的行为约束要求，如环境责任将越来越成为工程主体的刚性要求。

就管理主体而言，对于能源工程来说，管理主体并不是单个主体，而是一个主体群。随着工程变得复杂，管理主体群就越大且主体构成成分与内部关系也越多样化，主体群可能会因为主体之间存在不同利益与价值偏好而引发行为冲突。这就要求有更强的领导力与协调力、更有效的运作模式与流程，防范主体行为的异化，确保工程目标的实现。同时，复杂的工程要求管理主体建立和完善工程指挥系统、制定工程计划和进度表、处置现场突发事件、控制工程进度等，面对复杂的管理环境与艰巨的工程任务，管理主体普遍都会表现出知识、经验及能力的不足，容易加大工程风险，这就要求主体通过自学习、自组织来提升自身的水平。主体自学习不仅包含主体群中个体的学习行为，还包括通过主体群重组来实现能力的提高。

就管理组织而言，由于存在的问题不仅类型多而且复杂，加之管理主体知识能力的有限性，使得在能源工程建设中很难一次性构建一个对所有管理问题都可以处理与驾驭的系统管理组织。此时，一方面要多咨询相关方面的专家，尽可能地完善管理组织；另一方面在管理组织设计时，要使组织表现出充分的"柔性"和"适应性"，提高管理系统的整体驾驭能力。

对管理目标而言，当今社会，人类价值观的进步与现代信息技术的快速发展，导致工程建设目标的设计需要多层次、多维度、多尺度、多视角地全面思考，不但需要管理主体掌握更强的目标分解、分析和综合的能力，而且在对整个目标群进行综合评价时，需要具备在不同尺度之间做好均衡和处理好目标之间非可加性与彼此冲突的能力，这本身就是一个复杂的科学问题。

通过以上对管理环境、管理主体、管理组织及管理目标四个要素的简要分析，可知能源工程活动会通过不同的方式和机理深刻地影响对应的管理活动，进而使能源工程管理趋向复杂化。

4. 动态性

由于管理主体所具知识、经验的有限性，以及客观环境条件暴露的过程性，使得管理者并不能有效地预见未来管理活动过程中可能出现的情形，这就在一定条件下造成工程目标、规划的局限性。为了更好地指导实践，完成工程活动的特定功能，管理主体通常会采取一系列措施来观测管理过程及管理工程建设活动，使管理主体的活动保持一定的弹性。因此，我们认为能源工程管理的动态性是指在能源工程的规划、建设、使用中，由于管理对象系统内部及外部环境是不断变化的、发展的，因此，工程管理需随之相应地变化，以确保工程目的的实现。能源工程管理的变化，即能源工程管理的动态性，揭示了工程管理活动与管理对象、管理环境之间的本质的必然的联系。

要想实现能源工程的动态管理，管理主体首先要积极构建人、财、物的管理预警系统，通过对异常事件的监控和处理，及时发现问题、分析问题、解决问题。其次，实行弹性组织，加强人际关系及公共关系工作，以适应外部环境，同时，在强调专业化管理、提高效率的同时，注重管理活动的协调与跨部门沟通。最后，强调发展与创新，鼓励在工程建设过程中采取灵活的应变对策，并根据具体情况采取相应的管理措施，管理程序和管理方法。

5. 创新性

先进的管理思想、理论、方法关系到企业的长足稳定发展和国家的经济繁荣，它能为企业和国家的发展注入生机与活力。在信息技术不断发展的今天，要想适应快速发展和变化的环境，加强管理的创新显得尤为重要。只有通过不断地改革落后的管理模式，学习先进的管理经验，找到符合国家规划和产业发展的先进管理模式，顺应时代发展的潮流，才能在激烈的竞争中不断发展。如果说能源工程管理的动态性强调的是管理活动的被动性，那么，能源工程管理的创新性则强调的是其主动性，在环境平衡状态被打破下，通过积极主动的变革实现管理能力、水平的大提升。

能源工程管理的创新性注重工程建设主体在管理过程中对现代新兴信息技术的应用。现代新兴信息技术的应用会通过信息传递方式的改变实现企业内部组织管理模式的变革，推动管理主体创新管理理念、方式和方法，引导行业转型，带动经济发展。如在能源工程项目建设中，通过大数据技术的利用，在实现管理组织的扁平化的同时增强了部门间的沟通与协调能力，提高了建设项目管理水平。同时，通过数据有效挖掘信息资源，提高工程项目的精确度和预见性，降低了管理主体对传统管理经验的依赖，转变为有据可循的科学管理方式，使企业在竞争中占据优势。但在实际中，虽然不同企业对数据的整合采用的技术有所不同，但普遍都是独立整合，而且各部门之间也缺乏有效沟通。使得整合的数据缺乏实时性，不利于企业科学决策。因此，企业在推动现代新兴信息技术应用的同时，要配合建立合理的运营机制，实现数据的共享，推动企业部门间的协同合作，推动企业的发展。

2.2.4　能源工程管理的国内外发展现状

人类社会的发展见证了能源的升级与更迭。在应对气候变化的大背景下，全球能源进入新一轮转型期。为加快能源转型进程，尽快实现碳中和目标，世界各主要发达国家也积极出台各项能源政策，欧美多国提出了关闭燃煤电厂的时间表，"去煤化"成为世界主要发达经济体政策主流，加快向绿色、多元、安全、高效、低碳的可持续能源体系转型已经成为重塑世界能源结构的总趋势。虽然美国、欧盟、日本等国家和地区能源政策各有侧重，但也呈现出一些共同特征：首先，各国能源政策的制定均以各国的能源资源禀赋为基础，如美国丰富的化石资源为其实现能源独立提供了多种选择。法国缺乏化石能源，在积极发展核能的同时加强可再生能源发展。日本资源匮乏、减排压力巨大，使其不得不重启核电，并大力发展可再生能源。其次，各国能源政策的制定均是为了实现能源的多元化和清洁高效利用。如美国积极打造化石能源、核能和可再生能源的能源组合，并发展清洁能源技术。欧盟制定了具有法律效力的减排、可再生能源和能效发展目标。日本率先提出国家层面的氢能发展战略，并将清洁高效纳入能源政策基本方针中。最后，各国能源政策的实施均以科技创新和技术创新为突破口。美国能源政策强调研究和协同创新，积极推动技术向市场转化。欧盟在低碳能源系统转型时，注重研究与创新的推动作用，通过平台搭建和资金支持等多种形式促进产学研合作。日本通过产学研有机结合实现科技研发对能源政策实施的推动。

自古以来，我国能源消耗主要以石油、煤炭等一次能源为主，单一能源的过度依赖在给经济社会带来发展的同时也带来许多弊病。近年来，随着国际能源形势变化以及世界生态问题的日益严重，能源转型的时机已经成熟，国家在准确研判基础上，适时地提出能源转型与碳中和战略目标，以探索一条适合我国能源可持续的发展路子，并出台了一系列政策措施来解决传统能源存在的问题。作为国家能源战略实施的重要任务，未来一段时间内，能源工程管理将主要致力于积极推动传统能源高效、低碳利用，以及大力发展清洁、无污染的可再生能源。

纵观全球能源领域发展动态，可以看出，在各国为推动本国能源转型发展、实现碳中和目标积极出台各项政策、措施的背景下，全球能源技术创新开始进入高度活跃期。在能源政策引导下，能源技术的创新会打破现有产业系统平衡，在经过能源市场主体的角逐后，最终优胜劣汰回归暂时稳态。在能源产业由动荡向稳态转变的过程中，市场中的每个主体都面临着新问题，此时，管理主体对市场要有敏锐的感知，还要能在感知到危与机时有能力抓住机会，这就要求其具有完善的弹性的组织结构，而且要拥有良好的沟通、协调机制等。因此，能源政策引领下的技术创新势必会对现有能源工程的管理模式及方法提出新的要求，进而推动能源管理主体的摸索、总结与归纳，最终形成稳态系统下新的管理模式，促进能源转型与能源革命战略的实现。

在能源革命战略背景下，能源技术创新方向明确、进程加快，如何选择最佳的管理创新模式，使能源主体技术创新和管理创新之间形成动态的双向的匹配和协调，是实现能源系统整体最优的一个重要问题。

1. 传统能源

传统能源方面，学者主要从项目管理模式、运营模式展开研究。在项目管理模式上，美国、英国、德国等国家最早开始探索。近些年，随着工业化水平的提高，工程项目建设规模逐步扩大，涉及的主体和单位也越来越多，专业领域分工更加精细，工程建设管理的要求也进一步提高。这使得原来的项目管理方式暴露出诸多不足，制约了项目建设发展。20世纪70年代，美、英、德等逐步展开了对项目管理承包模式(project managment contracting, PMC)模式的研究，目前，PMC模式在国外已发展成为了一种成熟的较为流行的项目管理模式。国际大型工程公司如柏克德(Bechtel)、凯洛格(KBR)、福斯特惠勒(Foster Wheeler)、鲁玛斯(ABB Lummus Global)、福陆(Flour)、兰万灵(SNC-LAVALIN)等在对工程项目进行全过程、全方位的项目管理上都成功探索出一套比较完善且成熟的管理体系(徐兴, 2017)。国内，张德良(2018)通过对传统煤化工项目管理模式、PMC+EPC(EPC即工程总承包模式, engineering procurement construction)煤化工项目管理模式及煤化工一体化管理模式的对比，突出了一体化管理模式的优势。施源(2019)对HSE管理模式的规划、监控和具体应用三方面进行了阐述。王连革(2018)对油田企业健康-安全-环境(health-safety-Environment, HSE)监督管理工作中存在的问题及改进对策进行了研究。谢伟(2020)归纳和总结了现阶段石油炼化工程项目管理模式，对其优缺点进行了分析，为工程建设管理模式的选择和实施提供了参考。刘洋(2019)介绍分析了国内海洋石油新的管理模式，并对管理新模式的应用进行了阐释。

在运营模式上，国外较多能源领域主体将精细化管理方式应用到管理中，通过对财务管理制度、技术标准体系、工程建设流程、人员管理与控制等多方面的完善，对工程建设每一个环节予以精细化的统筹管理，提升建设效率与质量。国内，康永飞(2018)结合实例对选煤厂的运营模式进行分析和确定。马洪光(2019)分别从人员、制度、设备等方面对如何加强煤化工企业安全生产管理模式进行了分析。刘殿利(2019)研究了选煤企业经济模式，对新时期下选煤企业经济管理模式创新提出了意见，并对企业经济管理模式发展趋势进行了预测。刘琼根(2018)提出在工程建设项目上实施精细管理，实现精确的成本控制，更好地指导实际应用，提高企业效益。庞志强(2019)在调研分析大型煤企当前综采装备的管理现状基础上，搭建了综采装备集约化管理模式，减少了企业装备投资及资金占用。

2. 新能源

在新能源方面，现有研究大部分集中在新能源电力管理及新能源企业运营管理等方面。

1)新能源电力管理

在新能源电力管理上，学者主要聚焦于新能源发电管理、新能源电力并网管理及新能源电力调度管理等方面。在国际能源形势变动下，利用新能源进行发电是未来发展的重点，世界各国都纷纷出台政策支持新能源发电。美国为风力发电提供金融支持，实行低利率贷款政策补贴风电发展，规定新能源在发电电源中占一定比例；欧洲为支持新能源发展采用高配额指标方式，给电力企业高额补贴；我国政府通过财政支持政策、税收优惠政策等激励措施加快新能源发电的进一步发展。同国外相比，中国近几年在新能源发电方面发展迅猛，新能源发电成本不断降低，但是，相关配套设施建设相对落后，有关实施细则和标准还不是很系统，使得弃风弃光现象严重。因此，在中国能源资源分布不均衡的现状下，如何合理有效地进行能源调配是未来亟须面对的问题。

新能源电力并网的经济性及并网对电力系统的影响是新能源电力并网管理重点关注的问题。Niu 等(2019)通过构建综合效益评价指标体系，为提升政府在能源投资方面决策的可信度和能源企业的经济效益提供了支持。Kong 等(2019)提出了最优定价策略、维护需求策略和渠道水平策略，进一步研究了风电对电力系统的影响，为电力企业进行精细化管理提供了参考。邢家维等(2018)建立了考虑经济、政策、环境的风电综合补偿成本模型，并用模型评估了含风电的电力系统效益。黄珺仪(2016)构建了关于可再生能源电价最优补贴额的理论测算模型，并对可再生能源发电产业的发展提出了对策建议。

受政策、经济因素的驱动和电力供需、能源供给形势的影响，我国发电调度管理模式主要有经济调度、节能调度、计划电量和市场竞争四种模式。

(1)在经济调度管理模式研究上，Kumar 等(2019)建立了电网与微电网之间的电力交换模型，实现了碳排放、运行成本及有效管理需求的减少。Nadine 和 Thomas(2017)对影响可再生能源项目成本的主要因素进行了分类、评估，并将评估结果进行加权考虑，最终的结果对可再生能源整体评估有重要的参考价值。刘志坚等(2020)构建了含制氢储能的电-气综合能源系统经济调度模型，提高了电力系统的经济性和环保性。谢敏等(2019)完善和优化了经济调度管理模式中的补偿成本费用问题，有助于海上风电场的经济调度研究。

(2)在节能调度管理模式研究上，Haldar(2019)研究了印度促进绿色能源的主要目标，对阻碍发展的因素进行分析，提出了一系列政策建议。Zahari 和 Esa(2018)认为，新技术和可再生能源的感知效用可作为促进可再生能源使用的驱动因素。Guta 和 Boerner(2017)提出了综合能源多样化的最优成本投资决策，促进了可再生能源的有效利用，解决了能源短缺问题。易琛等(2017)将电力系统需求侧响应融入调度过程目的是协调风电和火电机组协同出力，降低系统运行总成本。常俊晓等(2015)通过对风电特性的分析，合理安排火电机组和风电机组的联合发电调度计划，实现了节能效果。

(3)在计划电量模式研究上，Ye 等(2019b)提出了最大风电装机容量水平的评估方法，推进了国家计划电量的实施。Franziska 和 Julia(2018)在分析德国发展新能源时，强调了政府的主导作用和参与作用，并对其有效性进行了具体化分析。Eldesouky(2014)提出了一种集热、风、光伏为一体的电网安全约束发电调度管理体系。陈友骏(2016)提出应发展多元化发电模式等多项措施，推动电力系统改革，进而推动产业结构转型升级。谭澈(2017)探讨了电力系统的供需问题，分析了影响电力系统安全性和可靠性的主要因素。

(4)在市场竞争模式研究上，Tiwari 等(2019)提出了一种可靠的优化策略，通过优化布局，使系统利润最大化、发电成本、拥塞成本和排放成本最小化。Rehme 等(2015)探讨了欧洲电网行业的发展方式，提出政策和法规的制定要考虑新技术对电网创新和发展的适应。王晛等(2012，2018)认为，不同风险偏好的常规发电厂应该制定不同策略政策来实施竞争，且在不同电价时改变投标电力以减轻市场电价波动，以实现充分的市场竞争参与。张宏伟(2017)对风电产业的政策机制进行了研究分析，发现全面的政策工具组合能够克服风电技术创新和扩散面临的市场失灵、制度失灵等问题。

2) 新能源企业运营管理

在新能源企业运营管理模式上，许学娜和李勇(2019)依据价值管理理念，对新能源企业现有的管理控制模式与机制进行了优化和改进。郭伟(2019)探索研究了风电场独立运营的新型生产运营模式，认为信息化、专业化的新能源企业生产运营模式是发展的必然趋势。张志强(2019)探讨了运维一体化生产管理模式在风光新能源场站中的应用。陈有真和庄启雪(2019)运用解释结构模型(ISM)模型分析了制约光伏产业供应链成本下降的瓶颈因素，并从物流管理方面提出了解决方案。

3. 碳排放交易机制

碳定价已成为抑制和减轻全球温室气体排放并推动投资向更清洁、更高效替代品转移的关键政策机制。碳排放权交易机制最早源于美国，美国、欧盟、新西兰等国家和地区所构建的区域型碳市场是目前碳排放权交易机制的典型代表。在中国，碳交易市场即将在电力行业全面推开，首批纳入的发电/供热行业企业约 1700 余家，排放量超过 30 亿 t，占中国总排放量的 46%。石化、化工、建材、钢铁、有色、造纸、电力、航空八大行业也将逐步纳入碳市场。但从目前七大碳市场试点运行情况看，中国的碳价水平还比较低，且试点区域的价格差异显著。

2.2.5 能源工程管理基本内容

1. 能源技术如何推动产业发展

技术管理处于能源工程管理的核心位置。在碳中和国家战略目标的指引下，能源行业正在掀起新一轮的技术创新热潮，那么，技术的替代、创新变革及新兴信息技术的融合是如何通过影响能源企业竞合方式、产业组织形态来作用于能源产业发展的研究是很有必要的，不仅有助于明晰能源技术推动能源产业发展的机制与路径。同时，这些问题的探索会进一步深化对能源产业发展规律的认识，为能源工程管理模式和方法的创新创造条件，反过来会促进能源科技成果的产业化，提高能源生产领域的技术门槛，使能源工业发展建立在较高的技术水平之上，有助于产业升级，建立适应经济发展的能源工业结构，从根本上解决我国能源问题。因此，首先，能源工程管理要在分析现阶段能源工程技术基础上，剖析能源技术变革促进产业发展的机理和路径，确定能源工程管理变革的重要性；其次，以能源革命引领能源产业变革发展为背景，从战略高度，对能源革命是如何运用技术变革推动产业发展规律，通过构建合理的能源工程管理环境促进能源技术向着更有益于社会方向发展的本质进行介绍，进一步突出能源工程管理的重要作用，并提出新的管理理论，为能源工程管理模式和方法的创新打牢基础。

2. 能源工程项目的有效管理

由于能源工程项目往往都关系国计民生，对国家经济和社会发展起着十分重要的作用。因此，如何通过有效管理实现能源工程项目资源优化，无论对项目有关单位，还是整个国民经济发展，均具有十分重要的意义。

能源工程管理在工程项目全生命周期内发挥着重要作用。由于能源工程项目涉及的利益方众多，其管理工作也较为烦琐与复杂，能否顺利完成工程建设目标一方面依赖于单个企业自身的不懈努力，另一方面同企业之间的衔接方式及其有效性有很大的关系。随着工程项目实施进度的发展，劳动力、设备等资源的使用绩效是有变化的，如在项目早期，由于项目成员不太熟悉项目，效率是比较低下的，如何引导成员快速进入状态、发挥其积极性是这个时期有效管理所应当关注的。在经过一段时间的锻炼后，受学习曲线的影响，项目团队对项目工作越来越熟悉，效率会逐渐提高，但基于各自的专业背景及对目标理解的不同，成员之间的摩擦也会越来越频繁，如何合理制定成员之间的沟通协调机制，怎样实现各自目标的统一是这个阶段工程项目管理的重中之重。可以说，工程项目活动总是有一定的风险性，如何根据工程项目活动的特点识别风险，充分利用计划、组织、领导、控制等职能，保障工程项目活动的协调性、统一性，尽最大可能创造有效价值，实现资源的最优化利用，保障工程目标顺利完成是需要考虑的问题。

在能源转型发展的大背景下，产业的转型升级促进了能源工程管理模式和方法的变革，如何将这些新的理念和模式应用到能源工程项目中，实现能源工程项目服务于社会发展和产业目标是能源革命战略落地的重要环节。同时，由于能源项目是能源企业合力参与支持完成的，因此，能源企业才是打通转型升级的"最后一公里"，只有能源企业立足自身，充分地理解能源产业发展规律，积极推动能源工程管理模式和方法的变革发展，才能将能源工程管理理念和模式自觉地应用到能源工程项目，也才能真正地实现能源产业的转型升级。

3. 能源利用与经济社会的协调发展

符合社会经济发展规律的管理模式和方法能在复杂、动态的环境下正确识别产业未来发展之路，也才能在时机成熟之际紧紧抓住机遇，以不变应万变。实现能源产业发展是实现碳中和战略目标、促进经济社会生态和谐发展最终目的的手段。因此，立足中国富煤、贫油、少气的资源现状，如何在国际能源形势变化之际打造具有中国特色的能源可持续发展之路，积极推进能源转型升级与经济社会、生态环境的和谐发展是一个非常现实且重要的问题。这就要求在新的发展阶段，基于对能源产业发展规律的科学认识基础上，确定能源产业发展方向，通过管理理论与模式的创新，能源工程管理手段和方法的运用，积极引导和协调政府、企业、社会大众投身能源事业，在实现传统化石能源绿色低碳可持续利用的同时，积极促进新能源技术研发投入，通过市场环境及机制的完善促进能源主体公平竞争，释放市场活力，为政府实施合理有效的能源政策建言献策，对助力环境保护和经济社会的协调发展有十分重要的意义。

第 3 章

能源革命与能源工程管理

3.1 能源革命

3.1.1 能源革命的背景

能源是人类赖以生存和发展的重要物质基础，能源的合理开发利用和可持续发展对世界经济和人类社会发展具有重大意义。伴随着人类文明的不断进步，能源资源开发和利用的方式也在不断发生着变革。以化石能源为主的能源体系极大地推动了经济、社会发展，推动了人类进入了工业文明。然而，在带来巨大社会进步的同时，化石能源体系带来的能源安全问题及其开发、利用带来的环境污染问题也日益突出，主要体现在以下方面。

1. 化石能源总量有限且日益枯竭

据《BP 世界能源统计年鉴 2019》，截至 2018 年底，世界煤炭探明储量为 10547.8 亿 t，中国为 1388.2 亿 t；世界石油探明储量为 244.1 亿 t，中国为 3.5 亿 t；世界天然气探明储量为 196.9 万亿 m^3，中国为 6.1 万亿 m^3。在不考虑新增探明储量情况下，我国煤炭、石油和天然气的剩余储量可供开采的年限（储产比）分别仅为 38.0 年、18.7 年和 37.6 年，化石能源日益枯竭的趋势不可避免。

2. 世界化石能源供需格局不均衡

以现有石油为例，全球石油资源分布极不均衡，高度集中于中东地区。沙特阿拉伯、伊朗、伊拉克、科威特、阿联酋等国家和地区的储量总和占世界的一半多，而中国比卡塔尔都要少。欧佩克控制了全球石油出口的大部分产量，对油价起支配作用。而美元作为国际原油价格的计价货币，通过汇率变化影响价格走势。资源禀赋格局的不平衡性决定了产量格局不均衡，而能源需求与当地经济发展水平和人口数量正相关的态势，导致世界能源供需格局产生了严重的错位和不对等。

3. 我国能源安全形势日益严峻

我国资源禀赋呈现"富煤贫油少气"的基本特点，人均资源占有量远低于世界平均水平。石油对外依赖问题尤其严重，2012 年进口比重已达 58%，超过了 50% 的国际警戒线，预计到 2020 年将高达 60%。在此形势下，我国能源安全面临巨大考验：不断攀升的能源对外依存度蕴藏着潜在的风险，一旦国际供应出现动荡，将对中国社会安定和经济发展产生严重的影响。并且，我国能源进口通道集中度高，所经地区地缘政治风险较大，存在较大的区域风险隐患。

4. 能源消耗在我国经济结构中占比过重

长期以来，我国经济结构以第二产业为主，经济增长走的是高耗能、高污染之路。从国际经验来看，高收入国家、发达国家第三产业在经济中的比重普遍高于 70%。而中国目前不到 50%，工业比重仍然高达 40% 以上。经济结构的重化加深了能源消费的结构固化，不利于我国能源发展的转型。

5. 化石能源体系带来了严重的环境破坏和污染

化石能源开发与消费对环境和健康具有负外部性，引发了大气污染、水污染、土地塌陷等等一系列问题。严重的环境污染已影响了我国居民的健康，引致了巨额的卫生开支，导致了健康与财富的双重损失，未来环境治理成本高于当前发展收益，得不偿失。

由此可见，未来中国，乃至地球的可持续发展呼唤着人类由工业文明向生态文明转变，而这个转变的基础是新的能源革命：能源生产革命就是要告别黑色、高碳，转向绿色、低碳；能源消费革命就是要告别粗放、低效，转向节约、高效。能源革命的目标就是要创建一个高效、洁净、低碳、安全的新型能源体系。

3.1.2 能源革命的必要性

面对世界能源供需的新格局、新变化、新趋势，为实现能源系统的转型升级，能源革命势在必行，深化能源生产和消费改革迫在眉睫。

1. 能源革命事关国家安全

能源安全是国家安全的优先领域，抓住能源就抓住了国家发展和安全战略的"牛鼻子"。作为世界最大的能源消费国，如何有效保障国家能源安全、有力保障国家经济社会发展，始终是我国能源发展的首要问题。能源安全是关系国家经济社会发展的全局性、战略性问题，对国家繁荣发展、人民生活改善、社会长治久安至关重要。面对能源供需格局新变化、国际能源发展新趋势，保障国家能源安全，必须推动能源生产和消费革命。

2. 能源革命事关生态文明

能源革命既是生态文明的表现和表征，又是生态文明的动力和引擎。现在，人类亟须转向太阳能等清洁能源和可再生能源。新的能源具有可持续性和能效双高的特征，随着新能源转换，人类文明将进入太阳能文明的时代。就此而论，能源转换机制是推动文明演化的动力机制，为了走向社会主义生态文明新时代，必须推进能源革命。

3. 能源革命事关经济转型发展

落后的经济发展方式特别依赖煤炭、石油等传统能源。过去三十年，我国用高于世界能源消费增速的方式支撑经济发展。中国扛着庞大的能源包袱,创造的价值只有世界平均水平一半,单位 GDP 能耗是世界平均水平的 2.5 倍。从能源体系这个层面切入经济转型发展,为传统能源消耗加上"紧箍咒",向可再生能源、新能源要空间,不仅可以有效倒逼企业对能源高效利用,摆脱对传统能源的过度依赖,也会助推经济发展转型升级,加快构建现代化产业经济体系。

4. 能源革命事关脱贫攻坚

"确保完成决战决胜脱贫攻坚目标任务,全面建成小康社会"体现了党和政府坚持人民至上,不断造福人民的初心。西北、西南等贫困地区往往具有丰富的风、光、水资源,通过在贫困地区建设分布式光伏电站、大型风光基地、水电站、电力外送通道等重大能源项目,将这些自然资源转换为经济资源,将高原、荒漠变成"风光电田",替代传统的"油气煤田",为东部负荷中心提供绿色电力,就有助于实现清洁能源对化石能源的替代,实现能源革命和脱贫攻坚的有机结合。

5. 能源革命事关创新创业

深入推进"大众创业、万众创新"是"依靠改革激发市场主体活力,增强发展新动能"的重要措施。能源革命的一个目标是构建绿色低碳、安全高效和开放共享的能源产业生态,从而促进能源系统更好地互联互通和开放共享,成为"大众创业、万众创新"的沃土。近几年,与能源新业态相关的新公司如雨后春笋般快速增长,涌现了大批售电公司、充电服务企业、综合能源服务公司等,它们将有力推动能源革命、打破各种壁垒、创新商业模式和市场机制,实现能源产业系统的共建共享共赢。

3.1.3　能源革命的可行性

能源革命已到了蓄势而发的阶段,既是机遇,也是挑战,大有可为。中国有体制优势、资源优势、市场优势,完全可以成为世界能源革命的引领者,在"百年未有之大变局"中实现破局。理念、技术、体制、市场等各种因素的叠加,为中国引领能源革命、加速推动能源革命创造了条件。

能源发展理念的确立为能源革命提供了思想保障。当前,能源革命的框架体系逐步完善,我国能源发展第一次构建起综合性和专业性、中期性和长期性、全局性和地区性相结合的立体式、多层次规划体系,基本确立了能源发展改革"四梁八柱"性质的主体框架。在此指引下,能源结构调整步伐加快,绿色生产生活方式正在形成,能源发展也正由高资源消耗、高污染排放、低经济效益的"黑色经济",转向资源消耗低、污染排放低、经济效益高的"绿色经济",清洁、低碳、安全、高效的能源发展理念成为普遍共识。

新一代信息技术赋予了能源革命强大动能。在全球新一轮科技革命和产业变革中,互联网理念、先进信息技术与能源产业深度融合,正在推动能源互联网新技术、新模式和新业态的兴起。例如,利用"互联网+智慧能源",发展互联网与能源生产、传输、存储、消费的能源产业深度融合的新形态，从而为支撑和推进能源革命，实现我国从能源大国向能源强国转变和经济提质增效升级奠定基础。

"新基建"规划为能源革命的推进提供了加速器。与传统基础设施建设相比，新型基础设施建设(如智慧能源基础设施)侧重于突出产业转型升级的新方向，这与能源革命实现新旧动能转换的要求不谋而合。在供应侧，建设若干西部清洁能源基地，将廉价的清洁能源通过特高压送到东部地区，实现我国清洁能源大规模的"空间转移"。在消费侧，推进以电代煤、以电代油、以电代气，加快储能、储热、储冷、电动车及氢能的发展，实现传统的电力"发输用"同时完成向"发输储用"本质转变，实现对能源的"时间转移"，解决风光间歇性问题。

"一带一路"倡议为推动能源革命提供了广阔空间。能源合作是建设"一带一路"和构建人类命运共同体的重要基础和支撑。在当前国际能源形势发生深刻变革的背景下，依托"一带一路"倡议，可以充分利用国际国内两种资源、两种市场，优化资源配置，提升能源效率。

3.1.4 能源革命的主要内容

针对现阶段能源发展机遇和挑战，党中央高度关注和着力解决能源问题，为中国特色能源发展道路指明了方向。2014 年习近平总书记发表重要讲话强调，面对能源供需格局新变化、国际能源发展新趋势，保障国家能源安全，必须推动能源生产和消费革命[1]，并就推动能源生产和消费革命提出 5 点要求：第一，推动能源消费革命，抑制不合理能源消费。第二，推动能源供给革命，建立多元供应体系。第三，推动能源技术革命，带动产业升级。第四，推动能源体制革命，打通能源发展快车道。第五，全方位加强国际合作，实现开放条件下能源安全[2]。这一论述明确提出了我国能源安全发展的"四个革命、一个合作"战略思想。这些重要战略思想和论述为我国能源革命提供了根本遵循。

在该总体方针指引下，2017 年，国家发展改革委和国家能源局印发的《能源生产和消费革命战略(2016—2030)》，从消费革命、供给革命、技术革命、体制革命以及国际合作等方面，全面系统地部署推进我国能源革命[3]。其主要内容包括：

第一，推动能源消费革命，开创节约高效新局面。强化约束性指标管理，同步推进产业结构和能源消费结构调整，大幅度提高能源利用效率，加快形成能源节约型社会。具体举措包括坚决控制能源消费总量、打造中高级能源消费结构、深入推进节能减排、推动城乡电气化发展、树立勤俭节约消费观。

第二，推动能源供给革命，构建清洁低碳新体系。立足资源国情，实施能源供给

---

① 习近平提"能源生产和消费革命"的深意. (2014-06-17). http://cpc.people.com.cn/pinglun/n/2014/0617/c241220-25161629.html。

② 习近平"5 点要求"为能源生产和消费革命定"航标". (2014-06-16). http://cpc.people.com.cn/n/2014/0616/c241220-25156010.html。

③ 两部门印发《能源生产和消费革命战略(2016—2030)》. (2017-04-25). http://www.gov.cn/xinwen/2017-04/25/content_5230568.htm。

侧结构性改革，推进煤炭转型发展，优化能源供应结构，形成多轮驱动、安全可持续的能源供应体系。主要举措包括推动煤炭清洁高效开发利用、实现增量需求主要依靠清洁能源、推进能源供给侧管理、优化能源生产布局、全面建设"互联网+"智慧能源。

第三，推动能源技术革命，抢占科技发展制高点。立足自主创新，准确把握世界能源技术演进趋势，以绿色低碳为主攻方向，选择重大科技领域，按照"应用推广一批、示范试验一批、集中攻关一批"路径要求，分类推进技术创新、商业模式创新和产业创新。主要举措包括普及先进高效节能技术、推广应用清洁低碳能源开发利用技术、大力发展智慧能源技术、加强能源科技基础研究。

第四，推动能源体制革命，促进治理体系现代化。还原能源商品属性，加快形成统一开放、竞争有序的市场体系，充分发挥市场配置资源的决定性作用。主要举措包括构建有效竞争的能源市场体系、建立主要由市场决定的价格机制、创新能源科学管理模式、建立健全能源法治体系。

第五，加强全方位国际合作，打造能源命运共同体。按照"立足长远、总体谋划、多元合作、互利共赢"的方针，加强能源宽领域、多层次、全产业链合作，构筑连接我国与世界的能源合作网，打造能源合作的利益共同体和命运共同体。主要举措包括实现海外油气资源来源多元稳定、畅通"一带一路"能源大通道、深化国际产能和装备制造合作、增强国际能源事务话语权。

3.2 基于产业生态系统视角下的能源产业

3.2.1 产业生态系统视角下能源产业的基本特征

在能源领域，越来越多的矛盾和问题凸显，事实证明，我们对能源产业及其发展规律并没有完全掌握，这就迫切需要找到一个更先进、全面的理论，在其指引下重新审视能源发展及其与社会、个体的关系，只有在正确认识这些关系规律的基础上，才能更好地利用这些规律。

创新是推动社会进步和经济发展的关键性要素。任何事物想要发展，必须要创新。随着科技生产力的不断提升，创新活动与创新主体之间的关系日益复杂，从纯市场形态演进为更高级的形态，形成产业组织形态，产业生态系统的雏形就此形成。要想促进产业的发展，不仅要注重实现科学技术的突破，更要注重整个产业的配套与支撑体系。

产业生态系统是由能够对某一产业的发展产生重要影响的各种组成要素及其相互作用关系的集合，通常将产业生态系统划分为创新生态系统、生产生态系统与应用生态系统三个子系统，它们构成了产业生态系统的核心层。此外，产业生态系统还包括人文因素、宏观环境因素及基础设施因素，见图 3-1。

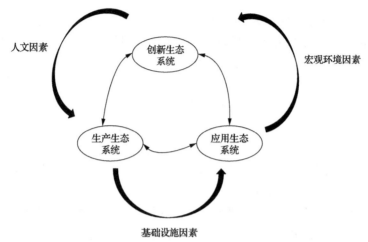

图 3-1 生态系统角度下的能源产业基本特征

(1)创新生态系统。随着信息技术的发展，企业间的协作能力不断提升。通过政策体系导向、国际环境形势压力，可以实现技术变革引导能源企业创新网络的发展，使其朝有利于国民经济及自然环境的方向发展。

(2)生产生态系统。生产环节是用户效用满足和企业价值实现的基础，由于许多能源产品生产较为复杂且迂回程度高，几乎没有一家企业能够完全实现自给自足而不依赖于原材料和零部件供应商、设备供应商的支持。只有这些为数众多的参与者构成一个有效协作的整体，最终产品才能够得以生产出来。

(3)应用生态系统。应用生态系统决定了用户效用的实现和用户的满意度，并通过反馈机制促进或限制产业的发展。

(4)辅助因素。

①人文因素包括经济发展水平、文化传承、消费习惯等社会文化环境，以及法律法规、产业政策、行业标准、规制等上层建筑。

②宏观环境要素不仅包括本国的劳动、资本、土地、环境等生产要素，还包括政治与经济环境、国际市场与竞争、国际资本流动、贸易与非贸易壁垒、国际标准等要素。

③基础设施因素包括交通网络、信息网络、资本市场、知识产权体系、教育培训体系等。

3.2.2　产业生态系统视角下能源产业的科学基础

站在生态系统角度审视能源产业，不仅清晰了能源产业衔接经济社会发展及能源个体企业的路径和机理，还可以从人文层面、科学层面与工程层面诠释能源产业的转型升级。

1. 哲学思想

传统上，能源产业的变动均是基于能源技术的创新变革，这种变动对上层建筑的影响本质上是被动且随机的。为了实现经济社会的可持续发展，需掌握能源产业发展规律,引导能源产业向人类永续发展方向转型。此时,就需要建立从被动到主动、从单纯线性到全局动态环形的思维转变。

能源技术的改造和升级通常需要花费巨额资金和时间,通过不断重复迭代"政策—资金—技术—资金—政策"的价值循环转化过程,不仅可以在短时间内集中资源解决瓶颈问题,最大化社会收益,而且能够在尊重自然规律的基础上,实现经济社会及环境的可持续发展。随着信息技术的发展及其在能源领域的应用,不仅可以充分挖掘能源数据价值,不断提高能源智能度,增大能源系统的资源有用化能力,推动生产生态系统及应用生态系统的融合,进而在不断地循环迭代与演化递进的基础上,形成智慧能源生态系统,推动数字化经济社会的发展。

2. 科学理念

基于生态系统的能源产业揭示了能源企业、能源产业与经济社会之间互动的内在规律,体现了作为经济基础的能源同交通、信息技术及上层建筑的关系。

创新生态系统、生产生态系统以及应用生态系统共同组成了可持续循环的生态核心层,核心层是推动能源产业发展的主要推动力,其中,创新生态系统是核心层的基础。三个生态系统之间相互影响、相互作用,任何一个系统的变化会产生其他系统之间的连锁反应,推动着核心层前进。能源企业作为能源系统中的一个微小份子,其技术创新可以通过打破创新生态系统的稳态,进而引起生产和应用生态系统的"混乱",在一群以最大化自身收益为准则的个体理性决策下,核心层最终恢复期初的稳态,但此时的稳态与之前的稳态相比有"质"的飞跃,能源结构得到了优化、能源系统效率得到了提高。

然而,"质"所能达到的程度与能源产业的政策、法律法规、交通设施、信息网络及人文环境、基础设施及宏观环境等辅助因素相关。积极的辅助因素总是能同核心层产生协同效应,共同推动能源产业的发展,同样,符合经济社会发展环境、政策及基础设施条件的能源产业变革总是能得到更大程度的发挥。

经济基础决定上层建筑,上层建筑会推动经济基础的发展。当一国所处的经济社会宏观环境发生改变时,由于能源行业存在进入壁垒,以及能源工程投资大、回收周期长、具有成本黏性等特点,使得从能源产业内部实现突破,解决现存经济社会发展与能源之间的矛盾难度较大,此时,辅助层就将占据主导地位。在意识到自身所处的危机时,决策者会重新审视现有的人文因素,包括法律法规、产业政策、文化传承以及消费者的消费习惯等上一轮"震荡"中形成的上层建筑,从中匹配出不利于抓住本轮发展机遇的因素,通过出台政策、设计机制、营造氛围等手段,积极调动资源,从核心层的不同系统入手打破能源产业现有稳态。最终,通过核心层三个生态系统的迭代和演化最终实现能源产业的升级。

3. 工程实践

由哲学思想和科学理念的分析可知,核心层和辅助层的发展都有可能引起能源产业的变革,实现能源产业变革,其最终都要落实到技术创新上,因此,核心层的创新生态系统才是推动发展的根本因素。创新生态系统连接着生产生态系统及应用生态系统，只有抓住并推动核心要素的发展才能实现能源产业的转型，使决策者在运营能源企业及实现能源工程目标的过程中有的放矢。通过建立健全产学研用协同创新机制，推动构建具有实际需求牵引的能源创新研发平台，打造能源技术研发品牌化优势，将生产生态体系和应用生态体系有效结合起来，实现能源技术研发创新为中心的生产-创新生态圈与应用-创新生态圈的融合，获得产业协同的最大效益，见图3-2。

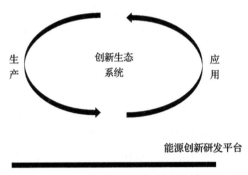

图 3-2　能源创新研发平台下的能源产业核心层

3.2.3　产业生态系统视角下能源产业革命关键

碳达峰碳中和目标的提出清晰了国家能源革命阶段目标。在当前国情背景下，要实现碳中和阶段目标，不仅要在碳移除上发力，还要将各个用能领域能耗降下来，并加快发展可再生能源。从产业生态系统视角来看，首先，不论是碳移除、降能耗还是发展可再生能源都是对原有生产、生活方式惯性的一种挑战，只有先在思想高度上将全社会的意识统一起来才能有助于能源革命阶段目标的实现。同时，提高用能领域能耗标准将打破核心层应用生态系统的稳态，而对可再生能源发展的布局将影响核心层的生产生态系统。最终，在生产生态系统、应用生态系统的相互作用，以及人文因素及基础设施的作用下，创新生态系统完成迭代更新，形成支持经济社会发展阶段能源目标的最新能源系统。

能源革命作为中国经济发展方式向绿色低碳转变的重要推动力，具有艰巨性及长期性等特征。从产业生态系统视角来看，国家在推动能源革命的过程中采取了更为全面且深刻的措施。能源革命包括能源体制革命、能源需求革命、能源供给革命以及能源技术革命。能源体制革命对其他三部分既有支持又有制约作用，因此，能源体制革命居于核心地位，而能源技术革命是推动能源革命的根本手段，在能源革命中起决定性作用，见图3-3。

能源技术革命重点在于发展绿色低碳技术，促进能源利用技术与其他技术相结合，培育带动产业升级的新增长点，对应着产业生态系统中的创新生态系统。只有在有利的宏观环境与人文因素的引导下，能源领域主体的创新性、积极性才会提高。因此，能源技术革命是创造节能型生产和新消费模式的有效方式。最后，能源技术革命是发展多层次能源供给的重要支撑，只有通过技术创新推动新能源开发应用，才能有效加强能源供给基础设施建设，为建立多元供应体系打下基础。

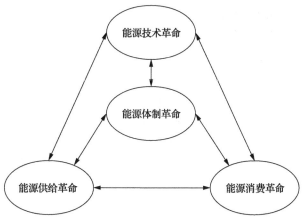

图 3-3　能源革命战略系统图

能源供给革命是指满足能源需求的前提下改变能源结构，发展清洁能源，形成多元化的能源供应体系，对应产业生态系统中的生产生态系统。当前自然环境问题、能源安全形势问题，以及能源现状问题迫使政府要充分调动市场资源的能动性，这依赖于体制上放宽准入，鼓励民营资本参与，同时配套能源价格改革，开放管网基础设施，减少民营资本投入的风险和盈利的不确定性。

面对现阶段仍然较大的能源需求形势，价格是节能和提高能源效率的基本动力。因此能源价格改革是影响消费革命的关键。这就要求在能源体制方面形成充分反映市场供需、环境成本和资源稀缺成本的能源价格，使能源使用者面临恰当成本约束，这将有利于节能、提高能源效率和产业结构调整。

综上所述，可以看出能源革命战略推动能源产业转型属于由外向内推动型。如何实现能源生产及能源消费与能源技术创新的融合是非常关键的，这就要求能源技术研发要基于充分了解能源产业现实需求的基础，以市场为导向，构建能源创新研发平台，对接产业供需双方，破除沟通障碍，解决现有产业系统的矛盾。一方面可以优化资金应用，避免市场资源的浪费，另一方面，还可以通过先进技术的宣传，推动能源技术的融合创新，实现产业转型升级，服务经济社会发展。

为实现能源产业转型升级，厘清产业的发展规律是最为基础的一步，如何利用好规律，使得能源产业的发展规律可以推动产业向着有利于经济、社会和生态可持续发展方向发展才是重中之重。

3.3　能源革命与能源工程管理的相互作用

3.3.1　能源革命下能源工程面临的机遇与挑战

1. 能源工程企业面临的机遇与挑战

创新是企业生存和发展的不竭动力。作为技术创新的主体，能源企业的原始创新、集成创新和引进消化吸收再创新对实现能源革命具有决定性作用。我国能源企业走创新发展之路的最大优势就是企业的规模实力。由于成功地搭乘中国经济高速增长的列车，我国能源企业规模大增。这为未来加大自主创新的力度奠定了良好的基础。国内广阔的市场与新能源行业的崛起为能源企业通过创新转型发展提供了巨大的成长空间。

然而，我国能源企业也面临着技术竞争力不强的问题。长期以来，我国能源的技术创新主要通过"产学研"相结合与"市场换技术"的方式推进。尽管我国能源企业的超超临界、石油钻井、特高压等技术在国际上处于比较领先的地位，但是这些却是在很小的范围内。总体而言，在绝大部分领域，我国能源企业与国外先进水平还有一定差距。从创新的要素、过程与机制考察，我国能源企业存在的主要问题主要体现在以下方面：

1) 企业研发投入和重视程度相对不足

研发密度是衡量产业、企业竞争力最重要的因素之一。我国能源工程企业的研发投入一直较低。大型国有能源企业的平均研发密度为 0.76%，远低于国际上能源企业的平均水平。再以国内企业比较，从近三年企业研发投入占主营业务收入的平均比例来看，军工、信息技术类企业研发投入居首，制造、钢铁有色类企业次之，能源类企业为末。

2) 稳定的技术创新机制尚未形成

与世界一流大企业将创新作为企业长期战略，尤其是作为应对危机和走出危机的重要手段相比，我国能源企业对创新的重视度还亟待提高。从实际情况看，我国能源企业长期以来并没有建立技术创新的机制，大多数的企业都是根据自身盈利和资金状况来安排研发支出，而不是把科技研发当作是打造技术竞争优势与核心竞争力的长期战略。

3) 市场竞争不足导致创新动力不强

我国能源行业主要是以央企、大型国企为主，相对处于垄断地位。数家独大的市场势力不但会使垄断企业"不创新也有利润"，还会造成潜在进入企业"创新也无法实现利润"，从而全面扼杀企业的创新动力。中国能源生产装备的大型化、能源工程的大规模化和能源生产与传输的集中化是导致当前中国能源企业创新能力产业链分布集中的重要原因。能源企业的自主创新，需要充分发挥市场在资源配置中的决定性作用，在能源企业的创新领导者与创新追随者之间逐步形成合理梯度。

4) 商业模式创新应成为能源工程企业着力的一个重点

能源转型的本质是一场资源依赖向技术依赖的变革，能源企业内部的界限越来越模糊，能源企业和非能源企业之间的界限越来越模糊，基于服务化和数字化的综合能源服务将成为未来发展趋势。从综合能源服务基础业务和终端能源需求两方面测算，2020 年，我国综合能源服务市场潜力规模为 5000 亿～6000 亿元。我国能源企业应积极推动综合能源服务转型，使服务化和数字化在商业模式创新方面发挥重要的作用。

2. 能源市场面临的机遇与挑战

能源革命的推进需要现代能源市场体系作为支撑。市场培育不足是当前我国能源领域存在的突出问题，必须着力化解重点领域和关键环节的突出矛盾。

1）能源的商品属性未得到充分体现

能源虽然是关系国家安全的战略性资源，但也是商品，具有一般商品的基本属性，受价值规律和供求关系调节，可由竞争优化配置资源，由供求决定价格，由契约规范交易。自20世纪70年代以来，回归能源的商品属性，推进能源领域的市场化改革成为全球性趋势。无论是成熟的市场经济国家，还是体制转轨国家，大都对能源行业实施了放松管制、打破垄断、引入竞争的改革，从而显著提高了能源供给能力和能源利用效率。

2）多元化的能源市场主体还未形成

我国能源企业大多为大型国企，民营资本很少进入，存在市场主体不健全、竞争不充分、行业分割和垄断等问题。这不但使国有能源企业难以成长为具有国际竞争力的现代能源企业，难以与国际能源巨头相抗衡，也导致创新不足和低效率现象。培育多元竞争主体是形成市场的基础。首先，实现政企分开，剥离政府应当承担的职能，使企业轻装上阵，专注于提高经济效益。其次，根据不同行业特点实施网运分开，对于电网、油气管网等网络型自然垄断业务，可继续保持国有资本控股经营；对于具有竞争属性的生产（包括进口）、销售环节应放开准入，打破行业分割和行政垄断，引入多元竞争主体。再次，营造各类所有制企业都能公平竞争、规范进出的制度环境，取消对国有企业的特殊政策与优惠。

3）市场在能源价格形成中的作用亟须加强

长期以来，我国对能源价格采用严格管控方式，导致价格的扭曲与倒挂。扭曲的价格破坏了能源生产和消费方式，不利于我国经济发展方式的转变和产业结构升级。首先，要区分行业的不同属性，明确各环节价格改革的方向和模式。其次，按照网运分开的原则，对相关产业链实施结构性改革，对油气管网、输电网络等自然垄断环节，核定其输配成本，加强价格和成本监管。对于其他竞争性环节，则应打破垄断格局，鼓励多元主体参与竞争，形成市场化价格机制。

4）现代能源交易市场尚未完全建立

建立完善的油气、煤炭、电力以及用能权等能源交易市场，是能源市场体系建设的重要组成部分。在电力市场，应通过市场机制形成发用电调度方式、平衡电力供需、管理输电阻塞和提供辅助服务，通过市场机制发现价格信号。在煤炭市场，应加快建立全国性煤炭交易中心，以区域性煤炭交易中心为辅助，以地方性煤炭交易中心为补充，形成全国性煤炭交易体系，促使煤炭价格与国际市场接轨。在油气市场，以往我国油气产业集中度较高，价格主要以政府指导价为主，没有形成市场决定价格的机制。

3. 能源体制面临的机遇与挑战

理顺能源革命之路，需要让政府的"有形之手"和市场的"无形之手"各安其位、各司其职，唯有如此，才能打通能源发展快车道。

1）发挥政府的宏观引导职能

政府今后对能源的监督和管理应体现宏观引导的职能，减少直接、简单、粗暴的行政干预。其主要方向有:一是构建以《能源法》为统领的能源法律体系,以法律法规为依据指导能源市场化改革;二是加强能源基础信息体系建设,为准确决策提供可靠依据;三是强化能源战略规划,形成明确的国家能源战略,特别是在能源布局、特高压建设、新能源与可再生能源发展、油气资源开发、能源与环境等重大问题上形成统一认识;四是统筹协调多部门和大型能源企业分别对外合作局面,形成统一的纲领性的能源全球布局与国际合作战略,有效保障国家能源安全。

2) 政府"管"与"放"的划分不够合理

我国能源体系行政体制仍保留着较多计划经济的观念,其特征是重审批、轻监管。尤其是,能源工程项目前期审批链条长、环节多、权力集中的现象较为严重。成熟的市场化能源机制离不开政府的规范与支持,简政放权正是激发市场和社会创造活力最直接的举措。所谓"放",就是做减法。推进行政审批改革,也意味着削减管理部门的权力和利益,是向自身"动刀子"。公开审批事项目录、晒出"权力清单",用"制度理性"遏制"权力任性"。不该管的要"放",该管的要坚决"管"起来。大量减少审批后,需要将更多力量分配到事中和事后监管,是政府管理方式的重大转变,难度更大、要求更高。

3) 能源法律体系建设滞后

我国能源法律体系不完善,法治建设滞后问题较为突出。一是结构不完整,能源法缺位。能源基本法尚未正式推出;无石油、天然气法,缺少天然气供应法、热力供应法等能源公共事业法,无法对石油、核能等重要能源领域的建设、管理和运营进行有效监管。二是内容不健全。部分法律内容与现阶段市场经济发展和节能减排需要不相适应。三是各种法律缺乏必要的衔接,法律执行效果不佳。

4) 深化能源投资体制改革,建立和完善能源投资调控体系

在能源投资领域,要充分发挥市场配置资源的基础性作用,实行政企分开,减少行政干预;要改进政府投资项目的决策规则和程序,提高投资决策的科学化、民主化水平,建立严格的投资决策责任追究制度。总之,能源投资体制要按照完善社会主义市场经济体制的要求,不断改革深化,最终建立起市场引导投资、企业自主决策、银行独立审贷、融资方式多样、中介服务规范、宏观调控有效的新型能源投资体制。

4. 环境层面临的机遇与挑战

能源革命应坚持走科技含量高、资源消耗低、环境污染少、经济效益好、安全有保障的能源发展道路,最大限度地实现能源与环境的可持续发展。

1) 能源环保基础设施还不健全

长期以来,我国能源基础设施建设滞后,环保历史欠账较多。"新基建"作为底层先进技术涉及众多新旧行业的发展,将为未来能源网建设带来深远影响。在"新基建"场景下:第一,风光等新能源装机占比不断提高,将新能源项目置于战略的重点。第二,5G 基站、大数据中心、新能源汽车充电桩能耗高,且分布广泛,大规模投资建设将提升

局部电力需求，直接促进以光伏为主的主流分布式电力消纳。第三，氢能等新兴能源将走上前台，应用场景更加丰富。要牢牢把握"新基建"的机遇，完善和健全能源环保基础设施。

2）政府对环境外部性干预不到位

市场难以解决环境污染的外部性问题。市场失灵，无法有效配置环境资源，政府应适时介入，有所作为。在解决环境外部性问题上，有两种可供选择的政策思路：一是政府通过行政管制的手段直接配置环境资源；二是政府通过征收污染税、补贴清洁能源或污染权交易等市场手段生成环境的价格，从而让市场依据价格信号配置环境资源。应在目前以行政命令为主的环境管制基础上，加以考虑市场化的手段。

3）节能环保企业的力量还较为薄弱

节能环保企业是打赢污染防治攻坚战的重要力量，在保护生态环境、建设美丽中国中发挥着重要作用。应在石油、化工、电力、天然气等重点行业和领域，进一步引入市场竞争机制，放开节能环保竞争性业务，积极推行合同能源管理和环境污染第三方治理。在推进污水垃圾等环境基础设施建设、园区环境污染第三方治理、医疗废物和危险废物收集处理处置、大宗固体废弃物综合利用基地建设时，对民营节能环保企业全面开放、一视同仁，确保权利平等、机会平等、规则平等，从而优化节能环保领域市场营商环境，充分发挥节能环保企业的力量。

3.3.2　能源革命与能源工程管理发展的相互作用机理

改革开放四十年来，我国能源生产由弱到强，实现大发展。生产能力大幅提升，能效水平大幅提高，能源保障生态文明建设、经济社会进步的作用显著。在能源革命背景下，我国能源发展将进入从总量扩张向提质增效转变的新阶段，新时代要求能源工程管理的积极转型。

能源革命为能源工程管理转型发展提供了方向指引。能源革命要求牢固树立和贯彻落实创新、协调、绿色、开放、共享的发展理念，以推进供给侧结构性改革为主线，主动适应、把握和引领我国经济发展新常态，顺应世界能源发展大势，推动能源文明消费、多元供给、科技创新、深化改革、加强合作，实现能源生产和消费方式根本性转变。在此战略取向下，能源工程管理要以保障能源安全为出发点，以节约为优先方针，以绿色低碳为方向，以主动创新为动力，构建新型的能源工程管理体系。

能源工程管理实践是实现能源革命的微观基础。工程管理对我国能源发展影响深远。第一，能源工程管理能够提升投资效率，促进能源供给侧结构性改革。能源工程规范化、标准化和精细化管理有利于保证工程质量，保障民生安全；科学决策、价值工程、目标管理等有助于降低工程成本，提高资源利用效率，从而促进能源供给侧结构性改革。第二，能源工程管理能够搭建创新平台，推动科技进步。重大能源工程的建设与实施提供了自主创新平台，通过工程管理有意识地搭建成果转化平台，引导科技成果快速转化，有利于提高我国科技成果的应用水平，提高能源工程领域的创新能力。第三，能源工程管理可以保持工程理性发展，实现社会和谐。转变工程发展方式，把"循环经济""绿色经济"的思想灌输到工程管理的思想中，寻求环境保护与发展经济的平衡，最大限度地减少工程外部环境负效应，使得外部效应内部化，减少外部效应对社会和自然带来的损害，实现工程与社会、工程与自然的和谐共存。

综上，能源革命与能源工程管理二者互为依托，是建成现代能源体系的重要推手。二者的相互作用机理如图 3-4 所示。

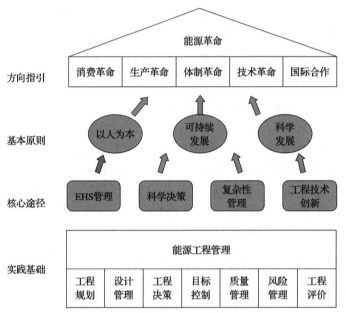

图 3-4　能源革命与能源工程管理的相互作用机理
EHS-environment, health, safety, 即环境、健康、安全

1. 能源革命背景下能源工程管理转型的基本原则

能源革命"文明消费、多元供给、科技创新、深化改革、加强合作"的要求，实质上为能源工程管理转型提供了根本原则，即以人为本、可持续发展和科学发展。

1) 以人为本原则

能源的本质是为人类的生存、繁衍、发展而提供能量来源，能源产生和使用必须依靠人类社会而存在，其发展理念必然体现"为人"的根本性目标，同时反映能源发展必须依靠人。以人为本的价值取向强调人是开展能源活动的最终目的，这个"人"并不局限于生产者和消费者，而应当从能源活动的全体利益相关者范围来考察其对人的影响。

在过去实践中，存在能源发展以经济利益最大化为目标的倾向，忽视甚至损害人民群众的需要和利益。在能源革命背景下，必须转变发展思路，坚持能源发展为了人民，发展依靠人民，发展成果由人民共享的根本理念，让能源发展的成果惠及全体人民。

2）可持续发展原则

可持续发展是不断提高人群生活质量和环境承载能力的、满足当代人需求又不损害子孙后代需求的、满足一个地区或一个国家的人群需要又不损害别的地区或国家的人群需求的发展。能源的发展应当追求的是经济-环境-社会符合生态系统持续、稳定、健康地发展。

过去，我国经济发展走的是一条高消耗、高污染的道路，粗放的能源开采和利用导致了严重的环境问题，大气、水、土壤都为经济增长付出了环境代价。而随着生活的改善，人民的环境诉求不断提高，要求能源优质化、清洁化。这就意味着要把资源约束和环境保护作为经济发展的基本目标和约束条件，逐步降低单位 GDP 能源消耗强度，长期支持经济健康发展，走向可持续发展道路。

3）科学发展原则

科学发展就是要遵循事物发展的基本规律，以科学的认识推动事物的发展。能源产业的科学发展就是要在落实转变发展观念、创新发展模式、提高发展质量的要求下，实现发展方向和发展方式的转变。遵循科学发展就要重视科学技术的作用。技术进步是驱动能源发展的核心力量，科技决定能源的未来，科技创造未来的能源。当前，新一轮能源技术革命正在孕育兴起，应抓住科技革命的重要机遇，在科技进步的支撑下，实现节能提效基础上的科学能源供需平衡，为实现经济社会发展、应对气候变化、环境质量等多重国家目标提供技术支撑和持续动力。

2. 能源革命背景下能源工程管理转型的核心途径

新型的能源工程管理体系是实现能源革命目标的微观基础。从以人为本、可持续发展和科学发展三个基本原则为出发点，未来能源工程管理的转型的焦点主要集中在环境、健康、安全（EHS）管理，多目标科学决策，复杂性管理和工程技术创新等方面。

1）EHS 管理

新型能源发展强调人与自然的和谐相处，目的是为人们提供更加舒适的生存、发展的环境。这体现了以人为本的基本要求。能源既是现代社会存在和运行的物质基础和发展动力，也是影响实现人的发展的重要因素。因此，能源工程管理要把环境、健康和安全要素置于重要的地位，在实现工程目标的同时将环境、健康和安全要素结合在一起。

未来，能源工程管理需要用标准的 EHS 来规范自身的管理模式。EHS 体系是环境管理体（EMS）和职业健康安全管理体系（OHSMS）两体系的整合。EMS 保证在工程建设过程中节约资源，保护环境，使社会满意；OHSMS 保证在工程内部文明建设，加强安全保障，提升员工满意度。EHS 管理通过事前预防和持续改进，采取有效的防范手段和控制措施防止工程建设过程中的事故，减少可能引起的人身伤害、财产损失和环境污染。EHS 管理的理念和实务正在逐步发展，并已在石油化工、煤矿等能源行业中有广泛实际应用。

2) 多目标科学决策

决策是在科学理念引领与工程现实环境约束下做出的价值选择，对工程活动有着全局性、决定性的影响。现今，能源工程决策目标已经由单纯的经济效益向经济效益、社会效益与公平、生态保护、健康安全等多维度拓展，如何协调多个目标之间的矛盾冲突以实现整体效益优化是工程决策面临的一大挑战。能源工程的重大决策往往涉及多类利益相关者，主体包括政府主管部门、投资方、相关专家、周边居民等，不同主体认知视角、利益诉求不尽相同，决策目标很大程度取决于决策主体对工程的认识。因此，重大方案决策倾向于采取定性与定量相结合的方式，在工程价值观指导下通过认识决策问题，形成主客体统一下的价值选择。

由此，能源工程决策由结构化向非结构化发展，主体的价值追求与决策问题之间的对应关系呈现复杂动态化，主体依据传统经验、知识难以进行有效决策。如何保证决策主体正确认识决策客体？如何协调决策主体之间的价值冲突？如何有效综合运用多学科知识与技术？这些都是未来能源工程管理亟待解决的问题。

3) 复杂性管理

能源工程往往投资巨大、技术复杂、对环境依赖性强并且对社会经济有着重大影响，这些都增加了能源工程的不确定和复杂性。

能源工程项目内部要素之间具有复杂的相互关联，因此可将能源工程视为一个复杂系统。从系统与环境的视角认识能源工程管理：①能源工程的开放性更强、与环境的关联性更紧密；②对能源工程的规划与论证，要从更广的工程、经济与社会的关联进行综合评估；③能源工程的利益相关者一般由多个群体组成；④能源工程目标具有多元性，即使工程直接目标也彼此约束和冲突；⑤能源工程设计方案的比对和遴选，一般已不再存在"绝对最优解"，每个方案一般只能是"非劣解"；⑥能源工程建设过程中存在着复杂的组织行为。能源工程复杂性的增加要求其管理措施做出变革，要把复杂性引入到管理中。

4) 工程技术创新

能源工程是能源技术创新应用的平台，能源技术进步很大程度上体现在工程技术进步。重大能源工程的建设与实施提供了自主创新平台，有利于推动能源科技进步。

能源工程技术创新领域具有自身的特点和规律。其一，能源技术投资大、周期长、惯性强。具体表现在研发和工程建设投资大，研发和工程建设周期长。其二，能源既具有经济属性，又具有战略属性和环境属性。能源工程技术创新必须兼顾这三种属性。从能源的经济属性出发，工程技术的重点应考虑成本、效率和附加值等，要以实现应用和产业化为目标；从能源的战略属性出发，工程技术就应重点考虑技术的先进性和创新性；从能源的环境属性出发，工程技术应将有机废物的能源化利用作为重要研发放方向。因此，进行工程管理战略和规划时应将这三者进行不同定位、区别对待。

在工程管理实践中，能源工程技术创新作为一类特殊的复杂产品系统创新，还面临组织临时性、时间约束、主体多元化、多组织协调、技术集成性和过程割裂等挑战。未来能源工程管理要积极寻找应对这些挑战的方案，积极探索新型的能源工程管理技术创新模式。

3.3.3　能源革命下能源产业生态系统的变革

1. 产业生态系统管理理论

1）产业生态系统管理驱动因素

（1）可持续发展的生存需要。

发展是人类社会不断进步的永恒主题。可持续发展思想在环境与发展理念的不断更新中逐步形成。世界环境与发展委员会（WCED）经过长期的研究于 1987 年 4 月发表的《我们共同的未来》中将可持续发展定义为"可持续发展是既满足当代人的需要，又不对后代人满足其需要的能力构成危害的发展"。经济、环境和社会可持续性是可持续发展的核心内容。经济可持续性要求经济体能连续地提供产品和劳务，使内债和外债控制在可以管理的范围以内，并且要避免对工业和农业发展带来不利的结构性失衡。环境可持续意味着维持人类生产生活所必需的资源，减少对资源的浪费，控制不可再生资源的开发程度，研发可代替的可再生资源，实现生态系统循环持续发展。社会可持续发展则指建立分配和机遇的平等机制。

中国的社会经济正在蓬勃发展，充满生机与活力，但同时也面临着沉重的人口、资源与环境压力，隐藏着严重的危机，发展与环境的矛盾日益尖锐。表 3-1 列出的中国各时期的资源、环境态势可以说明这一点。上述态势的发展，特别是能源与环境矛盾的日益加剧，已成为经济、社会发展的重大障碍。几十年来的能源发展的传统模式已不能适应未来的社会、经济发展，迫切需要新的发展战略，走可持续发展之路就成为唯一的选择。这就要求按照自然界的生态模式来规划产业发展，才能从根本上解决产业发展与资源和环境矛盾。

表 3-1　中国各时期的资源、环境态势

领域	1949 年以前的背景情况	1949 年以来的发展历程	当前存在的主要问题	目前仍沿用的决策偏好
资源	人均资源较缺乏	资源开发强度大，综合利用率低	土地后备资源不足，水资源危机加剧，森林资源短缺，多种矿产资源告急	对各种资源管理重消耗，轻管理；重材料开发，轻综合管理
能源	能量总储量大，但人均储量少，煤炭质量差	一次能源开发强度大，二次能源所占比例小	一次能源以煤为主，二次能源开发不足，煤炭大多不经洗选，能源利用率低，生物质能过度消耗	重总量增长，轻能源利用率；重火电厂的建设，轻清洁能源的开发利用
社会经济发展	社会、经济严重落后	经济总体增长率高，波动大，经济技术水平低，效益低	以高资源消耗和高污染为代价换区经济的高速增长，单位产值能耗、物耗高	增长期望值高，重速度，轻效益；重本位利益，轻全局利益
自然资源	自然环境相对脆弱	生态环境总体恶化，环境污染日益突出，生态治理和污染治理严重滞后	自然生态破坏严重，生态赤字加剧；污染累积量递增，污染范围扩大，污染程度加剧	环境意识逐渐增强，环境法则逐渐健全，但执法不力，决策被动，治理体系不健全

(2)知识经济时代变革需要。

经济活动一般包含如下几类要素：劳动、土地、资本、技术。一般的生产过程是整体性的，其产出是由所有要素共同完成的，但是在不同历史时期，各种要素的作用和贡献是不同的。随着第三次科技革命迅速发展，知识在经济社会发展中的作用日益突出，当知识成为社会生产的主要要素时，就形成了知识经济社会。

根据经济合作与发展组织(OECD)对知识经济的定义，知识经济是建立在知识和信息的生产、分配、使用之上的经济。知识经济的主要标志是：资源利用智力化，通过知识、技术等智力资源开发现有的自然资源；资产投入无形化，知识、信息、专利、技术等无形资产成为发展经济的主要资本；知识利用产业化，知识并不仅局限于个体之中，而是成为可转让、交易的产品和产业；经济发展可持续化，重视经济发展的环境效益和生态效益，采取有利于人类长远发展的战略。

知识经济时代迫切需要更为良好的能源产业生态体系。首先，知识经济要求改变以资源和资本为主要要素的能源开发模式。需要以用智力资源的无限性代替自然资源的有限性，形成绿色低碳的能源发展道路。其次，知识经济时代要求能源技术创新更加活跃。科学技术具有乘数效应，它放大了生产力诸要素的作用。要使科学技术渗透、融合、扩散到其他要素之中，从而使整个能源生产系统发生质的变化，通过能源新技术与现代信息、材料和先进制造技术深度融合，形成日益丰富的能源利用新模式、新业态、新产品。最后，知识经济要求建立互联互通的能源产业生态体系。在知识经济时代，产业主体更加多元，各个主体之间形成互惠效应的基础是建立物联网、能源互联网开放性网络，使得各个主体之间的物流、资金流和信息流更为通畅、有效。

(3)提前实现环境消耗拐点的需要。

根据环境库兹涅茨曲线，当一个国家经济发展水平较低时，环境污染的程度较轻，但是随着人均收入的增加，环境污染由低趋高；当经济发展达到一定水平后，也就是说，到达某个临界点或称"拐点"以后，随着人均收入的进一步增加，环境污染又由高趋低，其环境污染的程度逐渐减缓，环境质量逐渐得到改善。

能够提前实现环境消耗拐点，归根结底取决于经济结构和经济发展方式。只有从源头上将污染物排放大幅降下来，生态环境质量才能明显好上去。这就需要改变传统的大量生产、大量消耗、大量排放的发展模式，走绿色低碳循环发展之路，建立健全以产业生态化和生态产业化为主体的生态经济体系。在具体工作中，积极调整能源产能结构，提高生产领域的资源环境效率；聚焦产业高端化、绿色化、智能化、融合化发展，推动能源产业由粗放型、要素驱动转向集约型、创新驱动，最终形成清洁、绿色、环保、高效的产业生态体系。

2)产业生态系统管理原则及目标

(1)管理原则。

①生命周期评价(life cycle assessment，LCA)原则。生命周期评价是从产品或服务的生命周期全过程来评价其潜在环境的方法。生命周期评价实际上是对这些资源消耗和污染排放的一种系统分析过程。目前生命周期评价是国际上公认的、用来评估产品或服务

潜在环境影响的有效方法，其主要内容包括：由于原材料开采造成的大气、水和固体废物污染；开采过程中的能量消耗；产品生产过程中造成的污染；产品分配和使用带来的环境影响；产品最终处置产生的环境影响。

根据国际标准化组织颁布的《环境管理生命周期评价、原则与框架：ISO 14040：1997》系列标准，生命周期评价的实施步骤分为目的与范围确定、清单分析、影响评价和结果解释四个部分，如图 3-5 所示。

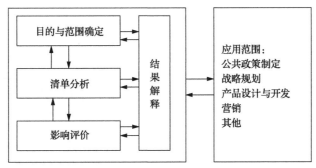

图 3-5　生命周期评价技术框架

生命周期评价的目的在于确定产品或服务的环境负荷，比较产品和服务环境性能的优劣，从而以生命周期思想为依据对产品和服务进行设计。它具有以下特点：第一，以产品为核心，面向的是产品系统。产品系统是指与产品生产、使用和用后处理相关的全过程。从"末端治理"与过程控制转向以产品为核心，评价整个产品系统总的环境影响的全过程管理反映了可持续发展的思想。第二，生命周期评价是一种系统性、定量化的评价体系，因此生命周期评价能够辨识和评价避免或减缓环境影响的机会及改善环境影响。第三，生命周期评价是一个开放性的评价体系。生命周期评价体现的是先进的环境管理的思想，任何先进的方法和技术都可以被利用。因此，这样的一个开放系统，其方法论也是持续改进、不断进步的。

②生产者责任延伸(extended producer responsibility，ERP)原则。生产者责任延伸是促进产品整个生命周期内环境影响的一种环境保护制度。该环境将产品生产者的责任延伸到其产品的整个生命周期，特别是产品使用后的回收处理和再利用阶段，从而使生产者承担其产品的回收和处置等义务。

OECD 将 ERP 定义为一种政策性工具，即生产者负有相应的经济或物质上的责任，应负责产品废弃后的处理及处置，并指出 ERP 的两个特点(图 3-6)：将上游责任(物质/经济的、部分/全部的)转嫁给生产者；提供诱因让生产者在产品设计时就考虑环境因素。因此，ERP 的最终目标就是刺激生产者重新设计其产品，并减少原料及有害物质的使用。生产者责任延伸制的出现反映了环境政策的发展趋势，包括从"末端治理"到"污染预防"的策略转变，减缓产品整个生命周期的环境影响，以及非强制性政策的应用等。

生产者责任制是以现代环境管理原则来实现产品系统环境性能改善的一种制度，是以促进经济社会走向可持续发展道路的重要政策工具。通过该工具把生产者的环境责任由生产过程延伸到产品弃置后回收、再利用和处理等阶段，从而从根本上驱动生产者在设计产品和选择原料时考虑各种环境因素。与此同时，相关的市场准入制度又会促使生产者把环境因素与产品的生产和营销战略结合起来，为了赢得市场份额，生产者会尽力将产品对环境的影响减到最小。明智的生产商会通过改变产品设计或材料使用以尽量减少废气产品的管理成本，这种从末端(废弃产品管理)到前端(产品设计)的转变就是生产者责任延伸制区别于单纯回收体系的关键。

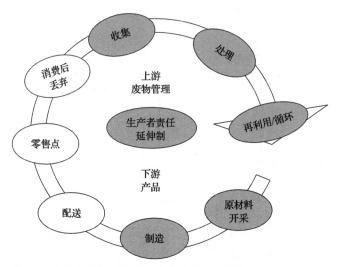

图 3-6　生产者责任延伸制包含的产品生命周期上游和下游阶段

此外，ERP 对循环经济的 3R(reduce，reuse，recycle)原则和产品、包装设计都会产生重大影响。ERP 制度不仅可以减少原材料的适用，还可以增加回收再利用率，减少环境冲击，例如废弃、废水的排放会减少。因此，ERP 不仅是实现废物资源化的一种机制，同时也是实现可持续发展的一项重要策略。

③产品导向的环境政策原则。20 世纪 60 年代兴起的现代环境政策以解决工厂点源污染为主，采取的方式是为企业的生产和污染排放设定强制性标准，从而形成了一种"工艺导向"的环境政策。这种政策在实践中暴露出一些问题：一方面它采取的是一种末端治理的方式，无法从源头控制污染的产生；另一方面它只解决了与产品有关的环境问题，却不能有效解决产品消费和使用中的环境问题。

在此情况下，产品导向的环境政策应运而生。产品导向政策是以保证产品环境友好性质、保护生态环境为目的的公共政策，它通过与产品生命周期有关的环境责任人提出一些建议或制定相关规则，来协调产品各相关方的环境责任。较为典型的有欧盟委员会提出的"整合性产品政策(integrated product policy，IPP)"，这是以持续提高产品和服务在整个生命周期的环境特性为目的的一系列公共政策(图 3-7)。

产品导向环境政策总目标是持续降低产品整个生命周期的环境影响。该目标可细化为以下三个方面。第一，降低产品的产量。一方面要求消费者改变消费方式和需求，放弃使用特定物质或高耗能的产品；另一方面要求产业通过强化和延长产品使用寿命等方式来提高总资源利用率。第二，设计环境友好的产品。改变产品有害的环境性能，包括减少有害物质使用，减少能源消费，改善生产工艺和产品设计，以及替代有害产品等。

第三，优化产品的使用和处置方式。

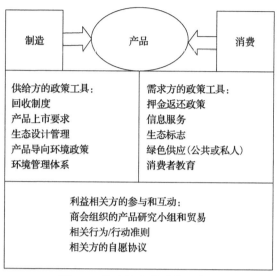

图 3-7 整合性产品政策示意图

综上，产品导向环境政策的意义主要体现在以下方面：首先，产品导向环境政策以产品为中心，将环境政策带入了一个崭新的领域。它以产品生命周期思想为指导，强调在源头预防各种环境问题的产生。其次，产品导向环境政策涉及产品的生产者、运输商、供应商、贸易商、消费者、再循环企业以及非政府组织等诸多利益相关者，强调了利益相关方之间的合作与责任分担。最后，产品导向环境政策强化了市场的基础性作用，主张以"最少干预"为原则，尽可能利用市场的力量来实现政策目标，从而形成了一种以持续改进为目标，以间接调控为主要特点的政策运行机制。

（2）管理目标。

产业生态系统管理的核心目标是实现可持续发展，包括经济层面、社会层面、资源层面和环境层面的可持续性。其中，经济可持续性是基础，资源可持续性是条件，环境可持续性是保障，社会可持续性是目的。具体地：

①经济可持续性。要求经济体能够连续地提供产品和劳务，并且要避免对工业和农业生产带来不利的极端的结构性失衡，避免公共物品负外部性带来的高额经济损失。通过"质量变革、效率变革、动力变革"推动产业结构优化升级，以高质量的产业结构促进经济社会持续健康发展。

②环境可持续性。自然环境是人类生命的源泉，要充分考虑自然条件，统筹人口分布、经济布局、国土利用、生态环保，科学规划生产、生活、生态空间，不搞打破自然生态平衡的开发，不建超出环境承载力的工程，给自然留下修复空间。

③资源可持续性。这意味着要求保持稳定的资源基础，避免过度地对资源系统加以利用，维护环境的净化功能和健康的生态系统。对可再生资源的使用强度应限制在其最大持续收获量之内；对不可再生资源的使用速度不应超过寻求作为替代品的资源的速度；对环境排放的废物量不应超过环境的自净能力。

④社会可持续性。社会可持续性是产业生态管理的最终目标。应把社会和人民利益置于最高位置，在发展中保障和改善民生。通过构建良好的产业生态体系，促进社会分配和机遇平等、人均收入水平增加、教育水平提升、劳动力素质提升。追求社会公平和平等，在追求速度的同时保障困难群体的利益，让所有人都能享受经济发展所带来的物质、精神收益，保证人民在共建共享发展中有更多获得感。

总之，可以认为产业生态系统管理是一种新的管理思想和方式，目标是保证社会具有长期的持续性发展的能力，确保环境、生态的安全和稳定的资源基础，避免社会经济大起大落的波动。产业生态系统管理涉及经济社会的各个方面，要求决策者和管理者进行全方位的变革。

2. 产业生态系统管理特点及内涵

1) 管理特点

20 世纪 70 年代，人们认识到解决环境问题必须从源头和生产过程着手，便提出了清洁生产的概念。清洁生产从清洁原材料和能源、清洁工艺、清洁产品等角度入手，将环境因素纳入设计和相关服务中，从而改变过去被动的、滞后的污染控制手段。80 年代末，受生态学理论的影响，人们又进一步认识到现代产业是交织发展的，可以将其看作是一个人工产业系统。通过模仿自然生态系统，有望实现产业向生态化发展，使各种物质和能量获得高效的利用，于是产业生态管理思想诞生。

为了更深入地认识末端治理、清洁生产和产业生态之间的联系与区别，表 3-2 从思考方法、应用层次、污染控制、资源利用和经济效益等方面对其进行了比较。

表 3-2 末端治理、清洁生产和产业生态的比较

比较的内容	末端治理	清洁生产	产业生态管理
思考方法	污染物产生后再处理	污染物被消除在生产过程	资源高效和循环利用
应用层次	工业企业	工业企业	全产业
控制过程	污染物达标排放控制	生产全过程控制	对物流、能流和信息流进行综合分析
控制效果	产污量会影响处理效果	比较稳定	稳定
产污量	间接地促进减少	明显减少	充分利用，很少
资源利用率	无显著变化	增加	很高
资源耗用	增加(治理污染消耗)	减少	最大程度地减少
产品产量	无显著变化	增加	增加
经济效益	减少(用于治理污染)	增加	增加
治理污染费用	排放标准越严格，费用越高	减少	极大减少
污染转移	有	可能有	无

由此可以看出，产业生态系统管理具有不同的特点。第一，重视竞争共生性。产业系统内资源的稀缺导致了各个主体之间的竞争和共生，产业生态系统管理就是利用竞争

共生机制，提升系统内的资源利用效率，增强系统自身活力。第二，重视多样性。产业生态系统管理以多元化的结构和多元化的主体为基础，以此分散风险，增强稳定性。第三，重视循环再生性。产业生态系统管理认为世界上不存在绝对的"废品"，某一个所谓的"废品"必然是对生物圈中某一生态组分或生态过程有用的"原料"或缓冲剂。因此产业生态系统管理将物质的循环再生作为可持续发展的一个重要保障机制。

2) 管理内涵

产业生态系统管理站在资源瓶颈和环境约束的角度审视人类生产活动与其依存的资源和环境之间关系，从生命周期角度出发，关注企业行为、企业之间关联、产业与其依存环境的关系，以认识和优化这种关系，从而实现人类生产活动的高效性（主要体现在资源生产力和生态效率方面）、稳定性和持续性。其管理内涵在企业层、园区层、区域层和社会层有不同的表现。

企业层面，主要体现为企业内部的清洁生产。在产品的整个生命周期中，有限考虑产品的可回收性、易维护性、可重复利用等环境属性，将其作为设计目标，在满足环境目标的同时，使产品的生产过程能耗物耗最低，从而减少对材料资源和能源的需求，将废物数量降到最低限度。

园区层面，主要体现为由企业互相联系组成的生态工业园区。通过管理包括能源、水和材料这些基本要素在内的环境与资源方面的合作来实现生态环境与经济的双重优化和协调发展，使该企业群落寻求比每个公司的个体效益综合还大的效益。

区域层面，在各种行业生态链接关系的基础上，模拟自然生态系统中"生产者—消费者—分解者"的循环"食物链"网，在区域产业层次上建立链接关系，培育经济体系中不同产业的协同共生关系，构建工业生态链网。

社会层面，立足于环境和自然资源角度，以系统分析的方法，聚焦于促进产业系统向高级生态系统演化，使其与自然生态系统即社会系统协调发展。

3. 产业生态理论下能源工程的变革发展

1) 产业生态系统理论下能源技术创新能力的增强

(1) 构建能源产业创新生态体系的必要性。

技术创新是推动经济增长方式转变的根本途径，也是促进产业结构优化升级的主要动力。首先，技术创新活动中的技术、工艺、组织、管理和服务的创新，都无不能动地影响着经济增长中生产要素的使用率。其次，任何一种产业结构的优化和升级，都是技术升级作用的结果。技术创新的过程是推动生产要素、生产条件、生产组织等的重新组合，由此带动生产手段和生产结果的变动，引发新产业的培育和传统产业结构的提升。

当今世界，能源产业越来越强调企业、科研院所、中介机构与政府等实体与制度、政策、法律、市场、文化等环境因素有机结合，共同营造一种良好的创新生态系统。在良好的创新生态环境下，创新人才、资本、成果等都是流动的，哪里的创新生态好，就会流向哪里。

随着全球能源转型步伐的持续加快，技术创新的核心地位和关键作用越来越凸显。

对于传统能源行业而言，能源转型的含义既包括能源本身的清洁化、低碳化转型，也涉及整个行业和企业的创新模式改变。面对这种复杂的叠加转型挑战，能源行业迫切需要突破传统的创新模式，强化创新生态理念，并通过营造开放、包容、协同、有序、可持续的创新生态系统，培育叠加转型的新动力，开辟创新发展的新模式。

（2）能源产业创新生态体系的特征与内涵。

技术创新活动是一种链条式延伸。完整的创新链条应包括五个环节：基础研究、应用研究、试验发展、中间试验、技术成果产业化。然而，任何技术创新活动都需要来自系统的配套、支持及互动，从而形成国家、地区、企业不同层次的技术创新体系。相对于创新链，技术创新体系主要研究如何合理地组织创新主体、资源、设施及其他要素，使创新活动沿着创新链顺畅地运行。

能源创新生态系统具有以下含义：建立在一定的地域空间范围内，并具有开放的边界；以企业、高等学校、研究与开发机构、地方政府机构和服务机构为创新活动主体；不同创新主体之间通过相互关联，构成创新系统的组织结构和空间结构；创新各主体之间通过创新组织、空间结构以及环境的相互作用而实现创新功能，并对区域经济、社会及生态环境产生影响；通过与环境相互作用和系统自组织作用维持创新的运行、发展。

在图 3-8 所示的能源产业创新生态体系中，企业群落间存在着垂直与横向的联系，包括技术、产品、信息、人才等正式或非正式的联系；行业中介机构是企业之间的黏合剂；大学及科研机构、风险投资机构以及政府机构是整个产业生态系统的营养物质提供者。技术创新活动还离不开外部环境的支持。创新生态系统中需要政策法规、产业规划、创新文化、市场机制等作为创新环境。创新生态与原始森林生态类似，都具有"共生性"和"自治性"的特点，强调环境及各主体之间的共生栖息关系。

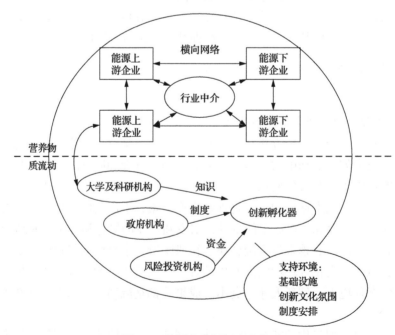

图 3-8　能源产业创新生态体系

（3）营造能源产业创新生态体系的举措。

第一，鼓励开放式创新，畅通创新主体与外部环境之间在知识、人员、技术、资本等方面的沟通交流。突破把"自主创新"等同于"自己创新"的封闭模式，拆除能源领域各类创新主体之间的合作交流屏障，具体可采取合资合作、技术特许、委外研究、技术合伙、战略联盟或者风险投资等，提高创新效率和价值创造能力。

第二，支持包容性创新，使能源创新发展惠及更多社会群体。包容性创新是包容性发展的基础。能源事业的创新发展与技术进步，要能够为社会民众带来更多福祉。应更多地贴近人民现实生活、满足群众实际需求，激发更多人群参与或支持创新，因地制宜解决能源转型中的技术难题，实现能源领域的"草根"创新。

第三，注重协同创新，促进能源领域产学研深度融合。大型能源企业主要采取集成式和渐进式创新，适时采取技术收购，形成小企业"铺天盖地"、大企业"顶天立地"的能源转型发展格局。明确大学、科研院所等作为知识创造的主体，是能源创新生态系统优质人才、知识、技术的源泉，建立科学有效的产学研深度融合机制，形成推进能源转型的创新合力。

第四，完善有序创新，发挥好政府与市场"两只手"的作用。政府要着力营造一个有利于创新的法律、政策环境。但是，创新活动主要由企业、大学、科研机构以及研究人员承担，能源行业的技术创新和转型发展需要遵循规律、循序渐进，政府不能干预过多、操之过急，需要建立完善的政府调节市场、市场引导企业、企业自主创新的运行机制。

第五，立足可持续创新，把能源转型与创新植根于资源节约与环境保护的文化土壤之中。建立清洁低碳、安全高效的现代能源体系，技术创新主体的价值取向、创新意愿要充分考虑资源环境的承受力，使能源创新生态系统与自然生态环境系统融为一体。特别是在能源转型的过渡期，需要从国情和发展阶段出发，避免盲目冒进，防止陷入"用一个问题去解决另一个问题"的怪圈。

2）产业生态系统理论下能源产业组织形态的演变

现代化的能源组织形态是产业生态系统得以构建的保障。能源产业组织水平与能源生产经济性、技术水平和安全水平息息相关，相对优化的产业集中度和市场竞争态势往往代表着更为经济、高效、安全的产业发展水平。

能源产业多数具有自然垄断属性且与国计民生关联紧密，鉴于此，世界上通行的做法是政府对相关自然垄断环节或具规模经济环节实行管制，而其他环节则以市场机制为主。由此产生的一大问题是，一旦出现一方垄断而另一方市场化的上下游之间产业组织形态不对等形态，双方的市场地位不平等，相关竞争机制作用弱化，则极易催生垄断组织出于自身利益考虑控制市场行为，从而引发能源市场波动的现象。在产业生态系统条件下，能源企业必须具备充分的活力、拥有自主创新能力和核心竞争力。在此基础上，才能形成支撑能源产业生态体系的两大子系统：生产生态系统和应用生态系统。

（1）能源生产生态系统。

生产生态系统是指包括一次能源开发及其二次加工在内的各类能源产品的生产系统。能源内生系统的基本职能包括：能源装备制造、能源开发和能源加工，而能源投资、基础设施建设和生产专业运输则是该系统中的保障功能(图 3-9)。能源装备制造企业、能源勘探开发企业、能源加工企业构成了上下游层次垂直关系;而同类型企业间的合作与竞争构成了横向关系。垂直关系和横向关系交错就形成了生产生态系统。

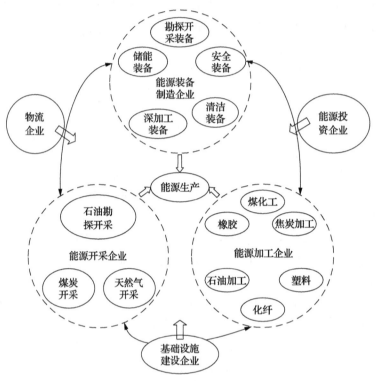

图 3-9　能源生产生态系统示意图

　　能源装备是能源技术的载体,装备制造企业对能源产业生产生态系统起着重要的支撑作用,其发展水平的高低直接决定了整个系统的效率。长期以来,我国能源装备制造企业的弱势,主要体现在自主创新能力薄弱、基础制造水平落后、低水平重复建设、产品推广应用困难等方面。基于此,我国装备制造企业要坚持自主创新,掌握装备制造核心技术,实现其在价值链上的位置提升。

　　能源开采企业是生产生态系统中的主要生产者。作为上游产业,其效率和价格直接影响下游产业的成本和国际竞争能力。因此,应处理好政府和市场的关系,推进国有大型能源企业改革。对电力、油气行业,实行以政企分开、政资分开、特许经营、政府监管为主要内容的改革,细化区分竞争性环节和自然垄断环节,加强对自然垄断性业务的监管,放开竞争性业务。

　　能源加工企业是生产生态系统中的重要增值环节。长期以来,我国能源加工利用企业在产品开发利用方面存在"四低"的现象,即低投入、低产出、资源利用低、产品附值低的现象。对此,要本着可持续发展的原则,加强资源利用管理,改进资源利用方式。改造工艺装备落后、管理粗放的利用方式,积极推进矿产资源深加工技术的研发,提高产品附加值,以实现能源加工利用行业的优化与升级,并提升整个生产生态系统的产出效率。

最后，在生产生态系统中，要加强企业间开展生产和经营方面等多方面的协作，上下游企业连成一条产业链，充分协调产业群落各组成部分的行为，实现协同进化。尤其是应建立从原料采集、生产运输、产品制造、废物利用、生态环境损害评估与修复的全过程联动机制，在每一个环节中都要考虑系统对资源的需求程度与废物的接纳能力，形成一个"高开采、高利用、低排放"的循环经济模式，使经济系统和谐地纳入能源物质循环过程中。

（2）能源应用生态系统。

能源应用生态系统是利用生产生态系统提供的产品，供自身运行发展，同时产生生产力和服务功能的系统。在该系统中，主要包括三种类型的主体，综合应用服务平台、专业化公司和终端用户，如图 3-10 所示。

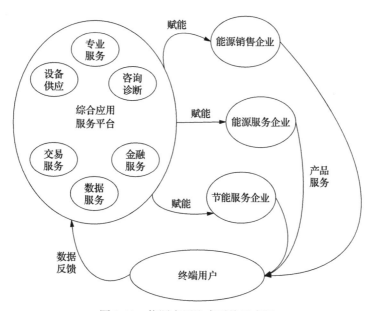

图 3-10　能源应用生态系统示意图

综合应用服务平台是为满足终端客户多元化能源生产与消费的能源服务方式，涵盖能源规划设计、工程投资建设、多能源运营服务及投融资服务等方面，是该生态系统中的承载者和核心。综合应用服务平台首先是能源综合，强调的是风、光、水、火与分布式等多种不同类型发电的优化组合，冷、热、气、电等不同能源的协同优化，以及荷、源、网、储等多种设施的互联互通。其次是管理综合，强调的是能源规划、设计、建设、运营、维护全周期的贯通，企业、园区与系统等多个层级的梯次优化。通过能源全周期管理避免各业务相互割裂、信息不通，确保整个周期内的综合成本优化，实现寿命期效益最大化。

专业化公司是专门提供能源销售、能源服务、节能服务等的企业组织，是生态系统中的增值者。专业化的能源服务公司的主要业务是针对各类企业的能源生产和供应，追求目标是在确保生产运行的稳定性和可靠性的前提下降低能源成本，在某个细分市场凭借专业性获得竞争优势。用能企业就可将其能源生产和供应这部分工作从企业整个生产中独立出来，并外包给专业化的能源服务公司。企业再将其有限的资源和精力集中到其主营业务上，如拓展产品市场，提高产品质量等。专业化能源服务公司由于其独特的技术和经验，通过服务获得收益。

终端用户是应用生态系统中的消费者，他们直接或间接利用生产生态系统中所输入的能源，主要包括用能企业和个体。在整个生态系统中，终端用户的作用就是进行能量的传递、物质的交流和信息的传递，促进了整个生态系统循环和发展，维持生态系统的稳定。因此，推进终端消费过程信息透明及智慧化，是实现系统整体效能提升的重要一环。

3)产业生态系统理论下辅助系统的转变与完善

产业生态系统的辅助系统为整个系统提供了环境和养分，是保障整个生态系统良好运转的重要支撑。要打造良好的能源生产生态系统和应用生态系统，就要从辅助层的法律法规、运行体制、保障条件等方面入手，进行合理的制度安排，通过顶层设计改变经济单位之间的合作与竞争方式。因此，政府职能转变、健全能源法律体制、完善能源行业信用体系、行业协同、跨平台和加快信息等方面成为构建能源产业生态系统的重要因素。

(1)加快政府职能转变，调动市场主体的积极性。

政府在能源体系管得过多的问题比较突出，越位、错位的问题也比较严重，直接影响了市场配置资源的基础性地位。推动"放管服"改革转变政府职能：以简政放权放出活力和动力、以创新监管管出公平和秩序、优化服务服出便利和品质。

(2)健全能源法律体制建设。

能源产业生态体系的运行建立在完备的法律体系基础之上。我国能源法律体系不完善，法治建设滞后问题较为突出。应建立门类齐全、结构严密、内在协调的能源法体系，促进能源产业生态系统效率提升。

(3)完善能源行业信用体系。

建立防范和减少失信行为的长效机制，主要体现在建立信用信息归集和共享交换体系、加强信用信息标准化建设，建立市场主体信用记录、建设信用信息数据库，建设信用信息共享交换平台，推进信用信息公开与使用，完善信用评价体系以及强化企业诚信教育与诚信文化建设等。

(4)加强行业的协同政策。

政府、能源客户、设备厂商、能源服务公司和电网企业各主体充分协调，发挥自身优势，并吸引其他主体参与到商业生态系统的构建中，提升全社会整体能源利用效率，促进产业发展。

(5)促进跨平台的行业标准体系规范。

研究综合能源生产、供应的公用事业规范、技术标准体系和统计监测体系的建设，促进能源产业的升级与优化，实现能源行业的可持续发展。

(6)加快建设综合能源管理和信息平台。

具体来说，政府部门和各重要能源企业需实现先进信息技术与能源服务业务的融合，加速建设城市能源互联信息平台，为行业健康发展提供有效的信息资源。

3.3.4 产业生态系统视角下的能源工程管理创新

1. 能源工程管理的组织模式创新：由传统模式向合作模式转变

能源工程组织模式是界定不同主体在工程建设中的权力和行动边界，主要包括投融资模式和建设管理模式，如政府出资模式、公私合营模式、指挥部模式、项目法人模式、代建制模式、建造-运营-移交(BOT)模式等。有效的组织模式设计能统筹和协调好不同利益主体，进而促使主体间的联合行动，实现工程目标。目前，能源工程的组织管理模式正在从传统的设计-招标-建造(design-bid-build，DBB)模式向设计-采购-施工(EPC)总承包模式、关注各相关方利益的合作模式等新兴模式转变。

1) 传统的项目管理模式

传统的项目管理模式，即设计-招标-建造模式。该管理模式在国际上最为通用，世界银行、亚洲开发银行贷款项目及以国际咨询工程师联合会(FIDIC)的合同条件为依据的项目均采用这种模式。最突出的特点是强调工程项目的实施必须按照设计—招标—建造的顺序方式进行。只有一个阶段结束后另一个阶段才能开始。参与项目的主要三方是业主、建筑师/工程师、承包商。

DBB 模式具有通用性强的优点，管理方法较为成熟，各方都对有关程序熟悉；可自由选择咨询、设计、监理方；各方均熟悉使用标准的合同文本，有利于合同管理、风险管理和减少投资。缺点：工程项目要经过规划、设计、施工三个环节之后才移交给业主，项目周期长，业主管理费用较高，前期投入大；变更时容易引起较多的索赔。这种方式长期以来在国内能源工程中被广泛使用。

2) 建筑工程管理方式

建筑工程管理(construction management，CM)方式。这种方式又称阶段发包方式，业主在项目开始阶段就雇用施工经验丰富的咨询人员即 CM 经理，参与到项目中来，负责对设计和施工的管理。它打破过去那种待设计图纸完全完成后，才进行招标建设的连续建设生产方式。其优点是缩短了工程从规划、设计、施工到交付业主使用的周期，节约建设投资，减少投资风险，业主可以较早获得效益。缺点是分项招标导致承包费用较高，因而要做好分析比较，认真研究分项工程的数目，选定最优结合点。

3) 设计-建造方式与交钥匙模式

设计-建造方式(design-build，DB)就是在项目原则确定后，业主只选定唯一的实体负责项目的设计与施工，设计-建造承包商不但对设计阶段的成本负责，而且可用竞争性招标的方式选择分包商或使用本公司的专业人员自行完成工程实施，包括设计和施工等。交钥匙方式，又称设计-采购-施工模式，即由承包商为业主提供包括项目可行性研究、融资、土地购买、设计、施工直到竣工移交给业主的全套服务。其优点是项目实施过程中保持单一的合同责任，在项目初期预先考虑施工因素，减少管理费用，减少由于设计错误、疏忽引起的变更以减少对业主的索赔。其缺点是业主无法参与建筑师/工程师的选择,业主代表担任的是一种监督的角色,因此工程设计方案可能会受施工者的利益影响。业主对此的监控权较小。EPC 模式是国际上普遍采用的工程建设方式,也是国内能源建设的趋势和必然选择。

4)建造-运营-移交方式

BOT 方式是 20 世纪 80 年代在国外兴起的一种将政府基础设施建设项目依靠私人资本的一种融资、建造的项目管理方式,或者说是基础设施国有项目民营化。BOT 方式优点:不增加东道主国家外债负担,又可解决基础设施不足和建设资金不足的问题。BOT 方式缺点:项目发起人必须具备很强的经济实力(大财团),资格预审及招投标程序复杂。近些年来,我国能源工程逐步与国际接轨,BOT 模式应用越来越广泛。

5)项目承包模式

即业主聘请专业的项目管理公司,代表业主对工程项目的组织实施进行全过程或若干阶段的管理和服务。由于项目管理承包商在项目的设计、采购、施工、调试等阶段的参与程度和职责范围不同,因此项目承包(project management contractor,PMC)模式具有较强的灵活性。项目模式一般具有以下一些特点:①把设计管理、投资控制、施工组织与管理、设备管理等承包给 PMC 承包商,把繁重而琐碎的具体管理工作与业主剥离,有利于业主的宏观控制,较好地实现工程建设目标;②这种模式管理力量相对固定,能积累一整套管理经验,并不断改进和发展,使经验、程序、人员等有继承和积累,形成专业化的管理队伍,同时可大大减少业主的管理人员,有利于项目建成后的人员安置;③通过工程设计优化降低项目成本。PMC 承包商会根据项目的实际条件,运用自身的技术优势,对整个项目进行全面的技术经济分析与比较,本着功能完善、技术先进、经济合理的原则对整个设计进行优化。

6)合作模式

合作模式是指项目参与各方为了取得最大的资源效益,在相互信任、相互尊重、资源共享的基础上达成的一种短期或长期的相互协定。这种协定突破了传统的组织界限,在充分考虑参与各方的利益的基础上,通过确定共同的项目目标,建立工作小组,及时地沟通以避免争议和诉讼的发生。培育相互合作的良好工作关系,共同解决项目中的问题,共同分担风险和成本。合作模式的特点之一就是建立了项目的共同目标,它使得项目参与各方以项目整体利益为目标,弱化了项目参与各方的利益冲突。由于目标决定了组织,因此合作模式的组织既要遵循组织论的原则,又要有它的特色。目前我国能源工程领域对合作模式的了解还很少,因此这种模式是一种有待深入挖掘和应用的领域。

2. 能源工程的过程管理:从建设管理向全寿命周期管理转变

全寿命周期管理是指在设计阶段就考虑到项目所经历的所有寿命环节,将所有相关因素在工程设计和实施阶段进行综合规划和优化。全寿命周期管理意味着,工程管理不仅涉及项目的实施阶段,还要涉及项目的规划、设计、生产、经销、运行、使用、维修保养,直到回收再用处置的全寿命周期过程。

全寿命周期管理的科学基础有三个基本思想:一是全过程思想,二是集成化思想,三是信息化思想。全寿命周期管理要求站在整个能源工程建设、运行、退出过程的角度，统一管理理念、统一管理目标、统一组织领导、统一管理规则并建立集成化的管理信息系统。全寿命周期管理是新的能源工程管理理念和模式，具有以下基本特征：

1) 整体特征

传统的能源工程管理模式强调阶段的划分和顺序性，承担各阶段服务的组织只关注自己的领域，很少考虑整个系统。能源工程全寿命管理模式，由项目负责人领导，从决策阶段开始就考虑项目的整个生命周期，从全局出发，对项目整个管理过程进行集成管理和监督。

2) 集成特征

能源工程全寿命管理模式的集成包括信息的集成和管理过程的集成。信息的集成是指不同管理过程需要进行大量的信息传递，利用计算机网络等辅助工具，通过数据库的方式，实现不同管理过程之间的数据集成。管理过程的集成是指以信息集成构筑平台，通过数据库管理系统实现工程项目生命周期内的集成管理。

3) 协调特征

能源工程全寿命管理模式的协调性是指人的综合集成，强调管理人员之间的协调和沟通是非常重要的。保证不同阶段的管理人员服务质量，在分布环境中，实现群体活动的信息交换和共享，并对全寿命周期内的管理进行动态调整和监督，这是全寿命周期协调性的根本所在。

4) 并行特征

传统的能源工程管理模式为纵行式，前一阶段的工作没有完成，后一阶段的工作就无法展开。而全寿命管理模式的能源工程管理是并行进行，在立项阶段就要考虑实施阶段的需求，减少真正的实施阶段对立项阶段的更改反馈。

3. 能源工程管理的技术创新：由封闭创新向协同创新转变

与技术创新已经成为耳熟能详的概念相比，工程技术创新的相关研究还较为滞后。工程技术创新不同于企业技术创新，这种区别首先表现为立足点不同：企业开展技术创新通常是为了获取竞争优势，而工程技术创新则以解决工程造物活动中的难题为目的，因此具有实践约束性、组织协同性和一次性等特点。能源工程技术创新的情景依赖性、工程产业链的分割决定了其技术创新更强调多主体之间的协作，共同应对自然环境对能源工程活动提出的挑战。

分析以往能源工程的技术创新方式，主要表现以下几个方面的不足：在形式上，"年度性"和"单个项目制"的创新方式还比较普遍，这使得技术创新成果不能很好地保留和复制；在创新主体上，嫌"贫"爱"富"、抓"大"放"小"的现象颇为多见，大量中小型能源项目中的先进技术应用不够，政府在推动工程技术创新方面的作用还没有得到充分体现，适应当前能源工程发展需要的技术创新模式亟待探索。

由此，现代能源工程项目技术创新的变革方向为：一是推广应用先进成熟技术。加大对新兴技术的引导,推动能源工程企业真正成为技术创新、研发投入和成果转化的主体。二是打造创新平台培育前沿技术开发能力。发挥重点企业、科研院所以及高校各自的优势,协同构建一批基于"产—学—研—用"一体的技术创新平台,从而加速科技创新成果的转化与应用。三是依托示范工程促进先进技术产业化。通过重点推进一批重大技术装备研究和工程示范项目的实施,带动能源工程管理实现技术自主化的转型升级,更好地响应我国能源行业升级的号召。

4. 能源工程管理的方法创新:从结构化到复杂性管理

随着易开采和易利用的能源被越来越多地开发,在偏远和复杂地区的能源将成为未来开发的重点。这就使得以往标准化、结构化的能源工程管理方式不再完全适用,而必须转向复杂性管理。表3-3为能源工程管理方法的演变。

表 3-3 能源工程管理方法的演变

管理方式	管理对象	关键管理技术	管理方法论
经验管理	个体	归纳	复制
科学管理	亚系统	共性提取	标准化
系统管理	系统	系统分析	系统原理
复杂性管理	复杂系统	复杂分析	综合集成

复杂管理问题往往同时包含着工程技术、社会经济与人的行为及文化价值等要素。其中,工程技术要素受自然科学与技术原理支配,一般可以用结构化模型来描述;社会经济要素主要受社会或经济规律支配,可以用半结构化方式来描述;而人的行为和文化价值要素往往只能用非结构化模型来描述。这样,这一类管理问题整体上就必须同时用结构化、半结构化甚至非结构化方式才能完整地描述,这不仅大大增加了问题的描述难度,也相应地增加了问题解决的难度。

由此,在现代能源工程管理实践中:首先,要具备复杂管理思维。在把能源工程视为一个完整系统的理念下,通过系统的要素分析、关联分析、功能分析和组织行为分析,从整体上规划、设计、组织工程实践。其次,要具备复杂管理功能体系。复杂管理功能体系包含对复杂性问题的认识、协调与执行三个功能,认识系统是揭示和分析生产活动物理复杂性与系统复杂性;协调系统是设计并通过管理组织的运行机制与流程,对管理问题的复杂性进行降解和实施适应性、多尺度等一系列独特的管理技术;执行系统是在管理现场的各个阶段、各个层次,根据管理目标与协调原则确定相应策略并执行生产现场的多主体协调与多目标综合控制。最后,还要具备复杂管理组织。管理组织设计者需要根据复杂性问题的内容动态地变更和优化组织主体群中的单元主体、重构管理组织结构与运行机制。

第4章

能源的开发、储存及利用工程技术

4.1 能源开发工程技术

4.1.1 传统能源开发工程技术

1. 煤炭开发工程技术

根据煤矿地质条件与开采技术条件的差异,不同的采煤系统和采煤工艺在时间、空间上相互组合,从而构成多种采煤方法。归纳起来,煤炭开采方法可分为井工开采和露天开采两类(梁新成,2013)。井工开采是从地面开掘井筒(硐)到地下,通过在地下煤岩层中开掘井巷,设置采区采出煤炭的开采方式。露天开采就是先将煤层上部覆盖的岩层(土、砂、石)剥离,然后直接采运煤炭。露天采煤通常将井田划分为若干水平分层,自上而下逐层开采,在空间上形成阶梯状。

1)煤炭井工开采技术

我国煤炭资源分布广泛,成煤年代差别很大,赋存条件多样,地质情况千差万别,形成了多样化的采煤方法。煤炭井工开采方法通常按采煤工艺水压控制特点等分成壁式体系采煤法和柱式体系采煤法两大类。

(1)壁式体系采煤法。

壁式体系采煤法一般以长壁工作面采煤为主要特征,是目前我国应用最普遍的一种采煤方法,其产量约占国有重点煤矿产量的95%以上。

壁式体系采煤法的分类(王佳喜等,2012):①根据煤层倾角(α)可分为近水平煤层($\alpha \leqslant 8°$)、缓倾斜煤层($8° < \alpha \leqslant 25°$)、倾斜煤层($25° < \alpha \leqslant 45°$)、急倾斜煤层($\alpha > 45°$)。②根据煤层厚度($M$)分类可分为薄煤层($M \leqslant 1.3\text{m}$)、中厚煤层($1.3\text{m} < M \leqslant 3.5\text{m}$)、厚煤层($M > 3.5\text{m}$)。③根据采煤工艺分类可分为爆破采煤法、普通机械化采煤法、综合机械化采煤法。④根据采空区处理方法分类,可分为垮落采煤法、刀柱(煤柱支撑)法、充填采煤法、缓慢下沉采煤法。⑤根据推进方向分类,可分为走向长壁采煤法和倾斜长壁采煤法。⑥按煤层的开采方式不同分类,还可分为整层采煤法和分层采煤法。

(2)柱式体系采煤法。

柱式体系采煤法又称为短壁体系采煤法,是以房、柱间隔采煤为主要特征。柱式体系采煤法有两种基本类:房式采煤法和房柱式采煤法。房式采煤法只回采煤房,不回采煤柱;房柱式采煤法既采煤房,又采煤柱。根据地质和技术条件的不同,每类采煤法又有很多变化(杜计平和孟宪锐,2014)。

房式采煤法的特点是只采煤房不回采煤柱，用房间柱支承上覆岩层。房式采煤法主巷由 5 条巷道组成，盘区准备巷为 3 条，在盘区两侧布置煤房，形成区段。房式采煤法根据每柱尺寸和形状还可分为多种形式，但基本布置方式相似。房式采煤法主要适用于顶板稳定、坚硬的条件，根据顶板性质来确定煤房和煤柱的尺寸，采出率可达 50%～60%。

房柱式采煤法的特点是既采煤房又采煤柱。房间留下不同形状的煤柱，采完煤房后有计划地回采所留下的煤柱。房柱式采煤法主要有切块式房柱式采煤法和"汪格维里 (Wongawilli)"采煤法两种。切块式房柱式采煤法通常把 4～5 个以上煤房组成一组同时掘进。"汪格维里"采煤法在盘区准备巷道一侧或两侧布置长条形房柱。

柱式体系采煤法有以下优点：设备投资少；采掘合一，建设期短，出煤快；设备运转灵活，搬迁快；巷道压力小，便于维护，支护简单，可用锚杆支护顶板；由于大部分为煤层巷道，故矸石量少；矸石可在井下处理不外运，有利于环境保护；当地面要保护农田水利设施和建筑物时，采用房式采煤法有时可使总的吨煤成本降低；全员效率高，特别是中小型煤矿更为明显。

柱式体系采煤法主要缺点是：采区采出率低，一般为 50%～60%，回采煤柱时可提高到 70%～75%；通风条件差，进回风并列布置，通风构筑物多，漏风大，采房及回采煤柱时出现多头串联通风。

柱式体系采煤法在美国、澳大利亚、加拿大、印度和南非等国广泛应用。目前在美国，这种方法的产量约占 50%，澳大利亚使用房柱式采煤法的比重也较大。我国已引进多套连续采煤机配套设备，在鸡西、大同黄陵和神府大柳塔等矿使用。柱式体系采煤法使用条件：开采深度较浅，一般不宜超过 300～500m；顶板较稳定地薄及中厚煤层；倾角在 10°以下，最好为近水平煤层，煤层赋存稳定，起伏变化小，地质构造简单；底板较平整，不太软，且顶板无淋水；低瓦斯煤层，且不易自然发火。

2) 煤炭露天开采技术

对于储量丰富、埋藏浅的煤田(或矿田)可采用剥离煤层上部覆盖岩土层的方法进行开采，这种开采方法叫作露天开采。目前，我国大型的露天矿有山西平朔、内蒙古霍林河、内蒙古准格尔、陕西神府等。无论是采煤或是剥离，其开采工艺都与所使用的设备有关，因此可以分为机械开采工艺和水力开采工艺两大类。机械开采工艺在露天开采中占的比重较大，按主要采运设备的作业特征，又可分为间断式开采、连续式开采、半连续式开采及综合开采四类(夏建波和邱阳，2011)。

间断开采工艺的主要生产环节均采用间断作业式设备。间断开采工艺因其适应性强，故在国内外露天矿山中使用最为广泛。常用的间断开采工艺有：单斗挖掘机-铁道运输-挖掘机(或推土犁)排土、前装机-汽车运输-推土机排土-单斗挖掘机-汽车及箕斗联合运输等。此外，条件适宜时尚可采用铲运机、推土机剥离工艺系统。

由于间断开采是间断作业，与作业的直接目的有关的工作时间短。为了克服其不足，相应地出现了煤岩的采装和移运连续进行的连续开采工艺系统。露天开采中使用的连续工艺系统有：轮斗铲或链斗铲-带式输送机-排土机；轮斗铲或链斗铲-运输排土桥或悬臂排土机等工艺系统。

露天开采技术中，部分工艺环节为连续的，部分为间断的，称半连续工艺技术系统。半连续工艺系统的产生，目的在于扩大连续工艺系统的适用范围，半连续工艺是在中硬及硬岩条件下使用带式输送机运输。

一个露天矿场内采用两种或两种以上的开采技术，称综合开采技术。由于开采总厚度、覆盖物厚度、岩性、内外排土场容量及物料运距等的不同，可充分利用各种不同开采工艺的长处，在一个露天矿场内选用两种或两种以上的开采工艺配合作业。综合开采中应注意以下问题：开采工艺间配合，从生产能力、开采强度、开采参数、开拓运输系统等方面实现相互配合，获得较好的经济效果；合理划分各开采工艺的开采范围，应使综合开采费用最低，应使各工艺的设备能力充分发挥并相互适应；应让各工艺推进速度协调；综合开采工艺设备类型多，生产管理较复杂，但它能适应各种不同的开采条件，比单一开采工艺经济效果好。所以，采用综合开采工艺是露天开采工艺发展的必然趋势。

2. 石油开发工程技术

所谓石油开发，就是依据详探成果和必要的生产性开发试验，在综合研究的基础上对具有工业价值的油田，按照国家对原油生产的要求，从油田的实际情况和生产规律出发，制订出合理的开放方案并对油田进行建设和投产，使油田按预定的生产能力和经济效益长期生产，直至开发结束的全过程。石油开采过程主要包括石油勘探、石油钻井及石油开采几个方面。

1) 石油勘探技术

勘探技术，即通过一定的勘探方法和管理方法，以最佳方式探明油气储量的一项系统工程。油气勘探工程的主要任务是高水平、高效率地探明油气储量，按照一定的勘探程序，分阶段、逐级地进行地质和经济评价，筛掉无工业价值的地区，逐步集中勘探研究的"靶区"，直到发现和探明工业油气田，收集齐全准确的资料，并计算出油气储量，为评价和开发油气田创造条件(丁贵明，1996)。

下面主要对油气勘探方法发展起来的部分勘探技术进行简介。

(1) 野外地质调查技术。

野外石油地质调查，顾名思义，就是地质工作者携带简单的工具，通常包括地形图、指南针(罗盘)、地质锤、经纬仪等，在事先选定的地区内，按规定的路线和要求，完全以徒步"旅行"来进行找油气的实地考察和测量。野外地质调查一般包括三个步骤，首先是对情况不明的大面积的新地区进行普查；然后在普查基础上缩小范围，选出最有希望的地区进行详查；最后在详查基础上，选出最有可能储藏油气的构造或地区进行勘探。

(2) 遥感技术。

遥感技术是根据电磁波理论，应用现代技术，不直接与研究对象接触，从高空或远距离通过遥感器对研究对象进行特殊处理的方法(朱振海，1990)。现代遥感技术有两种：一种是被动遥感，指的是利用传感器被动地接收地面物体对太阳光的反射以及它自动发射的电磁波，以了解物体性质的方法，一般称为遥感；另一种是主动遥感，是从卫星(或飞机)上向地面发射电磁波(脉冲)，然后利用传感器接收地球反射回来的电磁波，以了解物体性质的方法，这种方法可以不依赖太阳光而昼夜工作，通常把其称为遥测。

(3)重力勘探技术。

一般情况下，地下岩石密度的非均质性往往和某些地质构造或某些矿产分布有关，所以利用地下岩石密度的不均匀所引起重力加速度的变化，可以作为研究地下地质构造或寻找某些有用矿产的地球物理信息，这就是重力勘探技术基本原理(王茂均等，2014)。重力测量数据校正后，得到的重力异常值分为区域重力异常和局部重力异常。根据重力异常值可画出剩余重力异常图，其中的正异常通常叫重力高，它是沉积岩厚度小、基底抬升高的凸起或隆起，其中的负异常通常叫重力低，它是沉积岩厚度大、基底埋藏深的凹陷，是有利的生油区。在渤海找到的几个大油田都是在重力高所反映的凸起上。

(4)磁力勘探技术。

组成地壳的岩石有着不同的磁性，可以产生各不相同的磁场，使地球形场在局部地区发生变化形成磁异常。利用仪器测定这些磁异常，研究它与地质构造的关系，并根据磁异常特征做出关于地质情况及矿产分布的预测，这就是磁力勘探的实质和主要任务(廖贵香，2013)。

磁力勘探所用的仪器是磁力仪，它的灵敏度很高，只要约有相当于普通小块吸铁石的千分之一到万分之一的磁性，就能被测量出来。精密磁力勘探可以确定地质构造，它和地震勘探寻找圈闭有异曲同工之妙。

(5)电法勘探技术。

岩石因其结构、组成及温度的不同，电阻率也不同。一般说来，火成岩和变质岩的电阻率较沉积岩的高，孔隙度大的沉积岩较孔隙度小的沉积岩电阻率高，含油气的岩石较含水的岩石电阻率高。在储油构造中，常遇到的是沉积岩和变质岩，它们往往由两种或多种矿物成分不同的薄层交错成层，形成层状构造，这种层状岩石的电阻率随电流方向的不同而不同(沈鸿雁，2012)。

电法勘探简单地说就是首先布置一条测线，取其中一点为中心，在其两端对称处取合适的两点放置测量电极，另取距中心较远处对称两点放置供电电极，并不断向远离中心的方向对称地移动两供电电极，测量电极采集地质信息并做出电测深曲线，然后通过曲线的形状、渐近线、特征点和畸变，并结合各种地球物理资料对地层岩性、构造在横向和纵向的变化做出解释。

(6)地震勘探技术。

地震勘探是记录人工制造的地震波(或称弹性波)来研究地下地质情况的勘探方法。地下岩层一般是成层分布的，尤其是沉积岩，它在沉积过程中往往形成层状结构。上下不同的岩层，由于沉积时代不同、岩石的密度不同，以及岩石孔隙内含有的流体(油、气、水)不同等，岩层与岩层之间有着不同性质的界面存在。地震波在地下传播过程中会出现两种情况：一是由于岩层性质不同，传播的速度不同；二是遇到不同岩层的界面，会产生反射波或折射波返回地面。人们通过对地层波的这两个基本特征加以研究和判别，就可以了解地质构造，这就是地震勘探的基本原理。地震勘探的步骤简单概括起来就是野外资料采集、室内处理和地图资料解释(姚姚，1991)。

(7)地球物理测井技术。

在油气田勘探与开发过程中,研究储集层的物理特性和含油、气、水于其中的物理特性技术称为地球物理测井。取得这些物理特性是通过已钻的井,用电缆带着仪器沿井筒从下往上测量井壁以外地层的物理量。该方法测量的内容十分广泛,有岩层的电化学特性、导电性、声学特性、放射性及中子特性等(王敬农,2006)。地球物理测井主要方法有电法测井、声波测井、放射性测井和井径测井等几种。

(8)地球化学勘探技术。

地球化学勘探技术是在地球化学勘探法上发展起来的技术,它主要包括气测法、沥青法、水化学法、细菌法等(夏响华,2005)。

气测法是利用灵敏的气体分析仪测定土壤、表层岩石或水中的碳氢化合物气体含量的方法。气测法也是在钻井中判断油气层位的一种有效方法。沥青法包括测定发光沥青、氯仿沥青"A"、发光沥青覆井等方法。细菌法是一种间接的地球化学方法。地下运移、扩散至地表的某些烃类(如甲烷、乙烷、丙烷)在油藏上方形成相对富集带,某些细菌对某种烃类有特殊嗜好,则在这些地区常大量繁殖。通过采样进行细菌培养,可反映烃类异常区,用作寻找油气藏及评价含油气远景的重要指标。

(9)地质录井技术。

野外地质调查、地震、重力、磁力、电法、遥感等勘探技术的运用,都是为了寻找可能含有石油、天然气的地质圈闭,也就是通常说的勘探目标。但是,地质圈闭是否含有石油、天然气,还需要通过钻井,即打探井来解决。在探井钻探过程中,为了及时捕捉油气层,要小心谨慎地进行地质录井,包括岩屑录井、钻时录井、泥浆录井、气测录井、岩心录井等(王高科,2007)。地质录井有两项任务:一是了解地层岩性,了解钻探地区有无生油层、储集层、盖层、火成岩等;二是了解地层含油气情况,包括油气性质、油气层压力、含油气饱和度等。

(10)测试技术。

当一个圈闭经钻探发现了油气显示,测井确定有油气层(或有可疑油气层)后,需进行中途或完井测试(又称试油、试气),以确定能否产出油气、油气产量大小及油气水性质等。测试是油气勘探的重要环节,是发现油气团的关键步骤。当探井喷出可观的油气流时,才可以说发现了油气田。

探井测试的方法和步骤是根据录井和测井资料确定测试层位和井段、射孔方案、诱导油气流的方法。当油气流进入井筒并上升到井口,有自喷能力时,要使用不同尺寸的油嘴,测试油气产量并及时取到油气水样,送化验室测定,当油层压力低不能自喷时,应采取抽汲的方法,计算石油产量。

2)石油钻井技术

在油气勘探开发中,钻井是必不可少的基本环节,具有资金和技术密集型工程特征。目前的石油钻井技术主要有导向钻井技术,闭环钻井技术,定向钻井技术,深井、超深井及深水钻井技术和欠平衡钻井技术等(高长虹,2017)。

(1)导向钻井技术。

导向钻井技术始于20世纪70年代末。正是导向钻井技术的出现,引发了现代水平井、大位移井等技术的发展(王同良,2001)。导向钻井可以分为轨迹导向和地质导向两种。轨迹导向是根据设计轨道引导钻头前进;地质导向则是根据地层特性引导钻头前进。导向钻井技术,属于开环钻井,通过随钻测量(measurement while drilling, MWD)系统把井下信息传输到地面上,经过地面处理,或者由地面操作,或者向井下发出指令,改变导向模式和方向,完成导向钻进。目前广泛使用的导向钻井系统有两类,分别是滑动导向钻井系统和旋转导向钻井系统。

(2)闭环钻井技术。

闭环钻井技术是信息化、智能化钻井向自动化钻井迈进中发展起来的集成化钻井技术,包括以下六项工作:①地面测量,主要包括钻井液录井和钻井参数地面测量;②井下随钻测量,即采用随钻测量及随钻测井(logging while drilling, LMD)测量井下几何参数和地层参数;③数据采集和地面计算;④数据整体综合解释,主要包括把测量数据解释成有用参数以指导作业,并利用"人工智能"把世界范围内专家经验应用于井场;⑤地面操作控制自动化;⑥井下操作自动控制,主要是利用"智能"型井下工具和可控的井底钻具组合进行控制。这部分是在导向钻井系统基础上,附加一定的计算机智能因素构成的(狄勤丰和张绍槐,1997)。

(3)定向钻井技术。

随着定向钻井技术的不断发展,丛式井技术、水平井技术、大位移井技术、多分支井技术等得到了快速发展,并不断趋向成熟(王清江等,2009)。

丛式井是指在一个井场或平台上,钻出若干口甚至上百口井,各井的井口相距不到数米,各井井底则伸向不同方位。水平井是在垂直或倾斜地钻达油层后,井眼轨迹接近于水平,以与油层保持平行,得以长井段地在油层中钻进直到完井。大位移井(ERD)包括大位移水平井,是指水平位移(HD)与垂直深度(TVD)的比大于2的定向井和水平井,当比值大于3时,则称为特大位移井。多分支井是指在一口主井眼的底部钻出两口或多口进入油气藏的分支井眼(2级井眼),甚至再从2级井眼中钻出3级井眼。

(4)深井、超深井及深水钻井技术。

深井是指完钻井深为4500~6000m的井;超深井是指完钻井深为6000m以上的井。深井、超深井钻井技术是勘探和开发深部油气等资源必不可少的关键技术。我国深井、超深井比较集中的地区有塔里木盆地、准噶尔盆地、四川盆地及柴达木盆地等。实践证明,由于深井、超深井地质情况复杂(如山前构造、高陡构造、难钻地层、多压力系统及不稳定岩层等,有些地层也存在高压、高温效应),我国在这些地区(或其他类似地区)的深井、超深井钻井技术尚未过关,表现为井下复杂情况与事故频繁、建井周期长、工程费用高,从而极大地阻碍了勘探开发的步伐,增加了勘探开发的直接成本。我国在深井、超深井(主要是深探井)钻井方面的装备和技术水平现状与美国相比还存在较大的差距,平均建井周期与钻头使用量约为美国的2倍(薛飞,2013)。

(5)欠平衡钻井技术。

欠平衡钻井是井内流体总压力(包括流动压力和静液柱压力)小于地层压力的钻井方

式，又称有控制的负钻井，可边钻井边开采油气，提早使油气井投产(周英操和翟洪军，2013)。

欠平衡可以由两种方式产生，即自然方式和人工诱导方式，自然方式又称为流钻。所谓流钻是指当采用常规钻井液钻高压地层时，钻井流体的循环液柱压力低于所钻地层的孔隙压力，使井底压力自然处于欠平衡状态，也就是所谓的边喷边钻；人工诱导方式的欠平衡是指在钻井过程中，通过向钻井液中加入降密度剂(包括氮气、天然气和空气等)使钻井流体的液柱压力低于所钻地层的孔隙压力，以保持欠平衡钻井条件。

3) 石油开采技术

(1) 自喷采油技术。

如果油层具有足够的能量，不仅能将原油从油层内驱入井底，还能够将其由井底连续不断地举升到地面上来。这样的生产井，称为自喷井。用这种自喷的方式进行采油，称为自喷采油(张建，2005)。

油井自喷生产，一般要经过油层渗流、井筒流动、油嘴节流和地面管线流动四种流动过程。自喷采油的基本设备包括井口设备及地面流程主要设备等。其中井口设备包括套管头、油管头和采油树。地面流程设备主要包括加热炉、油气分离器、高压离心泵，以及地面管线等。这一系列流程设备对其他采油方式也具有通用性。

(2) 人工举升采油技术。

人工举升采油是人为地向油井井底增补能量，将油藏中的石油举升至井口的方法。人工举升采油主要包括气举采油、有杆泵采油、潜油电动离心泵采油、水力活塞泵/射流泵采油等。

气举采油就是当油井停喷以后，为了使油井能够继续出油，利用高压压缩机人为地把天然气压入井下，从而使原油喷出地面。气举采油基于 U 形管的原理，从油管与套管的环形空间，通过装在油管上的气举阀将天然气连续不断地注入油管内，使油管内的液体与注入的高压天然气混合，以降低液柱的密度，减少液柱对井底的回压，从而使油层与井底之间形成足够的生产压差，使油层内的原油不断地流入井底，并被举升到地面上。

(3) 注水采油技术。

通过注水井向油层注水补充能量，保持油层压力，是在依据天然能量进行采油之后或油田开发早期为了提高采收率和采油速度而被广泛采用的一项重要的开发措施。为保持地层能量，驱动原油，就要注入地层水以使地层有足够的压力。注水地面系统包括供水站、净水站、注水站(装有多级加压泵)、配水间、注水井、污水处理站等。

(4) 稠油热采技术(刘文章，2014)。

稠油热采是目前世界上规模最大的提高原油采收率的方法。该技术自问世以来，已经有了突飞猛进的发展，形成了以蒸汽吞吐、蒸汽驱、水平井蒸汽辅助重力泄油(SAGD)技术、热水驱、火烧油层、电磁加热等技术为代表的技术框架。其中大部分技术已经广泛应用于稠油油藏的开发，并取得了显著的效果，少部分前沿技术正处于矿场先导试验阶段或基础研究阶段。

(5)化学驱技术(朱友益，2013)。

所谓化学驱油法是指在水中加入一种或几种化学药剂，从而使注入水的性质有所改变来提高油藏采收率的一种方法。它与一般的水驱没有什么原则上的改变，只是在水中加入了化学药剂，故简称为提高采收率的化学方法。它与混相驱油及热力采油构成提高采收率的三大方法。化学驱油包括聚合物驱、碱驱和表面活性剂驱。

(6)混相驱油技术(刘一江，2001)。

除化学驱外，提高原油采收率的方法还有混相驱油，混相驱油适用于油藏压力较高，原油中轻质组分较多的油藏。混相驱原理就是互溶，油和水不互溶，但在油和水之间加入酒精，便可产生油和酒精、酒精和水双双互溶，结果油和酒精互溶。除酒精外，混相驱常用的混相剂还有：纯烃、石油气、二氧化碳及烟道气等。实践表明，高压注干气、注富气和注 CO_2 这三种方法在混相驱中是最有前途的。尽管这些方法还存在一些问题，如波及系数不高等，但只要有足够的气源，对大多数密度小于 $0.8762g/cm^3$ 的轻质油都可采用混相驱开采。

(7)微生物驱采油技术(王小林等，2007)。

微生物驱采油是利用微生物及其代谢产物提高采收率。根据微生物生长、繁殖、代谢环境，微生物驱采油法可分为地面微生物法和地下微生物法。地面微生物法是指在地面完成微生物的生长、繁殖和代谢过程，并将微生物及其代谢产物注入油层，提高原油采收率的方法。地下微生物法是指将微生物及其营养液注入油层，使其在油层中繁殖，依靠微生物本身的性质及其代谢产物提高原油采收率的方法。根据微生物应用工艺，地下微生物法可分为微生物吞吐、微生物强化水驱、微生物调剖、微生物清蜡和降解稠油。

目前，尽管国内外各种提高采收率技术都能够提高油藏采收率，但各技术的机理不同，都存在一定的缺陷，表4-1为各种提高原油采收率技术的对比结果。

表 4-1 各种提高原油采收率技术的对比结果

技术	机理	缺陷
蒸汽吞吐技术	降低原油黏度，原油轻质组分汽化，气驱作用	井热损失大，蒸汽超覆现象严重、蒸汽锅炉排放污染物
聚合物驱	降低流度比，改善波及系数	聚合物在高温、高矿化度下增黏能力差，稳定性差，注入能力受渗透率限制
碱驱	改善流动比，降低表面张力，润湿性反转	对原油组成要求严格，碱耗较大
混相驱	降低原油黏度，膨胀原油，混相驱替作用	重力分异导致的超覆现象，注入气源受限制，沥青沉淀降低渗透率
微生物驱	改善波及系数，生物表面活性剂降低界面张力，代谢气体驱动作用，降解原油作用	微生物耐盐、耐高温性差，降解重质原油的微生物难以研制、微生物潜在污染水源

4.1.2 清洁低碳能源开发工程技术

1. 非化石能源发电工程技术

1)水能发电工程技术

随着现代社会经济的发展和水利科学技术的进步，人类对水能资源开发利用的程度越来越高，调配水资源、利用水能、开发水利的强度越来越大。水能是一种可再生资源，是清洁能源，是指水体的动能、势能和压力能等能量资源。广义的水能资源包括河流水能、潮汐水能、波浪能、海流能等能量资源；狭义的水能资源指河流的水能资源。水能资源最显著的特点是可再生、无污染。开发水能对江河的综合治理和综合利用具有积极作用，对促进国民经济发展，改善能源消费结构，缓和由于消耗煤炭、石油资源所带来的环境污染具有重要意义，因此世界各国都把开发水能放在能源发展战略的优先地位(陈锡芳，2010)。

水力发电是将水能直接转换成电能。水力发电的基本原理就是利用水力(具有水头)推动水力机械(水轮机)转动，将水能转变为机械能，如果在水轮机上接另一种机械(发电机)随着水轮机转动便可发出电来，这时机械能又转变为电能。水力发电在某种意义上讲是水的势能变成机械能，又变成电能的转换过程。根据开发河段的水文、地形、地质等条件的不同，集中落差主要有坝式开发技术、引水道式开发技术、混合式开发技术等几种基本方式。

(1)坝式开发技术。

在河流狭窄处，拦河筑坝或网，坝前拦水，在坝址处形成集中落差，这种水能开发方式称为坝式开发。坝后式水电站的一般特点是水头较高，厂房本身不承受上游水压，与挡水坝分开。坝式开发的显著优点是内于形成蓄水库，可用于调节流量，故坝式水电站引用流量大，电站规模也大，水能的利用程度较充分。目前，世界上装机规模超过 200 万 kW 的巨型水电站大都是坝式水电站。此外，坝式水电站因有蓄水库，综合利用效益高，可同时解决防洪和其他部门的水利问题。但是，由于坝的工程量较大，尤其是形成蓄水库会带来淹没问题，造成库区土地、森林、矿产等的淹没损失和城镇居民搬迁安置工作的困难，要花淹没损失费，所以，坝式水电站一般投资大，工期长，单价高。坝式开发适用于河道坡降较缓、流量较大、有筑坝建库条件的河段。

(2)引水道式开发技术。

在河流地降较陡的河段上游，筑一低坝(或无坝)取水，通过修建的引水道(明渠、隧洞、管道等)引水到河段下游附近来集中落差，再经压力水管、引水通道水轮机发电，这种开发方式称为引水道式开发。与坝式水电站相比，引水式水电站的水头相对较高。目前最大水头已达 2030m(意大利劳累斯引水式电站)，但引用流量较小，又无蓄水库调节流量，水量利用率较低，综合利用价值较低、电站规模相对较小(最大装机容量达几十万千瓦)。然而，因无水库淹没损失，工程量又较小，所以单位造价也往往较低。

(3)混合式开发技术。

在一个河段上，同时用坝和有压引水道结合起来共同集中落差的开发方式，叫混合式开发。混合式开发固有蓄水库，可调节流量。它兼有坝式开发和引水道式开发的优点，但必须具备合适的条件。一般说，河段上部有筑坝建库的条件，下部坡降大(如有急滩或大河湾)，宜用混合式开发。

2)太阳能发电工程技术

太阳能是一种洁净的自然再生能源，取之不尽，用之不竭，而且太阳能是所有国家和个人都能得以分享的能源。为了能够经济有效地利用这一资源，人们从科学技术上着手研究太阳能的收集、转换、贮存及输送，已经取得显著成果，这无疑对人类的文明具有重大意义。太阳能发电技术主要有太阳能热发电和太阳能光伏发电两种。

(1)太阳能热发电工程技术。

太阳能热发电是将太阳能转化为热能，通过热功转化过程发电的技术(张耀明，2016)。太阳能热发电利用聚光集热器把太阳能聚集起来，将某种工质加热到数百摄氏度的高温，然后经过热交换器产生高温高压的过热蒸汽，驱动汽轮机并带动发电机发电。太阳能热发电技术可以分为塔式系统、槽式系统、碟式太阳热发电系统、太阳池发电系统和太阳热气流发电系统。

近年来，我国经济快速发展，对电力与能源的需求也随之飞速增长，资源严重短缺。而我国具有非常丰富的太阳能资源，并且拥有大面积的沙漠地区，如果能在此类地区大力发展太阳能热气流发电系统，不但可以有效地利用太阳能资源，缓解能源危机，而且集热棚所具有的温室作用，可为植被生长提供有利的生长条件，从而有效地实现沙漠绿化，为生态环境做出贡献。

(2)太阳能光伏发电技术。

太阳能光伏发电是直接将太阳能转换为电能的一种发电形式。在光照条件下，太阳能电池组件产生一定的电动势，通过组件的串联和并联形成太阳能电池方阵，使得方阵电压达到系统输入电压的要求(罗玉峰，2009)。通过充放电控制器对蓄电池进行充电，将光能转换成的电能储存起来，以便夜晚和阴雨天使用，或者通过逆变器将直流电转换成交流电后与电网相连，向电网供电。

3)风能发电工程技术

风是由太阳辐射热引起的。太阳照射到地球表面，地球表面各地受热不同，产生温差，从而引起大气的对流运动形成风。据估计，到达地球的太阳能中虽然只有大约 2%转化为风能，但全球的风能约为 27.4 亿 MW，其中可利用的风能为 0.2 亿 MW，比地球上可开发利用的水能总量还要大 10 倍。

把风的动能转变成机械能，再把机械能转化为电力动能，这就是风力发电(刘庆玉，2008)。风力发电的原理是利用风力带动风车叶片旋转，再透过增速机将旋转的速度提升，来促使发电机发电。依据目前的风车技术，大约是 3m/s 的微风速度(微风的程度)，便可以开始发电。风力发电正在世界上形成一股热潮，因为风力发电不需要使用燃料，也不会产生辐射或空气污染。

4)生物质能发电技术

生物质能即任何由生物的生长和代谢所生产的物质(如动物、植物、微生物及其排泄代谢物)中所蕴含的能量，直接用作燃料的有农作物的秸秆、薪柴等；间接作为燃料的有农业废弃物、动物粪便、垃圾及藻类等，它们通过微生物作用生成沼气，或采用热解法制造液体和气体燃料，也可制造生物炭(中国电力科学研究院生物质能研究室，2008)。生物质能是世界上最广泛的可再生能源，据估计，每年地区上仅通过光合作用生成的生物质总量就达 1440 亿～1800 亿 t(干重)，其能量约相当于 20 世纪 90 年代初全世界总能耗的

3~8 倍。但是尚未被人们合理利用,多半直接当薪柴使用,效率低,影响生态环境。现代生物质能的利用是通过生物的厌氧发酵制取甲烷,用热解法生成燃料气、生物油和生物炭,用生物质制造乙醇和甲烷燃料,以及利用生物工程技术培育能源植物,发展能源农场。

生物质发电技术主要包括生物质直接燃烧后用蒸汽进行发电和生物质气化发电两种。

生物质直接燃烧发电的技术已基本成熟,它已进入推广应用阶段,如美国大部分生物质采用这种利用方法,10 年来已建成生物质燃烧发电站约 6000MW,处理的生物质大部分是农业废弃物或木材厂、纸厂的森林废弃物。这种技术单位投资较高,大规模下效率也较高,但它要求达到一定的资源供给量,只适于现代化大农场或大型加工厂的废物处理,对生物质较分散的发展中国家不是很适合,因为考虑到生物质大规模收集或运输,将使成本提高,从环境效益的角度考虑,生物质直接燃烧与煤燃烧相似,会放出一定的氢氧化物,但其他有害气体比燃煤要少得多。总之,生物质直接燃烧技术已经发展到较高水平,形成了工业化的技术,降低投资和运行成本是其未来的发展方向。

生物质气化发电是更洁净的利用方式,它几乎不排放任何有害气体,小规模的生物质气化发电已进入商业示范阶段,它比较适合生物质的分散利用,投资较少,发电成本也低,较适于发展中国家应用。大规模的生物质气化发电一般采用整体煤气化联合循环发电系统(IGCC),适合于大规模开发利用生物质资源,发电效率也较高,是今后生物质工业化应用的主要方式。目前已进入工业示范阶段,美国、英国和芬兰等国家都建设 6~60MW 的示范工程。但由于投资高,技术尚未成熟,发达国家也未进入实质性的应用阶段(张明亮,2017)。

2. 天然气发电工程技术

经过长期发展,目前世界上利用天然气发电最为经济高效形式为燃气-蒸汽联合循环发电(CCGT),这种方式可以提高天然气发电的热效率,与传统火力发电的热效率相比,燃气-蒸汽联合循环发电的热效率可以提高 20%~30%。燃气-蒸汽联合循环的实质就是把燃气轮机与蒸汽轮机结合,把"布雷顿循环"与"朗肯循环"组合形成一个总的循环。

燃气-蒸汽联合循环发电是一种效率高、污染少的发电方式,它具有效率高、投资少、建设周期短、启停便捷、自动化运行程度高等优点(焦树建,2003)。燃气电厂其占地面积小,一般为燃煤电厂的 50%左右。污染物排放量少,与同容量的传统火力发电厂相比,氮氧化物排放量为其 20%左右,二氧化碳为 40%左右,可吸入颗粒物为 5%左右,不需要为环保追加新投资。燃气电厂的噪声污染也比较小,对于现阶段国内技术来说,F 级燃气轮机机组在距离设备 1m 处,噪声的声压级可以控制在 80~90dB(A[①])。燃气电厂还有启动快的优点,在 18~20min 内便能发出 2/3 的功率,80min 内实现全功率输出,适合用作调峰电源。在城市用电负荷中心建设天然气电厂,从而实现就地供电,由此可以减轻电网输电和电网建设的压力,提高电网运行的稳定性,然而,天然气发电的经济性却较差。关于天然气电厂上网电价,2014 年国家发展改革委下发了《国家发展改革委关于规范天然气发电上网电价管理有关问题的通知》(发改价格〔2014〕3009 号),要求各

---

① A 是一种计权声压级,A 计权是模拟人耳朵对噪声大小的感觉,A 计权下测量的噪声为这个分贝值在 A 计权下测量的。

地天然气发电上网电价具体管理办法由省级政府价格主管部门确定，并对天然气发电上网电价与气价联动调整的机制做出了指导[①]，这将对天然气发电的经济性有所改善。

生态环境的制约下，我国天然气发电需求空间广阔。除了传统火力发电外，我国核电受到容量限制，水电受到季节枯汛变化影响，风电及太阳能等可再生能源发电具有不稳定的特点，燃油发电的成本太高。各种发电方式相比较，天然气发电或将成为燃煤发电的一种重要替代方式。

3. 先进煤炭发电技术

1) 超净煤联合循环发电技术

超净煤(ultra-clean coal，UCC)就是采用一些物理和化学的方法，将煤炭中的有害物质，如灰分、硫分及一些其他有害物质清除后所得到的煤炭。将超净煤再进一步制成水煤浆或煤粉用作锅炉燃料进行发电，或作为内燃机或燃气轮机的燃料，不仅提高了动力设备的效率，还减少了对环境的污染(刘宗炎，2000)。从制备内燃机或燃气轮机燃料的角度来看，超净煤的制备也可以说是选煤和水煤浆制备的联合技术。超洁净煤制备的方法很多，下面介绍其中的几种。

Auscoal 工艺是由澳大利亚联邦科学与工业研究组织联合开发的。首先将煤与 NaOH 混合，在反应器中进行热碱浸出约 20min。此时煤中的黏土矿物质可以生成可溶性的氧化铝硅酸钠，并与石英一起溶解。然后经过固-液分离，将多余 NaOH 去除后，进入酸洗器用稀酸进行清洗。此后再经过固-液分离、水洗、脱水和干燥，即可得到灰分为 1%以下的超净煤。分离出来的 NaOH 经过再生后循环使用。

Loyd 工艺是由澳大利亚能源及新技术开发公司开发的。该技术首先将原煤破碎到粒度为 2mm 的颗粒，送入混合器中，在常压条件下，与温度为 70℃的活性氟基吸收液(主要是 HF、H_2SiF_6)混合。然后，送入塑料管道中流经约 1km 的距离，并经超声波处理，使煤灰中的 SiO_2、Al_2O_3 等杂质与氟化物反应，生成 SiF_6、Al_2F_3 等，然后将其从煤中分离出来。之后，经过真空分离，将含有灰分的酸水分离出来。将脱除灰分的煤再经过水洗、脱水和干燥，从而得到几乎不含有灰分的超净煤分离出来的含灰酸水经过处理可以得到纯度为 99.99%的硅、铝和其他金属氧化物。分馏出来的酸液经再生后可以循环使用。

2) 磁流体发电技术

磁流体(magneto hydrodynamic，MHD)发电是一种将热能直接转换成电能的新型发电方式。磁流体发电单机容量大，功率密度高，可直接用煤做燃料。研究以煤为燃料磁流体发电的目的，是设想将磁流体发电装置作为蒸汽轮机发电的前置级，将其与常规的蒸汽电厂联合组成联合循环，借以提高发电效率并减少对环境的污染。此项发电技术尚处于开发之中，一旦磁流体发电技术获得成功，将是电力工业的一项重大革新(吴占松，2007；郑敏和梁文英，2010)。

---

① 国家发展改革委关于规范天然气发电上网电价管理有关问题的通知.(2015-01-14). https://www.ndrc.gov.cn/xxgk/zcfb/tz/201501/t20150114_963735.html?code=&state=123。

4.1.3　智慧能源开发工程技术

1. 化石能源智能化开采

1) 煤炭智能化无人综采技术

(1) LASC 技术。

在 LASC (Longwall Automation Steering Committee, 澳大利亚综采长壁工作面自动控制委员会) 技术中, 开采前通过钻探与掘进数据获知工作面煤层的赋存状态。采用陀螺仪获知采煤机的三维空间坐标, 二者结合实现工作面的全自动化割煤。LASC 核心技术包括采煤机三维空间定位、工作面自动找直、工作面水平控制、煤机滚筒自动调高、三维可视化远程监控等。北京天地玛珂电液控制系统有限公司与澳大利亚联邦科学院积极合作, 成功为我国引进了 LASC 技术, 从而全面提高了我国智能化开采技术水平。国外煤矿通过应用 LASC 系统, 矿井产量提高了 5%~25%, 有效降低了开采人员暴露在危险工作环境的时长, 显著提高了矿井安全水平。同时也稳定了煤炭产量波动, 实现了均衡生产 (范京道, 2017)。

(2) IMSC 技术。

美国 JOY 公司推出了一种名为煤炭智能开采服务中心的长壁工作面远程智能控制系统, 能够实时监控井下装备的运行状态, 根据工作面的预警和故障信息, 及时通知开采人员进行处理。煤炭智能开采服务中心每日、周、月和季度向煤矿提交运行分析报告, 指导煤矿提高运行管理水平, 合理安排设备检修。例如, 澳大利亚布里斯班的 Anglo 矿业公司在其总部中设置调度室, 能够对所辖矿井进行实时监控, 并通过数据监测系统地分析设备的运行状态, 给予矿井生产指导在提高产能的同时获得取更多的经济效益。

(3) 采煤机记忆截割技术。

通过在采煤机牵引部安装位置传感器, 在控制器中利用位移信息计算采煤机位置, 实现了采煤机精确定位。研发出了符合煤矿实际生产工序的采煤机记忆截割程序, 有效解决了回刀扫煤不彻底、三角煤截割与端头支架自动跟机拉架、推溜等问题, 实现了采煤机在工作面内自动记忆截割。

(4) 液压支架跟机自动化技术。

在采煤机上安装红外线发射器发射数字信号, 每台支架上均安装一个红外线接收器, 用以接收来自煤机红外线发射器的数字信息, 以此来检测煤机位置与方向信息。根据现场不同环境条件对应的采煤工艺, 开发液压支架自动跟机软件。控制系统识别采煤机位置与方向信息, 实现工作面液压支架跟随采煤机作业的自动化控制功能, 包括跟机自动移架、自动推溜、跟机喷雾自动化功能, 从而完成液压支架动作与采煤机运行位置动态匹配, 实现工作面液压支架与刮板输送机跟随采煤机自动化运行。通过分析端头支架与转载机的动作逻辑与时间差异, 优化控制程序, 实现端头支架与转载机连锁自移程序化控制。

(5) 煤流负荷反馈采煤控制技术。

我国自主研发了"高压变频器、高压电机、摩擦限矩阵与行星减速器"相结合驱动的刮板输送机, 配套开发了专用智能控制系统, 实现了跟随煤流负荷大小自动调节刮板输送机速度，具备了智能启动、煤量检测与智能调速、链条自动张紧控制、远程监控与功率协调等功能。可根据实时检测到的刮板输送机煤流负载，利用变频器控制技术自动协调工作面采、装、运的运行。

(6)远程控制技术。

我国成功发明了地面远程干预型综采控制系统，包括综采装备控制系统、工作面视频监视系统、井上井下数据通信系统与地面监控系统。地面监控系统包括远程控制系统、地面语音系统；综采装备控制系统安装于井下综采工作面；综采装备信息及监视视频图像信息通过井下数据通信系统经由井上井下环网传输到地面监控系统中。地面监控系统据此对井下综采装备进行控制，包括启停控制运行状态监测、自动化开采、远程干预、故障诊断及报警、历史数据分析等。该系统有效地将井下监控中心功能转移至地面、极大地提高了开采人员的安全性。

2)石油开发中的智能化技术

(1)石油勘探中的智能化技术。

在油气勘探开发中，专家系统、遗传算法、人工神经网络技术作为人工智能的典型代表技术应用较为活跃，而人工神经网络技术在石油勘探开发领域应用最早，技术手段较为成熟，在油气勘探中主要应用有预测渗透率、自动识别岩性、进行地层对比和描述油气藏非均质性等几个方面(杨铭震和王燕霞，1993)。

BP(back propagation)网络(采用 BP 算法的多层神经网络模型)预测渗透率首先使用孔隙度值作为输入层，渗透率值作为输出层。这里必须指出的是，输出层要包括样品的位置(即 x、y 和 z 坐标)及计算点邻近上下的几十个孔隙度值，最终仅输出一个渗透率值：然后再移动所要计算渗透率的点位，同样输出坐标及该点上下相邻的几十个孔隙度值，然后再输出一个渗透率值，如此往复，便可得出孔隙度与渗透率的非线性对应关系。

识别岩性可利用反向传播算法(back propagation algorthm，BP 算法)，这种方法对测井解释岩性较为有效。输入层为声波时差、电阻率、自然电位及自然伽马曲线等测井曲线的特征值，隐层由 3~5 层组成，输出层为泥岩、砂岩及灰岩的期望值。在具体计算过程中，输入层及隐层的多少通常凭经验获得，并没有严格的规则可循。神经网络经训练后，便将已知深度的测井曲线赋予相应的输入神经元，这些值通过网络到达输出层，之后输出层就能识别出测井曲线上的输入值代表的特定岩性。通过选取岩类及输出神经元，便可识别岩性。

地层对比对研究岩性、岩相及油气横向连续等研究有重要的意义。利用该方法对地层进行对比主要有如下几个步骤：特征提取、网络训练、提取复合曲线、计算自动分层、自动确定关键层、自动对比地层。这里须指出的是，在地层对比过程中可将神经网络同经验及数学地质的其他方法相结合进行综合对比分析。这些方法包括因子分析、马尔可夫链、最优分割法、聚类分析等。

含油气岩石的孔隙度、渗透率、油气水饱和度为油气藏的主要非均质性参数，而实验室测定、测井解释及统计方法为这些参数主要获取途径。神经网络的出现使这些参数的预测更加可靠准确。在实际应用中可以把深度、伽马测线、体积密度及深感应测线输入到神经网络中，经过神经网络的训练，可得到渗透率、孔隙度等参数的预测值。

(2)石油开采中的智能化技术。

①智能井技术(姚军，2011)。

智能井技术是为适应现代油藏经营管理新概念和信息技术在油气藏开采技术中的应用而发展起来的新技术。智能井是在井内装有可获得井下油气生产信息的传感器、数据传输系统和控制设备，并可在地面进行数据收集和决策分析的井。智能井应具备收集井下各种信息的传感系统，使油井生产不断得到重新配置的井下控制系统、传递井下数据的传输系统、地面数据收集、分析和反馈控制系统、可逐步发展井下流体的三维可视技术及数据压缩技术五个子系统。

目前，智能井正在发展成为一种具有一定智力的智能化完井体系，人们称它为智能完井聪明完井或智能井系统。由于智能井在油井结构与完井方面已成为一体，当油井完井以后，人们可以遥控井下安装在油层的智能测量和控制设备，根据油井情况灵活控制多油层的各层流量，在地面实时监测井下各层的流量、压力和温度，从而成为油藏经营管理的强有力工具。边远、未勘探地区、水下或者深海钻井，高温/高压油藏和浮式船生产等都给开采技术能力带来了新的挑战，在这种环境下，发展智能井技术是最好的解决开采难题的方法。

智能井技术更适用于大位移、大斜度、水平井、多分支井、边远地区无人操作的油井、多层注采井以及电潜泵采油井。智能井技术现已在国外油田开始应用，它为现代油藏经营管理和油藏实时监测解决方案进一步奠定了基础。

②井下信息实时检测技术。

定向井中使用的随钻测量(MWD)与近钻头测斜器(MNB)配合使用，可以随钻测得井斜角和方位角，求出井眼实时偏差矢量，实现几何导向。随钻测井(LWD)可进行地层电阻率、体积密度、中子孔隙度和自然伽马测井，已成为标准的 LWD，可进行实时地面传输和井下仪器芯片内储两种记录。

随钻地震(SWD)利用钻井期间旋转钻头的振动作为井下震源，传递的振动信息经加工处理，可以实时获得各种地层参数(如层速度、钻头前方反射界面的深度等)，根据获得的各种地质参数可以估算出钻头前方待钻地层的各项储层岩石参数和地层性质，使发现油气层成为可能，从而提高探井成功率。其次，随钻地震获取的信息是油藏未被污染的原始参数，对制定保护油气层和油藏描述工作有重要价值。另外，由随钻地层剖面得到井身轨迹的空间曲线及井身参数值，为井眼轨迹控制提供地质导向依据，使井眼轨迹准确"入窗中靶"，实现实时地质导向。

③压裂方案经济优化智能专家系统。

所谓智能专家系统，是指在进行压裂方案的经济优化时，当给定油藏地质参数后，模型能自动给出净现值最大的优化方案，即使是不懂压裂专业的人员，也能正确设计出最佳的压裂方案。

目前，常规压裂方案经济优化的一个突出问题是可选择的压裂方案太少，实际上仅相当于求局部最优解而非全局最优解。另外，常规压裂方案经济优化方法还具有很大局限性，如要求设计人具有丰富的现场经验，以及熟练的裂缝模拟和油藏模拟软件的操作技能等。为此，可采用一种智能化的压裂设计专家系统，采用随机生成的办法，先随机生成几十个甚至上百个待选压裂方案，然后运用遗传算法的变异和杂交两种方法对诸多压裂方法进行优选，经过多代遗传变异后，最终可以形成依据经济净现值大小排序的压裂方案序列，进而从中选出最优方案。同时，智能专家系统考虑了油价和利率在特定范围内的随机波动，因而是一个符合实际的模型，经现场试验，取得了比常规压裂更好的效果。

2. 可再生能源智能化生产

1) 风力发电机组智能控制技术

根据控制器类型的不同，大型风电机组控制策略分为基于数学模型的传统控制方法和智能控制方法两大类。基于数学模型的传统控制方法的特点是基于某工作点的线性化模型，只能保证在线性化工作点附近的控制效果，对于工作范围较宽、随机扰动大、不确定因素多、非线性严重的风力发电系统并不适用。智能控制可充分利用其非线性、变结构、自寻优等各种功能来克服系统的参数时变与非线性因素。因此，近年来各种智能控制方案被引入风电机组领域并受到重视(张斌，2010)。

风力发电机组智能控制方法有模糊控制、滑模变结构控制、微分几何控制、$H\infty$[①]鲁棒控制、最优控制、自适应控制、神经网络控制、专家系统等非线性控制技术。

模糊控制是一种典型的智能控制方法，最大特点是将专家的经验和知识表示为语言规则用于控制，不依赖于被控对象的精确数学模型，能够克服非线性因素影响，对被调节对象的参数具有较强的鲁棒性。模糊控制非常适合于风电机组的控制。然而，纯粹简单的模糊控制精度不高，会出现稳态误差，同时，模糊控制规则的取得依赖于专家的经验和知识，这使得该控制方法的自适应能力较差。滑模变结构控制的主要优点是对系统参数和外部干扰的变化不敏感，即具有鲁棒性。但是，抖振也是滑模变结构控制的主要缺点，因为抖振会激起不希望的高频动态过程。其他先进控制技术，如微分几何控制、$H\infty$鲁棒控制、最优控制、自适应控制、神经网络控制、专家系统等非线性控制技术，在大型风电机组的风能转换系统稳定控制、最大风能捕获及调速系统控制等方面都取得了一定的成果。稳定性是非线性控制系统的重要指标之一。可以把非线性控制理论中李雅普诺夫稳定性方法、小增益理论、相平面分析等方法加入风电机组控制(变桨、偏航、发电机等)中，对风电机组控制系统进行稳定性和鲁棒性分析。

智能控制与非线性控制理论相结合是解决风电机组非线性控制问题的重要途径之一，越来越受到人们的重视。随着电力电子技术的发展，尤其是微电子集成电路技术的成熟，采用两种或多种先进控制方法的组合方式将是今后风电机组控制研究的方向之一。

2) 风力发电智能偏航系统

风力发电偏航装置是风力机必不可少的组成部分，其作用主要分为两个方面，一方

---

① $H\infty$是现代控制理论中的设计多变量输入输出(MIMO)鲁棒性控制系统的一种方法，$H\infty$是对传递函数增益大小的一个度量指标，简单说就是一个系统输入的放大倍数。

面是偏航装置可以使风机跟随风向转动，使风轮始终处于迎风状态，从而实现最大风能捕获，另一方面则是当风机长时间工作时，可能会发生风机总是向一个方向转动的情况，电缆会缠绕以至超过临界值，这时偏航装置起到偏航解缆的作用(张宇，2015)。

风力发电智能偏航控制系统属于主动偏航范畴，是一个简易的随动系统。偏航通过风速风向仪采集到风速、风向信号，并将此信号传送给控制器，控制器通过算法处理这些输入信号后发送偏航指令，并将指令传送给执行单位(偏航电机)，通过执行单位带动风机转动完成偏航。计数器是用来检测电缆缠绕圈数，当检测到的圈数大于临界值时，偏航控制器发送解缆指令完成偏航解缆。

风力发电偏航系统主要是由偏航齿圈、偏航驱动装置、侧面轴承、滑垫保持装置、接近开关、限位开关、风速风向仪等组成。

偏航齿圈通过强度很高的螺栓与机塔紧固在一起。偏航驱动装置由偏航电机、制动器以及偏航小齿轮组成，它们通过螺栓和花键连接成一体，并作为一个整体通过螺栓与主机架相连。侧面轴承是一个圆弧状的阶梯块，上面打有沉孔用于放置定位销、弹簧和压板，每个孔的底部都有螺纹孔，用于安装调整螺栓，由于下滑动衬垫被黏合在压板上，调整螺栓深入程度就可以达到调整齿圈与滑动衬垫间紧密程度的目的，从而得到最佳阻尼。滑垫保持装置中滑动衬垫分为下滑动衬垫和上滑动衬垫，如需下滑动衬垫和上滑动衬垫同时固定在凹槽内的，那么要有滑垫保持装置，使得滑动衬垫与主机架相连。接近开关和限位开关都是为防止电缆缠腰而设置的传感器。风速风向仪内部装有风速风向传感器，通过这些传感器采集风速风向信号，并通过这些信号实现偏航。

根据风力发电机偏航原理及作用，对偏航控制过程进行分析。当风速在可利用范围内采用自动偏航，当超出范围时采用 90°背风，当电缆缠绕超过预先设定阈值时自动解缆。为了防止降低风力发电机的使用寿命，在偏航过程中应尽可能以最短路径偏航。所以，在每次偏航初始阶段，控制器应根据采集到的风向信号与机舱位置信号的夹角来判断偏航角度以及方向，以达到最短路径偏航的目的。自动偏航是指风机根据风向与机船的夹角自动调整风机位置的过程。当风速在可利用范围内且电缆没有达到有条件解缆的条件时，风力发电机自动偏航。为了防止偏航频繁动作，偏航需要一个允许误差角，当风向与机舱的夹角小于偏航允许误差角时，偏航不动作。

3. 深海及非常规石油开采工程技术

1)深海石油钻井技术

深海石油钻井技术主要有定向钻井、小井眼钻井和欠平衡钻井(余建星，2010)。

几十年来，丛式井一直是海上采油的唯一手段。近 10 年来，为了提高采油率和降成本，大位移井、水平井和多支井又应运而生。小井眼就是井眼直径比常规井眼直径明显小。井眼小了，则破碎岩石体积小了，耗能小了、钻杆也小了，套管也小了，钻机也小了，占地也小了。一小百小，平均节省费用 50%。当然也存在不利因素，井控和井下事故的处理比较困难，钻井工具和测井仪器都要配套。欠平衡钻井指的是钻井过程中钻井液柱压力低于地层压力、允许地层流体进入井筒，并可将其循环到地面的可控制的钻井技术。欠平衡钻井时，地层原油会流入井内。所以井口要安装旋转防喷器，循环系统要有油水离器。形成"欠平衡"的方法包括边喷边钻、泥浆帽压井、立管注入气体、环空注入气体和泡沫钻井液等。欠平衡钻井的突出优点是提高钻速和不损害油层。

2) 深海钻采平台

(1) 深水和超深水多功能半潜式平台。

半潜式平台于 1960 年以后投入使用，一般由上部甲板结构、立柱、浮筒、系泊系统、悬链式立管(外输/输入)和基础/锚构成。半潜式平台采用扩展式锚泊，需要特殊转塔锚固系统，半潜式钻井平台易被改造成采油生产平台，极大地减少了油田开发成本。半潜式平台的特点：抗风浪能力强；甲板面积和可变载荷大；适应水深范围广；钻机能力强；具有多种作业功能(钻井、生产、起重、铺管等)。截至 2015 年 11 月，该类型平台中国有 5 艘，在建 1 艘。

(2) 张力腿平台(TLP)。

传统式张力腿平台由 4 个立柱和 4 个连接的浮体组成，立柱的水切面较大，自由浮动时的稳定性较好，通过张力腿固定于海底。"海之星(seastar)"平台只有一个立柱，因而易于建造。这种结构对于上部组块的限制较大，自由漂浮时结构稳定性也很差。莫塞斯(MOSES)张力腿平台结构由下部浮体和 4 根柱组成，张力腿连接到箱浮体上，浮力主要由浮体提供。

深水张力腿平台的特点：对上部质量十分敏感，造价随水深而增加；垂向运动受到约束，平台稳定性好；可采用干式采油树，操作、维护及维修简单，费用较低，石油开采和钻井过程中各种数据的采集便捷。中国目前还没有此类平台。

(3) 深吃水立柱式平台。

随着近海油气工业朝着深水和超深水发展，深吃水立柱式平台(SPAR)已成为最具吸引力的平台之一。柱筒式平台由上部组块、柱式浮体、系泊缆、顶部浮筒式井口立管、悬链式立管(外输/输入)和桩基础构成。

深吃水柱筒式平台特点：可支持水上干式采油树，可直接进行井口作业，便于维修，井口立管可由自成一体的浮筒或顶部液压张力器支撑；其升沉运动比张力腿式平台大，比半潜式或浮(船)式平台小；对上部质量敏感性相对较小；机动性较大；对特别深的水域，其造价比张力腿平台低。中国目前还没有此类平台。

(4) 自升式钻采平台。

国内目前正处在向深海迈进的阶段，但浅海还是主要的开发区域。国内自主系统设计、自行建造的第 1 座具有世界先进水平的海上石油 122m 自升式钻井平台已于 2006 年投产使用，这标志着列入国家"十一五"发展规划的大型海洋石油装备开发实现重大突破。

(5) 半潜式钻采平台。

半潜式平台的强大功能决定了其在深海开发中的重要地位。国内自行设计制造了"勘探三号"，已经积累了一定经验。在此基础可以研制工作水深更深、工作能力更强的半潜式钻采平台，并逐步实现与浮式生产储油卸油装置联合使用的功能。

(6)柱筒式平台和张力腿平台。

虽然已经开始研究张力腿平台，但是仍然处在起步阶段。柱筒式平台功能全、造价低。这两种平台更适合深水和超深水的勘探开发。

3)深海开发模式

(1)"FDPP+WHXT+SPL"模式。

"FDPP+WHXT+SPL"模式也就是浮式钻采平台-水下井口水下生产系统-海底管线网，又称"美国模式"。由于美国对浮式生产储油装置的限制，采出的海上油气只能通过海底管道输送上岸，所以在墨西哥湾建了发达的海底管道和管网，干线和支线纵横交错，为平台外输管线的接入和油气外输创造了便利条件，从而形成了这种模式。这种模式中的 FDPP 既可以用于钻井，也可以用于处理油气，而且可选种类多，如柱筒式平台、张力腿平台、半潜式平台等。该模式属于半海半陆式，其优点是可以充分借用浅水干式采油树钻采平台的实践经验，便于井口设施维护和修理。

(2)"SP+WHXT+FPSO/FSO"模式。

"SP+WHXT+FPSO/FSO"模式，又称"巴西模式"，是半潜式平台-水下井口/水下生产系统-浮式生产储油卸油装置/浮式储油卸油船。巴西石油公司针对其海域大陆架的特点，通过技术研究和生产实践，形成了这种模式。"巴西模式"属于全海半陆式，这种模式充分利用了 3 种设施的特点，将钻采、生产、储存和外输等多种功能组合起来，基本成为巴西深海石油开发的标准模式。

(3)"TLP+WHXT+FPSO/FSO"模式。

"TLP+WHIXT+FPSO/FSO"模式是张力腿平台-水下井口/水下生产系统-浮式生产储油卸油装置/浮式储油卸油船。这种模式的特点是从井口将油输送到张力腿平台上，然后再输送到浮式生产储油卸油装置或浮式储油卸油船上，经过生产处理，运送到岸上，到岸上的已经是成品油了。这种模式属于全海式，优点是兼具钻井、采油、油气处理以及储运及装卸等多种功能。

(4)"FPL+WHXT+FSO"模式。

"FPL+WHXT+FSO"模式也就是挠性出油管+海底工作盒+浮式储油卸油船。这种模式的特点是通过连接器，将分离出的原油经挠性出油管输送到浮式储油卸油船，然后运送到岸上。这种模式的优点是简捷快速、成本低。

4.2 能源储存工程技术

所谓能源存储，主要是指将电能通过一定的技术转化为化学能、势能、动能、电磁能等形态，使转化后能量具有空间上可转移(不依赖电网的传输)或时间上可转移或质量可控制的特点，可以在适当的时间、地点以适合用电需求的方式(功率、电压、交流或直流)释放，为电力系统、用电设施及设备长期或临时供电，如电池储能、飞轮储能、抽水蓄能、压缩空气储能等。

4.2.1 传统能源储存工程技术

1. 电池储能技术

1) 铅蓄电池

铅蓄电池是指电极由铅及铅氧化物制成，电解液是硫酸溶液的一种蓄电池(朱松然，1988)。在充电状态下，铅蓄电池的正极主要成分为二氧化铅，负极主要成分为铅；放电状态下，正负极的主要成分均为硫酸铅。近年来，全球很多企业致力于开发出性能更加优异、能满足各种使用要求的改性铅蓄电池，超级电池是铅蓄电池的最新改进技术之一，其性能改善机制是将超级电容器的活性炭电极材料应用到铅蓄电池上，从而将前者的双电层储能机制引入铅蓄电池中，有效地改善了铅蓄电池的倍率放电性能、脉冲放电寿命和接收电荷的能力。

2) 锂离子电池

锂离子电池主要由电极材料(正极、负极)、电解液、隔膜以及导电剂、黏结剂和极耳等组成(郭炳焜，2002)。锂离子电池以含锂的化合物作正极，如钴酸锂、锰酸锂或磷酸铁锂(Lifepo)等二元或三元材料；负极采用锂-碳层间化合物，主要有石墨、软碳、硬碳、钛酸锂等；电解质是由溶解在有机碳酸盐中的锂盐组成的。锂离子电池充电时，锂原子变成锂离子通过电解质向碳极迁移，在碳极与外部电子结合后作为锂原子储存，放电时即为逆反应。不同种类材料锂电池技术的放电倍率、循环寿命性能各异，也因此适用不同电力系统应用场合。

3) 液流电池

液流电池全称为氧化还原液流电池(redox flow battery)，由电解液罐、电堆、泵体、功率转换器以及热交换器构成(张华民，2015)。与以固体作为电极的一般电池不同，液流电池的活性物质是具有流动性的电解质溶液。液流电池输出功率和储能容量互相独立，功率大小取决于电堆，容量大小取决于电解液容量，因此液流电池可通过增加电解液量或提高电解液浓度达到增加电池容量的目的。由于电解液分别储存于两个储液罐中，不存在一般电池的自放电和电解液变质问题。

目前主流的液流电池技术包括铁铬电池、多硫化钠-溴电池、锌-溴电池及全钒电池。目前钒电池技术尚未达到商业成熟阶段，现有项目大多为可再生能源并网示范项目，装机容量为数兆瓦/兆瓦时级别，运行寿命在 10 年左右。我国液流电池技术水平居世界前列，全钒电池现已广泛应用于电网调峰、新能源并网及离网储能项目中，全国总装机约15MW。未来液流电池的关键技术在于高稳定性电解液、耐久度高离子交换膜等原材料的制备与成本控制。

4) 钠硫电池

钠硫电池是钠离子电池的一种，是以金属钠为负极、以硫为正极、以陶瓷管为电解质隔膜的二次熔融盐电池。电池采用加热系统把不导电的固体状态的盐类电解质加热熔融，使电解质呈离子型导体而进入工作状态，作为固体电解质兼隔膜的是一种专门传导

钠离子的被称为 Al_2O_3 的陶瓷材料，只允许钠离子通过和硫结合形成多硫化物。

目前钠硫电池技术主要由日本 NGK 公司掌握，其 β-氧化铝陶瓷材料技术直接决定了钠硫电池的寿命、效率和功率特性。由于运行温度高，陶瓷电解质一旦破损即可导致高温液态钠和硫接触，产生剧烈放热反应，因此需要在结构设计上采取多重安全措施。

5) 燃料电池

(1) 氢燃料电池。

燃料电池 (fuel cell, FC) 是把燃料中的化学能通过电化学反应直接转换为电能的发电装置。按电解质的不同，燃料电池一般可分为质子交换膜燃料电池、磷酸燃料电池、碱性燃料电池、固体氧化物燃料电池及熔融碳酸盐燃料电池等。目前，动力用燃料电池已应用在航天飞机、潜艇等领域，而燃料电池汽车、电站及便携式电源等均处于示范阶段，要实现商业化还需要解决成本、寿命等瓶颈问题。

(2) 金属燃料电池。

金属燃料电池以铝、锌、铁、钙、镁、锂等活泼固体金属为燃料源，以碱性溶液或中性盐溶液为电解液。根据燃料源的不同，金属燃料电池分为铝、锌、镁、铁、钙和锂等金属燃料电池。

金属燃料电池中正极活性物质来自空气中的氧，只要空气电极工作正常，电池容量仅取决于金属的量，因而它的容量可以很大。

2. 飞轮储能技术

飞轮储能是将能量以动能的形式存储。充电时，飞轮由电机带动飞速旋转；放电时，由相同的电机作为发电机驱动旋转的飞轮产生电能。储存在飞轮中的能量与飞轮 (以飞轮转轴作为其转动惯量的参考轴) 的质量和旋转速度的平方成正比 (汤双清，2007)。转子转动时的动能 $E=J\omega^2/2$，其中 J 和 ω 分别表示飞轮的转动惯量和转动角速度。飞轮转速的变化将导致其动能的变化，飞轮充放电在本质上就是通过飞轮转速的变化来实现的。飞轮储能通过转子的加速和减速，实现电能的存入和释放。飞轮储能装置主要包括高速旋转的飞轮、真空壳体和轴承系统，以及电源转换和控制系统。

我国在飞轮技术和产品方面较国际领先水平还有较大差距，国内研究停留在实验室原理和验证探寻阶段，距离产业化标准还有相当的差距。未来飞轮储能的主要发展趋势包括研发先进复合材料以提高能量密度技术、研发高速高效电机以提高功率密度和效率技术、应用磁悬浮等高承载力、开发微损耗轴承技术，以及飞轮阵列技术。

3. 抽水储能技术

抽水蓄能电站由上池水库、下池水库、输水系统、厂房等组成，在用电低谷通过水泵将水从低位水库送到高位水库，从而将电能转化为水的势能存储起来，在用电高峰，水从高位水库排放至低位水库，驱动水轮机发电，其储能总量同水库的落差和容积成正比 (刘坚，2016)。

抽水蓄能电站的工作方式同常规水电站类似,具有技术成熟、效率高、容量大、储能周期不受限制等优点,在电网中具有调峰、填谷、调频、调相及紧急事故备用等其他电源无法比拟的优势。但抽水蓄能电站需要优越的地理条件建造水库和水坝,建设周期较长(一般为10~15年),初期投资巨大。

抽水蓄能是目前唯一技术成熟,也是应用最广泛的大规模储能技术。抽水蓄能电站通过能量转移,拥有调峰填谷的功能,可以提高优化系统能量利用率,减少煤耗,并减少火电的有害气体排放量,具有显著环境效益。2015年全国抽水蓄能装机容量2273万kW,已建抽水蓄能电站主要分布在南方电网、华东电网、华北电网和华中电网,占全国抽水蓄能装机容量的95%以上。

虽然近年来我国抽水蓄能电站快速发展,但其也受到技术、经济效益等因素的制约。其中技术障碍主要表现在高水头、大容量水泵水轮机、发电及电动机及工程选址等方面。由于抽水蓄能电站的多级水泵水轮机在机组控制上比较困难,造价很高,因此单极可逆水泵水轮机应用最为广泛;同时,抽水蓄能电站水头越高,土建工程的规模及机电设备的尺寸就会越大,因此高水头单级可逆水泵水轮机技术的突破,将会大大提升抽水蓄能技术整体发展水平。另外,抽水蓄能电站的建设对场地的要求很高,合理的选址非常重要,由于我国水力资源在地域分布上不平衡,呈现西部多、东部少的状况,通过抽水蓄能站点的规划以合理利用水力资源也是其未来发展的重要课题。

4. 压缩空气储能技术

传统压缩空气储能是基于燃气轮机技术的能量存储系统。在储能时,压缩空气储能系统耗用电能将空气压缩并存于储气室中;在释能时,高压空气从储气室释放,进入燃气轮机燃烧室同燃料一起燃烧后,驱动透平发电(张新敬等,2012)。压缩空气储能系统关键部件包括压缩机、膨胀机、燃烧室及换热器、储气装置、电动机/发电机、控制系统和辅助设备。

与其他储能技术相比,压缩空气储能系统具有容量大、工作时间长、经济性能好、充放电循环次数多等特点。具体优点包括:压缩空气储能系统适合建造大型电站(>100MW),仅次于抽水电站;压缩空气储能系统可以持续工作数小时乃至数天,工作时间长;大型压缩空气储能系统带有大型地下储气库的压缩空气储能系统,单位建造成本和运行成本均比较低;压缩空气储能系统的启动时间为5~10min,比大部分传统化石燃料发电装置启动更为迅速;压缩空气储能系统的寿命长,可储/释能上万次,寿命可达40~50年,并且其效率可以达到70%左右,接近抽水蓄能电站。

5. 储热技术

虽然储热技术有很长的发展历史,但其实际应用主要局限在低品位热能的储存和利用,如储热供暖和热水供应以及冰储冷制冷等。近年来,伴随着大量可再生能源尤其是可再生电力的应用以及日益严峻的环境问题,中高温储热和深冷蓄冷等高品位储能技术以及余热的高效回收利用越来越被人们所重视,这也为储热技术的进一步发展提供了机遇。

储热主要有显热储热、潜热储热(也称为相变储热)和热化学反应储热三种方式(李永亮, 2013a, 2013b)。三种储热方式特性如表 4-2 所示。

表 4-2 三种储热方式特性

特性	显热储热	潜热储热	热化学储热
储能密度	小(0.2GJ/m³)	较高(0.3~0.5GJ/m³)	高(0.5~3GJ/m³)
工作温度	110℃(水)、50℃(地下含水层)、400℃(混凝土)	20~40℃(石蜡)、30~80℃(水合盐)	碳酸钙(800~900℃)、氢氧化钙(500~600℃)
寿命	长	有限	取决于副反应及反应物的衰减
优点	成本低,技术成熟	储能密度中等,储热系统体积小	储能密度高,可长距离运输,热损失量小
缺点	热损失量大,储能装置庞大	热导率小,材料腐蚀性强,热损失大	技术复杂,一次性投资大

4.2.2 分布式能源系统

1. 分布式能源系统概述

目前,国际上尚没有分布式能源系统的统一定义,许多有影响力的机构采用不同的名词描述相近的概念,甚至彼此相通的名词包含的概念却不完全一致。由于分布式能源技术在世界其他地区的发展不如在美国和欧洲那样广泛和深入,所以涉及其定义时,主要引用美国或欧洲机构的定义。分布式能源在英语中对应的专有缩略词有以下几个: DER(distributed/decentralized energy resource)、DP(distributed/decentralized power)、DG(distributed/decentralized generation)。它们分别被翻译成分布式能源资源、分布式电力、分布式供能(蒋润花, 2009)。Shipley 和 Ellion(2020)对它们作了如下更详细的定义:

DG 的定义为:存在于传统公共电网以外,任何能发电的系统,原动机包括内燃机、燃气轮机、微型燃气轮机、燃料电池、小型水力发电系统以及太阳能、风能、垃圾、生物能等的发电系统。

DP 的定义为:包含所有 DG 的技术,并且能将电能通过蓄电池、飞轮、再生型燃料电池、超导磁力存储设备、水电储能设备等将电能储存下来的系统。

DER 的定义为:在用户当地或靠近用户的地点生产电或热能,提供给用户使用。其包含了 DG 和 DP 的所有技术,并且包含那些与公共电网相连接的系统,用户可将本地多余的电能通过连接线路,出售给公共电力公司。

这些定义各有各自的出发点和侧重点,各定义之间既有联系又有区别。从中可以看出,导致关于分布式能源定义争论的因素涉及系统的使用目的、采用的技术、安装地点、容量的大小、电力传输范围、与电网的连接、对环境的影响等。在前面的定义中,不少因素常常作为定义的一部分出现,与其说是定义,不如说是对分布式能源系统某些特征的描述。通过对影响分布式能源系统定义的因素进行分析可以看出容量大小、采用何种技术、是否连接公共电网及其所有者等并不是定义分布式能源系统的决定性因素。

基于上述分析,分布式能源系统的定义可归纳为分布式能源系统(distributed energy system,DES)是一种建立在能量梯级利用概念基础上,分布安置在需求侧的能源梯级利用，以及资源综合利用和可再生能源设施。根据用户对能源的不同需求，实现温度对口供应，将输送环节的损耗降至最低，实现能源利用效能的最大化。

2. 分布式能源系统的组成及优点

分布式能源系统的种类多种多样，但其基本结构大致相同，一个完整的分布式能源系统的组成为：发电设备(汽轮机、燃气轮机、微型涡轮机、内燃机或燃料电池)、供热或制冷设备(溴化锂吸收式冷热水机组、电制冷机组)、锅炉或蓄热系统、汽-水换热器、调节装置(使蒸汽参数符合用户要求)以及建筑控制系统等。

分布式能源系统的基本原理是利用热工设备产生的高品位的蒸汽/燃气带动发电机发电或利用燃料电池以及各种可再生能源技术供电，同时冬季利用热工设备的抽汽或排汽向用户供热，夏季利用余热吸收式制冷机向用户供冷以及全年提供卫生热水或其他用途热能。

分布式能源系统的优点有以下几方面：

(1)实现热电冷联产，通过余热回收技术可以实现蒸汽或热水供应，或使用吸收式制冷机组提供空调或工艺性用冷，可以将能源效率提高到90%。

(2)能源生产设备靠近用户，生产的热量、冷量和电量可直接使用，改进了供能的质量和可靠性，减少了输配电设备的投资和电网的输送损失。

(3)装置容量小，占地面积小，初期投资少。用户可以直接投资建设小型的分布式联产电站。随着技术的不断进步和成熟，未来分布式能源技术的投资成本还会降低，毫无疑问，这种趋势可以开拓更为广泛的用户市场。

(4)建设周期短。常规电站项目实施总要经历立项、设计及谈判、项目建设、启动等阶段，如燃煤电厂要5~7年，燃气电厂要3~5年，而分布式发电站建设只要0.5~1.5年。

(5)机组分散，系统更加灵活，可以将其分解进行设备维护，对发电系统影响较小。

(6)分布式热电联产电站运行噪声低、污染排放少。

(7)新型机组可以在多种燃料下运行(如微型燃气轮机，带有燃料处理装置的燃料电池系统)。能源选择的灵活性可减少用于建设燃料供给基础设施的投资。另外还可以使用生物质气化产生的燃料。在很多发展中国家，特别是农业国，生物质(如木材、农副产品、动物粪便)资源丰富，价格低廉。

(8)偏远地区避免了建设投资大的电网，可以直接利用当地资源，选择建设分布式电站。

3. 分布式能源系统的发展及现状

分布式能源系统的概念是从1978年美国公共事业管理政策法公布后，在美国开始推广，然后被其他发达国家所接受，现已在很多国家推广并加以应用(冉鹏等，2005)。美国从1978年开始提倡发展小型热电联产。根据美国能源部最新数据统计，截至2019年底，美国热电联产总装机8077.51万kW。2019年较2000年，美国热电联产装机容量增长59.69%，从5058.31万kW增加到8077.51万kW，发电站数量达到5751座。

日本是能源依赖进口的国家，因此非常重视节能工作。节能系统的研究程度很高，燃料以天然气为主的分布式热电冷三联产项目发展最快，应用领域广泛。日本东京煤气公司于 1991 年初投运了一座高效率、高性能的供热制冷中心，其制冷总容量达到 182.8MW。在 1993 年日本制冷总容量扩充到 207.4MW，成为世界最大的区域供热和制冷中心。截至 2000 年底，日本全国热电项目共 1413 个，总装机容量为 2212MW；工业燃气热电项目共 1002 个，总装机容量为 1734MW，其中采用小型燃气轮机、燃气内燃机和微型燃气轮机为楼宇热电冷三联产项目逐年增长较快。

欧洲从 1974 年开始大力发展热电联产，其制定的分布式能源系统的目标是：到 2010 年热电发电量从 1994 年占发电总量 9%增加到 2010 年的 18%，可再生能源能够提供 22%的电能。欧洲委员会正在进行一个 SAVE Ⅱ 的能效行动计划，包含许多不同的能效措施，来推动分布式能源系统的发展。英国曼彻斯特机场的分布式三联产供能工程是包括选用两台内燃机(燃料为重油或天然气)、两台 59MW 的余热锅炉(供应 140℃热水)、两台 4MW 的双燃料常规锅炉，每年发电约 72000MW·h。英国实行热电冷三联产后，每年可减少 CO_2 排放 50000t、SO_2 排放 1000t。因此，经济效益和环保效益都十分显著。丹麦政府从 1999 年开始进行电力改革，在热供应法案中明确提出尽可能提高热电联产在集中供热中的应用比例。目前，丹麦 90%的区域供热由热电联产提供。德国 1995 年拥有 255 台使用燃气轮机的分布式热电联产机组，总装机容量为 3152MW；拥有 2700 台基于柴油机驱动的热电联产机组，总装机容量为 1450MW。在 2002 年，德国通过了新的热电法，鼓励和支持发展热电联产。热电联产的发展在德国将有广阔的前景。意大利 1999 年能源工业热电联产发电量达 49.6TW·h，占全国发电量 18.7%，但是微型与小型热电机组发展欠缺，装机容量仅在 238MW 以内。目前，意大利加大了对中小型分布式热电联产的鼓励和支持力度。

在我国经济和城市化发展过程中，居民小区和工业园区的建设一直处于发展的前列，如何实现区域的整体能源供应是目前城市建设规划应当十分关注的问题，在这方面分布式能源技术的发展具有广阔的空间。早在 2000 年，国家发展计划委员会、国家经济贸易委员会、建设部等部委就联合发出了《关于发展热电联产的规定》的通知，明确了热电联产规划必须按照"统一规划、分步实施、以热定电和适度规模"的原则进行[①]。鼓励使用清洁能源，发展热电冷联产技术和热、电、煤气联供，以提高热能综合利用率。在有条件的地区逐步推广适用于厂矿企业、写字楼、宾馆、商场、医院、银行、学校等较分散的公共建筑的小型燃气发电机组和余热锅炉等设备组成的小型热电联产系统。目前，国内已经有一些由能源公司承建的项目，其中主要分布在北京、上海、广州等大中型城市，有很多投入了运行，并体现出良好的节能、经济、环保效果，例如上海浦东国际机场、黄浦中心医院、闵行区中心医院，北京首都国际机场、中关村软件园等项目。

4.2.3 能源互联网

采用何种方式和路径来高效、大规模地利用可再生能源，目前还处于思考、试验和

---

① 关于印发《关于发展热电联产的规定》的通知.(2011-11-22). http://www.nea.gov.cn/2011/11/22/c_131262611.htm.

探索阶段。信息互联网凭借其扁平化、网络化、智能化的特点，将全球范围内分散的、小规模的、间歇性的、多样式的信息整合起来，奠定了人类信息社会的基础，也使得互联网行业创造了其他任何行业无法企及的价值。能源互联网就是在可再生能源迅猛发展、互联网和物联网渐趋成熟的基础上被提了出来。利用互联网巨大的组织集聚功能，可以实现对多形式清洁能源的互补耦合和扁平化管理。打造一张具有扁平化结构和智能化功能的能量网络，以整合和保障分布式、间歇性、多样化的能量供应和需求，实现能源的安全、清洁、经济、高效和可持续发展，这就是能源互联网模式。

1. 能源互联网的架构

从能源互联的特点出发，结合用户端能量形式多样化需求，能源互联网易操作的、可建设的架构应该是多类型能源微网和能源主干网的智能互联系统网络。能源微网是分布式能源生产、用户就地利用、微网内储能及调配的基本单元，发展目标是热电微网（朱共山，2017）。

1）能源微网

能源微网是一个自成系统的完整的底层单元，是自治运行的能量系统，由能量管理设备、分布式可再生能源装置、储能装置、能量变换装置和负载等组成。基于某个区域的新能源资源条件建立起来的区域能源微网系统，可以是单一的微电网系统，也可能是包含了电、热、冷、气等多种终端能量形式的热电微网系统。

随着能源分布式利用的发展和电网智能化程度的提高，人们希望电力也可以实现小范围区域内独立调度，这就是微电网。基于最大限度地就近利用区域内可发电能源资源的目的，微电网被定义为智能电网在用户终端的、独立可控的基本单元。微电网的主要设备是用户侧的分布式微型发电、分布式小规模储能、智能负荷管理和电力配售、智能能量管控和系统能效优化系统，分布式发电和微电网通过电力电子接口接入配电网。由于天然具备灵活的拓扑结构、可控的双向潮流和智慧的协同优化等功能，是微电网稳定运行的保障。连通管控一定规模分布式发电及储能设施的微电网，对配电网有重要的补偿作用，是其安全稳定的重要支撑。随着新能源发电、分布式储能、电力电子接口和运行保护设备等的成熟，多电源互补吻合能力、多设备协同控制能力和能量路由分配能力等的提高，未来微电网的规模会越来越大，或形成微电网集群，或具备一定的层级结构。在一定条件下，部分微电网可替代配电网直接与主干电网相连。

热电微网系统是微电网和热力网的互补耦合，尤其适合居民、商业、公共建筑等集中耗能区域。区域分布式冷热电联供和建筑分布式冷热电联供，是这种系统的模式基础。为满足微电网某些电力负荷端同时的热力需求，可利用地源或水源热泵系统，通过消耗部分电力从地热能或水能中提取更多的热量，这样就构成了第一类型的热电微网。如果区域内供热需求是普遍的，必须铺设热力网，可配置天然气热电联产装置，以电定热或以热定电，辅助余热发电设备，使热力网和微电网在能源站即耦合调配，这样就构成了第二类型的热电微网。为满足热电微网某些负荷终端同时的制冷需求，可配置余热制冷设备或电力制冷制备，这样就构成了第三类的热电微网。

2) 能源主干网

能源主干网的最主要发展目标是以智能电网为特征的电力输配干网和以智能气网为特征的燃气输配干网。

(1) 以智能电网为特征的电力输配干网。

智能电网的建设包括对发电、输电、储电、配电、售电、用电等一系列过程的智能化。智能电网在输配电上的建设，即输电网和配电网的智能化，是能源主干网的主要建设内容，是能源微网电力系统(微电网系统)安全、平稳运行的保证；智能电网在输电、储电、配电、售电和电力负荷上的智能化建设，当然延伸到微电网的层面。微电网建设的另一重点，即分布式发电及其互联互补，也是智能电网在电力生产环节的建设要求。智能电网需要物联网的架构思想、技术方法和智能化的设备设施及系统集成，以安全、协调、经济、可持续为发展目标，遵从高效、低碳的能量利用要求。

目前，智能电网对分布式能源供需平衡的配置，主要体现为在现有电网架构上通过信息化和智能化的手段，解决设备利用率、安全可靠性、供电质量、新能源接入等基本问题。但这还是在传统电网的基础上能源集中供应方对多方需求的智能电力配置模式，而能源互联网的不同，在于采用互联网理念、方法和技术实现能源基础设施架构本身的重大变革。能源互联网在智能电网基础上，大幅度增添功能，构建新型的信息能源融合网络。能源互联网中既有集中的能源供应方，也有大量分散的能源供应方，还有大量基于区域负荷中心的微电网结构，是多供应方对多需求方的智能能源配置模式。

(2) 以智能气网为特征的燃气输配干网。

智能气网的概念和智能电网有很大不同。天然气作为矿业资源，用户就近气源的很少，对其开采、处理、输配、存储都是集中式的。智能气网的建设，更多的是将现实的天然气管网和数字化网络融为一体，重点是基于广域的、多种形式优化配置的管理系统。另外，智能气网是一个多信息汇集平台，依托用气数据的采集、整合及模型处理分析，为天然气工业、城镇燃气行业标准的统一提供依据。

3) 智能互联系统

能源互联网是一个自动化、智能化、智慧化的信息能量系统网络，能源主干网和能源微网的联通必须通过智能互联协议和智能分配设施实现，拥有智能信息管控系统。

能源互联网强调互动化、互操作，智能互联协议是基础。电力系统通过和通信、IT、软硬件等结合，确定域、实体和接口或数据流的构成，实现各种电源、微电网和智能电网的联通、互动。微电网、燃气网、热力网等通过微网内能量转换协议和接口，实现联通、互补。

能源互联网是对能量的用户端优化，满足方便、稳定、实时、高效的用户需求，智能分配的关键设施是能效优化系统和能量路由设备。能量路由器根据信息流的反馈实时调整对能量流的控制，在能量网络中对生产、负荷、储能容量等进行分析，实现电力、热力、燃气等分配的过程最优、转换最少、路径最短、损失最小，完成区域能源的调度控制。在能源主干网层次上，智能分配设施将实现不同地区上传能量的全网优化和不同地区用能需求的网络调配。

　　智能互联必须满足一定的条件,能够进行信息交互和能量流动的任一项或同时完成,即可认为形成了智能互联。新能源具有不确定、不稳定、间歇性、波动性的特征,在源头上决定了新能源电站和能源微网的不稳定性。能源微网必须克服其自身的固有缺陷,形成稳定、安全、自由上下的能量自运行系统,满足主干网接口的能量质量要求,才能与主干网进行能量联通。能源微网也同样对主干网的稳定性、支撑性提出了要求,如果主干网状态影响了能源微网的安全运行,微网将选择脱离主干网独立运行。

　　2. 能源互联网技术

　　1) 配电网智慧管理系统
　　配电网智慧管理系统是保证配电网安全可靠、经济运行的重要技术手段。配电网智慧管理系统属于新一代配电自动化技术,是对常规配电自动化技术的继承与发展,除功能和性能的进一步完善提高外,主要特点体现在支持分布式电源的大量接入、深度渗透上。可以此为平台,通过与智能电网其他组成部分的协同运行,实现分布式电源的接入控制和运行管理、分布式智能控制、无功与电压管理、降低网损、提高资产使用率以及辅助优化人员调度、维修作业安排等新兴功能。
　　配电网智慧管理系统可以实现配电网革命性的管理与控制,实现接入分布式电源的配电系统的全面控制与自动化,使配电系统的性能得到优化和提升。配电网智慧管理系统能够满足分布式电源/储能装置/微电网接入和监控、配电网自愈控制、输/配电网的协同调度、多能源互补的智能能量管理以及与智能用电系统的互动等智能配电网需求。配电网管理系统集配电自动化、馈线分段开关测控、电容器组调节控制、用户负荷控制和远方抄表等系统于一体,是实现配电自动化的基础保障设施,其关键是要规范配电网应用软件技术要求、配网不同系统间图模交换数据格式、配网动态模型技术标准、配网大数据量信息接入方案。

　　2) 微网系统关键技术
　　微网系统包括分布式电源、储能、用电负荷和微网控制四大部分,通过采用智能优化配置与先进的微网能量管理技术,实现分布式电源和储能装置的友好接入,与配电网协调运行;实现分布式发电和储能装置的能量协调控制,达到并网最优运行、离网稳定运行;实现微网系统运行状态、电能质量和运行参数的集中监控,实现分布式电源接入的保护及综合控制。
　　从微电网技术提高分布式可再生能源利用、支撑能源互联网建设的角度出发,微电网发展的核心关键技术包括微电网运行仿真技术、协调控制技术、能量优化管理、并网自适应保护与电能质量综合治理技术、分布式电源的即插即用技术等。相应的装置研制包括微电网中央控制器、微电网运行控制与能量管理系统、微电网并网自适应保护装置与柔性分布式电源并网装置、分布式电源与微网标准化换流装置等。
　　储能变流器是微网系统核心能源转换控制单元,目前还没有形成技术规范,核心技术问题还没有得到有效解决,主要包括双模式运行、平滑切换的可靠性、并联组网稳定性、带载能力与供电质量等问题。微电网能源管理系统包括微电网数据采集与监视控制系统、微电网运行优化系统。联网微电网用户侧响应系统是微电网连接终端用户的关键控制系统，主要包括负荷控制系统、分布式电源控制系统、分布式储能控制系统、联络线功率控制系统等。

3) 配电网规划技术

配电网规划技术是建立计算机辅助决策支持系统，进行潮流计算、网架优化、方案比选以及路径优化等，为配电网规划决策提供必要的技术支持。随着配电网规划理论的不断完善，配电网规划计算机辅助决策支持系统在向在线规划、多约束条件优化等方向发展，将进一步满足实际分布式电源灵活接入配电网规划的需要，规划结果更具实用性。

配电网规划技术的方向是研究智能配电网规划平台框架、需求分析及系统设计方案，运用考虑分布式电源接入的智能配电网优化规划模型和规划数据挖掘模型，开发智能配电网规划计算机辅助决策系统。该系统的功能模块包括公共信息模型、基于地理信息系统的配电网智能规划平台数据交换模型、配电网智能规划组件接口信息模型、正常和故障情况下配电通信网多种业务信息量的预测模型、电网与信息网集成的配电网智能规划平台信息模型等。

4) 面向能源互联网的储能技术

储能装置能够使具有间歇性、波动性的可再生能源产生的电能形成稳定的供给，并有利于平衡供需关系。能源互联网中储能设备的大规模利用，需要储能设备具备良好的经济性，这就要求储能装置具有使用寿命长、能够即插即用、储能效率高等特点。

对于微网以及分布式电源发电，需要几千瓦至几百千瓦容量等级的储能系统与之配合；而对于大规模风力发电场或太阳能发电场以及区域能源微网，则需要兆瓦级的储能系统用于平滑其功率输出。到目前为止，已经开发了多种形式的储能方式，主要分为化学储能、物理储能等。化学储能主要有蓄电池储能、电容器储能及近几年新兴的氢能储能，物理储能方式主要有飞轮储能、抽水蓄能、超导储能和压缩空气储能。在电力系统中应用较多的储能方式还有超级电容器储能、压缩空气储能等。这些储能技术都可以运用在能源互联网中。

4.3　能源利用工程技术

4.3.1　传统能源利用工程技术

1. 煤炭传统利用工程技术

1) 煤炭洗选技术

煤炭洗选是利用煤和杂质的物理、化学性质的差异，通过物理、化学或微生物分选的方法使煤和杂质有效分离，并加工成质量均匀、用途不同的煤炭产品的一种加工技术。

煤炭洗选方法主要包括物理选煤方法、物理化学选煤方法、化学选煤方法、微生物选煤方法等(邴曼,2012)。

物理选煤方法是根据物料的某种物理性质(如粒度、密度、形状、硬度、颜色、光泽、磁性及电性等)的差别,采用物理的方法来实现对原煤的加工处理。在实际应用中物理选煤主要是指重力选煤,同时还包括电磁选煤及古老的拣选等。物理化学选煤方法主要指浮游选煤(简称浮选)。它是依据矿物质的物理化学性质的差别进行分选的方法。浮选包括泡沫浮选、浮选柱油团浮选、表层浮选和选择性絮凝等。化学选煤方法是借助化学反应使煤中的有用成分富集或除去杂质和有害成分的工艺过程。化学选煤主要有氢氟酸法、烧熔碱法、氧化法和溶剂萃取法等。微生物选煤方法是利用某些自养型和异养型微生物,直接或间接地利用其代谢产物从煤中溶浸硫达到脱硫的目的。主要有堆积浸滤法、空气搅拌浸出法和表面氧化法。

2)动力配煤技术

动力配煤是通过用户对煤质的要求,将不同牌号、品质的煤经过筛选、破碎、按比例配合等过程,改变动力煤的化学组成、岩相组成、物理特性和燃烧性能,然后进行加工合成的混合煤,是一种人为加工而成的"煤"。动力配煤技术是以煤质互补,适应用户燃煤设备对煤质要求,以充分利用煤炭资源、优化产品结构、提高燃煤效率和减少污染物排放为目的的技术。通过动力配煤提供适合锅炉燃烧的优质燃料煤,可以充分发挥先进燃烧技术和燃煤设备的作用。

动力配煤生产线的工艺流程一般包括原料煤的收卸、按品种堆放、分品种化验、计算和优化配比、配煤原料的取料输送、筛分、破碎、加添加剂、混合掺配、抽取检测、成品煤的存储和外运等。通常动力配煤有两类生产工艺流程:一类是简单动力配煤生产工艺流程;另一类为现代化大型动力配煤生产工艺流程,即动力煤分级配煤技术。

动力煤分级配煤技术将分级与配煤相结合,首先将各原料煤按粒度分级,分成粉煤和粒煤,然后根据配煤理论,将各粉煤按比例混合配制成粉煤配煤燃料,各粒煤配制成粒煤配煤燃料,不仅能配制出热值、挥发分、硫分、灰熔融温度等煤质指标稳定的、符合锅炉燃烧要求的燃料煤,还能生产出适合不同类型锅炉燃料的粉煤和粒煤燃料。

3)型煤技术

型煤是用一定比例的黏结剂、固硫剂等添加剂,采用特定的机械加工工艺,将粉煤和低品位煤制成具有一定形状和理化性能(冷机械强度、热强度、热稳定性、防水等)的煤制品。型煤技术不仅使低质的粉煤、泥煤、褐煤提高了经济价值,还在利用过程中保持了相对洁净的环境。

在型煤的制备过程中,其核心是成型技术,它直接影响着型煤的物理特性(如孔隙率、机械强度、热变性等)以及应用过程中的燃烧特性。成型一般是指使用外力将粉煤挤压制成具有一定强度和大小形状的固体块煤。从成型原理上看就是采用足够高的压力来减少粉状颗粒间和颗粒内部的空隙,使之团聚成型。目前,普遍使用的粉煤成型方法主要有无黏结剂冷压成型、有黏结剂冷压成型和热压成型三种。这三种成型工艺的各种原煤制备型煤的工艺流程种类很多,但通常都包括以下几个阶段:原料煤预处理、配料、粉碎、混合、成型、干燥、装箱入库等。

4) 水煤浆技术

水煤浆是一种新型、高效、清洁的煤基燃料,由 65%~70%不同粒度分布的煤,29%~34%的水和约 1%的化学添加剂制成的混合物。经过多道严密工序,筛去煤炭中无法燃烧的成分等杂质,仅将碳本质保留下来,成为水煤浆的精华。在我国丰富煤炭资源的保障下,水煤浆也已成为替代油、气等能源的最基础、最经济的洁净能源。

我国经多年连续攻关,已经形成水煤浆制备、储存、运输及燃烧的成套技术,其技术水平居国际领先地位。水煤浆制备的关键技术包含煤种选择技术、粒度分布控制技术、水煤浆添加剂制备技术、水煤浆质量控制与检测技术等。

2. 石油利用工程技术

1) 原油蒸馏技术

原油蒸馏是根据组成石油的各种烃类等化合物沸点的不同,利用换热器加热炉和蒸馏塔等设备,把原油加热后,在蒸馏塔中进行多次部分气化和部分冷凝,使气液两相进行反复充分的物质交换和热交换,从而达到将原油分离成不同沸程的汽油、煤油、柴油、润滑油馏分或各种二次加工原料及渣油的加工过程。

根据压力的不同,蒸馏分为常压蒸馏、减压蒸馏两种。根据所用设备和操作方法的不同,蒸馏方式可分为闪蒸、简单蒸馏和精馏三种。

2) 石油催化裂化技术

催化裂化过程是原料在催化剂作用下,在 470~530℃和 0.1~0.3MPa 条件下,发生裂解等一系列化学反应,转化成气体、汽油、柴油等轻质产品和焦炭的工艺过程(许友好,2013)。催化裂化的原料一般是重质馏分油,如减压馏分油(减压蜡油)和焦化重馏分油等。部分或全部渣油也可作为催化裂化的原料。

催化裂化自工业化以来,先后出现过多种形式的催化裂化工业装置,其主要有固定床、移动床、流化床和提升管催化裂化装置等。截至 2014 年,我国催化裂化装置约有150 套,总产能接近 1.5 亿 t/a,其中可处理渣油的催化裂化占总产能的 40%左右。

3) 催化重整技术

催化重整是石油加工过程中重要的二次加工手段,是用以生产高辛烷值汽油组分或苯、甲苯、二甲苯等重要化工原料的工艺过程。"重整"是指烃类分子重新排列成新的分子结构的工艺过程。催化重整即在催化剂作用下进行的重整,采用铂金属催化剂,故重整过程称铂重整,采用铂镍催化剂的称铂镍重整(或双金属重整),采用多金属催化剂的称多金属重整。

按不同的划分标准,催化重整方式可分为以下几类:按原料馏程,可分为窄馏分重整和宽馏分重整;按催化剂类型,可分为铂重整、双金属重整和多金属重整;按反应床层状态,可分为固定床重整、移动床重整和流化床重整;按催化剂的再生形式,可分为半再生式重整、循环再生式重整和连续再生式重整。

目前，我国现有的催化重整装置大部分是固定床半再生式重整装置，使用的是双金属或多金属催化剂。同时也建成了或正在建设一批连续再生式重整装置。

4) 催化加氢技术

催化加氢过程是指石油馏分(包括渣油)在氢气存在下催化加工过程的通称。按照生产目的的不同，催化加氢过程分为加氢精制、加氢裂化、加氢处理、临氢降凝和润滑油加氢等工艺。

催化加氢对提高原油的加工深度、合理利用石油资源、改善产品质量、提高轻质油收率以及减少大气污染等，都具有重要意义。

4.3.2 煤炭清洁高效开发利用技术

1. 煤炭分级分质转化利用技术

煤炭分级分质利用技术通过热解或部分气化工艺将煤炭所含富氢组分转化为煤气和焦油，半焦用于燃烧发电或者其他用途，实现煤的分级转化和分级利用，大幅度提高煤的利用价值。

1) 煤炭气化技术

煤炭气化过程是煤的热加工过程之一，它包括煤的热解、气化和燃烧三部分。煤加热时进行着一系列复杂的物理和化学变化(王辅臣和于遵宏，2010)。显然，这些变化主要取决于煤种，同时也受温度、压力、加热速度和气化炉型式等的影响。

(1)煤炭气化技术原理。

煤炭气化是指煤在特定的设备内，在一定温度及压力下使煤中有机质与气化剂(如蒸汽/空气或氧气等)发生一系列化学反应，将固体煤转化为含有 CO、H_2、CH_4 等可燃气体和 CO_2、N_2 等非可燃气体的过程。

(2)煤炭气化技术分类。

煤气化技术按气化炉内固体和气化剂的接触方式不同分为固定(移动)床气化、流化床气化、气流床气化、熔融床气化，目前已经工业化运行的只有前三种。

固定床煤炭气化过程是在气化过程中，块煤或碎煤由气化炉顶部加入，气化剂由底部入，煤料与气化剂逆流接触，逐渐完成煤炭由固态向气态的转化，煤料的下降速度相对于气体的上升速度而言很慢，未达到流化速度，故称为固定床(移动床)气化。

采用流态化技术将煤炭转化为燃气(或合成气)的方法称为流态化气化工艺，从广义来说，它既包括了流化床气化也包括了气流床气化。流化床气化是颗粒煤被蒸汽和空气(或富氧空气)所流化，在一定温度和压力下将其转化为燃气的方法；气流床气化是将煤粉和水(或油)制成浆体原料喷入炉内，在特定的温度和压力下将其转化为燃气的方法。

气流床气化是将气化剂(氧气和水蒸气)夹带着煤粉或煤浆通过特殊喷嘴送入气化炉内。在高温辐射下，煤氧混合物瞬间着火、迅速燃烧，产生大量热量。在炉内高温条件下，所有干馏产物均迅速分解，煤焦同时进行气化，生产以 CO 和 H_2 为主要成分的煤气和液态熔渣。

2)煤炭液化技术

煤炭液化是指把固体状态的煤炭经过一系列化学加工过程，使其转化成液体产品的洁净煤技术。这里所说的液体产品主要是指汽油、柴油、液化石油气等液态烃类燃料，即通常是由天然原油加工而获得的石油产品，有时也把甲醇、乙醇等醇类燃料包括在煤液化的产品范围之内。煤炭液化技术是一种彻底的高级洁净煤技术。根据化学加工过程的不同路线，煤炭液化可分为直接液化和间接液化两大类。

(1)煤炭直接液化技术。

煤炭直接液化技术是采用高温、高压氢气，在催化剂和溶剂作用下进行裂解、加氢等反应，将煤直接转化为分子量较小的液体燃料和化工原料的工艺。因煤直接液化过程主要采用加氢手段，故又称煤的加氢液化。

煤炭直接液化工艺是把煤先磨成粉，再和自身产生的液化重油(循环溶剂)配成煤浆，在高温(450℃)和高压(20～30MPa)下直接加氢，将煤转化成汽油、柴油等石油产品，1t无水无灰煤可产 500～600kg 油，加上制氢用煤，3～4t 原煤产 1t 成品油。煤直接液化要求煤的灰分一般小于 5%，煤的可磨性好，煤中的氢含量高，煤中的硫和氮等杂原子含量低，煤岩的丝质组含量高，镜质组含量低。

(2)煤炭间接液化。

煤炭间接液化是先把煤气化制成合成气，然后再将合成气通过费托合成反应进一步合成为液体油品的工艺技术。

煤炭间接液化工艺包括煤的气化及煤气净化、变换和脱碳，合成反应，油品加工三个纯"串联"步骤。气化装置产出的粗煤气经除尘、冷却，得到净煤气。净煤气经 CO 宽温耐硫变换和酸性气体脱除，得到成分合格的合成气。合成气进入合成反应器，在一定的温度、压力及催化剂作用下，H_2 和 CO 转化为直链烃类、水以及少量的含氧有机化合物。生成物经三相分离，水相提取醇、醛等化学品；油相采用常规石油炼制手段(如常压、减压蒸馏)，根据需要切取出产品馏分，经进一步加工(如加氢精制、临氢降凝、催化重整、加氢裂化等工艺)得到合格的油品或中间产品。

2. 煤炭深加工工程技术

最早的以煤为原料的化工生产是炼焦工业和煤炭气化产业。至今它们仍然是化学工业的重要组成部分。更确切地说，很多化工产品是以煤气(合成气)中的某些组分作为原料的。

1)合成氨技术

氨的合成可以煤为原料也可以天然气或燃料油为原料。大型合成氨厂基本上是用天然气或燃料油作为原料，中小型合成氨厂是以无烟煤为原料。合成气的生产多采用水煤气发生炉或加压气流床气化炉(如德士古炉)。

合成氨厂的工艺流程可以分为四部分，即造气、原料气的改质、净化和氨的合成。氨的合成根据压力不同分为三种工艺，即高压法、中压法和低压法。

2)甲醇生产技术

以合成气为原料生产甲醇的方法有高压法、中压法和低压法。高压法由于消耗能量大、设备复杂且产品质量较差，基本上已被淘汰。中低压法的合成压力为 5～10MPa，温度为 240～290℃，采用铜锌基催化剂。由于中低压法的设备相对简单、消耗能量少、产品质量较好，所以目前几乎都采用中压法和低压法生产。目前，中、低压法生产甲醇的典型工艺是德国鲁奇公司研发的 Lurgi 低压甲醇合成工艺和英国帝国化学工业开发公司研发的 ICI 低压甲醇合成工艺。各种中压法和低压法甲醇生产工艺的主要区别在于合成反应器的设计、反应热的移出方式及利用方法不同，另外，它们所使用的催化剂和甲醇的精馏方法也有所差别。

3)二甲醚生产技术

二甲醚具有良好的自燃特性，在常温常压下为气体，在中压(1.5～3.0MPa)下为液态。目前世界上二甲醚的年产能力为 15 万 t，生产方法多采用两步法(先生产甲醇，再使甲醇脱水制取二甲醚)。

合成二甲醚的原料是合成气，其来源于煤炭或天然气。

通常小规模生产采用两步法，即先生产甲醇，再将甲醇脱水制得二甲醚；大规模生产二甲醚时，可直接由合成气一步制得。两步法制取二甲醚的反应式如下(蔡飞鹏等，2006)：

$$CO + 2H_2 \xrightarrow{\text{催化剂}} CH_3OH$$

$$2CH_3OH \xrightarrow{\text{催化剂}} CH_3OH_3 + H_2O$$

该种方法制得的二甲醚纯度高，其纯度可达到 99.99%，生产过程易于操作。在 20 世纪 80 年代，它是合成二甲醚的主要方法。

一步法直接合成制取二甲醚的反应式如下(崔晓莉和凌凤香，2008)：

$$CO + 2H_2 \xleftrightarrow{\text{催化剂-1}} CH_3OH$$

$$CO_3 + 3H_2 \xleftrightarrow{\text{催化剂-1}} CH_3OH + H_2O$$

$$CO + H_2O \xleftrightarrow{\text{催化剂-1}} CO_2 + H_2$$

$$2CH_3OH \xleftrightarrow{\text{催化剂-2}} CH_3OCH_3 + H_2O$$

一步法直接合成是在浆态反应器(实际上是三相流化床)中完成的，浆态反应器中装有两种催化剂：一种催化剂是 Cu-ZnO-Al$_2$O$_3$，用于甲醇的合成，同时也用于变换反应；另一种催化剂用于甲醇脱水反应，生成二甲醚，脱出来的水又用于变换反应。

4)煤炭与碳-化学

"碳-化学"最早是指由甲醇合成乙酸的生产过程，也就是指从合成气合成甲醇，再由甲醇通过催化反应制得乙酸。从广义来看，凡是含有一个碳原子的化合物，如 CH$_4$、

CO、CO_2、CH_3OH 等参与的化学反应，都可以称为"碳-化学"。日本催化学会碳-化学委员会曾将制造 CO、H_2 合成气的技术，以及利用 CO 和合成气为原料制造各种化学品和燃料的技术定义为碳-化工技术。

由上述可见，制造 CO、H_2 或合成气的原料可以是天然气、石油或煤炭，因此煤炭与碳-化学有着密切关系。煤炭气化，可以生产制取甲醇的原料气，而甲醇又是碳-化学的极为重要的基本原料。

(1) 甲醇制烯烃工艺。

甲醇制烯烃(methanol to olefins，MTO)是指以煤或天然气为原料合成的甲醇，并以甲醇为原料，在具有反应器和再生器的流化床装置中，借助催化剂生产低碳烯烃的化工技术。MTO 是一种重要的新型碳-化工生产的工艺方法。中石化洛阳石油化工工程公司、中科院大连化学物理研究所、陕西新兴煤化工有限公司正在合作从事该工艺的研究。美国 UOP 公司，曾经建立了工业性示范装置，乙烯与丙烯产量比例为 1.45～0.75，乙烯的质量收率可到达 22%～24%，丙烯的质量收率可达到 12%～14%。中科院大连化学物理研究所进行的中间试验水平与此相当。

(2) 甲醇制丙烯工艺。

甲醇制丙烯(methanol to propylene，MTP)是德国 Lurgi 公司开发的以甲醇为原料生产丙烯的工艺。MTP 同样是一种重要的新型碳-化工工艺方法。反应是通过三个装有沸石催化剂的固定床绝热反应器进行的。

MTP 工艺之所以能够大规模地应用，主要是取决于 Lurgi 研究和发展中心对中间试验厂运行了 9000h 所取得的经验，以及对最佳反应条件的反复的模拟和分析的结果。中国神华集团 2006 年与鲁奇公司洽谈，拟引进 MTP 技术，其中包括低温甲醇洗涤净化装置、年产 167 万 t 甲醇和年产 47.4 万 t 甲醇制丙烯的装置。由合成气所制得的甲醇可以转化为低碳烯烃和丙烯。实际上甲醇不仅是重要的化工原料，还是优质、清洁的液体燃料，对于甲醇的利用，可以分为能源和化学深加工两大领域。利用甲醇深加工的产品种类繁多，如醋酸、苯乙烯、碳酸二甲酯、乙烯和甲醛等。

4.3.3 节能工程技术

1. 节能技术

世界能源委员会(WEC)于 1979 年定义节能(energy conservation)为：采用技术上可行、经济上合理、环境和社会可接受的一切措施，来提高能源资源的利用效率。也就是说，节能的宗旨是降低能源的强度(即单位产值的能耗)。

20 世纪 90 年代，国际上又通行用"能源效率(energy efficiency)"的概念代替 70 年代提出的节能概念。同时，在 1995 年世界能源委员会也给"能源效率"进行了定义："减少提供同等能源服务的能源投入"。能源服务是指能源的使用并不是它们自身的终结，它是为满足人们的需要提供服务的一种投入。因此，能源利用水平应该是以提供的服务来衡量，而不是用消耗能源的多少来表示。

节能是通过可以忍受的一些措施应对能源危机，是一种危机状况下的战术手段。而提高能源效率则是通过技术进步在不影响质量服务的条件下提高能源利用率和效益。这是一项长期的战略，包含了五个方面的内容：

第一，加强用能管理。加强用能管理是指国家通过制定能源法律、政策和标准体系，实施必要的管理行为和节能措施，是提高用能效率的重要途径。

第二，技术上可行。技术上可行是指符合现代科学原理和先进工艺制造水平。技术上可以说是实现节能提高能效的前提条件。

第三，经济上合理。经济上合理是指经过技术经济论证，投入和产出的比例合理。

第四，环境和社会可以接受。环境和社会可以接受是指符合环境保护要求。节能措施要安全实用、操作方便、价格合理、质量可靠，并符合人们的生活习惯。

第五，有效合理地利用能源。能源生产到消费各个环节是指对生产、加工、转换、输送、供应、储存，一直到终端使用等所有过程。在所有的环节中，都要对能源的使用做到综合评价、合理布局、按质用能、综合利用，对于终端用能设备做到高效并符合环境要求、经济效益好。

2. 余能的利用

1）余能资源分类（刘建军，2006）

输入系统的总能量在利用过程中可分为已利用的有效能和未能利用的损失能。对有效能的重复利用和损失能的部分回收利用总称为可回收的能量，简称余能。余能是由于技术、经济和社会条件所限，造成不能被充分利用的能源，一旦条件发生变化，就能逐渐获得利用。余热是余能的主要形式。

按余能资源的能量形式来分类可分为可燃性余能、载热性余能和有压性余能。按余热资源载热体形态分类可分为固态载体余热资源、液态载体余热资源和气态载体余热资源。余热资源等级按余热利用投资回收期划分。根据余热资源回收利用的可行性与紧迫性，余热资源分为一等、二等、三等余热资源。

2）余能的利用方式

余能的利用方式有两种：一种是当热源使用，如通过燃烧器、换热器等设备来预热空气、烘干产品，产生热水或蒸汽，进行供热或制冷等；另一种是动力利用，即把余能通过动力机械转换为机械功，带动转动机械，或带动发电机转换为电力。各种余能利用的基本方式见表 4-3。

表 4-3　主要工业余热利用方法（任有中，2007）

余热种类	形态	回收方式	回收产物	余热用途
产品、炉渣的显热	固体载热	固-气换热器、固-水换热器	热风、蒸汽、热水	供热、干燥、采暖、发电、动力、制冷
锅炉、窑炉、发动机的排气	气体余热	空气预热器、热管换热器、热泵、余热锅炉	蒸汽、热风、热水	内部循环、干燥、供热、发电、动力、采暖、制冷、海水淡化
工艺过程冷却水	液体余热	换热器、热泵、蒸汽发生器	热水、蒸汽	锅炉给水、供热、采暖、制冷
副产的可燃气体	化学潜热	余热锅炉	燃料、蒸汽、热水	发电、动力、供热、采暖、制冷
工艺过程的余压	余压能	水轮机、燃气轮机		发电、动力

3）余能利用系统

余能利用系统有很多种类，这里仅按工艺过程冷却水、工业炉冷却水和催化裂化装置再生烟气利用为例，举出三种余能利用系统。

（1）干法熄焦余热利用系统。

经高温加热过程出来的产品（如焦炭、钢锭、钢坯、砖瓦陶瓷、耐火材料等）和炉渣，都含有大量显热可供利用。炼焦炉排出的焦炭，其温度高达 1000℃左右，常规采用湿法熄焦，将冷水喷淋赤焦进行冷却，这样不但使赤焦显热全部浪费，而且造成大气热污染。干法熄焦则是用惰性气体经密封的熄焦室，对赤焦进行冷却。被加热的高温气体送入余热锅炉作热源，产生蒸汽用于工艺需要或发电。

（2）工业炉冷却水热量利用系统。

对于一般工业炉（冶金炉），其冷却水套的水温可达 80～90℃，这些热水可直接供给热用户，也可经余热加热器提高温度后供给热用户。用户排出的水集中在贮水箱，然后由泵将冷水供给工业炉的水冷套使用。为了满足工业炉的冷却要求，配有辅助冷却系统，它将部分高温水在散热池中冷却降温，然后用泵将低温水供给工业炉冷却用。

3. 热能的阶梯利用

能量中可用能占的比例越大，能级越高，能的转化性越强，能的品位也就越高。按照热能的不同能级用能，就可使热能的可用能得到较好的利用，这种技术就叫热能梯级利用技术，典型的热能阶梯利用有热电联产、热-电-冷联产、热-电-煤气三联供技术、燃气-蒸汽联合循环、多效蒸发等。

1）热电联产技术

热电厂是在发电的同时，还利用汽轮机的抽汽或排汽为用户供热的火力发电厂。燃煤电厂、燃油电厂、燃气电厂都可建成热电厂。一般火电厂都采用凝汽式机组，只生产电能向用户供电；工业生产和人们生活用热则由特设的工业锅炉及采暖锅炉房单独供应。这种能量生产方式称为热、电分产。在热电厂中则采用供热式机组，除了供应电能以外，同时还利用做过功（即发了电）的汽轮机抽气或排气来满足生产和生活上所需热量。这种能量生产方式称为热电联产。

2）热-电-冷联产技术

热-电-冷联产是指同时发电、供热和供冷的能量转换生产过程。它是在热电厂发电的同时，用汽轮机抽气供热、制冷，满足用户对电、热、冷负荷的需求。由于供暖负荷只有在冬季才有，夏季用气量减少，热电厂供气能力过剩，其节能潜力不能充分发挥。但用户对供冷和降温除湿的要求大增，而压缩式制冷机是用电大户，特别是在用电高峰的夏季，往往会因电力不足而停机。因此，在电力不足而企业又有热源时，用溴化锂吸收式制冷以汽代电优势十分明显。因此，目前用于热-电-冷联产的制冷方式大多采用溴化锂吸收式制冷。

3）热-电-煤气三联供技术

热-电-煤气三联供技术是指火力发电厂实行发电、供热又联产煤气的能量转换生产过程。在现有火力发电生产过程中，煤作为燃料利用的仅是其热量。煤中大量的宝贵物质，例如煤炭中易于制造成煤气的挥发分未被综合利用，造成资源的浪费；另一方面，城市气化率是现代化的重要标志之一，人们迫切希望获得煤气以取代小煤炉灶，气化的节能效果和环境效益俱佳。发达国家城市气化的主要途径是天然气、液化天然气和液化石油气。根据中国以煤为主要能源的情况，城市煤气化主要依靠煤的气化。

4. 余热利用新技术

1) 热泵

热力学第二定律指出，热量只能自发地从高温物体传递到低温物体，但不能自发地沿相反方向进行传递。只有靠消耗一定能量(如机械能、电能)或使一定能量的能位降级，才能使热量由低温热源传递到高温热源。这种利用逆向热力学循环将热量从低温热源转移到高温热源的装置，称作热泵(吴金星，2019)。

恰当地运用热泵，就可以把低品位热能(如空气、土壤水中所含的热能、太阳能、工业废热等)转换为可以利用的高品位热能。热泵虽然消耗了一定的高位能，但热泵的供热量却远大于它所消耗的机械能，例如，如果驱动热泵消耗的机械能为 1kW，则供热量为 3~4kW，而用电加热，仅能产生 1kW 的热量。热泵的供热一部分是由机械能转换而来，另一部分热量则从低温热源传到高温热源，因此可以节约高位能。

热泵按其工作原理可分为压缩式热泵、吸收式热泵、化学式热泵三大类。热泵已在采暖、空调、干燥(如木材、谷物、茶叶等)、烘干(如棉、毛、纸张等)、食品除湿、电机绕组无负荷时防潮、加热水和制冰等方面得到日益广泛的应用。压缩式热泵使用的工质要求临界温度高(>120℃)、热稳定性好、高温时不分解、与润滑剂不起反应、汽化热大、比热容小。吸收式热泵的常用工质有水-溴化锂、氨-水等热泵的工作温度范围受其高温稳定性和冷凝温度的限制，工业用蒸汽压缩式热泵的最高温度是 120~130℃，能够运行在 160℃以下的热泵系统正在研究之中。

2) 热管

热管是利用封闭在管内工质的相变进行传热的管状换热元件，由多根热管组成的换热装置称热管换热器，热管具有结构简单和不存在交叉污染等特点，但是热管的物理过程和流动过程的机理是极为复杂的，它是伴随着物质相变的两相流动传热传质过程。

(1)热管的类型。

热管类型很多，通常按工作温度、工作液回流方式或热管形状进行分类。

按工作温度分类：极低温热管，工作温度低于-200℃；低温热管，工作温度在-200~50℃；常温热管，工作温度 50~250℃；中温热管，工作温度在 250~600℃；高温热管，工作温度高于 600℃。

按工作液回流的原理，主要可以分为以下几类：内装有吸液芯的有芯热管；两相闭式热虹吸管，又称重力热管；重力辅助热管；旋转热管。

按热管形状可分为管形、板形、室形、L 形、可弯曲形、径向热管和分离式热管等。

（2）热管的应用。

热管在采暖通风、空调工程和工业余热利用等方面得到广泛的应用。各热管元件彼此可以组合，又可以分开，在设计上具有很强的灵活性。在维修时更换起来也很方便。所以，热管换热器是一种很有前途的新型换热器。热管按一定管距组合成管束，所有热管均被中间隔板隔成两段，即加热段与放热段。根据使用场合与传热的不同要求，两段的长度比例可以调整。两种冷热流体被完全分开。这种结构将冷热两种流体的流道平行紧贴，使管道布置十分紧凑，安装方便。由于冷热流体都对管束做横向冲刷，使热管外部的放热系数都能增大。如气流不含灰尘，或是不黏结性灰尘，则气流速度可以增大，并可采用肋片管，以达到较好的换热效果。

3）热轮

热轮由多孔和高比热容的材料制成，是一种蓄热型回转式气-气换热装置，有转盘式和转鼓式两类结构形式。当热轮的转盘和转鼓低速旋转时，热气体的热量传递给热轮。如热轮继续旋转，它便将所获得的热量传递给进入的冷空气。热轮的热传递效率现已达到 75%～80%，应用温度也可达 870℃左右，有些热轮的直径达 21m，其空气处理能力可高达 1130m³/min。

（1）热轮的工作原理。

热轮是依靠蓄热元件来传递热量的。热轮运行时，利用转子低速转动，以 1～10r/min 的速度旋转，并在转子内充填蓄热元件，转子的一部分通过冷气流，另一部分逆向通过热气流。在加热期内，蓄热元件吸收并储存热量，使自身温度升高，随着转子的低速转动，在冷却期，蓄热元件处于冷气流中，冷气流得到预热，自身温度降低。转子每旋转一周即完成冷热气流热量交换的一个循环。转子周而复始地运转，使冷热流体获得连续的换热。

（2）热轮的优缺点。

热轮的优点：装置体积小，传热效率高。热轮在回收废气余热时温度效率可达 80%；结构紧凑、成本低廉。热轮转子蓄热元件每立方米容积内具有 2000～3000m² 的传热面积；外形尺寸仅为管式换热器的 1/20，金属耗量约为管式换热器的 1/3；具有自吹灰能力，传热面不易积灰；由于蓄热元件的温度较高，可减轻热气流对它的低温腐蚀；蓄热元件不但允许有较大的磨损，而且更换也比较方便。

热轮的缺点：结构复杂并有转动部件；运动部件需要消耗能量，低负荷运行时不经济；漏风率大，为 15%～20%；冷热流体流动的压力损失为 1000～2000Pa。

由于热轮结构的原因，会有少量的废气进入气管内，因而产生一定程度的污染。如若污染量超过许可限度，则可附加清洗段来减少污染程度。

（3）热轮的节能效果。

热轮在工业生产余热回收中的应用：用于工业窑炉的余热回收。工业窑炉的排烟温度较高，一般应选用高温热轮，某家工厂的玻璃熔炉上安装了一台转子蓄热元件为陶瓷材料的高温热轮，利用 700～800℃的高温排气来预热空气，空气从常温被加热到 550℃以上，热轮的温度效率为 80%，整个系统的投资费用可在两年左右得到回收。

　　热轮在空调系统中的节能应用：目前在空调系统中使用的热轮按其蓄热元件的类型来分，主要有两种：一种是用特制的纸质浸透氯化锂溶液后制成的多孔的蓄热元件。它除了传递排气的显热外，还可以传递排气中的水蒸气的潜热，并进行湿度调节。另一种是铝片表面涂层对水蒸气有吸附和解吸作用的膜，这种材料制成的蓄热元件。热轮由异步电机、链轮和链条带动旋转，转速可以通过温度控制器自动进行调节，这种热轮的温度效率和湿度效率可大于85%。在空调系统中安装该种热轮可增加空调设备的能力，节省空调开支25%～40%回收排风废热的80%，适用于工厂、厂房、医院、办公楼、宾馆、剧场、商业中心等需要充分换气的场合，节能效果十分显著。

第 5 章

清洁能源发展与管理

人类社会发展和现代科技进步的同时导致了日益严重的能源消耗和环境污染,能源及环境问题已然成为世界各国的重要关注点。传统化石燃料的使用给社会带来了雾霾、酸雨、光化学烟雾以及温室效应等诸多负面影响,严重危害了社会的发展和人类的身体健康。基于传统化石燃料为主体能源的发展具有不可持续的特点。因此,发展清洁能源(也称为绿色能源),从而实现碳中和碳达峰的目标,越来越受到人类社会的高度重视。资源丰富的清洁能源可为人类的生存和发展提供可持续的资源。有关清洁能源的概念主要有以下两种观点:①清洁能源是指在开发利用过程中对环境污染很小或不产生污染的能源;②清洁能源指能源开发利用的技术体系,借助技术发展使得能源得到清洁化开发和利用,归纳为能源生产和消费的清洁化。常见的清洁能源包含可再生能源和不可再生能源两种,其中,可再生能源如太阳能、风能、水能、地热能、氢能和生物质能等,在被消耗后可以进一步得到恢复和补充,且在使用过程中不产生污染物或产生极少的污染物,而不可再生能源在生产及使用时会对生态环境造成一定程度的污染,包括核能、低污染的化石能源(如天然气等),此外还涉及借助清洁能源技术进行清洁利用的化石能源,如洁净油、洁净煤等。清洁能源是能源清洁利用的技术体系,而非简单的能源分类,且同时强调清洁性与经济性。因此,清洁能源的准确定义应该为:清洁、高效、系统化应用能源的技术体系。"十四五"现代能源体系规划明确指出将继续壮大清洁能源产业[①],同时国际能源署也预测未来 2030 年全球清洁能源占比将超过总能源的 30%。

因此,能源工程管理的内涵应包含以下几方面:①环境属性,清洁能源的利用与发展,传统化石能源的绿色生产与清洁利用;②经济属性,能源可再生利用,来源广泛,表现为低成本;③生态属性,低排放直至零排放,节能减排,降低温室效应;④政策属性,引导文明生产与利用能源,建立能源消费绿色机制。

5.1 清洁能源的发展

联合国于 20 世纪末开始重视清洁能源相关问题,当今世界各个国家越来越关注清洁能源问题,清洁能源的需求也在不断增长,清洁能源的广泛应用已经成为未来全球能源发展的必然趋势之一,而多元化能源供给、改善能源消费结构、应对全球气候变化的实

---

① 国家发展改革委 国家能源局关于印发《"十四五"现代能源体系规划》的通知.(2022-01-29). http://www.gov.cn/zhengce/zhengceku/2022-03/23/content_5680759.htm。

现基础之一即为清洁能源的开发以及利用。同时，发展清洁能源是中国能源战略的重要内容，是能源发展的必然选择，是实施可持续发展、实现生态文明、实现"低碳"发展以及构建和谐社会的必然要求。

5.1.1 中国清洁能源结构

由传统发电方式转换到清洁发电，其中，光伏太阳能将成为中国最经济的发电方式。2020年12月，习近平主席在气候雄心峰会上宣布："到2030年，中国单位国内生产总值二氧化碳排放将比2005年下降65%以上，非化石能源占一次能源消费比重将达到25%左右，森林蓄积量将比2005年增加60亿立方米，风电、太阳能发电总装机容量将达到12亿千瓦以上[①]。"此外，基于太阳能光伏、风能、水力的低碳装机容量到2040年将占总装机容量的60%，增长速度较快。能源转型委员会报告指出，2/3国土面积的地区拥有丰富的太阳能资源，同时预计水能资源可以达到34亿kW。中国幅员辽阔且能源种类多，其中，中部地区发展的主要是生物质资源，西南地区拥有丰富的水电资源以及部分的太阳能、风能资源，西北地区不但太阳能、风能资源丰富，而且部分区域可以依靠黄河沿线实现水电互补，东部的南方地区有太阳能、海上风能资源，东北地区蕴含大量的风能资源。未来十年的发展中，风电、光伏年均新增装机规模预测分别达到5000万~6000万kW、7000万~9000万kW，非化石能源比例有望在2025年、2030年、2035年的占比分别达到25%、34%和42%，从而实现到2050年非化石能源占比78%的目标(陈怡等，2020)。

据彭博能源财经[②]和国际可再生能源署[③]统计，2019年全球清洁能源投资(3830亿美元)占全球能源投资的23.6%，是2010年投资额的1.3倍，如图5-1所示。以风能、太阳能、地热及水电为例，其投资分别达到1430亿美元、1410亿美元、770亿美元及220亿美元，

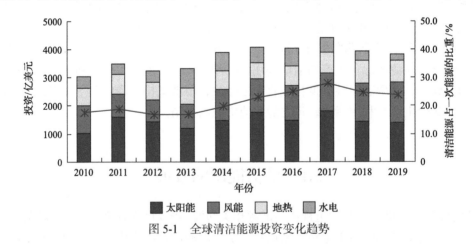

图 5-1　全球清洁能源投资变化趋势

---

① 继往开来，开启全球应对气候变化新征程——在气候雄心峰会上的讲话. (2020-12-12). http://news.cnr.cn/native/gd/20201212/t20201212_525361086.shtml。

② 2019年清洁能源投资趋势全解. (2020-02-04). http://www.escn.com.cn/news/show-806812.html。

③ 2020年可再生能源统计. (2020-07-07). https://www.sohu.com/a/406248383_825427。

风能的投资最高。同时，有预测，2030 年全球清洁能源需求量预计占全球一次能源需求量的 18%（约为 30.5 亿 t 油当量），其中，太阳能、风能、地热以及水电的需求量约分别为 6.4 亿 t 油当量、9.2 亿 t 油当量、2.8 亿 t 油当量以及 12.1 亿 t 油当量。而到 2050 年，全球清洁能源的需求将增加到 57 亿 t 油当量，约占全球一次能源需求量的 30%，其中，风能、水电、太阳能以及地热的需求量分别约为 22 亿 t 油当量、16 亿 t 油当量、12 亿 t 油当量和 7 亿 t 油当量，如图 5-2 所示（苏树辉等，2014）。中国高度重视发展清洁能源，清洁能源投资多年来一直位居世界第一，其中，水电、风电、光伏发电装机容量和在建核电规模均居世界第一。发展清洁低碳能源是当前发展乃至未来发展的迫切需要。

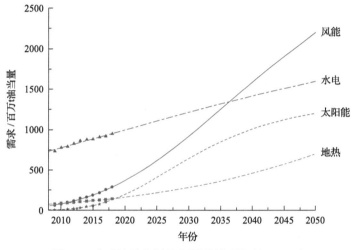

图 5-2 全球清洁能源需求预测（苏树辉等，2014）

5.1.2 中国清洁能源发展特点

中国清洁能源发展具有以下特点：已基本建立清洁能源发展的支撑体系；已显现出清洁能源开发利用的社会效益；已初步完成清洁能源的产业布局；且逐步推进化石能源的清洁化利用。但是需要进一步完善清洁能源的发展体系和机制，需要进一步协调和规范清洁能源的发展规划，需要进一步发展和规划清洁能源的应用市场，需要进一步合理布局清洁能源的消纳和输送（苏树辉等，2014）。

国家在清洁能源的开发利用方面做出相应的调整与规划。首先，通过对国家相关法律法规的进一步修订，逐步建立一个可以促进清洁能源技术产业经济发展的法律法规体系；其次，通过国家计划权威性和约束力的增强，确保相关清洁能源计划的协调发展和相互支持；再次，通过输送通道建设的提速以及人工智能电网企业建设的加强，达到增强国家电网的管理技术水平，从而确保间歇性电源得到更好的消纳；最后，通过现代煤制油化工技术研发降低成本以及产业布局的科学合理规划，进一步引导我国煤制油化工的发展方向，从而进一步促进洁净煤产业发展。

清洁能源的发展同时受到自然禀赋和相关技术的阻碍，因此在清洁能源未来的发展阶段，首先，应当因地制宜并有序合理地开发和利用风能、水能等清洁能源；其次，应当重视并加快清洁能源的技术理论创新研究，攻克阻碍产业发展的"卡脖子"技术难题，实现清洁能源的安全、高效使用，如氢能、核电等，从而适应未来能源领域的发展需求（高啸天等，2021）。

5.2 化石能源的清洁利用

中国当前正处于经济发展的调整发展期，可再生能源仍无法满足要求，能源结构仍然依赖化石能源，因此，化石能源依然是未来的主要能源。

5.2.1 化石能源的利用现状

2018 年，石油、煤炭、天然气在世界一次能源消费中的占比分别为 31%、26%、23%；而核能和水电的消费占比较低，分别为 5% 和 3%（国际能源署，2019），说明传统能源，特别是传统化石能源在当今世界的发展中所处地位。而在中国，2018 年一次能源消费总量为 32.735 亿 t 标准油，其中，煤炭（占比 58.25%）、石油（占比 19.59%）和天然气（占比 7.43%）分别排名前三，总占比高达 85.27%（国家统计局，2019）。因此，当今中国的一次能源消费高度依赖三大传统化石能源，特别是煤炭。基于能源的发电情况，2018 年，全球煤炭、天然气以及石油的发电量总计占比为 64.2%，分别为 37.95%、23.23%、3.02%；而中国煤炭、天然气以及石油的发电量总计占比为 69.83%，分别为 66.54%、3.14%、0.15%。因此，无论是基于世界或中国的能源情况来看，发电的绝对主力仍是传统化石能源，其中煤炭的贡献最高。

作为重要能源之一，煤炭为世界经济的发展做出了巨大贡献，但煤在生产和利用过程会产生大量的污染物，常见的有悬浮颗粒物、二氧化碳、二氧化硫、氮氧化物以及重金属等，进一步可造成温室效应、酸雨、大气烟尘等危害社会发展及人类健康。因而，在能源资源开发和使用的同时要注重对人类赖以生存的生物圈的保护，从而建立可持续发展的能源系统（张宝芝等，2018）。

5.2.2 煤炭清洁利用

20 世纪 80 年代初期，为了解决美国和加拿大两国边境所遇到的酸雨问题，Drew Lewis 和 William Davis 提出了"清洁煤（clean coal）"这一概念，清洁煤是指通过一系列技术手段实现煤炭的零污染排放，从而使得煤炭成为绿色能源。清洁煤技术是指提高煤炭燃烧效率、降低污染排放过程中所涉及的新技术的总称，清洁煤技术的根本目的是减少煤炭的污染排放量以及提高煤炭的利用效率，即减排并提高效率，其主要分类方式如表 5-1 所示。清洁煤技术已经成为世界各国实现化石能源高效、清洁利用，以及解决环境问题的重要技术之一（张全国等，1998）。

中国中西部煤炭资源丰富，但由于中西部经济水平相对不高、技术相对落后、消费市场相对不成熟等因素，其资本配置成本也相对加大，所以目前在煤炭的清洁高效利用方面遇到诸多问题。首先，过大的规划量、过热的投资力度以及较局限的投资面导致现代煤化工项目数目的急剧增加；其次，煤化工产品以甲醇、烯烃、乙二醇等产品为主，种类类似、不丰富，容易造成"供大于求"和"不良竞争"的混乱局面，因此急需通过制备高端化产品及研发不同技术手段来解决上述问题。另外，中国现代煤化工产业拥有先进生产技术的同时其耗水量比较大，其中煤直接液化、煤间接液化、煤制天然气、煤

表 5-1　清洁煤技术的分类(祝平，2018)

清洁煤技术分类	技术名称
煤炭燃烧前净化技术	选煤、型煤、水煤浆
煤炭燃烧中净化技术	低污染燃烧、燃烧中固硫、流化床燃烧、涡流燃烧
煤炭燃烧后净化技术	烟气净化、灰渣处理、粉煤灰利用
煤炭转化	煤气联合循环发电、煤气化、煤的地下气化、煤的直接液化、煤的间接液化、燃料电池、磁流体发电
煤系共伴生资源利用	煤层气资源开发利用、煤层伴生水(矿井水)利用

制乙二醇、煤制烯烃的每吨产品用水量分别高达 5.8t/t、6～9t/t、8.1t/t、25t/t、22～32t/t；再者，气化炉、合成塔等主要核心设备都依赖价格高昂的国外产品，国内相关的制造技术相对落后。

煤炭的高效清洁利用在国家形势政策宏观引导的基础上，还需要配合以煤化工生产技术的创新升级与多项技术协作。

(1)在国家政策的宏观引导下，加速煤炭清洁化相关技术的创新升级。进一步优化已投产煤化工企业的工艺流程，通过改进技术提高能源转化率及技术水平，降低企业生产的环境污染程度，进而促进煤炭行业的绿色高效发展。

(2)基于市场需求导向进一步促进清洁能源相关产品的发展，着重煤化生产清洁能源的技术创新。通过煤制天然气、低阶煤分级分质利用以及煤制油等手段，为重污染的地方提供清洁能源燃料，实现煤炭能源转化率和利用效率的进一步提高，以及煤化清洁能源的远距离输送，从而满足市场需求。

(3)持续推进现代煤气化工艺的技术升级及创新，其中，重点关注如何实现高煤转化率、高气化效率、低成本、长期稳定运行、绿色环保的气化工艺。

(4)目前煤气化设备相关技术水平相对较低，因此亟待突破现有大型装备的制造瓶颈，以期降低设备成本。

(5)需要进一步开发低阶煤分级分质中低温热解技术。煤炭热解分级转化及其联产工艺不仅可以提高煤炭的利用率，还可以解决环境与发展之间的问题，是未来煤炭行业的重要发展方向之一。

(6)通过煤焦油加氢精制和裂解制备绿色环保的氢质化燃料，也是现代煤化工发展的重要方向之一。

(7)形成洁净煤利用升级的核心关键技术，发展传统煤炭使用过程中所使用的废水处理技术，例如高效除尘、脱硫、脱硝、氨酚回收、活性炭吸附等技术。

(8)利用煤及煤成气、天然气等对材料的转化，获得多种精细化学品和材料产品，延

长产业链，实现产品更大附加值。

(9)对现有的技术和设备进行持续的改进，从而达到气体净化技术的升级与改造、传统净化工艺的升级换代以及节能降耗及可持续发展的目标。

(10)控制排放量，重点关注"三废"处理和环保节能等方面，有效降低"三废"中污染物的浓度。从能源的高效清洁以及循环利用出发，通过加强研究温室气体二氧化碳的捕集利用技术来降低煤炭的排放量，同时，针对生产的废渣，要进一步进行无害化处理或资源化再利用(李沂濛等，2015)。

5.3 新能源的利用与发展

在化石能源逐渐枯竭的今天，人类发展必须未雨绸缪，为人类未来健康持续发展寻求新的替代能源是一项艰巨且重要的使命。经过几十年的探索，新能源和可再生能源资源在全球范围内含量丰富、分布广泛、可再生、不污染环境，太阳能、风能、生物质能、潮汐能、地热能、氢能和核能等是公认的可替代能源。据风险管理咨询机构挪威船级社预估，可再生能源和新能源的开发利用将会在21世纪中叶的世界能源消费结构中占据重要份额。对传统的可再生能源进行深层次的开发利用，结合新技术的开发和新材料的研发，是实现替代能源开发利用的首选。

5.3.1 太阳能及其应用

太阳内部的氢原子发生氢氦聚变反应，该过程中释放出巨大核能，从而产生太阳能，包括光能和热能，太阳能是地球上能量的最主要来源，是地球上生命产生与存在、人类生存和发展的重要基础，地球上的风能、生物质能以及水能(包括海洋温差能、波浪能和潮汐能等)等大部分能源皆来源于太阳能，同时，煤、石油、天然气等化石燃料从本质而言也源于太阳能。

1. 光伏发电

作为最为重要的可再生能源，太阳能的开发利用已经在全球范围内受到了广泛关注，国际光伏发电正在如火如荼地进行。图 5-3 中所示的太阳能多种利用方式可以进一步指导太阳能的开发利用(高中林和张安康，1985)。作为最早进行光伏发电的国家之一，美国做出了多项扶持光伏发电的计划和规划，例如 1973 年的"政府级阳光发电发展计划"，1980 年的"国家公共管理电力系统规划"，以及 1997 年的"百万建筑屋顶光伏计划"等。美国政府在每项计划中都投入了大量的资金，以期望实现太阳能发电的广泛使用。随后，日本效仿美国不断加大太阳能的投入力度，其中，1997 年的"屋顶光伏计划"中太阳能的补贴资金高达 9200 万美元，安装的光伏发电目标为 600MW。

光伏发电正处于由农村地区和特殊的光伏应用过渡至并网发电和建筑物联合供电的发展阶段，如图 5-4 所示，且光伏发电逐渐从补充能源转变成替代能源。截至目前，世界太阳能电池的收益非常可观。特别是，电池能量转换效率已经超过 15%，发电系统工程造价已经降至 4 美元/峰瓦[①]，发电成本已经减少到 25 美分/(kW·h)，且电池的销售方面已经超过 60MW。随着太阳能电池技术的逐步完善，太阳能光伏发电在能源市场上也会更具优势。

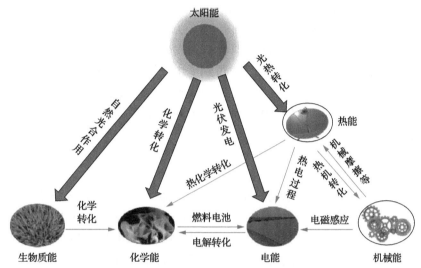

图 5-3 太阳能转换方式(高中林和张安康，1985)

图 5-4 太阳能电池家用展示图

图片来源：河北新浪，河北日报《河北农村将要试点太阳能取暖多种方式给予补贴》

"十二五"期间，自《国务院关于促进光伏产业健康发展的若干意见》(国发〔2013〕24 号)发布以来，逐步完善了光伏产业的相关政策体系，光伏技术及相关市场规模得到了显著的进步和扩大，初步建立了光伏产业链，并投入使用了首座商业化运营的电站。此外，持续稳定发展的太阳能热利用逐步渗透至供暖、制冷及工农业供热等领域，可持续发展观念的深入人心促进了全球太阳能开发利用规模的迅速扩大，相关技术的不断进步促进了光伏发电全面进入规模化发展阶段，其市场应用也逐步多元化。就未来太阳能

① 1 峰瓦=1W/m² 日照强度下所产生的功率。

的发展趋势而言,一方面,太阳能光伏制造产业趋向于自动化、智能化、柔性化以及未来全球虚拟工厂的发展,且基于制造工艺及产品技术的快速发展,太阳能光伏制造的产品集成化程度及半导体的精密化程度更高。未来,产品的智能化、轻量、与建筑结合将是除了高效性和可靠性以外衡量光伏产品的重要指标,从而使得产品适用于多种应用和安装条件,以及进一步形成"能源互联网"。另一方面,太阳能光伏市场的成本仍需要继续降低,其应用将趋于宽领域、功能多样化方向发展,同时,离网光伏系统、小型光伏系统以及建筑相结合的光伏发电等系统也得到了快速发展。此外,需要强调的是,缩小传统发电与太阳能电池及光伏系统发电之间的成本差距仍将是光伏产业发展的重点,其中成本部分主要包括硅料、组件、配套部件等组分的成本,以低成本制备的具备高效率特征的太阳能电池是重要的关注点。

2. 太阳能资源利用

作为世界上最高、最大的地理位置,中国的西部地区被称为世界脊梁,具有丰富的太阳能资源。西藏地区均有稀薄的空气,因此其年日照时间较长(一般长达 1600~3400h),其中,一年 275~330 天中每天的日照时间均可超过 6h,且其辐射强度也较大(年均太阳辐射总量 7000MJ/m^2),上述优势保证了太阳能资源的开发和利用,太阳能资源的应用研究前景十分广阔。1983~1987 年,中国通过国际合作引进了 7 条太阳能电池生产线,从而加速了我国太阳能电池产能的提升,其中,1984 年以前的年产量仅为 200kW,而到 1988 年,太阳能电池产能飞跃到了 4.5MW。

另外,光催化可以通过将太阳能转化为化学能而加以储存,这一过程不仅能够实现光能的利用,同时能够促进大气中二氧化碳的循环,有利于改善目前日益严重的温室效应。最终生成产物不仅可以作为燃料,还可作为工业原料进行工业生产。

5.3.2 风能及其利用

风能是通过空气流动做功而产生的一种可再生能源,具备清洁、可靠、无需进口等优势。追溯到几千年前,风能的利用方式主要包括风车抽水、灌溉农田以及航海,而随着时代的发展,风力发电逐渐成为风能转化的重要方式。

1. 风力发电

丹麦在 1895 年建立了世界上第一个风力发电系统,并在随后的十数年间增建了百个小型风力发电站,供电量可达 5~25kW。1931 年,苏联建立了 100kW 的风力发电站,自此吸引了更多的国家加入到风力发电的研究和建设中。而目前每年全球有接近 50 万个风力发电机系统在持续运转,其发电总功率接近 100 万 kW。世界各国也逐渐在风力发电方面投入更多,无论是研究经费还是建设资金都得到了大幅度增加。1980 年,美国制定了风能发展的八年计划,其中,9 亿美元的资金投入保证了风能发电量增加到美国总用电量的 20%。图 5-5 为目前常见的风力发电机机组的整体结构示意图。

从 20 世纪 50 年代开始,中国风力发电产业经历了前期示范、探索、发展、大规模发展四个阶段，无论是风力发电的科学管理，还是风力发电的关键技术，都取得了重大成就。目前已经开发出的 50 多种风力发电机的总装机量达到 7 万多台，其中，研发出了可在 3～4m/s 的低风速下运行的小型风力涡轮机。风能资源在中国的利用已经颇具规模，特别是内蒙古锡林郭勒盟，其微型风力发电机已经由 1983 年底的 540 多台增加到至今的 700 多台；西藏的那曲旅游区也已引进并安装了几十台小型风力发电机；此外，笠山、北京八达岭、浙江省嵊泗等地也建立了风力发电试验站，先后安装了 9 台 10kW 以下的机组。预测 2060 年中国风电装机量将是 2020 年风电装机量的 7.1 倍，而电力生产结构中风电的比重将有望超过 40%（王恰，2021）。

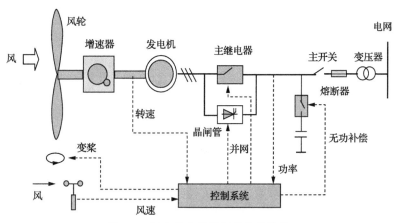

图 5-5 风力发电机机组的整体结构

2. 海上风电

中国可开发的陆地风能资源约为 253GW，而海洋风能资源高达 750GW（姜波等，2016），且陆上风电建设的相关技术已经趋于成熟，为了风能资源的最大化利用，国家风电发展政策逐步偏斜至海上发电。海上风能具有资源丰富、受环境的影响小、风速稳定以及湍流小等优势，经过近年来的探索和发展，逐步成熟的海上风电技术已进入规模化开发时期；结合相关优惠政策及管理办法的相继出台、海上风电机组的研发与运行部分的投入、技术难题的不断攻克、系统成本的不断降低，海上风电的大规模发展得到了较大的保障。海上风电即将成为中国风电行业未来发展的新趋势，且海上风电即将进入黄金发展时期。

5.3.3 生物质能及其利用

生物质能是指太阳能被绿色植物通过光合作用转化为化学能的形式储存在体内，利用有机废弃物（农林废弃物如秸秆、甘蔗和其他企业废弃物料等、城市生活垃圾等）为原料，通过一系列转化技术（图 5-6）进一步转化为可利用的固态、液态或气态的燃料（姚向君和田宜水，2005），属于可再生资源能源，具备原料丰富、可再生、清洁、低碳等优点。生物质能可以被称为除煤炭、石油和天然气以外的第四大能源，是全球最广泛的可再生资源。

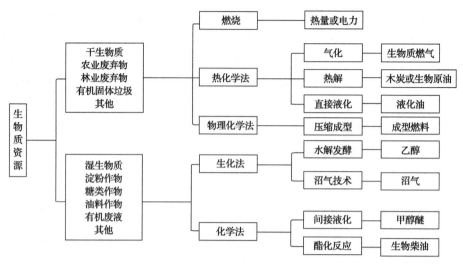

图 5-6　生物质能转化技术(姚向君和田宜水，2005)

1. 中国生物质能源

热化学转化、生化转化、生物质成型和精细成型等技术是中国目前正在开发的生物质能利用技术，希望生成的产物有燃气体、焦油、木炭、沼气、酒精、高密度固体燃料等。后续，将进一步制定相关政策，大力支持生物质技术发展，拓宽其利用领域，推进新能源技术发展进步。生物质能主要来源于农作物等物料，这将进一步推动我国农村农业的发展。例如 1998 年我国农村生活能源消费总量达到 3.65 亿 t 标准煤，而其中秸秆、薪柴的贡献量就达到了 2.07 亿 t 标准煤的能量消耗，占总能量的 56.7%。通过这组数据，可以表明这一技术的发展为我国农村环境美化建设提供了思路，也能够推动农村经济绿色发展，从而走向小康社会。

生物质能不仅能够供应清洁能源，还可以治理环境、应对气候变化，从而具备多重环境效应和社会效应。"十三五"以来，我国生物质发电规模逐年上涨，最常见的主要有农林生物质发电、生活垃圾焚烧发电、沼气发电等。2019 年底全国已投运生物质发电项目量为 1094 个，累计并网装机容量为 2254 万 kW，其中，垃圾焚烧发电量、农林生物质发电量、沼气发电量分别为 1202 万 kW、973 万 kW、79 万 kW，生物质发电量呈现逐年上升的趋势，如图 5-7 所示。在"十四五"期间将大力整治大气污染问题，且碳达峰和碳中和都将进入快速推进阶段，而生物质能在"十四五"期间将会得到快速发展。进一步预测可知，我国生物质发电行业在"十四五"期间将稳步增长，特别是生物质清洁供热、沼气和生物天然气将快速发展，有希望在"十四五"末实现生物质发电的商业化和规模化发展(陈柏言等，2019)。

2. 生物质能发展

大量产生的生物质能需要合理地利用，从而充分利用其资源并提高其利用率。因此，开发生物质能利用技术至关重要。目前农村家用沼气或养殖场沼气工程建设、生物质能发电、生物质燃料等已经进入初步的产业化阶段，此外，还有多项生物质能新型利用技术处于研发的阶段。

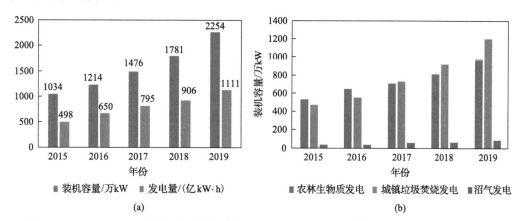

图 5-7　2015～2019 年我国生物质发电装机容量和发电量(a)以及各类生物质发电装机容量(b)

数据来源：①2022～2027 年中国生物质发电行业市场深度分析及投资战略规划报告. http://huaon.com/channel/trend/789572.html；
②年度全国可再生能源电力发展监测评估报告（2015~2017）https://newenergy.in-en.com/html/newenergy-2279368.shtml

　　人类历史上对生物质能最为悠久、最为广泛的转化方式主要是生物质的直接燃烧，其中主要包括炉锅炉燃烧技术和灶燃烧技术。然而生物质能的利用率在炉灶燃烧过程不到 10%，即使炉灶优化后的转化效率也只能达到 20%～25%。并且这种生物质能的利用方式存在卫生条件差的严重缺陷，在经济不发达的农村或山村地区，它依然是人们生活的能源运用方式。锅炉燃烧技术具有更高的生物质能转化效率，能够在生物质发电、供热供暖等方面得到有效的利用。但是，由于生物质存在着结构蓬松、堆积密度小等缺陷，因此这一利用方式需要解决生物质存储和传输的问题。为了解决这些问题，生物质能致密性燃料技术应运而生，通过机械加工将生物质粉碎挤压成条状或颗粒状的燃料，从而实现生物质的便捷储运。

　　生物质气化技术是生物质能高效转换的先进技术之一，经过长时间的开发，该技术已经成为比较成熟的可规模化使用的生物质转化技术。这项技术的应用领域不仅包括居民的供气、供暖，还能在发电领域得到广泛的应用。美国拥有 75% 生物质气化效率的生物质整体气化联合循环技术（BIGCC），该技术能够保证 4 万 MJ/h 的输出能量密度。据统计，利用 BIGCC 技术的 30～60MW 的发电厂具有 40%～50% 的能量转化效率。此外，除了美国，德国、意大利以及荷兰等国也在生物质气化技术上投入较大，其研发产品已经得到商业化应用。另一方面，发展中国家基于各自国家的使用条件，逐步开展了生物质气化技术的研究工作，并逐渐推广了能够在农村使用的小型生物质气化设备。然而，生物质气化过程中会产生焦油、颗粒粉尘、碱金属、含氮化合物等污染物，因此迫切需要开发出更加环境友好的生物质气化技术。

　　生物质热解液化制燃料油技术同样是极具潜力及发展前景的生物质转化技术。作为生物质能开发利用大国，美国制定了很多的政策用以发展生物质能技术。其中最为著名的是美国通过生物质能技术生产了能够替代传统石化燃料的乙醇燃料，其产量居世界第一。欧盟通过技术创新，希望将生物质转化为生物柴油，用来替代传统柴油，从而能够以更绿色的方式使用能源。我国的这项技术还处于实验研究阶段，加大资金投入、推动其持续开发，是完成我国石油规模化替代目标的必由之路，对我国建设环境友好型社会具有重大意义。

5.3.4 水能资源与潮汐能及其利用

水能是水体动能、势能和压力能等能量资源的总称，可分为淡水能和海洋能（主要包括潮汐能、波浪能、海流能、温差能、盐差能等）。我国拥有丰富的水能资源，为国家经济建设和人民生活提供了强力的能源支持。

1. 水能资源利用

作为仅次于煤炭资源的第二大能源资源，水能也是中国能源建设不可或缺的重要部分。我国水能资源蕴藏量、技术可开发量和经济可开发量等指标均居世界第一，其中，十大流域水能资源具体情况如图 5-8 所示（张宗祜，2004）。我国开发利用水能资源的形式主要集中在水力发电上，水电和煤炭、石油、天然气共同保证了国家的能源供应。目前水力发电开发技术具备安全成熟、成本低、效率高等优势，然而，如图 5-9 所示，分布不均、受地理环境等条件约束且不同地区开发程度不同也是我国水资源目前所存在的缺点。我国中东部地区水电开发程度高，但水能资源贫乏，而我国西部地区（尤其云贵川藏地区）水能资源丰富，但水电开发较少。针对上述情况，国家进一步通过调整并优化相关能源战略来支持水电的发展，这将促进水电开发黄金时期的到来。据统计，我国 2020 年的常规水电装机容量高达 3.4 亿 kW，开发程度约为 51.5%。要牢固树立"绿水青山就是金山银山"的理念，结合当地就业和经济发展特征及趋势，水电开发要正确处理好经济发展与生态保护的关系，要加强对水能资源丰富的西南地区的关注，基于此，建设大型水电基地的同时，积极推进小型电站、抽水蓄能电站的多元开发和建设，加强优化运行并管理流域水电站，从而实现水能资源的综合开发和利用。

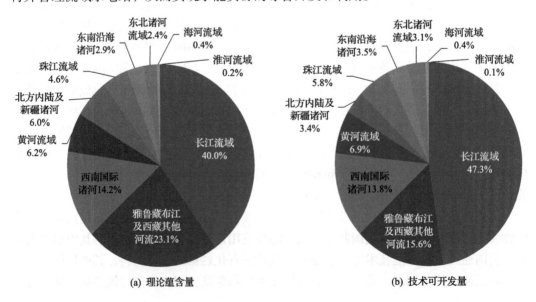

(a) 理论蕴含量 　　　　　　　　　　　　　(b) 技术可开发量

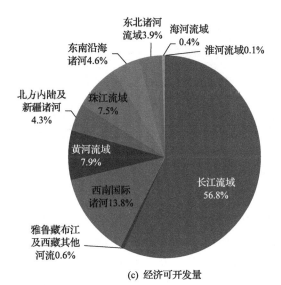

(c) 经济可开发量

图 5-8　我国十大流域水能资源所占比例（张宗祜，2004）

数据因四舍五入存在误差

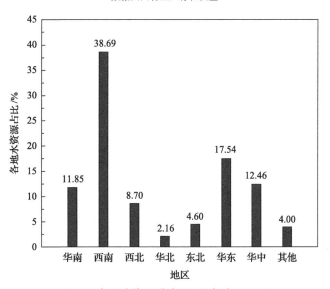

图 5-9　各地水资源分布图（张宗祜，2004）

2. 潮汐发电

潮汐发电的原理如图 5-10 所示，主要是利用海湾、河口等有利地形筑起一个水堤，形成的水库便于积累大量海水，并在大坝内或附近建设一座水电站以控制水力发电系统（李祖恩和孔建龙，2005）。与普通水电相比，潮汐发电的不同在于海水累积的落差很小，但流量大，且具备间断性。所以，潮汐发电汽轮机结构应该适合具有低水头和大流量的区域。

1912 年，德国在胡苏姆兴建了世界上第一座大型潮汐发电站，此后，潮汐电站快速发展，英国、美国、法国、加拿大、印度和韩国等都在潮汐发电方面投入了大量的人力物力。中国大陆拥有长达 1.8 万 km 的海岸线，为潮汐发电的开发创造了先天的有利条件，

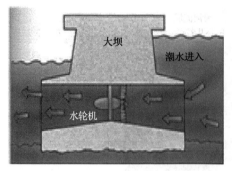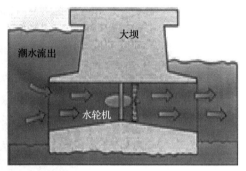

图 5-10　潮汐能发电原理

而近 200 个海湾和河口可开发潮汐能。据报道，每年潮汐能的发电量高达 600 亿 kW·h，且其装机容量可达 20GW。东南沿海地区平均改变潮差可达 4～5m，而最大潮差高达 7～8m，其中，钱塘江口具有自然生态环境及发展条件优越等优势，其最大潮差为 7.5m。作为世界上潮汐电站数量最多的国家，中国先后建立了数十座潮汐发电站。目前正常运行发电的电站有 8 座，其总装机容量可达 6000kW，年发电量超过 1000 万 kW·h。

5.3.5　地热能及其利用

地热能具备清洁、高效、稳定、安全等优点，在众多方面发挥着自己独特的作用，如治理雾霾、节能减排、调整能源产业结构设计等方面，特别是在供暖领域，地热能将成为清洁能源的发展标志。冰岛独特的地理环境赋予其丰富的地热资源，冰岛的地热能占该国热能的 94%以及能源总利用量的 55%，其先进的地热开发技术、地热采暖技术和地热能梯级运用技术位居世界第一（李秀芬等，2014）。

1. 中国地热能利用

地热发电、地热供暖、地热务农是我国地热能的主要利用方式，地热能的使用可以缓解传统化石能源的短缺，且地热能的合理开发和利用均将促进我国的绿色低碳发展。通过全国地热资源勘查结果可以发现，我国地热资源已经占据了全球地热资源的六分之一，其中，每年浅层开发地热能资源量、中深层发展地热能资源量以及干热岩资源量分别相当于 95 亿 t 左右标准煤、8530 亿 t 标准煤、860 万亿 t 标准煤。而每提高一个点的地热能利用率，就等于替代了 3750 万 t 的标准煤，减少的二氧化碳、二氧化硫及氮氧化物分别约为 9400 万 t、90 万 t、26 万 t。目前我国地热资源的开发和利用主要可分为发电（高温地热资源）和直接利用（中低温地热资源）两个重要方面，而地源热泵供暖和制冷可利用 25℃以下的浅层地热能。

2. 地热能的发展

虽然我国地热能的开发潜力巨大，但是我国的地热能开发利用程度不高，浪费现象普遍存在，且缺乏统一的勘察和开发标准。未来的主要发展趋势将是地热能的阶梯利用，要通过地热能开发技术手段的健全来提高地热能的利用率，同时要注重环境保护，和谐地促进地热能的发展。

5.3.6　氢能及其利用

氢能是通过使用天然气重整、电解水、太阳能光合作用、生物制氢等其他能源制取的,而不像煤、石油和天然气等能源可以选择直接从地下开采。氢能也是一直备受关注的清洁能源之一,具备来源广泛、绿色无污染且灵活等优势。低廉、高效的原料来源和储运是实现氢能产业大规模发展的保障。

1. 氢能的发展

2020 年 4 月,国家能源局在发布的《中华人民共和国能源法(征求意见稿)》中将氢能列入能源的定义中,同时,国家统计局也将氢能纳入能源统计,这都表明氢能已然成为正式能源。图 5-11 为 2013~2019 年中国氢气产量情况,可以发现我国氢气产量呈现逐年上升的趋势,至 2019 年已经突破 2200 万 t,氢应用行业工业产值接近 4000 亿元,其中,煤气化制氢(约 1100 万 t)和工业副产氢(约 800 万 t)为主要制氢方式,而受限于技术和成本,电解水制氢和生物制氢只占制氢总量的 2%~4%(王彦哲等,2021)。在未来的发展阶段,首先,氢能在天然气行业的应用将成为世界趋势,氢能是传统能源向脱碳能源系统过渡的必要手段,少量的氢气可掺至天然气中,通过天然气输配管网掺混氢气,从而形成"运氢走廊"。其次,"绿氢"将推进传统化工行业的转型升级,促进传统化工产业绿色化、高端化发展,一方面,"绿氢"可取代灰氢作为原料应用在传统煤化工领域,通过高效降低煤炭消耗量和二氧化碳排放量,从而实现煤炭的清洁高效利用;另一方面,"绿氢"可通过融合至高端煤基新材料产业链来生产甲醇和烯烃等高端材料,实现可再生能源向高端化工新材料的有效转化。再者,氢能可进一步与可再生能源相融合,实现多元能源供给系统向其他行业的持续渗透,催生能源互联网、氢能社区、氢能电站等新产品、新业态(徐硕和余碧莹,2021)。

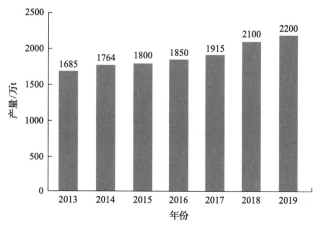

图 5-11　2013~2019 年中国氢气产量情况(徐硕和余碧莹,2021)

2. 氢能的利用

用氢作为燃料驱动汽车发动机,从而替代汽油在车辆中的应用,已经在很多国家的新能源汽车开发中得到测试，比如日本、美国、德国。经过初步测试，已经证明这项新技术具有实际应用的前景，并且廉价氢的产出与运输是能够实现其实际应用的关键。众所周知，氢气作为燃料具有燃烧效率高、清洁、能量密度高和环境友好的特点。经过计算，每千克的氢气燃烧之后能够提供 33.6kW·h 的能量，这已经相当于同质量汽油燃烧释放能量的 2.8 倍之多。另外，与汽油相比，热值高、火焰传播速度快、易点燃是氢气燃烧比较明显的特点，使得氢气在未来的能源利用上具有明显的优势，而且对已经开发出的氢能汽车的统计数据发现其燃烧所产生总能的利用效率要比汽油汽车高出约 20%。图 5-12(a)展示了燃料电池发电的基本原理，并且基于不同的用途，已经开发出了多种燃料电池，这些燃料电池和用途如图 5-12(b)所示(谢晓峰，2004)。

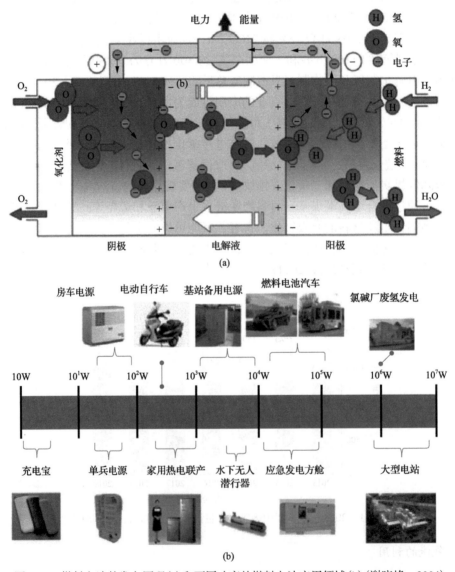

图 5-12　燃料电池的发电原理(a)和不同功率的燃料电池应用领域(b)(谢晓峰，2004)

氢能发电站是一个非常好的选择，可调控不同的峰谷载荷以应对那些需要快速启动和用电灵活的终端用户。以氢气作为燃料的发电站的基本原理是利用氢气和氧气燃烧所产生的能量驱动发电机组将化学能转化为最终的电能。

融融碳酸盐型燃料：目前已被人所熟知的融融碳酸盐型燃料动力电池一般可以称为第二代燃料电池。它的运行温度一般为 650℃ 左右，并且在该温度下的发电效率可以达到 55%。日本在这项技术上有了明显的突破，日本三菱公司利用这项技术已经在日本建成了 10kW 级的发电站。融融碳酸盐型燃料动力电池的电解质是液体，它的工作温度比较高，也能够承受一氧化碳等气体的存在。该装置可以采用氢气、一氧化碳、天然气等气体作为燃料，助燃剂一般选择的是空气。并且它的发电成本可以低至 40 美分/(kW·h)。

磷酸盐燃料电池：磷酸盐燃料电池是开发最早的燃料电池，目前已具备成熟的设备制造工艺。美国和日本在这项技术的研究中处于领先地位，分别在本国建设了 4500kW 级和 11000kW 级的发电站。这一传统的燃料动力电池的运行温度一般在 200℃ 左右，在该操作温度下，能够产生的电流密度最高可达 150mA/cm²，电能转化效率约为 45%。一般以氢、甲醇等作为燃料最合适，空气作为氧化剂。但是比较高的成本[40～50 美分/(kW·h)]是制约其实际应用的重要因素，这主要由电池中用到的贵金属铂作为催化剂造成的。

固体氧化物电池：固体氧化物燃料电池的工作温度约为 1000℃，由于它的能量转化效率可以高达 60%，使得其成为第三代燃料电池。该发电装置由于其较高的操作温度，使得其还处于研究中。目前已有很多国家在这项技术研究中付出较大的努力，比如美国西屋电气公司经过技术开发与革新，开发出了能够将发电成本降至 20 美分/(kW·h) 的固体氧化物电池装置。

家庭用氢：在氢燃料的制备、存储、运输以及安全措施的逐渐完善以及化石能源资源渐渐枯竭的背景下，氢能的利用迟早会进入社会中的广大用户中。首先，在经济发达的城市中，与煤气类似，可以由厂家通过氢气管道将氢气燃料输送到千千万万的用户中。各门各户使用氢气储存钢瓶储存氢气，并分别与厨房灶台、浴室、氢气冰箱、空调、氢能汽车等家用设备相连，最终实现氢能的有效利用。

5.3.7 核能及其利用

能源供应是保证国家经济安全的重中之重，核能的开发利用是国家能源供应的支柱产业之一，其工作原理如图 5-13 所示。核能发电相比于水力发电、光伏发电和风力发电，由于其无间歇性、受自然条件限制小等优点，使得它成为能够大规模取代化石能源的清洁能源。据统计，核能发电在全球总发电量的占比已经达到了 10.4%。在 2019 年 3 月时，在世界上的 30 多个国家中运行着总共 449 座商业核反应堆，其发电总能量已经达到 396 千兆瓦。并且还存在 55 台在建的核电站发电机组，预计它们的总发电量可达 57GW。除此之外，在世界范围内的 56 个国家中，分布着 240 座核反应堆用于科学研究和技术开发。在军用方面，全球大约存在 180 座动力堆为约 140 艘舰船、潜艇提供动力。

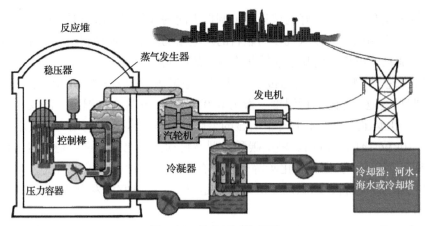

图 5-13　核电站工作原理

1. 中国核能的发展

除了太阳能、风能、水能、地热能外，中国的核能、氢能、生物质能的发展也正迈向黄金时期。现今我国对核能的利用主要体现在核能发电以及少数的供热和海水淡化。特别地，随着第四代核电系统技术的逐步完善成熟和实际应用，核能的应用有希望突破单纯的供电利用方式，得以在生产生活方面得到更广泛的应用。根据中国核能行业协会统计，截至 2018 年 12 月 31 日，我国已经有 44 台核能发电机组在商业经济建设中投入使用，其总装机容量达到 44.6GW。并且还存在 11 台在建的核能发电机组，预计总装机容量可达到 11GW。

然而 2011 年日本福岛核电站的泄漏大大减缓了中国核电项目的发展速度。2021 年，国家能源局在能源工作指导意见中提出："在确保安全的前提下积极有序地发展核电"[①]，因此，核电的安全性是保证核电能够顺利发展的重要因素。《中国核能发展报告(2019)》预计 2035 年中国核电装机规模可达 1.5 亿 kW 左右。其中，先进核能技术可提升核能安全性并保证可持续发展的要求，图 5-14 为世界先进核能技术的发展路线。未来先进核能技术发展的要求如下：首先，关注液态金属快堆发展，进一步提高对钍基熔盐堆技术研究的投入，确保燃料可持续性；其次，小型堆不但安全性高，而且功率小、灵活性强、用途广，因此未来核能的应用将逐渐向小型堆发展，在此基础上，先进核能将结合可再生能源或储能系统，进一步形成低碳协同混合系统及低碳协同智慧能源系统；再者，核能的基础研究和技术研发仍需加强，保证核能的长远可持续发展，同时，积极加强先进核能的标准体系及监管体系的建设，重视其安全监管方面的研究。

2. 核能的优势

在能够降低碳排放的同时，第四代核反应堆能够在比较低的功耗下为制氢反应提供更高的输出温度。在现今的工业生产中，在工艺热应用上的能源消耗可以达到总能源资

---

① 国家能源局关于印发《2021 年能源工作指导意见》的通知.(2021-04-22). http://www.nea.gov.cn/2021/04/22/c_139898478.htm。

源消耗的 20% 左右。这些高温工艺热能够在冶金、稠油热采、煤液化等方面得到开发利用，提高能源的利用效率，也能为核能的发展提供一定程度上的支持。另一个重要的选择是利用核能进行供暖，与化石燃料相比，它具有明显的优点，如能源安全、碳排放量低、售价平稳等。

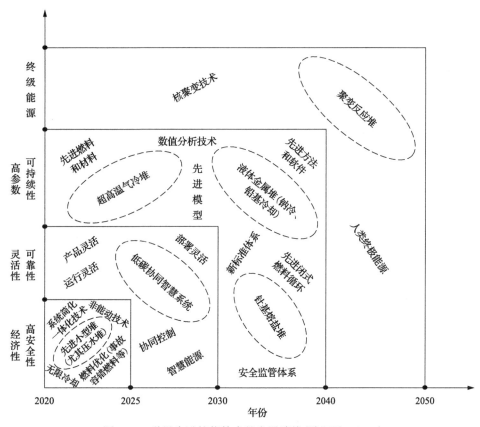

图 5-14　世界先进核能技术的发展路线(欧阳予，2008)

从能源利用效率的角度看，对热能的直接利用是相对较好的能量利用方式，利用核能进行发电只是其利用方式中最为常见的选择。随着能源开发利用技术的不断进步，特别是第四代核能技术逐渐走向成熟并在实际应用中不断完善，核能在实际生产生活中的应用将会摆脱只能提供电力的束缚，实现非电力的其他方面应用，如利用核能制氢、为高温工艺提供热能、采用核能供暖、海水淡化等。通过技术创新综合开发，不断开拓更广阔的核能利用领域，在能够保证世界上能源和水源安全的大前提下，实现核能的有效合理利用，发挥出核能在能源市场中的巨大价值。

5.3.8　清洁能源优化利用

清洁能源在应对气候变化方面扮演着举足轻重的角色，光伏发电、水电、风电等清洁能源替代传统能源的需求日益增长。作为全球最大的可再生能源生产国和消费国，中国将扮演领头羊的角色继续引领全球清洁能源发展。在绿色低碳能源目标的牵引下，新型清洁能源的大规模持续开发与利用、核能的安全使用、传统化石能源的高效清洁利用与转化、能源互联网的构建、先进储能技术及设备的研发与利用等方面将是未来的重点发展方向。

此外，储能技术的研发、相关储能平台以及智能电网的建设也会在清洁能源的未来发展中发挥重要的作用。一些清洁能源，如太阳能、风能，其能量采集时间表现出一定的随机性及间歇性，特别容易受到日夜交替、季节变化的影响，且在相关能源的生产与消费上存在时间不匹配的问题。如果想获得稳定的电力供应，则需要将清洁能源发电和储能、智能电网相结合。其中，储能是解决供需时间不平衡的关键方法，而且现在已经形成了物理储能(抽水、压缩空气等方法)、化学储能(各类新能源电池)以及制氢储能等多条技术路线。在供给端，作为当前国内占比最大的发电方式，煤电具备可自主调控的优势，因此可以通过对部分煤电厂进行灵活性改造，使其可以根据清洁能源发电的多少进行调节自身发电量，促进可再生能源发电削峰填谷优势的实现，从而保证电力能够稳定输出。

5.4　低成本的新能源开发

在实现碳达峰碳中和的要求下，我国必须发展高比例的"风光"发电(风力发电和光伏发电)。开发模式的选择决定了高比例"风光"发电能否顺利实施，以及未来电网格局及相关配套产业能否得到快速发展，其中，其关键因素是分布式"风光"的就地开发与消纳。分布式发电能节省电网建设、运行费用，从而降低成本，而"风光"的就地开发与消纳不仅可以减缓中东部省份对外的电能依赖，其分布式电源还可以继续向负荷区域供电，提高供电可靠性和韧性，从而可以很好地抵抗全球范围内暴雪、台风极端恶劣天气等一系列潜在因素的影响。就地开发与消纳具有明显的优势，但也离不开智能电网的支持。在实现碳中和目标的驱动下，第二次智能化的"智能电网"具备接纳广泛分布、数量多、多变的"风光"能源的能力，相比于传统电网，智能电网可以实现信息和电力的双向流动，拥有高度自动化和广泛分布的能量交换网络，具备"自愈"能力，并对新产品、新服务和新市场具有一定的激励作用。

中国已提前超额完成"十三五"规划中风电和太阳能发电的目标，通过政府政策支持、市场配置资源以及相关技术进步，克服了消纳受限所引起的弃风弃光、电价执行不到位等问题。进入后疫情时代，加速推进新能源持续健康、可持续发展的同时，要从多方面、多角度规范电力市场行为，最终实现降低风电和太阳能发电成本的目的。

(1)通过加强投资监管来降低风光电项目中土地成本、电网接入、前期开发费用等非技术成本，进一步规范风光电项目的投资范围，明确土地收费标准，降低资源配置相关成本，进一步降低电价，从而更加突出风光电项目的经济优势。

(2)国家对风光电项目实行的竞争性配置和平价上网大力促进了风光电技术进步以及相应补贴退坡，降低了风光电成本造价。2020年和2021年是最后一批风光电项目享受财政补贴的建设高峰期，这段时间的发展将大幅度提高风光电的装备水平和制造能力，从而大大降低风光电的设备价格和项目造价，迎来低电价的可再生能源时代。

(3)新能源消纳外送通道建设滞后是产生弃风弃光问题的根本原因，因此通过加强电力系统规划来提升系统灵活性,提高新能源消纳能力。风光电作为未来电力增量的主力和骨干电源,电力系统应规划好运行稳定且安全的电源以及相关输电配电工程、辅助的服务设施,严格区分所选用辅助设施的作用,为风光电的消纳提供坚强的物质基础。

(4)风光电项目具备投资额大、生产经营期长、资金及技术密集等特点,同时也具备零边际成本的竞争优势。而积极建立具有充分竞争力的电力市场是实现资源优化配置、确保交易利益的前提条件。因此要通过继续推进电力的体制改革来构建满足需求的电力市场,避免一些不可确定的风险因素,同时通过现货市场提供风光电项目的精准价格和位置信号,突出其零边际成本的优势,从而持续促进新能源的低成本且可持续健康发展。

5.5 低排放的能源系统

地球上存在的碳无时无刻不处于碳循环的过程中,在该过程中,碳元素随地球的运动在大气圈、水圈、岩石圈以及生物圈中进行循环往复的交换,碳循环主要包括从大气吸收二氧化碳而实现碳固定的碳汇,以及向大气释放二氧化碳而实现碳释放的碳源两部分。燃烧传统化石燃料排放的二氧化碳,再加上毁林开荒等行为所造成的碳汇减弱作用,会破坏平衡,增加大气中二氧化碳的浓度,使得气温升高。

5.5.1 能源系统排放状况

从国际能源署的统计数据可知,2020 年全年全球的碳排放量排名前三的领域为能源发电与供热、交通运输、制造业与建筑业,相应占比分别为 43%、26%、17%,其中,能源发电是碳排放的主要来源。同时,国际能源署在《2020 能源技术展望》中也提出全球三分之一左右的温室气体来源于能源行业,因此,能源行业的减排任务备受关注且任务艰巨。而对于我国来说,碳排放一直呈现持续增长的趋势。因此,如何降低碳排放量,以及构建低排放的能源系统是亟待解决的关键点。从宏观的角度来看,降低排放量要减少碳源,增加碳汇,更进一步来说,可从减少化石能源消费、提高能源利用效率、节约使用能源(生产和生活方式的调整)、增加植树造林等生态固态量,二氧化碳捕集、利用和封存(CCUS)等方面出发,从而达到降低碳排放的目的。

安全、可持续能源系统的构建有利于全球范围内实现碳的低排放甚至净零排放。国际能源署在《2020 能源技术展望》中预计,全球能源系统在"可持续发展情景"下将于2070 年全面实现净零排放,而低碳发电技术将促进全球进入"更快创新情景",从而在2050 年将会全面实现净零排放。可再生能源的开发和利用将会在全球节能减排中发挥重要的作用。2050 年全球电力消费量将是目前需求量的 2.5 倍,为了满足电力需求的增长,在未来 30 年中,世界范围内对可再生能源平均年度新增装机规模相对于 2019 年新增装机容量需要再提高 3 倍。同时,国际能源署能源技术政策部 Timur Gül 主任对可再生能源的减排作用持肯定态度,他进一步表示,可再生能源在近年来的发展非常迅速,发电的成本持续下降,光伏和风电等行业的市场也在不断扩大。

为了促进净零碳排放目标的快速实现,电力及工业、交通、建筑领域的基础设施及设备资产需要特别重视，其中，上述设备及设施运行更加清洁化、低碳化是实现减排目标的基本前提。一方面，在电力行业，除了太阳能和风能等可再生清洁能源发电以外，未来煤炭也是一个清洁的能源。国家能源集团通过清洁电力技术创新与改造，实现了煤电机组的百分之百脱硫脱硝，以及高达98%的传统煤电机组的超低碳排放，同时通过自有技术改造后，海南乐东电厂的二氧化碳、烟尘以及氮氧化物排放大大低于排放标准。另一方面，此前一直被忽略的工业、交通和建筑三领域同样也排放大量的二氧化碳，该部分对气候的影响可通过整修升级、提前退役以及采用碳捕捉、利用和封存技术来进一步降低，其中，最经济的手段可能是整修升级，在未来的发展阶段，新型减排技术在存量设备上的合理应用将会降低约40%的二氧化碳排放量。

5.5.2 技术创新推进

不断开发新技术、新设备是提高节能减排能力的重要保障。目前，无论是在电力行业、重工业，还是建筑、交通行业，全行业都正在全面部署并大力推进碳达峰碳中和，无论选用多少种方法，最根本以及最关键的还是要在技术进步上下功夫，在技术创新上取得新突破，即实现减排目标都得依赖于技术创新。然而，目前一半减排技术依然处于实验室研发阶段而没有步入商业化应用。为了实现大规模节能减排技术的实际应用，制定并出台能够促进各项创新技术在能源市场早期阶段应用的政策是各国政府首要付出的任务之一，提高技术研发、设备开发以及技术试点的经费投入，鼓励并支持能源消费市场参与到减排技术创新中，坚持推动清洁能源产业健康发展。

5.5.3 碳达峰的能源利用状况

人类活动所产生的二氧化碳排放严重威胁了人类赖以生存的气候环境，造成了全球变暖、海平面上升、冰川融化等恶劣现象，而先后实现"碳达峰"及"碳中和"是有效应对气候变化的关键。

1. 中国政府高度重视

作为世界第一排放大国，中国的碳排放倍受世界各国的关注。中国政府高度重视气候变化相关问题，2020年9月，习近平在第七十五届联合国大会一般性辩论上承诺："中国将提高国家自主贡献力度，采取更加有力的政策和措施，二氧化碳排放力争于2030年前达到峰值，努力争取2060年前实现碳中和"[①]。随后，2020年中央经济工作会议中，将"做好碳达峰碳中和工作"作为2021年重点任务。"十四五"规划中也提出要"落实2030年应对气候变化国家自主贡献目标，制定2030年前碳排放达峰行动方案""锚定努力争取2060年前实现碳中和，采取更加有力的政策和措施"[②]。习近平总书记分别在2021

---

① 习近平在第七十五届联合国大会一般性辩论上的讲话.(2020-09-22). http://www.gov.cn/xinwen/2020-09/22/content_5546169.htm。

② 中华人民共和国国民经济和社会发展第十四个五年规划和2035年远景目标纲要.(2021-03-13). https://www.12371.cn/2021/03/13/ARTI1615598751923816.shtml#d11。

年 2 月召开的中央全面深化改革委员会第十八次会议、3 月召开的中央财经委员会第九次会议中对碳达峰和碳中和提出了具体的要求。中国政府、中国共产党及全社会积极主动，团结一致，为早日实现碳达峰和碳中和而努力奋斗，而碳达峰和碳中和也将会对我国各行各业的未来发展产生重要的影响作用。

2. 碳达峰阶段

碳达峰和碳中和是一个共同目标的两个阶段，作为碳中和的前提基础，碳达峰越早实现、达峰峰值越低，碳中和所需付出的代价就越小，其效益就越大。碳达峰是我国高质量发展的内在要求（肖宏伟，2021），碳达峰不等于冲高峰，要预防部分地方为了达到目的而发展耗能高的产业的冲动，以及借碳达峰来攀高峰、冲高峰的举措，中国碳达峰的峰值范围为 105 亿～110 亿 t 二氧化碳，而绝不是在 2030 年前通过冲高峰"争取更大的空间"，与此同时，中国提出碳达峰和碳中和目标的出发点是为了高质量发展，不能通过对我国的发展空间进行压减来实现碳达峰。作为发展中国家，中国的碳达峰过程不同于发达国家的自然达峰。杜祥琬院士进一步指出，中国碳达峰的基本策略是采取降低碳排放强度的方式来实现碳排放总量达峰，基于此，既要降低能源强度，又要调整产业和能源结构。首先，从能源强度出发，基于近十年的数据来看，中国生产同一单位 GDP 所需要消耗的能源已经由世界平均水平的 2 倍缩小至 1.3 倍左右，假如在此基础上进一步缩小 0.3 倍等同世界平均水平时，那么中国所需要消耗的能源可以再降低 30%，而目前中国年能源消费总量在 50 亿 t 标准煤左右，达到世界平均水平就表示生产同等 GDP 可以减少十几亿吨标准煤的使用量。其次，从产业结构出发，其最大的问题存在于高耗能产业所占的比重过高，例如中国的钢铁、水泥产能占了全球一半以上，但上述行业大部分均出现了产能过剩的现象。基于此，降低钢铁、水泥等高耗能行业的新增产能以及单位产能能耗，实现碳达峰指日可待。最后，从能源结构出发，当前非化石能源在一次能源中的占比为 15.9%，而到 2025 年以及 2030 年的目标占比分别接近 20% 和 25%，在此过程中，能源结构的持续优化也是实现碳达峰的有力保障。而当前我国已开发的风能和太阳能均未达到技术可开发量的十分之一，也就是说还有十分之九的巨大空间可以进一步挖掘，我国还有丰富的地热能、水能以及生物质能等资源，因此，我国可再生能源的资源量是非常丰富的。

实现碳达峰目标的基础性、系统性、全局性工作是高比例发展可再生能源。但是在具体实践过程中，可再生能源发展仍面临众多约束，比如技术上、制度上以及经济上的相关约束，因此造成了能源的消纳难题，而消纳能力有限进一步导致"弃风""弃光"现象的频繁发生。因此，在碳达峰目标的引导下，应该持续推进技术攻关，制定相关制度标准，以及在经济上给予重视，进一步促进可再生清洁能源的发展，从而实现碳排放量的早日达峰。

3. 碳中和的技术瓶颈与解决方案

碳中和是指人类活动和社会发展在一定时间内工业生产过程中或燃烧化石燃料所直接排放的温室气体或二氧化碳总量，以及所使用的中间产品中隐含的间接碳排放量，结合通过植树造林、节能减排或购买碳信用等途径减少的碳排放，进一步实现碳排放量和减少量的相互平衡，从而达到相对"零排放"的效果。基于我国发展现状可以发现，占据消费主导地位的仍然是传统的化石能源，国家气候变化专家委员会委员、中国社科院学部委员潘家华表示，燃烧化石能源所排放的碳占总排放量的 80%，因此碳中和主要是指中和化石能源所排放的碳。

1) 碳中和的发展阶段

碳中和的 40 年规划大体可分为以下四个阶段：第一阶段(2020～2030 年)内碳总量缓慢上升，第二阶段(2030～2040 年)内碳总量由波动到稳中下降，第三阶段(2040～2050 年)内碳总量呈线性下降，第四阶段(2050～2060 年)内碳总量加速下降。上述四个阶段中碳总量的变化同时也会导致能源品种、能源结构、能源消费量、技术水平及电力系统特征产生相应的变化。

碳中和前途是光明的，然而其道路却是曲折的。实现碳中和不仅涉及社会、经济及能源等领域，还与国际、国内的政治、外交及国家关系息息相关。实现碳中和，首先需要突破各领域的技术瓶颈问题：其一，在能源领域，储能、智能电网是关键技术核心，需要进一步突破以促进绿色低碳发展，构建清洁、低碳且安全高效的能源体系；其二，在工业领域，要通过发展燃料、原料替代并革新相关工艺流程，进而促进水泥、钢铁等高碳产业的零碳再造；其三，在交通领域，要加快新能源汽车相关技术的发展，促进公路系统绿色低碳运输方式的建立；其四，在建筑领域，要借助配电系统相关技术加速用能电气化的实现。

2) 碳中和系统工程

目前我国能源结构体系相互独立，难以合并"同类项"，整体效率不高且结构不合理，缺乏链接各能源分系统的关键技术，要跨越各能源类别、各相关能源行业之间的壁垒，跨领域实现多种能源融合互补，突破相关重点行业中工业流程再造的关键瓶颈及核心技术，要围绕三条主线，构建基于合成气(甲醇)/氢气/储能的平台，研究化石能源/可再生能源/核能融合发展途径，从而为构建中国清洁低碳、安全高效的能源体系提供技术方案，促进碳达峰、碳中和目标的早日实现。碳中和是一个非常复杂的系统工程，可有几个实现路径。

(1)利用现有的煤化工与可再生能源相结合实现低碳能源系统的构建。其中，不仅可以实现现有煤制甲醇的近零碳排放，还可以利用风能、太阳能以及核能电解水，从而得到可以制备甲醇的氢气和煤气化制甲醇时所需要的氧气。而通过上述方法得到的甲醇一方面可以取代汽柴油，另一方面甲醇和水可以在线制氢发电，进而推动燃料电池汽车，或者作为电动车的充电宝，从而使得交通运输业的碳排放量得到降低，同时可缓解中国石油短缺的问题。

(2)微矿分离是实现煤炭利用的碳中和方法。传统的煤炭燃烧方式产生的灰渣中含有 10%左右的碳，因此采用成本不高的微矿分离技术，在煤炭燃烧前就将含污染物的矿物质和可燃物很好地分离开来，从源头上将煤污染、滥用化肥以及土壤生态等问题解决掉，在得到成本低的液体燃料和土壤改良剂的同时可生产高附加值化学品(如甲醇、氢气等)。

(3)光伏和农业综合发展。光伏可以应用在农业、畜牧业、水资源利用、沙漠治理等方面，从而实现光伏和农业的联合降低碳排放量目标。

(4)峰谷电与热储能综合利用。传统火电厂在半夜 12 点到早上的 6 点的时间段内发的电的利用率很低，大部分都成为浪费资源，可以通过分布式储热模块将谷电时段的电转化为热而存储下来，从而可以提高资源利用率并降低碳排放。同时，进一步通过屋顶光伏战略、县域经济的协同配合，可以再次降低电能的消耗量。

(5)基于绿色甲醇氢能的分布式能源热电联供。在需要使用柴油机的地方都可以将甲醇氢能分布式能源作为替代能源，并可以缓解太阳能、风能等能源的随机性、间歇性等特点，从而形成能源互补体系。

3)实现碳中和遵守原则

坚持几项基本原则，第一，要坚定不移贯彻创新、协调、绿色、开放、共享的新发展理念，进而共同推动发展的政策、策略和成果；第二，坚持安全、经济、绿色及便捷，其中，能源"安全"是最重要的，"经济"与"绿色"(清洁、低碳、生态)是约束性指标，而"便捷"是坚持以人为本、用户需求的必然要求；第三，坚持因地制宜，基于我国的地区差异及发展不平衡的特点，在一些区域及行业率先实现碳中和，并在其他区域及行业中起到示范及引导的作用，且在此过程中，不同地区和行业的融合性和互补性会促使更多共享机制的形成与发展；第四，坚持能源安全的底线思维和生态文明建设的红线思维，要统筹规划并协调推进碳中和的发展过程；第五，坚持全国一盘棋原则，中国的国土及市场空间大，但环境和资源状况、区域经济发展不平衡，所以要在时间、空间上做好统筹规划，推进各领域，如农村、建筑、工业、交通等的能源革命，把劣势转化为优势，充分体现大国优势。

4)防范诸多风险

实现碳中和还要防范各种风险。第一，防范"速胜"的同时也要防范"慢慢来"，作为重大且迫切的系统工程，碳达峰和碳中和都要求社会具备积极的态度和严谨的科学精神，一方面，要防止急功近利主义及不考虑实际情况的"一刀切"标准，另一方面，也不能"慢慢来"，要积极鼓励创新及探索性实践；第二，防范拿来主义，中国的碳中和极具中国特色，必须要基于中国的基本国情来制定和规划碳中和的道路，而不能照搬其他国家的减碳方案；第三，防范出乎意料的小概率高风险事件及大概率且影响巨大的潜在危机，一方面，在世界环境和平、多边公平贸易顺利以及技术进步快速的前提下，我国的碳减排进程会大大加快，而另一方面，国际形势动荡或遭遇重大自然灾害会减慢我们的碳减排进程，因此，要充分准备好面对影响碳减排进程的重大偶然事件；第四，防范各种重大碳锁定工程建设，必须坚决防止与增加碳排放量有关的重大工程建设所导致的碳锁定效应；第五，防范二氧化碳捕获和封存工程项目的一哄而起，可以持续研究、追踪二氧化碳捕获和封存的相关技术动态及进展，但不应该盲目决策、补贴大规模及大范围的二氧化碳捕获和封存工程项目，其中，二氧化碳捕获和封存相关技术仍然不成熟，碳"捕集"、"封存"过程中难以解决其经济性差、能耗过高等缺点，且其运输过程的安全性、经济性及运行条件也亟待改善。

5.6 能源工程管理的优化策略

能源工程管理是能源技术和经济学相互交叉的科学，能源技术经济，既是能源科学的一个重要分支，又是经济科学的一个分支。人类科学构成了三大科学体系：自然科学、社会科学和管理科学。工程经济属于管理科学的范畴，它以能源技术为基础学科，进而研究能源工程的经济。广义上讲，能源技术是指能源生产和生产能力，从总的方面看，它是一个综合能源系统。

5.6.1 能源利用评价

在能源评价的过程中，能源弹性系数和电力弹性系数一般可以用能源消费与经济增长之间的关系来表示。通过对这两个参数的比较分析，可以发现能源消费量和国民经济生产总值，基本上保持着正相关的特点，即国民经济生产总值随着能源消费量的增加而增加，两者基本保持着同样的变化趋势。因此对能源利用的政治性、经济性、环境友好性等方面进行评价至关重要。

首先，要对能源进行评价，就要分析和研究其现实性、可用性和经济性，可以从以下几个方面进行分析：能源流动密度、资源储备、能源供应和储存的连续性、能源开发成本和耗能设备成本、能源运输成本和损失、能源等级、环境保护。通过分析我国常规能源，可以发现具有以下几个比较明显的特点：能源资源的开发利用过程中，立足于国内资源的基础上，通过资金技术合作逐步加强对国际能源的开发利用；在我国的能源生产结构中，煤炭产能占主导地位；在能源消费构成中，工业生产耗能占据主导，另外用于交通、民用和商业等类生活耗能逐渐扩大；随着农村经济的不断发展进步以及"绿色乡村"口号的提出，清洁能源在农村中的需求逐渐增加；目前所使用的能源转化设备对能源的利用率不高，能量节约的潜力巨大。通过这样的能源分析，可以统筹不同能源资源的分布，达到高效利用能源的目的。

其次，随着环境危机逐渐加重，评价能源时同样需要考虑能源利用过程对环境的影响。这是因为能源的开采、输送、转化、利用和消耗直接或间接改变了自然的生态平衡，必然对生态环境造成各种影响，其中很多是环境污染的根源。比如以下在能源转换利用过程中通常会发现的问题：①能源进行转换与利用发展过程中，产生烟尘、粉尘、SO_x、NO_x、CO_x等有害化学物质，进入大气中，危害我们人体及心理健康、污染企业环境；②在能源转化和利用过程中，产生冶金渣、燃料渣、化学渣等固体废物，这些固体废物的处理会占用土地，其中含有的有害物质会破坏土质，污染土壤和水质，甚至会毒害生物，堵塞河流流通；③能源进行转换与利用发展过程中，排出大量废气，使工厂附近水域环境温度升高，水中 O_2 含量降低，影响水中生物生存；④在能源转化利用过程中，洗煤污水、矿石污水、焦化厂产生的污水、巨型油轮事故、电厂循环水、冲渣水等均可造成水污染，严重地破坏了人们的生活环境，危害着人类以及其他生物的健康；⑤能源转换与利用过程中，要考虑水力发电的过程中是否会造成河流的生态破坏，是否会影响生物的多样性。

最后，评价能源，同样需要考虑能源资源的分布地域性以及市场的地域性。这是因为能源的分布和市场分布与能源的传输转化、开发利用的生态环境，传输的成本等息息相关。我国的各种能源资源在地域分布和能源市场上的差异性尤为突出。以煤炭资源为例，我国的煤炭资源在全国范围内分布比较广泛，在全国 2300 多个县市中，存在煤炭储量的有 1458 个。但是分布在秦岭淮河以北的储量占有率达到 90%，最为重要的是山西、陕西和内蒙古三省(区)的煤炭资源在全国总储量的占比约 63.5%。从我国东西方向来看，近 85% 的煤炭资源分布在中部和西部地区，沿海的经济发达地区仅占到约 15% 的储量。在我国东北、华北和西北地区分布着约 86% 储量的石油和天然气资源，与煤炭资源相比而言相对集中。我国水能资源主要分布在西部和中南部，在全国水能资源总量 3.7 亿 kW 中占有着绝对的优势地位，可达到 93.2%，但是有 67.8% 的占比来自西南。西藏、青海、新疆、甘肃、宁夏、内蒙古高原等省(区)和地区是我国太阳能资源主要的分布地，也是世界范围内太阳能资源最丰富的地区，这些地区的太阳能总辐射量和日照时数在我国都是最高的。对于风能资源而言，它的主要分布区是我国的长江和南澳岛之间的东南沿海及其岛屿。我国地热能的分布比较广泛，并且具有可观的资源储量，其中盆地型地热资源占据非常重要的地位，其潜在资源可以超过 2000 亿 t 标准煤。

5.6.2　信息技术促进管理发展

科技引领未来、创新引领驱动，随着社会的发展，互联网技术和智能技术凭借自身的优势已逐渐渗透进各行各业中并发挥着重要的作用，而将互联网技术和智能技术引入能源工程管理中，打造安全、绿色、高效、智慧的能源生态圈，通过高科技手段提高能源工程管理的水平和效率，是能源工程管理的重要优化路径。目前，大数据与云平台技术、虚拟现实(VR)技术、智能全景视频监控技术、无人机及机器人技术、互联网+新能源工程管理技术等互联网及智能技术在能源工程管理中发挥了重要的作用。

(1)大数据与云平台技术：首先建立以云平台为服务端的大规模数据库，在后续新建工程的需求中，只需要输入拟建工程的建设目标、相关条件及边界数据，云平台通过内部的大数据分析，并结合特定的模型进行运算，就可以得到该工程的可以涵盖项目的合同管理、进度管理、质量管理、采购计划、资金运作管理等全方位的管理计划。

(2)VR 技术：将计算机图形技术、计算机仿真技术、传感器技术、显示技术等多种科学技术综合起来创建虚拟的信息环境，其身临其境的沉浸感有助于启发构思。在能源工程管理中，VR 技术不仅可以应用于仿真培训，还可以在设计初阶段、设备安装阶段及运行维护阶段提高施工效率、进行故障诊断及事故判断，保证能源的安全性与经济性。

(3)智能全景视频监控技术：智能全景视频监控技术在各类问题的识别及报警上起着重要的作用，可以同时确保能源的安全以及部分事故的发生，从而大大提高能源工程管理的水平及效果。

(4)无人机及机器人技术：能源项目的建设以及后续运行维护期间需要不断地现场巡回检查以确保其安全性，采用人工的巡回检查方式可能造成工作量大、疲劳作业以及漏检等问题，而无人机及机器人技术可以大大降低人工巡回检查的投入，可以按照原先设定的路线进行全面的巡回检查，从而解放劳动力，对于条件恶劣或人工操作难度大的地方，可充分发挥机器人的优势，提高能源管理水平。

5.6.3 互联网+新能源工程管理技术

在能源工程管理中引入互联网，是能源工程管理未来发展的必然趋势之一。将互联网充分融入能源工程管理中是对传统能源工程管理的提升与创新，结合互联网在生产生活要素配置中的优化和集成作用以及互联网的创新创造成果，将会大幅提高能源工程管理中项目的综合管理、项目组织管理、人力资源管理、招投标管理等方面的水平及效率。能源互联网涉及发—输—变—配—用能源互联网，其中两个重要条件分别为：①掌握了可以长途传输且唯一的能量形态——电；②可以通过不同的发电工艺，将任何自然形态的能源，如化石能源、水能、风能、核能和太阳能等，转化为电能，大多数产生的电能也可以通过相关技术转化为多数终端消费所需要的能量形态，例如，机械能、热能和化学能等，从而扩大了不同能源之间可替代的范围。自此，能量传输和物质传输逐渐开始分离，这极大增强了不同地区之间的能源资源信息交流，进而促进了区域经济的进步和发展分工，这也能算是"能源革命"的一种表现。

(1)从能量转换技术角度来说，开发出各种各样的发电工艺将所有自然形态的能源转化为电能，从而便捷地传输到消费地区。但是现实中取决于终端消费所需要的能量类型。

(2)对于传统上被笼统地称为"能源"的矿产品，例如石油、天然气，它们在实际应用中大部分被用于化工生产的原料，而不是利用这些矿产品中所蕴含的能量，所以这一部分不用于电能转化的矿产品只能作为化工原料或者能源物质传输到异地。

(3)对于全球范围内不能采用技术手段由电能转化的能量形态，在不适宜异地输能的情况下，只能选择通过输送能源物质到这些终端消费上。例如，汽车、飞机、轮船等交通运输设备运行所需要的机械能必须通过汽油或柴油等燃料获取。另外，在冶金工业中还原矿石所需要的化学能，通常也只能由焦炭提供。

(4)除去以上所提之外，还存在一些终端消费所需要的能量形态是通过技术手段由电能转化而来，如家居中所用的空调以及冰箱等。

此外，在互联网+时代，应该加速推进相关能源法律、法规以及标准的完善，通过发挥市场竞争机制以进一步支持能源服务公司的发展，对现有行业协会的规范秩序进行维护，推动用能单位绿色发展，并同时加强能源工程管理能力建设以及能源工程管理"通才"的培养，从而建立高水平、高效率的能源工程管理体系，落实"创新、协调、绿色、开放、共享"的新发展理念(朱云飞等，2020)。

5.6.4 能源综合管理

作为能源消费大国，我国不尽合理的能源消费结构、过度依赖石油的现状、能源短缺及浪费、不够健全的能源工程管理体制以及不尽完善的能源市场体系均大大影响了我国能源的安全问题。随着我国经济从原先高速增长阶段转变为高质量发展阶段，能源工程管理也从原来的粗放式供给总量扩张逐渐向高品质供给提质增效转变。1997 年提出能源战略为"能源节约与能源开发并重，把能源节约放在首位"[①]，2020 年《新时代的中国能源发展》中提出能源安全新战略，即"能源开发与节约并重，把节约放在优先地位"[②]，这些均为新时代中国能源工程管理指明了发展的方向。能源工程管理的发展可大大降低碳排放量及碳排放强度，其中，相比于 2005 年的碳排放强度，2019 年碳排放强度下降了 48.1%，提前完成了原定 40%～45%的下降目标。对于传统能源管理而言，其主要目标是节约能源，降低成本。"十三五"规划提出"创新、协调、绿色、开放、共享"作为我国经济发展、能源开发、社会文明建设等的发展理念，且低碳发展成为我国生态文明建设的重要途径及经济社会发展的重大战略选择，同时如何有效地控制温室气体排放也是亟待解决的难题。经过一系列制度及市场的探索与建立，用能权、节能量和碳资源已逐渐成为行业实实在在的资产，因此，除了节约成本，创造价值也逐渐成为各行各业的节能减排措施。基于此，各行各业要加速适应新的发展趋势，将被动减排模式变为主动管理模式，通过对能源工程管理路径进行优化，促进能源工程管理效率提高，从而加快能源行业的高效、创新发展。

无论是对单一的能源还是整体的能源来分析，资源分布和消费市场分布均呈现不一致的特点。虽然在能源相对贫乏的地区需要付出诸多努力进行能源资源勘探，并且加大资源的开发利用力度，其中甚至存在能源产能高于能源资源比重的地区，但是全国主要的经济发达省市几乎都具备着能源资源匮乏、资源需求量高的特点。同时，随着各个省市经济持续高速增长，本地区的能源资源的自给率逐年降低，逐渐不能满足经济快速增长的需求。比如，中国东部三省一市的能源资源在全国的比重仅仅为5.4%。为了满足生产生活需要，两淮、徐州等地区的煤炭资源已经得到了大力开发，同时，浙江省水资源的利用力度也得到了大规模提升。但是，与全国产能相比，该地区能源产能也只占到4.2%的能源生产比重，而其耗能却达到了全国能耗的11.4%。在华南地区这种现象同样突出，其能源资源、产能以及能量消费三项数据在全国的占比分别是 2.3%、2.6%和 7.0%。同样的情况也出现在华中地区。上述的三个地区能源消费可以达到全国能量消耗的三分之一左右，能耗上存在着比较明显的供需缺口，需要通过长途运输将能源资源输送到这三个地区，这主要依赖于华北甚至东北能源供给。长三角、珠三角、武汉及其周边等都是我国的能源高消费密集区，与我国北部和西部这些能源资源生产密集区具有较远的距离（1200km 以上）。即使在东北与华北这些能源资源比较富足的地区，主要的能源消费地区是辽中南、京津唐等，能源资源消费的地区分布比较密集，但是也需要通过远途运输将黑龙江、山西、内蒙古等地区的能源资源运输到这些能源消费密集区。综合以上全国能源资源、生产以及消费特点，可以发现我国长期大规模的由北向南、由西而东的能源运输是应对能源消费和能源资源分布不协调的重大策略。结合我国能源北多南少、西富东贫的分布特点与能源消费密集地区基本上分布在东部沿海地区进行综合考虑，国家政府

① 中华人民共和国节约能源法(1997 年 11 月 1 日第八届全国人民代表大会常务委员会第二十八次会议通过).(1997-11-03). http://www.people.com.cn/item/faguiku/gy/F34-1040.html。

②《新时代的中国能源发展》白皮书（全文）.(2020-12-21). http://www.scio.gov.cn/zfbps/32832/Document/1695117/1695117.htm。

已经制定并实行了大规模、远距离的西气东输、西电东送、南水北调的能源资源输送工程，这一能源输送格局的形成为国家的经济建设提供了强有力的保证。

综上所述，对于能源的转化利用，需要在能源资源的分布、转化传输方法路径、能源消费地、环境友好型等诸多方面进行统筹考虑，最终确定出更好的能源利用方法，以获得更加优越的能源利用效率、经济效益以及生态环境保护作用。

第6章

技术革命下的能源工程管理

6.1 能源技术变革

6.1.1 能源技术变革概述

作为人类活动的物质基础,能源的作用并没有随着社会的发展而下降。相反,随着社会经济活动的日益繁荣,人类对能源的需求程度也越来越高。能源问题古来有之,但在工业革命阶段开始达到高潮,可以这么说,人类近代战争史在一定意义上就是能源和资源的争夺史。特别是最近的两次世界大战,能源在很大程度上决定了战争的最终走势,也影响了很多国家和民族的命运。在当今的时代,能源问题受到了国际社会越来越普遍的关注,能源不仅和财富紧密相关而且和政治也有着千丝万缕的联系,在很大程度上影响着国际政治局势。能源问题已经不仅是单纯的经济问题,能源技术的发展与变革对国家安全、发展战略和外交战略以及利益格局分配均有重大的影响。因此,研究能源技术变革不但有重要的理论意义,而且也是社会发展的现实需求。

能源技术创新在能源革命中起到了决定性作用,是推动能源革命的根本手段。当前,我们正处于新的技术革命前夕,正面临百年未有之大变局。新一轮的能源技术革命也正方兴未艾。全球各个主要能源大国均出台了一系列的法律法规和政策措施来加快和促进能源技术创新。例如,美国发布了《全面能源战略》,日本出台了《面向 2030 年能源环境创新战略》等计划,欧盟制订了《2050 能源技术路线图》。相关国家都将能源技术视作是新一轮科技革命和产业革命的突破口,希望通过制定政策和采取激励措施来抢占发展制高点。从这个角度,对于能源技术变革的要求有利于增强国家竞争力及在能源革命中争夺和保持领先的地位(Jacobsson and Bergek, 2004; Clough, 2012; McCrone et al., 2017)。

同时,能源利用导致温室气体的大量排放引发了全球范围内的气候变暖,导致了一系列环境问题,如冰川融化、海平面上升和极端天气频发等,这些环境问题不但造成了巨大的财产损失和人员伤亡,而且已经严重威胁到了人类社会的可持续发展。2015 年,应对气候变化被作为重要目标之一纳入联合国《2030 年可持续发展议程》,世界各国都被号召为实现可持续发展目标而采取积极行动,逐步减少对传统化石能源的依赖,减缓全球碳排放总量,开发绿色低碳的新能源以及更多地利用可再生能源。"节能减排、绿色低碳"成为能源供给消费的发展趋势。作为全球碳排放总量最多的国家,同时也是世界第二大经济体,中国在减排方面的责任、承诺和努力受到国际社会的关注日益增多。当前，中国迫切需要通过能源技术革命，促进能源供给向多元化发展，使能源利用效率更好，能源消费体系更加科学合理(Minas and Ellison, 2009; Rastler, 2000; Cristóbal, 2011; Sovacool et al., 2013)。

能源消费与经济社会紧密联系，深刻影响着经济社会发展。当前，经济结构转型、气候治理等都迫切需要能源供给体系转型。因此，加强自主创新，积极研发应用新技术，促进能源转型和高效利用，对满足人民日益增长的美好生活需要，构建经济社会长效发展模型具有非常重要的意义。

但需要注意的是，由于能源产业具有投资大、关联多、周期长、惯性强的特点，必须明确全面协调可持续发展的技术方向，建立起立足于本国资源和需求特点，与世界能源高科技相衔接的能源技术体系。经过调研分析发现，我国在核能、风能、太阳能、储能、油气资源、煤炭、水能、生物质能、节能、智能电网与能源网的融合等领域上的技术水平已大幅提升，部分实现了跨越式发展，部分达到了国际先进水平。在新一代核电技术、发电装备制造与煤炭高效清洁燃烧、风力发电设备制造、含大规模新能源接入的特大电网调度运行与安全控制等方面实现了自主创新和技术突破，但部分核心技术和装备仍落后于国际先进水平，原创高端技术自我供应能力明显不足，亟须进一步开展研发攻关，其中具体内容如下。

(1)自主三代核电技术进入大规模应用阶段，四代核电技术全面开展研究工作。

我国核电已与国际最高安全标准接轨，并处于持续改进的过程中。机组安全水平和运行业绩良好，安全风险处于受控状态。自主三代压水堆核电技术国内示范工程已经落地，并成功走向国际市场，已进入大规模应用阶段。第四代核电技术的研究工作已全面展开，快堆示范工程即将开工，高温气冷堆示范工程也已经开始建造。在一些重要方面与国际先进水平尚有不小差距，例如铀资源勘查、燃料组件制造等。此外，在燃料干式储存、后处理和废物处置等方面也落后世界先进水平。延寿和退役工作正在起步，技术储备不足。核能领域有几项技术可能对未来能源结构产生深远影响，海水提铀、快堆、钍铀循环、聚变能源、聚变裂变混合能源这几项可能对未来能源结构产生深远影响的领域，由于每一项技术存在不同的技术路线，国内研究力量分散，各自为战，需要统一的协调和配合，从而形成合力(Brainerd et al., 1983; Wene, 2000)。

(2)风电设备产业链形成，风电场设计和智能运维技术与国外先进水平差距较大。

目前，我国风电机组整机制造技术水平基本与国际同步，完整的风电设备产业链已经形成。兆瓦级以上风电机组配套的叶片、齿轮箱、发电机、电控系统等已经实现国产化和产业化。陆上风电已经积累了丰富的设计、施工、建设、运维和检测经验，已建立了完善的集中式风电调度运行体系和技术支持系统。以大数据和互联网为基础对风电场设计、运行及维护进行改进及优化已经成为风力发电降低成本、提高发电量和高效率的重要手段，国外在该领域已经具备成熟的解决方案，国内在风电大数据标准、分析及基于大数据的风电场优化方面差距较大(Wene, 2000; 陈树勇等, 2009)。未来，基于大数据开发出适用于不同类型风电场的设计及运维技术，将为我国大型风电基地以及分散式风电系统的优化布局和可靠运行提供技术支撑(邓清平和王广宏, 2007; 崔明建, 2019)。

(3)光伏发电和光热发电技术成熟，太阳能光化学利用技术尚处于实验室研究阶段。

我国的太阳能光伏发电技术发展迅猛，已形成包括多晶硅原材料、硅锭/硅片、太阳电池/组件和光伏系统应用、专用设备制造等比较完善的光伏产业链。我国商业化单晶硅电池效率达到 20%以上，多晶硅电池效率超过了 18%，在高效率低成本晶体硅太阳电池的生产方面具有优势(李华等，2006；李忠民和邹明东，2009；高建良，2013)。硅基薄膜电池在新材料、关键设备和工艺水平等方面，与国外还有很大差距。应加强新型可穿戴的柔性轻便太阳电池技术突破，进行示范应用。人工光合成太阳能燃料方面必须加大基础研究的力度，争取早日在关键基础科学问题上取得原创性突破。深入理解光化学转化过程的微观机制和催化反应的热力学和动力学本质规律，发展相关的材料、理论、方法、策略。

(4)电化学储能是目前最常用和成熟的化学储能技术，需持续开展氢储能研究。

我国在若干类型的物理和化学储能技术上已取得了长足进步，形成了自主知识产权，走在世界前列。目前我国锂离子电池大部分材料实现了国产化，由追赶期开始向同步发展期过渡，总产能居世界第一。在液流电池材料、部件、系统集成及工程应用关键技术方面取得重大突破。铅炭电池的作用机理研究、高性能碳材料开发、电池设计和制造技术等取得较大进步。在钠硫电池和锂硫电池领域已经进入实用化的初级阶段。超级电容器的电极材料、电解质和模块化应用方面都取得了很大进步。其他新兴的储能技术仍需进一步提高电池的功率密度、环境适应性、安全性能、循环寿命等，降低制造成本。加强基于可再生能源的水电解技术的研究，实现氢储能的规模化应用(裴玉，2011；林伯强和黄光晓，2014)。

(5)常规油气勘探技术成熟，非常规油气探测技术以及智能传感技术仍存在不足。

我国能源需求、能源结构及能源行业发展现状，决定了在 2035 年前需采用稳油兴气的发展战略，面临着较多的勘探开发技术难题或关键技术需求。物探技术取得了长足进步，在全球陆上地震技术市场份额占比已达到 46%并拥有定价权，但与国外相比在装备制造能力方面还存在一定的差距。常规陆上地震勘探技术成熟，特色的复杂山地地震勘探技术先进，海洋、天然气水合物等非常规油气勘探技术尚处于起步阶段。深海技术和深水钻井装备和配套技术研发处于产业化快速发展的初期，已经具备水深超过 1650m 的深水钻完井工程方案设计、深海冷海钻井装置和技术选择与优化设计研究能力。虽然在若干领域取得长足进步甚至重要突破，但是仍存在诸多不足。对于基于微机电系统的全方位高分辨多波多分量地震勘探技术，目前尚不具备实验测试等基础研发条件。钻完井技术在这轮以智能化为主的技术发展潮流中，受制于国家在高端微纳传感器技术和智能材料技术领域的短板，技术发展已进入创新瓶颈期并且导致难动用储量占比持续增大(王继业等，2014)。

(6)煤炭燃烧利用是煤炭利用的主要方式，煤炭清洁燃烧的技术创新始终是能源发展的重要任务。

从清洁煤炭燃烧利用所涉及的超超临界技术、燃煤工业锅炉、民用散煤、煤电深度节水技术、碳捕获和封存(碳捕获、利用和封存技术)、煤电废物控制技术六类技术的发展现状和国内外对比看，我国在超超临界、煤电深度节水、煤电废物控制、碳捕获和封存等一些技术领域已处于世界先进甚至领先的水平。然而，即便在上述优势领域，也仍有部分技术和关键设备需要进一步研发或改进。燃煤工业锅炉装备总体水平差，运行效率低，比国际先进水平低 20%，缺乏有效的控制民用散煤污染物排放的技术措施。在二氧化碳的运输管道建设、化学链燃烧等前沿技术的基础研究领域，与美国等发达国家相比还较为落后。

(7)水力发电领域技术处于领先地位，是实现绿色、低碳可持续发展的重要保障。

我国水能资源总量、投产装机容量和年发电量均居世界首位。已在 70 万 kW 级机组研制、300m 级别高坝设计、超大型地下厂房设计、复杂输水系统过渡过程分析、巨型输水系统结构设计等大型水电关键技术和相关科学问题上取得突破。在水能开发的过程中，还有许多关键技术问题：巨型水轮机及其系统的稳定性问题未得到很好的解决，超高水头、引水式电站开发技术仍需攻关，亟须开展超高水头超大容量冲击式机组、大容量高水头贯流式机组稳定性方面的关键技术和科学问题研究。在抽水蓄能电站方面，仍需研究变速抽水蓄能技术、海水抽水蓄能电站关键技术、抽水蓄能与其他能源协调控制技术等。对于小水电，在低水头、大流量小水电设备的制造，微小水电的稳定、长期运行技术以及机组自动控制技术等方面与国外先进水平相比还有相当大的差距。

(8)生物质能开发潜力大，需加强生物质能源技术研发和产业体系建设。

我国生物质能开发利用存在利用效率低、产业规模小、生产成本高、工业体系和产业链不完备、研发能力弱、技术创新不足等一系列问题。我国的生物发电总装机容量已位居世界第二位，但生物质直燃发电技术在锅炉系统、配套辅助设备工艺等方面与欧洲国家相比还有较大差距，生物质发电在原料预处理及高效转化与成套装备研制等核心技术方面仍存在瓶颈。生物柴油技术已进入工业应用阶段，但在生物质液体燃料的转化反应机理、高效长寿命催化剂、酶转化等方面的基础研究薄弱。固体成型燃料的黏接机制和络合成型机理尚不清楚。能源植物资源品种培育研究与收集工作刚起步，而且不同单位收集的资源侧重点不同，相对分散，主要关注传统育种。分子遗传育种才刚起步，且对培育出来的优良品种的利用与推广较少。

(9)我国正积极推动智能电网与能源网融合，融合趋势将向智能化、透明化、智慧化的三个层次递进发展。

我国在特高压输电、柔性直流输电、大容量储能、大电网调度、主动配电网、微电网、能源转化设备等电网智能化技术方面处于国际领先水平。但当前电网与能源网长期保持着独立运行、条块分割的局面，跨系统间的行业壁垒严重，市场交易机制缺失，屏蔽了多样化能源的互补属性，极大地制约了不同种类能源间互联互通、相互转换、自主交易所带来的能效提升和优化运行的优点。目前，我国电力与能源体制改革不断深入，有力地推动智能电网与能源网的融合进程，开展了一批能源互联网、多能互补和增量配电网示范项目的建设。随着我国一次能源占比要求的不断提高，以及智能材料与通信技术的发展，智能电网与能源网的融合将向智能化、透明化、智慧化的三个层次递进发展，智能电网与能源融合模式也将呈现出三种不同的形态：以智能电网广域互联为载体，实现可再生能源集中式消纳与跨区域能源资源配置。以区域与用户级综合能源系统为载体，实现可再生能源就地消纳与终端能效提升。以智能装备与泛在能源网络为载体，构建零边际成本能源网络，实现能源生产和消费的新业态、新模式(王如竹和翟晓强，2004；武平，2006；肖英，2008)。

综上所示，近年来，我国能源科技创新能力和技术装备自主化水平显著提升，建设了一批具有国际先进水平的重大能源技术示范工程。初步掌握了页岩气、致密油等勘探开发关键装备技术，大型天然气液化、长输管道电驱压缩机组等成套设备实现自主化，智能电网和多种储能技术快速发展，陆上风电、海上风电、光伏发电、光热发电、纤维素乙醇等关键技术均取得重要突破。一系列具备国际先进水平的重大能源示范工程成果标志着我国能源科技水平得到了跨越式发展。但取得成绩的同时要看到与世界能源科技强国还有明显差距，主要体现在核心技术缺乏，关键材料装备依赖进口，产学研结合不够紧密，创新活动与产业需求脱节，创新体制机制不够完善，人才培养、管理和激励制度有待改进以及缺少长远谋划和战略布局等几方面。因此推动能源技术革命已经迫在眉睫，必须大力推进能源技术创新，缩小与国际先进水平差距，早日跻身世界能源科技强国之列。

6.1.2　能源技术变革对技术管理的要求

当前我国在能源领域面临严峻挑战，能源革命的首次提出，彰显了中央在能源领域进行根本性变革的决心。2014 年 6 月，习近平同志就推动能源生产和消费革命提出"四个革命、一个合作"的能源发展战略思想，即推动能源消费革命、能源供给革命、能源技术革命、能源体制革命，全方位加强国际合作[①]。作为能源革命战略的重要一环，能源技术革命是助推能源消费、供给、体制革命和加强国际合作的基础，是实现"十三五"时期建设绿色、低碳、安全、高效可持续的现代能源体系目标的支撑，是建设创新型国家的重要内容。推动能源技术革命，必须明确总体目标和发展方向，力争在国家发展紧密联系的重大领域有所突破，同时要加强配套机制和管理体系建设，保障能源技术革命高效推进。

我国能源技术革命从技术层面和体系层面，在 2020 年、2030 年和 2050 年三个阶段实现递进性建设。到 2020 年，能源自主创新能力大幅提升，一批创新性技术取得重大突破，突破煤炭高效清洁利用技术，初步形成煤基能源与化工的工业体系；突破非常规油气的深度勘探开采技术，建立油气行业微纳测井和智能材料基础研发体系。利用水力资源和远距离超高压交直流输电网的同时，突破太阳能热发电和光伏发电技术、风力发电技术，初步形成可再生能源作为主要能源的技术体系和能源制造体系；自主三代核电形成型谱化产品，带动核电产业链发展；模块化小型压水堆示范工程开始建设；逐步提高核能，可再生能源和新型能源的比重，减少二氧化碳排放量。助力未来能源发展方向转型，根本扭转能源消费粗放增长方式。能源自给能力保持在 80%以上，基本形成比较完善的能源安全保障体系；能源技术装备、关键部件及材料对外依存度显著降低，我国能源产业国际竞争力明显提升，进入能源技术创新型国家行列，基本建成中国特色能源技术创新体系。

---

① 人民日报：加快推进能源清洁低碳转型发展.(2019-04-22). http://opinion.people.cn.cn/n1/2019/0422/c1003-31041426.html。

到 2030 年，建成与国情相适应的完善的能源技术创新体系，能源自主创新能力全面提升，能源技术水平整体达到国际先进水平。物质液体燃料技术形成规模化商业应用，突破电力新材料新装备技术以及安全信息技术，实现大容量低损失的电力传输和终端高效利用，初步形成以光伏技术、风能技术为主的分布式微网的新型电力系统，初步实现智能电网与能源网的融合；以耐事故燃料为代表的核安全技术研究取得突破、全面实现消除大规模放射性释放，提升核电竞争力；实现压水堆闭式燃料循环，核电产业链协调发展；钠冷快堆等部分四代反应堆成熟，突破核燃料增殖与高水平放射性废物嬗变关键技术；积极探索模块化小堆(含小型压水堆、高温气冷堆、铅冷快堆)多用途利用；实现核能、可再生能源和新型能源的大规模使用。能源自给能力保持在较高水平，更好利用国际能源资源；发展前瞻性技术促进我国能源结构发生质变，支撑我国能源产业与生态环境协调可持续发展，初步构建现代能源体系，跻身世界能源技术强国前列。

到 2050 年，通过颠覆性技术打破传统能源技术的思维和路线，实现能源革命跨越式发展，突破天然气水合物开发与利用技术，油替代技术，氢能利用技术，燃料电池汽车技术，实现快堆闭式燃料循环，压水堆与快堆匹配发展，力争建成核聚变示范工程，建立节能技术体系，基本形成化石能源、新能源与可再生能源、核能并重的低碳型多元能源结构。成熟完整的能源技术创新体系，成为世界能源主要科学中心和创新高地，引领新一轮科技革命和产业革命。能效水平、能源科技、能源装备达到世界先进水平；成为全球能源治理重要参与者；建成现代能源体系，保障实现现代化。

综上所述，要实现建设绿色、低碳、安全、高效可持续的现代能源体系的总体目标，必须以能源技术创新作为基础，必须进一步加大技术研发应用力度，为建设现代能源体系提供技术支持。技术创新推动绿色能源发展，发展绿色能源，必须大力开发清洁无污染的新能源。技术创新是新能源由实验阶段走向大规模应用的关键一环，是传统能源通向绿色能源的捷径和根本，是发展绿色能源的重要手段。技术创新推动低碳能源发展，发展低碳能源，必须通过扩大产业规模，缓解经济发展和气候变化对碳排放产生的不同要求这一根本矛盾。技术创新是推动低碳产业快速发展的动力来源，是掌握低碳能源核心竞争力的决定性因素，是发展低碳能源的重要手段。

技术创新推动安全能源发展，发展安全能源，必须着眼于能源储量、能源多样性、能源可持续性、物理安全等多个方面；技术创新是带动产业模式和商业模式创新的重要引擎，是培育新增长点、带动产业转型升级的基础支撑，是发展安全能源的重要手段。技术创新推动高效可持续能源发展：发展高效可持续能源，必须通过新能源开发，降低污染消耗同时增加能源利用效率，推进能源结构多元化。技术创新是完善能源供给、丰富能源种类、提高能源质量的可靠保障，是构建可持续能源战略体系的有力翅膀，是发展高效可持续能源的重要手段。

6.1.3　能源技术变革对企业经营管理的影响

经营管理是企业的基础，良好的经营管理体系有助于提升企业的经济效益、保证企业在新常态环境下处于核心地位。随着新能源战略的实施，新能源企业所面临的市场环境发生了巨大的变化，新能源企业如何在新常态环境下始终处于不败之地成为企业经营管理工作者所必须要考虑的问题。创新能源企业经营管理必须要结合市场动态，立足于企业实际构建系统的经营管理体系。

1. 能源技术革命背景下企业经营管理中存在的问题

基于新常态经济的发展，新能源企业必须要不断创新经营管理策略，构建与市场相符合的经营战略。新常态下能源企业经营管理创新具有重要的现实意义，一方面通过创新经营管理可以促进新能源转型升级，提高产业结构。当前我国供给侧结构性改革进入攻坚期，企业要想在市场竞争中占据主动性必须要优化经营管理策略，按照市场规则主动调整产业结构，以此提升企业的综合效率；另一方面创新经营管理可以带动企业投资效率。以新能源投资企业为例，通过创新经营管理策略，可以帮助企业把握新能源产业的巨大市场优势，改变传统的投资落后产能的现象，增强企业的投资效率。

创新经营管理具有重要的意义，能源企业管理者也在积极构建与市场动态相符合的经营管理策略，但是我们必须要清晰地认识到能源企业经营管理所存在的问题，具体表现为：一是能源企业管理者缺乏经营管理创新意识。习惯于传统的企业管理思维，能源企业管理者在经营管理的过程中仍然按照传统的思维方式进行企业管理，忽视了经济新常态变化的新问题、新情况，结果导致企业的管理理念仍然停留在传统的理念层面；二是企业经营管理手段滞后，缺乏对互联网、大数据系统的应用。随着大数据时代的发展，大数据在现代企业经营管理中发挥的作用越来越大，但是企业在经营管理中仍然采取的粗放式的人工管理模式。例如企业在对库存产品管理的过程中仍然是以人工核算的方式，而忽视了对库存计算机系统的应用，导致产品周转与企业生产进度相脱节；三是缺乏高素质的经营管理人员。随着新常态发展，构建独立的经营管理团队是企业可持续发展的必然举措。根据调查，目前我国能源企业习惯于国企经营理念，缺乏主动对接市场的心态，结果导致高素质经营管理人员比较匮乏。例如，根据调查目前能源企业经营管理团队具有创新能力的比例非常少。

2. 能源技术变革背景下企业创新管理的对策

结合新能源企业发展战略要求，遵循经济新常态市场发展规律，创新能源企业经营管理的对策如下：

1）加强人才引进，提升经营管理队伍素质

在竞争日益激励的环境下，能源企业必须要采取积极的姿态，加大人才引进力度，提升经营管理队伍素质：第一，能源企业要加强与高等院校、科研机构的合作，积极利用国家政策吸引优秀人才，补充到企业管理团队中。以河北省能源类企业为例，企业必须要利用河北省出台的系列优惠政策吸引人才，增强企业的核心竞争力。第二，企业要构建完善的人才培训机制，鼓励企业员工参加各种教育培训，以此增强管理能力。例如，河北省能源企业可以利用"中小企业领军人才培训"等优惠政策加强对管理人员的教育培训。第三，企业管理者要创新经营管理理念，树立以人为本的管理理念，强调创新的重要性。

2）创新经营管理手段，构建智能化管理平台

以互联网、大数据为代表的新一代信息技术已经融入企业管理中，有效地推动新兴能源企业的转型发展。针对能源企业经营管理过程中对现代信息技术应用不足的问题：一方面能源企业要加强对互联网等技术的应用能力，通过利用互联网等平台创新经营管理手段。例如能源企业要借助大数据平台实现对企业生产、销售以及库存等各个环节的统一管理，这样可以为企业的战略制定提供最全面的信息；另一方面能源企业也要构建智能化管理平台，通过运用智能化管理平台实现企业战略决策的科学性。随着经济新常态发展，国内外环境变化比较快，通过智能化平台可以及时将市场信息反馈进来，这样有效地提升了企业战略决策的科学性。

3）优化经营管理流程，引入现代企业管理制度

传统的能源企业管理流程往往具有事后性，在精细化管理思维模式下，能源企业必须要前移经营管理关口，控制经营管理风险：首先，能源企业要不断优化经营管理流程，细化经营管理任务目标。能源企业要严格按照企业发展战略的总体目标，要求各部门准确把握制度梳理优化的原则和重点，分类规范、整体推进，坚持问题导向、目标导向、实践导向和风险防控导向相结合，对企业的管理流程进行优化调整；其次企业要建立现代企业管理制度。现代企业管理制度是能源企业生存的关键，通过引入现代企业管理制度可以将企业的各项管理规范化，有效地规避企业的各种风险。例如能源企业通过建立现代企业制度能够从根源上防范企业出现"一股独大"的现象。

总之，基于经济新常态的发展，创新能源企业经营管理是能源企业占据市场核心、提升企业经济效益的重要举措。面对国内外经济环境的新变化，能源企业必须要主动调整战略，构建现代企业管理制度，以此实现能源企业的可持续发展。

6.2 能源技术变革下的产业生态系统

6.2.1 能源产业生态系统的演变

从"国际能源变革论坛"苏州宣言发布以来，我国能源发展进入了从总量扩张向提质增效转变的能源变革新时代。当前，我国能源变革的核心价值目标是全方位提升能源系统效率。为了实现这一目标，我国先后出台了《能源生产和消费革命战略（2016—2030）》《能源技术革命创新行动计划（2016—2030年）》等政策和指导方针。在这些文件里，对我国未来能源变革的方向、战略和具体实施层面都做出了详细而全面的部署。

1. 能源变革的核心价值目标是全方位提升能源系统效率

我国能源系统的生产和消费规模目前均位于世界第一的水平。从系统的角度看，我国能源改革的核心问题是全方位提升能源系统的效率。在新时代的背景下，能源系统效

率提升所蕴含的内容比以往更加丰富，主要体现在以下六个维度：

一是能源经济效率，即单位经济产出的能源投入，一般用单位 GDP 能耗作为度量指标。包括能源在内的资源节约是我国长期坚持的基本国策，节能增效是我国能源发展的首要战略，提升能源经济效率是我国能源变革的首要目标。

二是能源技术效率，包括能源开采、加工转换、存储、输配、终端利用各过程环节的技术效率，减少过程损耗。

三是能源无碳化率，即提高太阳能、风能、地热能、水能等无碳能源的开发利用率，减少能源开发利用过程的温室气体排放。

四是能源无害化率，即减少单位能源开发和利用过程的固体废弃物、废液、废气的排放，最大限度地减少能源活动对生态环境和人体健康的负面影响。

五是能源安全化率，这可以用能源自给率、油气依存度等能源战略安全指标，以及一系列能源技术安全指标来综合度量。

六是能源智慧化率，即提升能源系统及各组成部分的智慧化水平，借此提升能源经济效率、能源技术效率、能源无碳化率、能源无害化率和能源安全化率。

2. 大力发展综合能源服务是提升能源系统效率的战略途径

全社会综合能源服务是指以支持建设现代能源经济体系、推动能源经济高质量发展为愿景，以满足全社会日趋多样化的能源服务需求为导向，综合投入人力、物力、财力等要素资源，集成采用能源、信息和通信等技术和管理手段，提供多能源品种、多环节、多客户类型、多种内容、多种形式的能源服务。综合能源服务是多种多样的。面向能源终端用户的综合能源服务，既包括煤、电、油、气、热、冷、氢等多种能源的供能服务，也包括与用能相关的安全、优质、高效、环保、低碳、智慧化等服务。面向各类能源供应企业的综合能源服务包括：与能源供应设施建设相关的规划、设计、工程、投融资、咨询等服务，以及与能源供应设施运营相关的安全、优质、高效、环保、低碳、智慧化等服务。

我国具备大力发展综合能源服务的诸多条件。①产业基础方面，经过逾 20 年的发展，无论从企业数量、产值，还是市场规模，中国节能服务产业已经是世界第一，2018 年节能服务产业规模超过 4000 亿元，具备较好的进一步发展条件。节能服务产业的成功发展，刺激和带动了其他综合能源服务业务的开展，节能服务公司较多采用的商业模式——合同能源管理已经在环保用能服务、分布式可再生能源开发利用服务等业务领域得到推广应用。②政策方面，我国在能源战略、规划、财政、价格、税收、投融资、标准等诸多方面已经出台和实施了为数众多的综合能源服务发展相关支持政策，能源领域的体制机制改革也在加快推进，这为综合能源服务的发展提供了强大的政策驱动力。③技术方面，在政策、资本、市场的共同作用下，我国能源技术创新进入高度活跃期，新的能源科技成果不断涌现；以"云大物移智"为代表的先进信息技术以前所未有的速度加快迭代，与能源技术加速融合。这两个趋势的叠加，将为综合能源服务的发展提供越来越强劲的技术动力。④企业意愿方面，以两大电网公司为代表的各类能源企业大都看好和布局综合能源服务业务，制定综合能源服务业务发展战略、行动计划，成立综合能源服务业务实体，探索、开展综合能源服务业务。

综合能源服务在我国的大力发展，将起到提升能源系统效率的实质性作用。节能服务的进一步发展，无疑将提升我国能源经济效率、能源技术效率；分布式可再生能源开发利用服务则将提升我国能源开发利用的无碳化率；节能服务、分布式可再生能源开发利用服务、环保用能服务将共同为提升我国能源开发利用的无害化率做出贡献；各类综合能源服务的全面发展，势将带来提升我国能源的安全化率、减少对国外能源的依赖、降低能源技术安全风险的正向效应。全方位、多维度提升能源系统效率是一项宏大的能源系统变革工程，需要选择切实可行的变革途径来达成目标。

3. 能源技术变革背景下我国综合能源服务市场机遇

我国综合能源服务市场需求是政策、经济、技术等多种因素共同作用形成的，处于动态变化之中，既不断有新的业态出现，也有部分业态趋于饱和或萎缩。从近中期看，我国综合能源服务市场总体上处于扩张期，市场前景看好。

综合能源服务市场庞杂、细分市场为数众多，大体上可归为三大类。

(1)第一大类为综合能源服务实务市场，此为综合能源服务市场机遇之主要所在，主要包括 8 个细分市场：一是综合能源输配服务市场，包括投资、建设和运营输配电网、微电网、区域集中供热/供冷网、油气管网等，为客户提供多网络、多品种、基础性的能源输配服务，同时为其他能源服务业务的开展提供网络基础设施支持。二是电力市场化交易服务市场。三是分布式能源开发与供应服务市场。目前，发电企业、电网企业、燃气企业等均积极向综合能源服务产业链的上游拓展，开展多种类型的分布式能源开发与供应服务，包括分散式风电、分布式太阳能、生物质能、余热余压余气开发利用服务，以及天然气三联供、区域集中供热/供冷站的投资、建设、运营服务等。四是综合能源系统建设与运营服务市场，包括终端一体化集成供能系统、风光水火储多能互补系统、互联网+智慧能源系统、基于微电网的综合能源系统、基于增量配电网的综合能源系统等的投资、建设、运营服务。五是节能服务市场。六是环保用能服务市场。七是综合储能服务市场，包括电力储能、储热、储冷、储氢等的相关服务。八是综合智慧能源服务市场。

综合能源服务实务市场及其细分市场的边界大多难以准确界定，加上市场数据的获取困难、市场的动态变化等因素，要对其市场潜力做出精准的定量分析是一件十分困难的事，只能进行大致的估算。有关估算结果表明：未来 3～5 年里，上述 8 个综合能源服务实务细分市场的年市场需求规模在万亿元级的水平。其中，节能服务市场最为成熟，年市场需求规模估计为数千亿元。然而，受能源价格下行等因素的影响，节能服务的投资回报可能降低。环保用能服务包括以电代煤、以气代煤等的相关服务，这一细分市场的需求极大，仅就北方地区清洁取暖服务而言，未来 3 年里其年市场需求估计在 2500 亿元至 3000 亿元。综合能源输配服务、综合储能服务、综合智慧能源服务这 3 个细分市场的年投资需求估计都在千亿元级的水平。在综合能源输配服务市场领域，电网建设、天然气管网建设、热力管网建设的年投资需求仍将维持在较高水平；增量配电网建设、微电网建设、新一轮农网改造等将共同创造电力输配服务新需求;热力管网及相关设施建设年投资需求将主要集中在北方地区。综合储能服务市场极具成长性,各类储能技术进步日新月异,推动储能效率的不断提高、储能成本的稳步下降。电化学储能服务预期将延续快速发展的态势,在发电侧储能服务、电网侧储能服务、用户侧储能服务中将同时发力,年建设规模有可能达到 100 万 kW 级。飞轮储能有望在电网调频等服务中得到部署和推广应用。储氢服务有可能成为储能服务市场新的增长点,并带动燃料电池汽车、工业窑炉节能等相关产业的发展。综合智慧能源服务可能成为最具成长性的市场,人工智能平台服务(artificial intelligence platform as a service, AI PaaS)、强人工智能、物联网平台、区块链、5G、量子计算等技术的快速发展,可望为综合智慧能源服务提供技术动力,能源生产消费智能化设施建设和运维服务、智慧节能服务、智慧用能服务的发展前景广阔。电力市场化交易服务市场的竞争格局已经基本形成,数千家售电公司参与其中,预期 2019 年全国市场化电力交易规模将超过 2 万亿 kW·h。分布式能源开发与供应服务市场将呈现此消彼长的发展态势,预计分布式光伏、分散式海上风电、生物质能发电、天然气分布式能源开发利用的年投资需求均在百亿元级的水平;煤层气发电、余热余压余气发电的年投资需求则相对较小,大抵在 10 亿元级的水平;余热余压余气发电的年投资需求将进一步收窄。综合能源系统建设与运营服务处于探索和起步阶段,目前主要是通过示范、试点政策推动,未来其市场需求可能走强,并可能成为综合能源服务业务发展的重要新方向。

(2)综合能源服务市场的第二大类为能源金融服务市场。能源是国民经济的基础产业,能源生产、加工转换、输配、储存、使用各环节均有能源金融服务需求。最近 10 年里,我国能源工业投资规模呈快速增长态势,2018 年投资规模超过 3 万亿元。在能源变革新时代发展背景下,能源投融资服务需求进一步增加,特别是能源绿色金融服务需求快速增长。从绿色债券发行情况来看,2018 年中国依然是全球最大的绿色债券发行国,中国境内外发行绿色债券合计近 3000 亿元,其中相当比例的资金投向了节能服务、分布式能源开发利用服务等综合能源服务领域。上市融资是综合能源服务投融资的重要渠道。据不完全统计,截至 2018 年底,在上市板块中,从事节能服务业务的上市公司数量有 100多家;从事节能服务业务的新三板挂牌企业有数百家。能源行业的金融化是国际发展潮流和趋势。可以预期的是,未来我国能源金融服务市场具有相当大的发展空间。

(3)综合能源服务市场的第三大类为能源衍生服务市场。全社会能源衍生服务需求广泛,包括碳交易服务、能源技术交易服务等。在碳交易服务领域,全国碳市场建设在加快推进中,按照成熟一个纳入一个的原则,未来逐步纳入电力、钢铁、有色、石化、化工、建材、造纸、航空八大行业,未来 5 年里碳市场规模可能达到数千亿元,服务需求将越来越大。在能源技术交易服务领域,在国家能源科技进步相关政策的促进和支持下,我国能源科技创新呈加速趋势,新兴、先进能源技术不断涌现,其推广应用对技术交易机构的服务需求越来越大,中国技术转移体系建设加快推进、技术转移服务机构蓬勃发展。目前,我国各类技术交易市场超过了 1000 家,2017 年全国技术合同成交额达到 1.34万亿元,近 37 万项科技成果通过技术市场转移转化,催生出大量新产品、新产业和新的商业模式，形成推动经济高质量发展的强大动能，其中相当一部分为能源技术交易。此外，我国与其他国家的技术贸易也在稳步发展。目前，中国与130多个国家建立了技术贸易的联系。2017年，中国技术贸易进出口总额达到了557亿美元。作为综合能源服务创新和市场的纽带，能源技术交易服务在推动综合能源服务产业优化升级、增强企业创新能力、培育经济增长新动能等方面将发挥日益重要的作用，市场前景向好（李超，2017；武文星和刘瑞婷，2019；杨东升等，2019）。

6.2.2 产业生态系统的形成对政策体系的要求

当前，世界各个主要国家都将能源技术革命视作是下一轮科技革命和经济革命的重要突破口。面对能源供需格局新变化、国际能源发展新趋势，我国以"四个革命、一个合作"能源安全新战略为引领，大力实施创新驱动战略。体制机制、科学技术、产业模式的不断创新，为能源加速转型注入澎湃动力。《能源技术革命创新行动计划（2016—2030年）》中提出，到2020年，能源自主创新能力大幅提升，一批关键技术取得重大突破，能源技术装备、关键部件及材料对外依存度显著降低，我国能源产业国际竞争力明显提升，能源技术创新体系初步形成。到2030年，建成与国情相适应的完善的能源技术创新体系，能源自主创新能力全面提升，能源技术水平整体达到国际先进水平，支撑我国能源产业与生态环境协调可持续发展，进入世界能源技术强国行列①。

1. 加强现代能源系统架构整体设计与关键核心技术研究

为破解我国现有能源体系结构性缺陷，实现化石能源/可再生能源/核能低碳化多元融合，需要尽快开展多能融合的未来能源系统研究，从能源全系统层面着手优化，突破多能互补、耦合利用技术。重点突破氢/甲醇等重要能源载体的低成本合成技术，如可再生能源电解制氢、核能高温制氢、二氧化碳低成本捕集、加氢制甲醇/液体燃料，以及燃料电池大规模应用等关键核心技术。这是新一轮能源革命中我国能源科技有可能走在世界前列的领域，有助于我国抢占先机，早日建成能源科技强国。

2. 攻克"卡脖子"技术难题推进能源革命高质量发展

当今世界面临百年未有之大变局，我国的发展处于重要战略机遇期。迫切需要充分认识到能源科技创新在能源革命中的极端重要性，深化开展高质量的能源科技供给侧结构性改革，突破核心技术"卡脖子"问题，包括：①推动化石能源清洁高效利用与耦合替代，解决高能耗、高耗水、高排放等瓶颈问题。重点研究油煤气资源的融合转化，定向高效制备清洁燃料和化学品技术，突破煤炭清洁高效燃烧关键技术，大幅提高化石资源总体利用效率与产品质量、降低过程能耗与排放目标。②加快清洁能源多能互补与规模应用，满足高比例替代煤炭消费需求。亟须攻克可再生能源交直流混合高效稳定供电技术、可再生能源供热系统技术、多能互补分布式发电与智慧微网关键技术，着重推动

---

① 发展改革委 能源局印发《能源技术革命创新行动计划（2016—2030 年）》.（2016-06-01）. http://www.gov.cn/xinwen/2016-06/01/content_5078628.htm。

大规模低成本储能单元、系统并网与控制和系统集成关键技术的开发与示范。③扎实做好高端特种材料与制造工艺，泵、阀门、轴承、仪器仪表、催化剂等关键部件的基础共性技术研发，提升国产化自主可控水平。

3. 尽快建立国家能源实验室形成跨学科融合创新平台

能源与信息、生物、纳米、先进制造等前沿学科的交叉融合将是未来能源科技创新的最佳路径，也最有可能催生颠覆性技术。我国应尽快建立能源领域的国家实验室，牵头组织优势力量开展重大关键技术集成化创新和联合攻关，高度关注能源与关联领域(生态、环境、化工、交通等)产生的相互影响，试点布局跨学科、跨系统重大研究项目，带动液态阳光、规模化高性能储能、氢能与燃料电池、智慧综合能源网络等潜在颠覆技术的发展应用，实现我国能源科技水平从跟跑向并行、领跑的战略性转变。

6.2.3　能源产业生态系统的打造

当今世界面临百年未有之大变局，国际能源格局处于大发展大变革大调整时期，围绕能源科技和产业变革的国际竞争日趋激烈。世界主要国家积极出台各种战略措施，以抢占发展制高点。

1. 加强顶层设计战略主导

2018 年，美国政府以贸易战为由发动了对华全面科技战，以遏制中国科技创新快速崛起及战略性新兴产业发展，定向精确打击中国在航空航天设备、新能源等领域的关键能源技术；其次发布《美国对中国民用核能合作框架》，明令禁止小型模块化轻水堆、非轻水先进反应堆技术、2018 年及之后的新技术对华出口[①]。欧盟公布总额 1000 亿欧元的"地平线欧洲"计划，提出 2021～2027 年将为气候、能源与交通领域研究与创新资助 150 亿欧元[②]，旨在以系统观视角来整合跨学科、跨部门的力量共同解决能源转型面临的重大社会和环境挑战。德国第七能源研究计划总预算达 64 亿欧元，重点支持能效、可再生能源电力、系统集成、核能和交叉技术五大主题研究工作，资助重点从单项技术转向解决能源转型面临的跨部门和跨系统问题，同时利用"应用创新实验室"机制建立用户驱动创新生态系统，加快成果转移转化。日本发布《第五期能源基本计划》，提出了面向 2030 年及 2050 年的能源中长期发展战略，强调降低对化石能源的依赖，大力发展可再生能源和氢能，在安全前提下推进核电重启，同时充分融合数字技术构建多维、多元、柔性能源供需体系，实现 2050 年能源全面脱碳化目标[③]。

① 美收紧对华核技术出口管制对我国的影响及应对措施.(2018-12-10). http://www.casisd.cn/zkcg/ydkb/kjzcyzxkb/2018/kjzczxkb201812/201812/t20181210_5209466.html。

② 欧盟"地平线欧洲"计划提出 2021-2027 年研究与创新蓝图.(2018-07-12). http://www.casisd.cn/zkcg/ydkb/kjzcyzxkb/2018/zczxkb201807/201807/t20180712_5041861.html。

③ 日本公布第五期能源基本计划提出能源中长期发展战略.(2018-10-11). http://www.casisd.cn/zkcg/ydkb/kjzcyzxkb/2018/kjzczzx201810/201810/t20181011_5141136.html。

2. 稳步推进能源数字化进程

随着数字技术的深度融合，能源系统和运营模式呈现出智能化、去中心化、物联化等颠覆性趋势。欧盟《能源价值链数字化》报告指出[1]，如何克服互操作性与标准化和保障网络安全是能源价值链数字化转型面临的两大难题，欧盟应该积极采用物联网、5G网络与大数据、能源互联网等关键使能技术，并建立可再生能源可用性预测信息交换服务平台、部署优化能源互联网的数字基础设施等措施以解决上述两大挑战。国际能源署《世界能源投资报告 2018》显示[2]，传统企业能源创新路径正在被数字化浪潮颠覆，能源科技初创企业主要的企业风险投资来源是信息通信(IT)行业而非传统能源行业，互联网公司的跨界竞争对传统能源企业构成威胁。英国石油公司《技术展望报告 2018》指出[3]，随着数字技术(包括传感器、超级计算、数据分析、自动化、人工智能等)依托云网络应用的发展，到 2050 年一次能源需求和成本将降低 20%~30%。

3. 油气行业数字化智能化竞争激烈

化石能源行业正在向技术密集型、技术精细型产业转型，为抢占未来竞争制高点，各行业参与方正在加快数字化技术的应用速度、并深化其应用水平。一方面油气企业纷纷实施数字化创新举措，另一方面 IT 企业也在跨界与传统油气企业加强合作。2018 年的重大动向包括：壳牌宣布将和微软扩大合作，在石油行业大规模开发和部署人工智能应用；俄罗斯天然气公司实施 2030 年数字化转型战略，在运营流程管理中引入"工业4.0"的物联网技术和新方法，使用创新数字技术提升石油业务操作流程效率；巴西国家石油公司在2018~2022年商业计划中提出未来三年投资66.3亿美元用于基础设施和研发，并成立数字化转型部门以便在油气业务、创新合作、决策过程等公司运营活动中提高效率和生产；中国石油发布国内油气行业首个智能云平台，支撑勘探开发业务的数字化、自动化、可视化、智能化转型发展；华为提供的油气物联网、数字管道、高性能计算 (HPC) 与经营管理及智能配送等 ICT(information、communication、technology)解决方案，已服务 70%的全球 TOP20 油气企业；IBM 公司牵手阿布扎比国油，首次将区块链技术应用于油气生产核算；通用电气和诺布尔钻井公司联合推出世界第一艘数字钻井船，旨在实现减少目标设备上 20%运营成本的同时提高钻井效率；谷歌和道达尔计划联合攻坚人工智能在油气勘探领域的应用。

4. 交通能源动力向绿色低碳转型

发展绿色交通是应对全球气候能源危机、实施经济社会转型与可持续发展战略的重

---

[1] Digitalization of the Energy Sector. (2018-05-20). https://setis.ec.europa.eu/system/files/setis_magazine_17_digitalisation.pdf.

[2] World Energy Investment 2018. (2018-07-17). http://www.iea.org/newsroom/news/2018/july/global-energy-investment-in-2017-.html。

[3] Technology Outlook 2018. (2018-03-15). https://www.bp.com/content/dam/bp/en/corporate/pdf/technology/bp-technology-outlook-2018.pdf。

要路径，欧美发达国家已开始重视制定航空业低碳转型的战略规划。日本宇宙航空研究开发机构公布《第四期中长期发展规划》，提出开发低排放发动机燃烧器和高效涡轮相关技术等重点方向，并联合多家企业和政府机构组建"飞行器电气化挑战联盟"，推动日本航空工业低碳转型。英国政府计划投入 2.25 亿英镑（加上企业投入共 3.43 亿英镑）强化航空动力技术研发，通过政企合作开展电气化、发动机、材料与制造工艺等主题研究，打造绿色航空抢占未来航空发展制高点。

5. 大力推动高性能电池研发

国际能源署发布的《全球电动汽车展望 2018》报告指出，动力电池技术将是决定未来电动汽车发展高度的关键因素。为了抢占发展制高点，美欧日发达国家积极制定政策措施并投入重金推动储能技术研发。欧盟组建"欧洲电池联盟"实施战略行动计划，从保障原材料供应、构建完整生态系统、强化产业领导力、培训高技能劳动力、打造可持续产业链、强化政策和监管六个方面开展行动，要在欧洲打造具有全球竞争力的电池产业链。美国能源部将在未来五年为储能联合研究中心继续投入 1.2 亿美元，开展液体溶剂化科学、固体溶剂化科学、流动性氧化还原科学、动态界面电荷转移和材料复杂性科学五大方向研究，以设计开发超出当前锂离子电池容量的新型高能多价化学电池，并研究用于电网规模储能的液流电池新概念。日本新能源产业技术综合开发机构将在未来五年(2018~2022 年)资助 100 亿日元，旨在通过整合全日本相关的国立研究机构、企业界和政府力量，共同推进全固态电池关键基础技术开发和固态电池应用的社会环境分析研究工作，攻克全固态电池商业化应用的技术瓶颈，为到 2030 年左右实现规模化量产奠定技术基础。

6. 安全高效推进核能发展

如何在保障安全的前提下，实现核能高效利用是国际社会共同关注的问题，为此美日等核强国积极制定核能安全发展政策并开展了核能安全利用技术研究活动。美国能源部在 2018~2022 年期间将资助 4 亿美元，重点开展新型反应堆示范工程、核电技术监管认证、先进反应堆设计开发等工作，包括核部件和完整装置的先进制造和建造技术研究、反应堆系统结构优化、多技术类型的小型模块化反应堆设计开发、先进传感器和控制系统开发、核电站辅助设施和支持系统开发等，以加速核能技术创新突破。美国国家科学院发布《美国燃烧等离子体研究战略计划最终报告》，评估了美国聚变研究的进展，建议美国继续参与国际热核聚变实验堆(ITER)计划，并启动国家研究计划迈向紧凑型聚变发电中试阶段。

7. 加快推进氢能及可再生能源应用

氢能发展备受重视。日本经济产业省下属的新能源产业技术综合开发机构(HEDO)对外公布了经过修订的《燃料电池与氢技术开发路线图》，提出面向 2040 年的车用、家用和商用燃料电池技术发展目标。澳大利亚联邦科学与工业研究组织(CSIRO)发布了《国家氢能发展路线图：迈向经济可持续发展的氢能产业》，描绘了澳大利亚氢能产业的未来发展蓝图，打造从制备到应用全产业链，实现到 2025 年与其他能源成本竞争力相当。

欧盟前瞻谋划风能和海洋能未来发展。欧洲风能技术创新平台(ETIPWind)发布《风能战略研究和创新议程 2018》提出风电并网集成、系统运营和维护、下一代风电技术、海上风电配套设施、浮动式海上风电五大优先发展领域，明确了至 2030 年的愿景目标。欧盟联合研究中心(JRC)发布《未来海洋能新兴技术：创新和改变规则者》报告，提出了十大发展方向，力图弥合研发与产业化的鸿沟，开发潜力巨大的海洋能源。

人工智能(AI)推动地热产业智慧化转型升级。美国能源部资助机器学习在地热领域的应用研究项目，聚焦机器学习用于地热资源勘查和开发先进数据分析工具，从而提升地热资源的勘查开发水平。日本新能源产业技术综合开发机构部署研究课题，旨在利用物联网(IoT)、人工智能等技术改善地热发电站的管理运营效率，将地热发电站的故障发生率降低 20%，同时将利用率提高 10%，提升地热经济性。

6.3 新兴信息技术下的能源工程管理

6.3.1 新兴信息技术概述

近年来，随着数字化信息技术的迅猛发展，以大数据、云计算、物联网、人工智能、移动互联网和区块链为代表的数字化信息技术与能源工程管理有机融合，成为引领能源产业变革、实现创新驱动型发展的原动力。在此基础上，推动能源工程向着低碳化、清洁化、模块化和智能化的方向进行转型和发展。从国际上来看，美国、欧盟和日本等一众发达国家和地区已纷纷提出加速发展非化石能源的战略目标，着力加速低碳能源领域的新材料、新工艺和新技术等与信息技术、数字化技术的融会贯通，从而抢占未来能源科技的制高点。基于这一形势，本节的内容将对新兴信息技术及其对能源工程管理的影响进行深入的分析和研究(钱志鸿和王义君，2012)。

1. 大数据

1) 大数据的概念

在当今的商业、经济和其他领域中，大数据已经开始逐渐取代传统的经验和直觉成为决策的重要依据。面对运营过程中产生的海量信息，现代企业迫切地需要大数据的技术和工具来对其进行实时的检测以及分析。

大数据最早的定义由 Meta 集团(现属于 Gartner)给出，其具有所谓"3V"特征：巨量(volume)、高速(velocity)和多样(variety)。IBM 后来为其增加了第四个"V"称为质量(veracity)。

虽然有学者在"4V"基础上提出了"5V""6V"模型，但当前，最流行的还是"4V"表述：大数据指的是数据量巨大，无法通过传统的软件工具在合理时间内进行撷取、管理、处理和整理，其特征除了体量巨大(volume)外，还包括类型多样(variety)包含结构化的和非结构化的数据，要求处理速度(velocity)必须非常快，从而可以适应低延迟流和大批次数据，以及从数据分析中获取价值(value)。大数据在总体架构上可分为三层次：数据存储(存储复杂类型的海量数据)、数据处理(实现海量数据的实时处理)和数据分析(得到智慧的、深度的和有价值的信息)。大数据关键技术一般包括数据采集、数据预处理、数据存储和数据管理、数据分析和挖掘、大展示和应用(大数据检索、数据可视化、大数据的应用和数据的安全性等)。

2) 大数据技术与平台

大数据技术是指从多种类型的海量数据中抽取有价值信息的相关技术手段，其内容大体包含如下四个方面：

(1) 基础设施——利用工业标准的服务器、网络、存储和软件扩展部署大数据技术。

(2) 数据组织与管理——指准备所有类型的数据分析软件过程，包括提取、清洗、规范、标签和数据集成。

(3) 分析与发现——包括自主发现和深入分析的软件、支持实时分析和自动化软件，基于规则的事务决策。

(4) 决策支持和自动化——支持协同工作、方案评价、风险管理和决策。

表 6-1 列举了驱动大数据发展的相关新兴技术。

表 6-1 大数据技术

技术名称	特征
列式数据库	按列而不是按行存储，允许大量数据压缩和快速查询； 列式数据库缺点是一般只允许批量更新，而且更新时间比传统的行数据库模型慢
NOSQL 数据库	通过消除常规的数据库的传统限制，如读写一致性，来换取可扩展性和分布式处理能力，实现性能的提高
MapReduce	一种编程范式，具有良好的可扩展性，能够面向成千上万台服务器或服务器集群执行大量作业。任何 MapReduce 实现，都由两个任务组成： ①Map 任务。输入数据集被转换为不同的键/值对或元组集； ②Reduce 任务。多个 Map 任务的输出被组合成为数量较少的元组集
Hadoop	Hadoop 是迄今最知名的 MapReduce 实现，也是完全开源的大数据处理平台，能利用多种不同数据源工作，既可以聚合多数据源进行大规模处理，又可以从一个数据库读取数据来执行处理器密集型的机器学习作业
Hive	Hive 是类 SQL 的桥接器，可让传统 BI 应用查询 Hadoop 集群；是 Hadoop 框架的高度抽象，能帮助任何人如同操作常规数据存储一样，查询存储在 Hadoop 集群中的数据； 它扩大了 Hadoop 的影响范围，使 BI 用户更容易接受
PIG	与 Hive 类似，是另一个使得 Hadoop 更贴近开发者和业务用户的实际的桥梁； PIG 使用类 "Perl 语言" 去查询存储在 Hadoop 集群中的数据，这不同于 Hive 采用的 "类 SQL"； PIG 由 Yahoo!开发，并且也已像 Hive 一样完全开源
WibiData	WibiData 是 Web 分析与 Hadoop 的结合，构建于 Hadoop 上的数据库层 HBase 之上； WibiData 使得 Web 网站可以更好地利用用户数据进行探索和工作，能够实时响应应用户行为，如提供个性化内容、推荐与决策服务等
SkyTree	SkyTree 是专门处理大数据的高性能机器学习及数据分析平台。机器学习本质上是大数据的组成部分，因为海量数据使人工数据挖掘或传统自动数据挖掘方法不够灵活或太过昂贵

2. 云计算

1) 云计算概述

云计算是近年来兴起的一种商业计算模式,其基本原理是将计算任务分布在大量计算机构成的资源池上,使各种应用系统能够根据需要获取计算力、存储空间和各种软件服务。云计算的主要特征包括超大规模、虚拟化、高可扩展性、高可靠性、按需服务、廉价以及通用性。作为一种新兴的计算模式,云计算通过网络以服务方式提供应用、数据和 IT 资源。云计算已经成为业界的发展趋势,推动力包括:商业需求——降低 IT 成本、简化 IT 管理和快速响应市场变化;运营需求——规范流程、降低成本和节约能源;计算需求——更大计算量、更多用户;技术进步——虚拟化、多核、自动化和 Web 技术。

云计算实现技术的特征:①硬件基础设施架构在大规模的廉价服务器集群之上;②应用程序与底层服务协作开发,最大限度地利用资源;③通过廉价服务器之间的冗余,使软件获得高可用性。以 Google 的云计算平台为例。Google 公司有一套专属的云计算平台为其搜索应用提供服务,现在已经扩展到其他应用程序。其基础架构模式包括四个相互独立又紧密结合在一起的系统:①GoogleFileSystem 分布式文件系统;②MapReduce 编程模式;③分布式的锁机制 Chubby;④大规模分布式数据库 BigTable。分布式平台例子还有:微软的 Dryad 框架、Amazon 公司的 Dynamo 框架和 Ask.com 公司的 Neptune 框架。编程模式例子有:Yahoo!公司的 MapReduce-Merge 框架、HP 的 Sinfonia 分布式共享内存、Stanford 大学的 MapReduce+多核、HKUS 和 Microsoft 的 MapReduce+GPU、Wisconsin 大学的 MapReduce+Cell 等。

在云计算中,分布式计算的目标是为了实现可扩展性和高可用性。作为数据共享计算模式与服务共享计算模式的结合体,云计算是下一代计算模式的发展方向。相比传统的计算模型,云计算需要的前期投入和运营费用均比较少,运营模式弹性度较高、配置易于调节。其原因很简单:传统的模型是一个单一的服务器上运行一个操作系统,资源利用率低;云计算模型由软件管理程序允许多个虚拟机运行在一台服务器上,提高资源利用率在 80%以上。云计算一般采取四种部署模式:①公共云——在网络上是公开的,完全由外部第三方提供;②私有云——专门为单一的公司所使用,可以在一个公司的房屋所在地(或不在本地,由外部第三方提供),为公司内部的用户提供虚拟化的应用、基础设施和通信服务;③混合云——混合公共和私有云,其好处是使公司在私有云保持机密信息,同时提供公共云提供的云计算服务的更多的选择;④社区云——在具有共同用户利益的有限数量的组织(也许在同行业或地理区域的用户)之间协同共享资源。社区云可以内部管理,或由外部托管服务。

云计算面临的最大挑战有三方面:①数据存储安全——存储大量的数据,存在有关用户的隐私、身份和特定的应用偏好的数据保护问题。这些问题反过来产生面向云环境的法律框架问题。②高速互联网接入——云计算模式的另一个挑战是宽带普及率。云计算立足于高速连接(有线和无线)。除非宽带速度有效,否则云计算服务不可能被广泛使用。③标准化——云计算有关的各种计算机系统和应用工作技术标准还没有被完全定义,并由监督机构批准。

2)云计算架构与技术

如图 6-1 所示,云构件通过耦合关系组成云计算的主体架构,依据其功能可以将这些云架构大致分为两个部分。

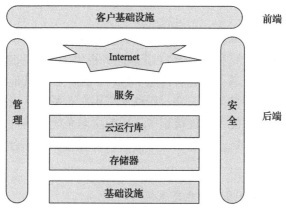

图 6-1 云架构示意图

(1)前端——需要访问云计算平台的应用及其相应接口,一般情况下,前端指云计算系统的客户端。

(2)后端——具体提供云计算服务的资源类,具体包括服务器、数据存储层、虚拟机、部署和安全机制等,这一部分通俗上也被认为是云本身(图 6-2)。目前,云计算的支持技术主要集中在虚拟化、面向服务架构、网格计算和云计算等方面,这些技术的应用和发展对促进云计算朝着灵活、可靠和高效的方向迈进。

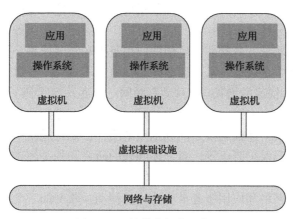

图 6-2 云计算虚拟化示意图

①虚拟化——通过给物理资源分类逻辑名字,从而实现在多个组织和客户之间共享软件应用和相关资源。需要查找时可以根据提供的指针快速定位到具体的物理资源,且这些客户之间还可以通过虚拟化架构实现隔离。

②面向服务架构——为了实现在不通过额外编程的前提下,应用软件系统可以在不

同产商之间切换，面向对象的服务架构将应用软件作为源向其他应用软件提供服务。这将使得服务系统与厂家、产品和技术类型无关，从而具有更好的适应性。

③网格计算——因为计算资源在空间上是异构的，在地理位置上是分散的，而云计算的设计思想是将复杂的任务通过分片，然后将分片后的片段分配到单个的计算机 CPU 上。这一构思是通过网格计算实现的，即通过多个不同位置的计算机群互相协调，从而实现共同目标的分布计算。

④效用计算——效用计算将提供的资源作为服务度量，建立了按使用付费的模型。效用计算为云计算、网格计算和相关的 IT 管理服务提供了运作基础。

⑤移动计算与云信息推送——随着智能手机、平板电脑和其他智能设备的兴起，很多智能终端的操作系统都将部署在云端，而移动应用生态系统、云构件和消费者之间的互动模式将更加复杂。为了能无缝连接这些不同的生态系统，构件公共通信通道，连接云构件、智慧移动、在线社区和物联网络中心的云推送将成为综合信息系统的核心，实现各个系统的耦合与集成。

3. 移动互联网与移动应用服务生态系统

移动互联网(mobile internet，MI)是当前计算机领域最热门的概念之一，国内外的学者从不同的视角和层次给出了移动互联网的定义。Chae 和 Kim(2003)从硬件(技术)载体的角度出发将移动互联网定义为可借助移动设备(mobile device)无线连接互联网数字化内容的网络。目前国内认可度比较高的定义是中国工业和信息化部电信研究院在 2012 年发布的《移动互联网白皮书》中给出的："移动互联网是以移动网络作为接入网络的互联网及服务，包括 3 个要素：移动终端、移动网络和应用服务[①]"。

移动互联网被认为是计算机领域继大型机、小型机、个人电脑、桌面互联网之后的第五个技术发展周期，其涉及的技术领域包括传统蜂窝通信、互联网、无线通信网、传感器网络、物联网、云计算等。移动互联网可以广泛应用于个人即时通信、物流现代化和城市信息化等多个场景，具有非常广阔的应用范围和发展前景。目前国内外关于移动互联网的研究主要集中在通信技术、移动终端、用户体验及安全隐私等方面。

作为 IT 领域目前快速的增长点，移动互联网已经深入渗透到了各种行业，深刻地改变了人们的生产和生活。但同时需要注意的是，也有很多专家也指出，当前移动互联网的发展尚处于初级阶段，还面临诸多问题亟须解决，例如缺乏统一的标准、整体技术方案不完整、安全和隐私保护匮乏等。对上述问题的研究和相关解决方案的提出将有助于推动移动互联网的进一步发展及与其他平台的深度融合。

移动终端、移动网络和应用服务被公认为是移动互联网的三个基本要素。其中应用服务是移动互联网的核心，也是用户访问的最终目的。移动互联网应用服务主要包括移动搜索、移动社交、移动阅读和移动支付等。近年来，伴随着移动互联网用户、终端和网络基础设施规模的持续稳定增长，覆盖移动支付、电子商务、广告和社交等的移动应用服务生态系统初步形成。

---

① 移动互联网白皮书(2011 年). http://www.caict.ac.cn/kxyj/qwfb/bps/201804/t20180426_158178.htm.

虽然国内外很多专家围绕移动应用生态系统及其相关概念已经进行了大量研究，但据我们所知，目前业界还没有就其定义达成共识。综合国内外专家研究，我们可以将移动应用生态系统的定义归纳为：为满足用户现实需求，由多个移动应用互相支持、彼此协作所组成的一个跨平台服务体系。官建文(2012)的研究指出，我国的移动互联网络生态系统已经基本形成，且具有高聚集度和高渗透率的特点。彭本红和鲁倩(2016)分析了移动互联网产业各参与主体，结合产业系统生态化治理理论提出了双层生态化治理模型。Tarute等(2017)的研究发现移动互联网平台的生态化和消费者参与度之间是一个互相促进和推动的过程。

综上所述，随着移动互联网技术的发展与移动应用服务生态系统的日益完善，移动互联网与制造业、零售业、教育和传媒等传统行业相结合，将打造出一个个颠覆传统的商业模式。但是，如前所述，当前移动互联网的发展尚处于初级阶段，如何实现移动互联网与其他传统领域的深度融合，从而推动产业升级转型是目前国内外学者研究的重点。在未来，可以有效链接各行各业人、物和数据的移动互联网被认为是人们进行移动通信和获取互联网服务的首要模式。而更加实用的体系架构，创新的应用模式和完善的技术解决方案等被认为是推动移动应用生态系统走向成熟的关键。

4. 物联网技术与应用

物联网(internet of things，IoT)作为一种新兴网络技术和产业模式，在业界受到广泛关注。从国际电信联盟(ITU)在信息社会世界峰会上发布的《互联网报告2005：物联网》中可以总结出物联网所体现的两层基本含义：①目前的三大网络，包括互联网、电信网、广播电视网是物联网实现和发展的基础，物联网是在三网基础上的延伸和扩展；②用户应用终端从人与人之间的信息交互与通信扩展到了人与物、物与物、物与人之间的沟通连接，因此，物联网技术能够使物体变得更加智能化。从目前的发展形势看，最有可能率先获得智能连接功能的物体包括家居设备、电网设备、物流设备、医疗设备以及农业设备，并基于此实现人类与自然环境的系统融合。

物联网系统架构包括底层网络分布、汇聚网关接入、互联网络融合以及终端用户应用四个部分。大量的底层网络系统选择性地分布于物理空间当中，根据各自特点通过相应方式构成网络分布，底层网络通过射频识别(radio frequency identification，RFID)、无线传感器网络(wireless sensor networks，WSNs)、无线局域网等网络技术采集物交换信息并传输到智能汇聚网关，通过智能汇聚网关接入网络融合体系，最后利用包括广播电视网、互联网、电信网等网络途径使信息到达终端用户应用系统。与此同时，终端用户可以通过主观行为影响底层网络面向不同应用，从而实现人与物、物与物、物与人之间的物联信息交互。

底层网络分布包括WSNs、RFID系统、无线局域网等异构网络，通过异构网络的信息交互实现物体对外部物理环境的感知、允许系统对物品属性进行识别以及对信息的采集和捕获。从网络功能上看，底层网络都应具有信息采集和路由的双重功能，同时底层异构网络间还需互相协作完成特定的任务。汇聚网关接入主要完成将底层网络采集的信息平稳接入传输网络中，接入技术包括同轴电缆、双绞线、光纤等有线接入方式以及

ZigBee、蓝牙、WiMAX、Wi-Fi、4G、卫星通信等无线接入方式。智能汇聚网关通常具有强大的存储、处理和通信能力,其关键是实现向下与底层网络结合,向上平稳与融合网络接入。优化网络系统包括广播电视网、互联网以及电信网的融合网络,主要完成信息的远距离传输。对于终端用户应用系统来说主要完成信息相关服务的发现和应用功能。

5. 5G 移动通信技术及其应用

作为下一代通信技术的代表,5G 移动通信技术具有低延时、高带宽以及连接匹配度高等特性。5G 目前已成为全球范围内的关注重点和角力场,在未来,5G 将与人工智能、物联网和工业互联网等技术实现深度融合,从根本上拉动信息基础设施的建设和投资需求,促进各个传统行业向网络化、数字化和智能化方向转型。当前,全球各个主要大国都已经将 5G 建设与发展视作是重要国家战略,在标准制定、频谱采用以及产业链完善等多个领域积极推动 5G 竞赛。随着 5G 全产业链的不断完善,5G 商用浪潮正在揭开序幕。

1) 5G 标准演进与关键技术

5G 标准分为两个阶段,R15 主要聚焦 eMBB(含 WTTx),R16 满足所有场景(eMBB/uRLLC/eMTC/NB-IoT)。2018 年 6 月 14 日,R15 标准已经冻结,奠定了商用基础,5G 全球统一标准成为事实,Polar 码、F-OFDM 波形、上下行解耦、短时延接入、以用户为中心的网络架构等基础创新技术已被 3GPP 采纳。

频谱方面,全球移动通信系统协会(GSMA)报告,全球共 25 张 B41(2500~2690MHz)商用网络和 24 张 B38(2570~2620MHz)网络。中美日印四大国按照 B41 全 TDD(time division duplexing)模式分配,中国移动明确采用 2.6GHz 部署 5G。2018 年 12 月 6 日,中国发布 5G 中低频段试验频率使用许可。目前 5G 移动通信关键技术主要包括:

(1) 多天线 Massive-MIMO 技术。

5G 天线配置 Massive-MIMO 指的是大规模天线阵列的多天线形态,Massive-MIMO 可以实现三维波束赋型和多用户资源复用,提升覆盖能力和系统容量的大规模天线阵列方案。5G 天线配置中 64T64R 为主力配置,多天线 Massive-MIMO 技术有三大优点,一是天线越多,同向叠加,接收信号强度越高,阵列增益越大;二是天线越多,波束越窄,干扰更小,且通过协同,干扰可控,实现更高的干扰抑制增益;三是线越多,波束越窄,相关性低的流数越多,空分复用增益越大。64TRX 天线配置下的单用户平均吞吐率比 8TRX 天线配置下的单用户平均吞吐率提升 45% 左右。

(2) NSA/SA 融合架构。

5G 网络主流组网模式分为 Non-Standalone 非独立组网(NSA)和 Standalone 独立组网(SA)两种。5G New Core 部署前,通过 Option 3x 提前部署 NR,引入 5G 新核心网(5G New Core)后 5G 建设初期,从覆盖和业务连续性考虑,CPE 等移动性要求低的终端更适合 SA,移动性较强的 Smartphone 可以继续使用 NSA,SA/NSA 可以共存。引入 5G New Core 也可以直接部署 SA。

5G 网络有三大应用场景,分别有 eMBB(enhanced mobile broadband),指能够实现

交换宽带(Gbps)移动宽带数据接入，如超高清视频、云工作、云娱乐等大流量移动宽带业务；uRLLC(ult-rareliable and low latency communication)场景，指如无人驾驶、工业自动化等需要低时延、高可靠连接的业务；mMTC(massivemachine type communication)场景，指智慧家庭、智慧城市等大规模物联网业务。NSA 组网可满足 eMBB/uRLLC 业务发展，目前 eMBB 可率先进行商业部署，而 uRLLC 应用目前仍在探索中，预计在 2022 年后才会逐步成熟。SA 组网可满足这三种业务场景，待独立建网后应用。

(3)语音方案 VOLTE/VoNR。

在建网初期，VOLTE 主力承载 5G 的语音，在 NSA 组网架构中，直接利用 VOLTE 来承载语音，对于不支持 VOLTE 的则重定向到 LTE，然后 CSFB 回到 2G；在 SA 组网架构中，EPSFB 切换回落到 4G，进行 VOLTE 语音，不支持 VoLTE：重定向回 LTE，然后再 CSFB 回到 2G/3G，未来 SA 组网将支持 VoNR 5G 语音。

(4)组网结构中央单元/分布单元独立部署。

目前，5G RAN 架构考虑采用中央单元(CU)和分布单元(DU)独立部署的方式，以更好地满足各场景和应用的需求。分离部署主要带来三方面的价值，其一是云化灵活弹性架构可以按需部署实现业务差异化以及商用现成品或技术(COTS)通用化可弹性扩展；其二是多制式多层的网络融合可以减少数据迂回并能使站点间协同；其三是开放网络能力有第三方新业务快速引入，带来能力开发和运维敏捷。CU/DU 独立部署也存在着 CU 集中后对可靠性要求更高、CU 集中后新业务部署、CU 云化协同效益、机房及 DC 部署 Ready 等多方面的挑战。

2)5G 应用进展

(1)频谱进展。

根据全球移动设备供应商协会(GSA)2019 年 2 月发布的报告显示，全球已经有 21 个国家/地区发布了 5G 频谱拍卖或 5G 商用牌照发放计划。涉及频段主要包括 3.5GHz、4.9GHz 附近的中频段以及 26GHz、28GHz 附近的高频段的 5G 频谱。美国、日韩、欧洲、中国等主要国家和地区都发布了其 5G 频谱规划。

①中国应用情况。

中国三大运营商于 2018 年 12 月初获得了工信部颁发的全国范围 5G 中低频试验频率使用许可。中国联通和中国电信均获得 3.5GHz 频段各 100MHz 频谱资源，中国移动获 2.6GHz(160MHz 带宽)和 4.9GHz(100MHz 带宽)频段。中国广播电视网络有限公司宣布已获得工信部同意将参与 5G 网络建设，目前正在积极申请移动通信资质和 5G 试验牌照，有望获得 60M 的 4.9GHz 频段的 5G 牌照，但其部分 700MHz 频段可能交回由工信部重新分配。

②美国应用情况。

美国频谱战略关注 5G 高频、中频、低频三大频段范围。美国联邦通信委员会(FCC)规划了丰富的高频资源，重视中频的共享，积极释放低频资源。在高频段方面，美国于 2016 年 7 月和 2017 年 11 月份两次发布了 5G 频率计划，共计 12.55GHz 授权频率用于 5G(包括 24.25～24.45GHz、24.75～25.25GHz、47.2～48.2GHz、27.5～28.35GHz、37～

40GHz、64～71GHz 等频段)。2018 年 11 月美国启动了 28GHz 的 5G 频谱拍卖,并于 2019 年 1 月完成了首轮拍卖。

在中频段方面,美国 3550～3700MHz 频段的使用与全球大部分国家有区别,目前主要应用于军用雷达。为促进中频频谱共享,美国于 2018 年 7 月公开征求意见,推动将 3.7～4.2GHz 频段通过灵活使用的方式支持 5G 系统与现有其他业务共享,并提出了该频段 5G 与其他系统协调发展的相关建议措施。目前美国电信公司(AT&T)已经正式向 FCC 提出在 3.5GHz 频段进行 5G 设备测试的特殊临时权限。此外,美国运营商 Sprint 还拥有可用于 5G 建设的 2.5GHz 频段的中频资源。

在低频方面,美国积极释放低频资源。2017 年 4 月,美国 FCC 完成 600MHz 频谱拍卖,释放出 2×35MHz 带宽频段,其中 T-Mobile 获得约 30.8MHz 带宽的 600M 频段,Dish 获得约 17.8MHz 带宽。目前 T-Mobile 正计划用 600MHz 来部署 5G。若 T-Mobile 与 Sprint 完成合并,则其 600MHz 可进行全国性的 5G 覆盖,2.5GHz 可进行热点地区的容量覆盖。

③日本。

日本的 5G 频谱规划主要聚焦在 3600～3800MHz、4400～4900MHz 和 27.5～29.5GHz 频段。日本于 2019 年 3 月分配 3.6～4.2GHz 和 4.4～4.9GHz 和 27～29.5GHz 频段的 5G 频率,并计划 2022 年前在 43.5GHz 以下毫米波频段,为 5G 争取更多频谱。

④欧盟。

欧洲发布统一的 5G 频谱战略,全面提供低中高频资源。2016 年 11 月和 2018 年 1 月,欧盟发布了两次统一的频谱观点,计划为 5G 全面争取 700MHz、3400～3800MHz 和 24.25～27.5GHz 等频段资源,并明确指出 3400～3800MHz 是 2022 年前欧洲 5G 系统的主要频段。

(2)5G 标准进展。

5G 标准工作主要集中在 3GPP R15 和 R16,包括无线接入网及核心网。其目前基于 3GPP R15 的 5G 标准已经冻结,最新版本已具备商用条件。3GPP 根据各国运营商不同网络部署需求及完成时间,将 R15 的 5G 标准分为三个版本,其中,Earlydrop(早期版本),即 5GNSA(非独立部署)标准,主要基于 Option3 组网方案,2017 年 12 月冻结;Maindrop(主要版本),即 5GSA(独立部署)标准,主要基于 Option2 组网方案,2018 年 6 月冻结;Latedrop(晚期版本),包含其他优先级较低的混合架构的组网方案,主要基于 Option4、Option7 等组网方案,2019 年 3 月冻结(表 6-2)。

表 6-2 5G 标准进展

项目	R15(第一阶段 5G 标准)			R16(标准 5G 版本)
	早期版本	主要版本	晚期版本	
组网方案	NSA 版本,包括 Option3 系列	SA 版本,主要包括 Option2	其他混合组网版本,主要包括 Option4, Option7	所有组网方案
冻结时间	2017 年 12 月	2018 年 6 月	2019 年 3 月	2020 年 3 月

其中,5GNSA 和 SA 标准是主流运营商的关注重点。虽然其标准版本冻结时间较早,但仍遗留不少重要技术问题亟待解决和完善,根据业内共识,2018 年 12 月发布的 5G(NSA 及 SA)标准版本,才能够满足 5G 产业正式商用的基本条件。另外,由于 Latedrop 版本不符合国际主流运营商及中国运营的 5G 部署需求,该版本的延期不会影响早期全球 5G 商用进程。

(3)5G 产业进展。

我们将从全球主要地区主要运营商 5G 部署情况、5G 主流芯片及终端、5G 网络产品及 5G 创新业务发展等方面分析和阐述 5G 产业进展情况。

①运营商部署进展及计划。

2019 年是全球 5G 运营商竞争部署的关键一年。截至 2019 年 2 月,已有 21 个国家完成了 5G 专用频谱拍卖,12 个运营商宣布 5G 正式商用,其中商用规模较大的有美国的 Verizon、AT&T 以及韩国的 SKT、KT 及 LGU+。美国运营商 Verizon 早在 2018 年 10 月就基于其自研标准(V5G),在 28GHz 毫米波频段部署 5GFWA 固定无线接入的服务——"5GHome",目前已在 4 个城市开通服务,后期计划将固定无线接入(FWA)服务升级为 3GPP5G 国际标准。目前,Verizon 是美国第四大宽带服务商,市场占比为 6%。Verizon 期望通过 FWA 的快速部署,在短时间内在美国 3000 万家庭潜在市场形成先发优势,抢跑 5G 时代的固定宽带市场。

韩国三家运营商均采用 NSA 和 SA 共存的网络架构,初期为 NSA 架构,后期向 SA 架构演进。终端方面,目前韩国市场的 5G 终端产品为华为的 5GCPE 和三星的 5G 移动热点设备。中国三大运营商均计划 2020 年实现 5G 预商用,2022 年前进行大规模商用。中国联通在全国 17 个城市开展 5G 规模试点,同时做好产业布局,聚焦重点生态。中国移动全面推动 5G 试验及建设,并在车联网、智能电网、智能制造等垂直行业积极布局,打造 5G 多样化生态系统。中国电信的 5G 网络方案优先选择 SA 部署,坚持多网协同、分阶段演进和技术经济性原则,打造 5G 智能生态,从标准、网络、应用、终端四个方面,全面推动 5G 发展。

②5G 商用初期,预期 5G 消费类终端将仍以智能手机为主。

首发 5G 手机将为各品牌的旗舰机型,价格高、功能全。多种形态的消费类新型终端虽然出货量小,但增长速度快,将是 5G 重要的终端类型,如上网本、移动路由器、AR/VR 设备等。基于 5G 的行业终端也将成为未来 5G 终端产业的重要部分,如行业客户前置设备(CPE)、无人机、车载终端等,但需要根据使用场景和产品形成定制化方案。中国作为 5G 发展的第一梯队,既拥有首发 5G 运营商的领先优势,又存在着开拓 5G 市场及业务的风险。

(4)设备产业发展趋势。

主设备商四足鼎立(华为、爱立信、中兴和诺基亚),中国厂商崛起。网络设备是移动通信系统的核心环节,主要包括无线、传输、核心网及业务承载支撑等系统设备,占 5G 总投资的近 40%。纵观从 1G 到 4G 的竞争格局,主设备产业一直都是国家之间竞争水平和综合实力对比的体现。我国主设备商华为和中兴凭借 4G 时代技术标准和产品研发的经验累积,已成为全球前四大设备商。预计在 5G 时期,这一格局仍将保持。根据中国 IMT-20205G 推进组近期完成的第三阶段测试结果,目前 5G 基站和核心网设备已经能够支持非独立 NSA 和独立 SA 组网模式,主要功能符合预期,这标志着 5G 主设备已具备预商用条件。

上游芯片制造业主要由美国企业把控,中国芯片制造有望突破。在全球化趋势下,主设备商产品设计和材料采购中,往往选择采用部分其他国家更优质的器件或技术,以实现最大的经济效益。上游产业芯片制造则主要由美国企业把控。华为和中兴主设备基带芯片、射频芯片、关键元器件仍对美国高通、Avago、TI 等有较高的依赖程度。随着我国对芯片制造重视程度的不断提高,我国正不断加大对芯片研发的投资力度,以减少对美国芯片产品的依赖度。近期,华为已经发布全球首款 5G 基站芯片"天罡",实现我国 5G 基站芯片研发的重要突破。

5G 部署前期,以面向消费类业务为主要发展重点。VR/AR 将是 5G 部署初期的典型业务。5G 的大带宽和低时延将有效缓解 4G 时代不能满足的 VR 体验的眩晕感。运营商可率先借助 VR/AR 应用切入直播、教育、医疗、游戏等重点垂直行业,抢占市场先机。根据 Ovum(2019)预测,到 2028 年,中国将成为全球最大的 VR 和 AR 市场,直接营收将超过 150 亿美元。高清视频也将是 5G 部署初期的热点,4k/8k 视频应用成为基础。预计到 2028 年,仅仅是消费者在视频、音乐和游戏上的支出就会增加近一倍,全球总体量将达到近 1500 亿美元。

5G 行业应用将成为中远期 5G 应用创新的关键。随着消费互联网的进一步饱和,产业互联网将成为 5G 应用发展的蓝海。运营商正在提前布局垂直行业领域,包括制造、能源、医疗、教育、交通等,抓住 5G 机遇,以网络长板为基础,打造云网一体的泛智能化网络,定位数字经济时代的使能者,获得生态红利。一方面,通过建立产业合作平台,推进通信运营企业和其他重点产业单位的合作对接,推进 5G 在重点行业应用方面的研究和示范。另一方面,推动相关政策、法规完善,积极出台激励措施推进跨行业合作,营造产业生态环境,推动各领域应用的融合发展。

6.3.2 新兴信息技术下的能源行业

近年来,随着大数据、移动互联网、云计算和物联网等信息技术的迅猛发展,以上述信息技术为代表的数字化技术与传统的能源产业有机融合,引导能源管理向智能化、低碳化和清洁化发展与转型。数字化信息技术正成为能源产业变革和实现创新驱动型发展的核心动力。国际上,美国、欧盟和日本等发达国家纷纷将发展新能源技术、提高非化石能源比例作为其发展战略,在和新能源相关领域的新技术、新工艺和新材料等方面提出了一系列的促进政策和措施。促进信息技术和能源技术的耦合发展,将数字化技术在能源管理领域落地已成为各个国家的共识与未来发展的主要方向。

根据 IEA 发布的报告《数字化与能源》预测,通过在油气生产领域应用数字化技术将会使相关的开采成本降低 10%～20%,与此同时可以将全球油气可采储量提升至少五个百分点(基于现有的开采技术)。IEA 还预测,通过应用大数据技术提升存储端和生产端的协同,将使得未来二十年内风力发电和太阳能光伏发电的弃电率从当前的十个百分点左右降低至一到两个百分点。这一数字意味着共 3000 万 t 的二氧化碳排放减少量。

　　基于海量数据的分析，同时借助人工智能技术，数字化浪潮可以为能源行业带来焕然一新的管理体系和运作措施。例如，通过对输电网络的智能化改造，可以实现对电力系统运行状况的实时监测，通过对运行数据的分析，可以迅速提出相应的分配方案，最大程度提升电力系统的效率。

　　将来，在物联网、5G 移动通信技术以及区块链技术等的基础上，能源信息系统将与数以亿计的终端设备实现毫秒级别的双向实时传输，从而构建起万物互联的泛在能源工业物联网。以此为基础，能源管理的数字化转型将得以实现。

　　对能源消费端来说，数字技术和能源消费环节的深度融合，将为消费者提供偏好灵活性更高、经济性更好的能源服务，也创造了许多消费升级的商业机遇。截至 2018 年，全球能源数字化技术已涵盖油气勘探开发、加工、运输、储存、能源分配、废物利用、能源贸易等各个环节。

　　数字化转型为传统能源行业转型升级带来诸多机遇，一是催生新的经济形态，带来新的经济增长点。随着数字经济日益成为全球经济发展的新动能，新业态、新模式层出不穷，数字经济、平台经济、分享经济、服务经济逐渐成为重要的经济形态，这为传统的以资产投资、成本收益、购销差价为主要模式的能源行业提供了进一步拓展的空间。二是有助于行业内企业经营管理和治理能力现代化，大数据融合创新，可以助推能源企业科学、高效决策，可以优化服务和监管，为客户提供更加优质、便捷的能源公共服务。当前正处于"数据智能化"和"治理现代化"的交融交汇阶段，充分发挥大数据的驱动和支撑作用，有利于形成科学系统的制度体系，加速推进和实现行业治理能力现代化。三是为全行业提高竞争力提供了新的突破口，通过采用数字技术，可以提高生产力、降低成本、创造新收益，大幅提高能源行业和企业竞争力。数字技术的不断应用和平台经济、共享经济、生态经济的崛起，为行业内商业模式重塑、经营管理变革带来了前所未有的机遇。

　　面对数字化大浪潮席卷全球，技术的高频创新导致现代商业竞争的不断加剧，也许，传统能源企业的规模优势在快速颠覆式变革面前有可能不堪一击。无论是主动求变或被动应变，面对数字革命，"变"才是顺势而为唯一办法。能源行业要主动迎接数字经济带来的各种挑战。

　　首先，要着眼能源革命和数字革命相融合、国家战略和企业战略相结合、加快制定数字化战略，以数字战略引领行业发展，统筹部署数字转型路径，创新数字应用新模式，加大云平台和"云化"部署，持续提升大数据、工业互联网和物联网应用水平，构建新型数字化的企业治理体系。

　　其次，要以数字革命为契机，引领关键核心技术创新，在强化原始创新基础上，引入和加强开放式创新，充分发挥以能源企业为主体、产学研用协同的创新体系，加强软硬件核心技术攻关，推动关键网络设备和智能网联装备的研发及产业化应用。

　　再次，要加快人才培养。因为企业数字化转型，拥有数字化思维、通晓数字技能、具备工业专业技能的通用数字化人才是关键。数字化企业对运行维护人员提出了更高要求，以确保智能设备能准确、快速回应各种需求并做出决断。

　　最后，也要防范数字革命带来的行业安全风险。随着越来越多的生产和决策依托于网络与数据，安全保障问题也越发突显，在数字化技术开发和智能化系统运行过程中必须得到高度重视，预先防范，如有不测，应对自如。

对能源行业内企业来讲，数字化安全是企业自身权益和稳定运行的重要保障。从国家层面来说，数字化带来安全风险不仅关系到产业的健康发展，更关系到国家经济社会稳定。国家在法律法规、标准制定、设备和数据防护、数据测试验证和公共服务等方面要同步跟进，围绕数字规划、建设、运行等全生命周期，加快构建责任清晰、制度健全、技术先进的安全保障体系，为能源行业和企业的数字经济转型保驾护航。

6.3.3 新兴信息技术下的能源工程管理

本节将不再只局限于对相关概念的笼统叙述。为了使读者可以更加深刻地理解新兴信息技术下的能源工程管理发展趋势，我们将就大数据、云计算、5G 移动通信技术以及物联网等在电力、勘探以及能源传输管理等具体领域的应用进行介绍。

1. 大数据技术在电力信息系统中的应用

近年来，大数据在很多领域都得到了应用与发展，基于大数据的分析对很多行业的决策制定和管理机制产生了重要影响。随着电力行业信息化建设的加速发展，以往生产运营过程中产生的大量数据受到了各方的重点关注。如何有效挖掘这些数据中蕴含的价值，从而为电力企业的转型发展赋能，受到了国内外学者的普遍关注。相关的研究领域例如如何利用大数据技术进行选址、工厂建设以及对用户端数据进行分析和定制化管理，这些内容对提高企业服务水平和实现能源的高效利用具有非常重要的促进作用。从总体来看，大数据在电力信息系统中的应用主要体现在以下几个方面：

1）配电管理

在互联网系统中，假如网速不够的话，很多业务内容的开展都会受到影响。同样地，在电力系统中，随着城市人口数量的激增，电负荷的增长速度不断增加，由此产生的低电压问题严重拖慢了电力系统的效率，对社会总体运行效率也产生了影响。借助大数据技术，可以实现对低电压问题的有效治理。通过将大数据技术和监测控制和数据采集系统(supervisory control and data acquisition，SCADA)结合，分析检测采集到的电压数据，不仅可以降低低电压问题的再发率，还可以保证电力系统信息的安全，从根本上解决配电低电压问题。

2）预测风电场发电的功率

风力发电厂的发电量并不稳定，因此其对于整个电力系统的影响最大。借助大数据技术对风电场功率进行预测，有助于消除相关不利影响。具体的解决思路是搜集发电机组的尺寸、地理信息以及气象信息等。对相关数据进行汇总并形成大数据，通过对相关数据进行分析，研究发电量的变化趋势从而对风电场的功率进行预测。

3）新能源发电

随着人类经济活动的发展，传统的能源已经越来越无法满足人类对能源的需求和对环境保护的追求。在电力领域，为了减少传统能源发电的负荷，提升供电的质量，太阳能、潮汐能和风能等分别被纳入了电力功能系统。与传统能源性质相比，这些新能源功能网络在工作时，需要连接的终端数量更多，进行调配需要面对的问题也更多。而通过大数据技术，发电企业可以根据用户反馈信息设计针对性的方案来解决问题，并对解决方案进行全面的评估。这些措施都有助于提升解决问题的效率，降低问题再发概率。

目前，传统能源供给方式局限于能源开发率，而现如今，我国太阳能、潮汐能、风力发电等绿色能源发电发展超前，我们理应更新对于能源数据的处理方式。经测验，大数据技术通过改变发电能源的供给方式达到电力系统信息安全标准，从太阳能对接供电及微步式供电两种情况来看，电力系统仍存在技术跟不上能源转变的情况，因此，要提高能源供给方式，首先需要掌握大数据技术配置能源的方法。

此外，随着互联网的发展，人类的生产生活几乎围绕互联网开展，网络带给我们便利的同时也存在着信息安全的风险。对于一个企业来说，数据往往决定着整个企业的未来发展，电力企业更是如此。众所周知，未来企业之间的竞争是数据的竞争，数据代表信息，数据丢失导致信息安全问题出现，从根本上影响企业发展，然而，大数据技术不仅能够保证企业信息安全，还能够从海量数据中提炼出最有价值的数据，为企业节省时间金钱。因此，处理电力系统产生的数据需从大数据技术的角度出发，同时电力系统信息安全防护的效果也会越发明显，数据信息在系统中能够正常发挥作用，促进电力系统的正常运转，为企业发展创造良好的环境。

2. 云计算与石油勘探生产

本部分将就云计算在石油勘探领域的应用进行介绍。当前，随着业务的深入与拓展，石油公司需要处理空前未有且还在不断扩容的海量数据。同时，还需要对这些数据进行深入的分析并实现精确的成像。而云计算凭借其高效的计算机系统管理资源池管理方式，用户可以通过用户端简单的操作就可以使用先进的算力来进行复杂的地球科学研究与探索，分析超灵敏地震传感器产生的海量运行数据、增强现有的超级计算能力与缩减高清成像流程与时间。例如，壳牌公司通过 Hadoop 搭建了云计算平台，通过授权第三方访问 Amazon 的虚拟私有云平台，壳牌公司的钻井工程师和地球物理学家可以对公司的历史数据进行分析与研究。而通过利用 Microsoft 公司的 Azure 云，油田服务公司贝克休斯可以实现在不增加本地部署基础设施成本的基础上，增强高性能计算集群，从而实时地运行计算流体力学软件 TubeFlow。

以往石油行业主要依靠集群计算来对海量的数据进行处理。在表 6-3 中，我们对云计算和集群计算的差异进行了比较。相比于集群计算，云计算数据分析的可扩展性更强，有助于推动基于大数据分析的决策和管理在石油工业行业的落地和融合。例如，IaaS 作为第三方的专业服务提供商，其主要业务就是利用云计算从复杂的历史数据中提取有价值的信息、执行空间建模和 4D 地震建模分析。此外，SaaS 解决方案同时也适用于交易、潜在客户分析以及运输管理等对于时效性要求比较高的领域。

表 6-3 云计算与集群计算比较

参数	集群计算	云计算
处理机	在集群的计算机上直接运行程序	利用虚拟机
计算资源	计算资源相对固定	按需分配
网络通信	专用高效局域网络技术	共享普通网络
成本	购买设备	按照使用量付费

在以往，要实现石油公司总部、分部和偏远作业现场之间业务内容的对接是一项相当困难的工作。而通过云计算平台，所有的工作人员可以很便捷地通过个人电脑使用部署在云端的所有软件。一些需要先进服务器才能完成的工作，例如 3D 地理信息建模可以通过部署在云端的服务器来完成，然后再返回到客户端。工作人员个人电脑端只需要网络进行数据传输以及屏幕来对结果进行呈现。

因为石油公司往往需要管理地域分散的雇员、合作伙伴、供应商、子承包商组成的生态系统。任何人在任何地点和任何时间，都需要利用云计算存取信息，从而有效地实时共享数据和协同工作。欧洲最大的石油勘探公司之一 Tullow 石油公司已经部署了基于云的 YouSendIt 公司的软件套件。该平台允许 Tullow 石油公司雇员交换非常大的文件，包括地图、油井数据、CAD 图件、图像、图形和其他重要信息，而不要通过电子邮件系统这样传统方法。

另一方面，石油公司还致力于利用先进的客户关系管理(customer relation management，CRM)和社交媒体深化客户关系。云允许石油公司实现新的面向客户的能力，比传统的系统具备更快速响应和低成本，增强客户联系。石油公司更多利用基于云的 CRM 和社交媒体，包括构建"绿色"品牌。基于云的协同工作将成为常态。石油公司模块化的云生态系统将成为开展大型工业项目的先决条件。通过云的协同有助于管理世界上不同部分的不同的数据安全和隐私规则。基于云的基础设施、应用、平台和业务过程，可以更灵活和透明地控制成本，并通过按使用付费，提供更大的可扩展性和敏捷性。将专门的工业服务(例如，勘探与生产油藏管理)迁移到云中，建立行业云环境。例如，哈里伯顿公司的 vSpace 云服务，允许用户无论在任何地方都可以连接到"云"，实现远程 3D 可视化地技术应用，实时进行 3D 交互式工作，以及开展团队协同工作。vSpace 云计算服务既可在局域网(LAN)，又可在广域网(WAN)运行，支持多种操作系统，包括 Windows 和 Linux。vSpace 云服务利用高性能计算机系统"资源池"实现负荷均衡，并根据网络状态自动实时实现应用优化。而且由于处理工作在中心先进的服务器进行，通过网络传输的只是屏幕图像，提高了显示性能，并降低成本。Talisman 能源勘探与生产公司实时操作中心(RTOC)，利用 vSpace 环境操作监控和管理产品云解决方案，第一年就可以节省 3 千万到 4 千万美元，而在改善地球科学和工程领域协作方面，获得更大的利益，并能够在钻前预测钻井危险。

云计算帮助石油公司管理环境影响，远程实时监控复杂的环境。石油公司通过更有效地控制操作，减少 IT 能力和资产盈余，减少环境影响。例如，Chavron 利用 Locus 技术公司的环境信息管理(EIM)解决方案，在 Saas 模型下组织和管理环境修复计划的实验室数据。利用云技术与移动技术结合，可以增加远程设备正常工作时间，有效管理资源，减少资源浪费。一个例子是利用云计算的岩石压裂装置——包括钻机、射孔枪、搅拌机和仪表——用于在高压下从钻进油藏岩层井筒中释放石油和天然气。重型装置和原始机器制造商布劳恩公司(MG Bryan Equipment Co. Company)利用云计算压裂装置的远程资产管理，系统设计与 Rockwell 自动化以及微软的 Azure 平台集成。系统提供远程安全存取实时信息，自动维护预警和服务，有助扩展设备生命期，优化正常工作时间和生产。

3. 基于 5G 的泛在电力物联网

为了促进能源互联网的发展,国家发展和改革委员会于 2016 年发布了《关于推进"互联网+"智慧能源发展的指导意见》。2019 年 3 月, 国家电网有限公司对于促进泛在电力物联网(ubiquitous power internet of things, UPIoT)发展做出了全面的规划和部署。同年,南方电网提出了"4321"①行动，将数字化转型作为其长期发展战略。该战略计划中，南方电网集团提出要将发、输、变、配、用、调全面智能化，实现多源管理，进行新业务、新形态拓展。在传统的通信情境下，如果使用有线的方式来进行泛在物联网信息的传输，将会使得成本非常高昂，而且效率也很低下。5G 技术的兴起为泛在电力物联网的建设提供了新的机遇与发展机会。通过二者的结合，可以实现高质量的通信，满足泛在电力互联网的发展需求。

本部分将首先对泛在电力物联网的定义及其发展现状进行回顾，并对 5G 在泛在电力物联网网络建设中的重要作用进行阐述。此外，我们还将重点分析泛在电力物联网中 5G 通信的关键技术和技术特点。与此同时，在本部分还将对 5G 在泛在电力物联网中典型的应用场景进行描述，以及在具体的实际应用中存在的问题与阻碍。最后，我们还将展望泛在电力物联网中 5G 的发展方向。

1)泛在电力物联网

泛在电力物联网的定义可以从三个方面对其进行解释，分别是物联网、电力网和泛在网。其中"物联网"一词最早现于比尔·盖茨在 1995 年出版的书籍《未来之路》中。物联网是传感网络的扩展与延伸，用来指代物与物之间信息的交互。第二个概念是电力网。实际上，电力网可以视作是物联网中的一种具体形态。第三个概念是泛在网(ubiquitous network)，其表示的是无论是时间还是空间，抑或是任何对象的任何范围内，都存在相互的连接网络。物联网、传感网与泛在网之间关系如图 6-3 所示。因此，泛在物联网的内涵可以理解为任何时间、任何地点、任何人、任何物之间，都会存在信息的连接和交互。

综上所述，泛在电力互联网可以定义为：围绕电力系统各环节，充分应用移动互联、人工智能等现代信息技术、先进通信技术，实现电力系统各环节万物互联、人机交互，具有状态全面感知、信息高效处理、应用便捷灵活特征的智慧服务系统。众所周知，传

---

① "4321"即建设电网管理平台、调度运行平台、客户服务平台、企业级运营管控平台四大业务平台，打造南网云、数字电网和物联网三大数字化基础平台，对接国家工业互联网和粤港澳大湾区利益相关方，完善统一的数据中心。

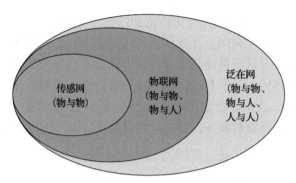

图 6-3　泛在网络、物联网、传感网之间的关系

统的电力网络可以实现电能的"泛在"，但是对于电力信息的"泛在"却无能为力。而通过对传统电网的改造，在泛在电力互联网的情境下，电网不止具有单纯的能量传输功能。"能量+数据"的模式将使得该网络的效率迅速提升。基于先进的通信信息技术，通过对网络中关键数据和信息(比如分布式电源数量、用户的用电数据和配电系统的状态信息)的采集与连接，可以从系统的角度进行协调和优化。

其中感知层工作的核心内容是通过终端标准的统一从而实现跨专业数据的同源采集，深度覆盖配电侧和用电侧的采集监控，推动终端智能化和边缘计算水平的发展；网络层旨在促进电力无线专网和终端通信的建设。通过增强带宽及深度全覆盖的实现来满足新兴业务发展的需要；平台层是泛在电力互联网结构的公共基础平台。通过超大规模终端物联管理的统一，建设统一的全业务数据中心，实现数据的高效处理和云雾协同能力；应用层是泛在电力互联网的应用和控制中心。应用层的核心工作内容是建立全面服务能源互联生态系统，从而提升管理水平和实现业务转型，全面支撑核心运营业务的智慧化。这四个层面之间存在很强的关联作用，建设好感知层和网络层，应用层和平台层才能得到良好的硬件条件支持，而感知层和网络层的完善和改进也离不开应用层和平台层的动态反馈信息。5G 技术主要应用在泛在电力物联网的网络层面，下面我们将对相关内容展开详细论述。

2)电力物联网中 5G 技术应用意义

在配电网中，大量储能元素、节能服务以及新能源系统的接入，需要精细地调控。因此，充分的连接是泛在电力物联网发展的充分条件。无论是现在还是未来，在电力业务通信环节，有着三个方面的基本需求，其分别是：

(1)实时性。

电力业务通信的时延通常要求不能超过 20ms，时延抖动要不大于 3ms，大部分的电力业务数据传输的可靠性要达到 99.999%以上。

(2)安全性。

因为业务内容的独特性，电力数据通信过程必须要全程监控和严密管理，防止数据被窃取和篡改。

(3)便捷性。

因为连接有海量的智能终端设备，这必然给数据传输带来很大的挑战。只有适应点多面广业务内容的复杂性同时降低传输成本，才能促进电力业务通信的继续发展。

然而，过去的通信技术，面对点多面广的智慧终端和海量的用户终端，有着连接匮乏、数据获取困难和无线通信质量低等诸多问题。例如，在电力通信信息传输终端 1km 的范围内，时延一般在 50ms 到 100ms 之间。无线数据传输带宽不足、高清视频的传输难以完成且其安全性和经济性也不理想。而假如通过光纤物理连接的话，又需要面对前期投资大、施工和维护困难等问题。光纤有线连接只能覆盖一些高价值的大客户，灵活性和适用性都不能满足电力业务发展的需求。

随着 5G 技术的兴起，其在泛在电力互联网通信中的应用成为当前的研究热点之一。作为最新一代的移动通信技术，5G 可以保证充分连接和通信质量的有效提高。与传统的 2G、3G、4G 相比较，5G 在系统安全性、覆盖范围、传输时延以及用户体验等诸多方面都有了显著的提升，对于助力电力业务多种业务的泛在连接具有非常重要的作用。5G 技术在电力网中的落地与融合，对于泛在电力物联网的发展与建设将提供至关重要的支持。

3）基于 5G 的泛在电力物联网

5G 通信自身的特点和优势与电力系统的特点十分契合，从而可以为不同类型的用户提供相匹配的服务方式。在电力运营方面，例如配电智能运检、自动化配电以及智能电表数据的自动上传，可以基于权益法则应用 5G 技术提供差异化的通信连接服务；而对于消费类电力用户来说，可以为其提供智能家居的用电管理和永续系统监控维护服务。通过联合电力公司共同为其提供相应的服务；而对于那些涉足综合能源服务、新能源管理以及充电桩监控的企业来说，可通过移动边缘计算（moving edge calculation，MEC）来解决传输时延、网络拥堵的问题，同时带来管理功能的灵活性。移动边缘计算可以满足企业差异化的通信服务需求，相关业务包括物联网云平台增值服务、虚拟专网和专业子网等。具体来讲，5G 在泛在电力物联网中的应用场景包括如下：

（1）5G+配电网差动保护（分布式自动化）。

目前，配电保护系统还不能实现分段隔离，配电保护措施大多采用过压保护、简单过流等，通信能力对其支持不够。在这种情况下，万一发生停电，影响的范围会比较大，在故障后重新恢复供电需要花费的时间也会比较长（一般情况下需要几小时甚至几天）。此外，由于配电网终端设备数量众多且比较分散。如果使用光纤连接，面临线路铺设难度大和成本高等问题。而 5G 无线通信具有部署速度快、成本低和后续升级扩容便利等优势，基于高精度时钟同步，5G 移动通信技术将可以实现配电网的差动保护功能，为终端提供优于传统的解决方案。在这种情形下，差动保护时延将不会超过 12ms，从而实现电网不同区域的模块化隔离。

（2）5G+配网 PMU。

电源管理单元（power management unit，PMU）是一种控制数字平台电源功能的微控制器。PMU 对数据通信的时效性要求很严，需要实现实时控制，延时不超过毫秒级别。PMU 具有通信频次高、需要测量的点位较多以及报文动态变化等特点，因此在传统的通信情境下其实施过程中面临的阻碍较多。而 5G 移动通信技术具备带宽大、实时性强和可靠性高等优点。在大范围配电网部署、多方通信协同以及配电网状态感知等方面，为配电网故障诊断提供了新的思路和解决手段。

(3) 5G+精准控制系统。

5G 移动通信技术在精准控制系统(precision control system, PCSTM)中也有很大的应用空间。在传统的接入方案中,终端用户通过全光纤进行连接和数据传输。而通过引入 5G 移动通信专网,不但资源的可控性大幅提升,而且可以便捷地实现相关链接载荷模块化管理以及能源资源的分布式调控。

(4) 5G+虚拟电厂。

虚拟电厂(virtual power plant, VPP)是指由大量的分布式电源、储能设备、可控负荷和双向式电动汽车等连接所组成的一个虚拟功能系统。由于 VPP 连接了大量的智能终端和设备,因此其对控制的实时性和调控相应的速度要求都很高(至少达到毫秒级别)。然而,一方面光纤通信的连接成本高且连接的数量少;另一方面,传统的无线通信网络时延较高,这都阻碍了 VPP 在实际中的进一步应用和发展。而 5G 通信技术由于其时延低、带宽高以及部署成本低等优势,可以实现毫秒级别的实时调控与响应,从而为调压调频提供新的技术手段。

(5) 5G+智能巡检。

当前,巡检机器人越来越多地应用到了电力系统的巡检业务中。这些机器人需要联网对数据(包括高清视频、基础数据及本地分析结果等)进行实时地分析和上传。当前的解决方案主要是基于 Wi-Fi 和短距离无线通信等,这些解决方案往往具有诸多的限制和不足,例如,可靠性不够、可传输的范围较小以及需要工作人员频繁地操控。未来基于 5G 移动通信技术的解决方案将可以实现高带宽、低时延的数据传输,从而实现网联无人机和地面机器人之间的互动。在此基础上,一些更深入的业务内容例如远程作业、数据的实时回传以及高清互动直播和远程 VR/AR 专家会诊等都可以实现。

(6) 5G+数据增值服务。

当前,数据的价值受到社会各行各业的重视。数据的收集以及基于数据分析的决策正成为大型公司和机构管理的重要组成部分,在电力系统管理中也不例外。电力物联网搜集到的用户数据涉及多方面信息,这些数据不但对电力管理决策有重要的意义,而且对很多其他行业也蕴含着很大的潜能。但是目前,对用户侧数据的搜集还缺乏系统的规划和科学的指导,数据搜集行为杂乱无章同时数据处理的速度也不能满足实际的需求。只有解决数据传输的时延、分析结果的时效性以及网络的承载能力才能最大限度地挖掘出用户侧数据的隐藏价值。而 5G 移动通信技术的应用对上述问题的解决提供了新的契机,借助 5G 技术可以进行实时地数据分析、个性化方案的定制,从而使数据发挥其真正的价值,同时也使得整个网络的效率更高、响应速度更快。

综上所述,5G 移动通信技术为泛在电力物联网的发展创造了重要的机遇。通过 5G 技术,泛在电力物联网可以实现更有效率和价值的连接,在一些传统的业务领域,例如为电网不同分区业务提供可靠的隔离分区管理、为海量的终端提供灵活的接入运营服务以及为多维业务提供无线接入的解决方案。5G 移动通信技术对电力物联网的进一步发展具有重要的促进作用。

4) 5G 泛在电力物联网面临的挑战

数据传输的安全是通信领域的核心内容之一。同样在泛在电力物联网中，5G 移动通信技术的安全对其后续应用影响重大。现行的电网安全分区原则主要适用于主网，其制定时间在 20 多年前。虽然在 2014 年，该原则进行了修订，由于当时末端电力用户通信的需求较少，对于末端用户的连接需求考虑不足。对于主网来说，其容量大，事故发生破坏影响也较大，严格的标准有助于降低事故发生的严重后果。但是如何在保证主网安全的前提下考虑末端用户的高效接入还需要进一步的研究。

此外，目前泛在电力互联网使用的是 5G 公网，从而使得进行有效的物理隔离比较困难。特别是现在随着海量的智能终端接入配电网末端，迫切地需要在分层机制、分类处置原则、配用领域和安全管理办法等方面适度开放对 5G 公网的使用，研究如何实现效率、安全和效益的均衡。虽然目前 5G 技术在很多领域已经取得了应用。但从总体来看，其仍处于快速发展阶段的初期。当前，5G 业务场景主要集中在大视频领域，因此对技术的要求侧重于满足大带宽、低时延等方面的要求，从而提升用户在 VR/AR 端的体验。后续随着超高可靠低时延技术以及海量物联网等需求的发展，5G 移动通信技术将向更多的垂直场景拓展，实现与能源、工业以及车联网等领域的融合，帮助目标客户实现数字化转型。因此，泛在电力互联网和 5G 的融合将在技术进步的过程中不断螺旋上升。

第7章

能源工程项目管理

7.1　能源项目可行性研究

7.1.1　传统能源项目与新能源项目的可行性评价的差异

传统能源项目包括石油、煤炭、天然气等,新能源项目主要有核能发电、风力发电、太阳能发电等,在可行性评价过程中,二者在设备技术供应、环境评价、政策支持等方面存在差异。传统能源项目已经有相对成熟的技术和设备,而新能源项目还在发展阶段,储能技术不够成熟,转化率较低。在环境评价阶段,传统能源属于不可再生资源,而且在使用过程中会产生二氧化碳和粉尘等污染物,对环境存在破坏性,造成温室效应、雾霾、酸雨等。而新能源项目则不存在这一方面的问题,风能、太阳能等新能源属于清洁资源,取之不尽,用之不竭,不用担心资源枯竭,且使用过程中产生的污染物少,对环境友好。在政策方面,政府为鼓励节约能源、使用绿色能源,通过一系列优惠政策来鼓励加快新能源技术的研究和开发,推广和使用先进的新能源技术。

能源工程项目产业不同于一般的建设工程项目,此类项目技术要求高且投资风险大。尤其是新能源项目,在国际能源技术快速迭代的背景下失败风险更高。一些超长建设周期的项目技术方案可能在投产之前就被新的技术所替代。新能源技术、可再生能源技术对于传统能源具有替代性,这增加了一些传统能源项目的风险性。相对传统能源项目而言,新能源项目具有开发利用技术复杂和研发成本高的问题。新能源项目主要包括核能类项目、风能类项目、太阳能类项目、生物质发电项目、生物燃料项目、地热能项目、海洋能项目、氢能项目、天然气水合物项目等(闫强等,2010)。

传统的项目的竞争力分析主要聚焦于同类型项目。而对能源项目而言,由于不同能源直接具有替代关系(风电项目、水电项目与火电项目之间的替代关系)。因此能源项目的竞争力分析需要站在产业全局的角度进行。在同一区域内,要对主要竞争项目的优劣势进行判断。所需要分析的内容为:①竞争项目与自然资源条件的契合度;②所在地能源或用电的需求对比;③与竞争项目在技术工艺先进程度方面的对比;④竞争项目是否能在一定时期内产生更大的规模效益;⑤当地的碳排放、环保政策对项目的影响。

在确定了项目类型、项目选址和项目规模之后,就需要对具体的技术方案进行论证研究。能源工程项目应该首先考虑先进方案或主流技术方案,避免采用已经落后甚至淘汰的技术方案。应该综合考虑设备的耐久性、设备的使用寿命、单位产出所消耗的能源、碳排放和废气废水废渣排放水平、人工和机械化率水平等。从长远来看,项目所使用的技术方案和装备最好处于国际主流或先进水平，以免一定时期内被替代。从技术的适应性来看，能源项目的技术方案应该考虑所在地的水文和地质环境。采用的方案应该与当地的资源供给特征相匹配。如果能综合考虑当地供应商，那么设备与零配件的后期维护将更加便利。出于对成本的控制考虑，项目主要原材料和辅助原材料应该尽量利用当地资源，从项目所在地就地取材。

对光伏发电项目而言，目前已经形成了较为完整的产业链体系。政府对光伏产业的扶持和产业扩张也促使光伏发电项目的单位成本大幅度下降。以目前光伏组件的市场来看，累计装机容量每翻一倍就可以使得单位成本下降 35%(林伯强，2018)。我国光伏电池及相关产业的发展规模已经位居全球前列，发展成为以硅材料和电池组为基础的技术体系。高效背钝化电池、发射极电池、金属穿孔卷绕电池等电池制造技术也已经基本掌握。批量化单晶硅电池效率不断提升，批量生产多晶硅电池效率也已经达到国际领先水平。硅基、CdTe、CIGS 等薄膜电池技术快速发展，与国际先进水平逐步接轨。光伏发电系统关键技术也取得重要进展，并网光伏电站设计集成、光伏与建筑系统集成技术，多能互补微电网设计集成技术都已经被掌握并投入示范建设。中国的光伏电池生产企业无论在技术上还是规模上都已经达到了世界领先水平，硅片、电池片、组件出口额增长较快，光伏组件产量也位居世界前列。相比于其他能源工程类项目，光伏发电项目目前技术方案可行性高，也可根据项目投资规模的大小灵活安排技术方案。

在风力发电项目方面，基于前期的技术积累，我国实现了风电机组整机级别的巨大提升，并已经发展为全球风电相关部件生产的主要国家。我国掌握了一定级别的风能装备设计制造技术和系统集成技术，风电机组国产化比例超过 80%。目前我国已经逐步解决了风电并网接入的技术难题，同时研究出了相对可靠的风电功率预测系统；基本实现了低-高电压穿越技术，建成了全球首个 100MW 级风光储输项目和海岛风电多端柔性高压直流输电工程，完成在高渗透率下大规模风电并网运行。中国企业的风力发电设备制造水平已经达到世界先进水平。目前存在的主要问题是：风电设备的抗扰性弱、高效消纳问题难以解决、在并网运行和多能互补方面有待深入研究；对复杂环境和特殊气候下的风电功率预测能力较弱；在风电多种利用，如风电制氢、风电供暖等方面还处在开发试验阶段；在多能互补方面，缺乏多种电源复杂特性的电力系统分析技术；在分布式开发利用方面，投资巨大但实际使用效果差(石文辉等，2018)。海洋风能虽然开发潜力更大，但是由于海洋环境的复杂性和气候条件的不确定，海洋风能的技术开发难度要远高于陆地风能。海上风电的集群控制、并网和输送等还处于研发初级阶段，这也是我国长期以来海上风能项目还在探索和尝试阶段的原因。对于此类项目，技术方案还需要整个行业的不断升级，因此投资回收期难以预测。此类项目的实施需要有地方政府的扶持和补贴。

核能项目的投资收益要高于其他的能源工程项目，但我国目前的核能发展与世界先进国家还存在差距。我国核电建设起步比发达国家晚，发展时间也相对较短。以"运行堆年"为指标的实践经验远不及美国、法国、日本和俄罗斯等国家(张生玲和李强，2015)。从当前来看，我国核电装备还没有真正实现规模化和产业化，主要核电设备国产化率较低。这些原因导致了核电项目的成本难以降低。截至 2022 年 6 月，中国在运核电机组

54 台, 在建核电机组 23 台, 其中三代核电机组 10 台, 自主设计的三代核电技术具有新设计的安全系统和事故预防能力。我国自主设计了 60 万 kW 示范快堆, 高温气冷堆核电站项目也将竣工。目前, 我国核电装备产业正在形成, 三大核电装备制造基地的研发制造能力也在提升, 核电配套装备和其他相关零部件生产企业正在壮大, 主要关键设备已实现国产化并已形成相应的供货能力。对于核电类项目, 技术方案相对固定, 可选择的余地小。此类项目的实施并不能以经济成本的角度进行分析, 其对技术方案的安全性和可靠性要求也是能源类项目中最高的。

根据国际可再生能源署的研究认为, 不久的将来生物质能和水力能等可再生能源的发电成本将逐步接近传统的化石燃料发电成本。太阳能光伏电、陆地风力发电和海上风能发电的能量平摊成本也明显下降。其中常规太阳能光伏发电的成本降低最为明显。2010~2018 年聚焦式太阳能发电的成本也大幅降低。随着新能源相关产业企业研发投入的逐步增加和技术研发能力的增强, 可再生能源发电项目与传统化石能源发电项目相比在成本方面逐渐表现出了优势。大数据、"物联网"、"互联网+"、集成优化技术和人工智能的发展也给光伏发电项目的大面积应用和普及创造了条件。因此, 可再生能源项目在建设初期, 其技术方案就应该考虑与物联网和大数据技术的集成性。

7.1.2　国家政策与战略导向

从我国总体产业布局来看, 新能源产业是国务院规定的战略性新兴产业。2010 年国务院颁布《国务院关于加快培育和发展战略性新兴产业的决定》, 积极研发新一代核能技术和先进反应堆, 发展核能产业。加快太阳能热利用技术推广应用, 开拓多元化的太阳能光伏光热发电市场。提高风电技术装备水平, 有序推进风电规模化发展, 加快适应新能源发展的智能电网及运行体系建设。因地制宜开发利用生物质能[①]。根据国家宏观产业政策, 支持新能源项目的法律法规和政策文件相继出台。新能源产业将带来经济转型和传统能源产业变革。核电产业、风能产业、太阳能产业、智能电网产业、生物质能及其他新能源产业将被重点扶持。我国政府对新能源产业的大规模部署和各地区对新政策的响应也压缩了传统能源项目的生存空间。

2016 年, 国家发展改革委和国家能源局发布《能源生产和消费革命战略(2016—2030)》, 提出要推动非石化能源的跨越式发展, 降低煤炭在能源结构中的比重, 大幅提高新能源和可再生能源比重[②]。2017 年, 十九大报告提出全面深化能源领域改革的要求(何建坤, 2015)。根据国家能源局 2019 年发布的《关于下达 2019 年煤电行业淘汰落后产能目标任务的通知》, 国家将深化供给侧结构改革。值得注意的是, 以下项目将面临淘汰关停: 单机 5 万 kW 及以下的纯凝煤电机组; 大电网覆盖范围内单机 10 万 kW 级及以下的纯凝煤电机组; 大电网覆盖范围内单机 20 万 kW 级及以下设计寿命期满的纯凝煤电机组; 改造后供电煤耗仍然达不到《常规燃煤发电机组单位产品能源消耗限额》(GB 21258—2017)、

---

① 国务院关于加快培育和发展战略性新兴产业的决定. (2010-10-18). http://www.gov.cn/zwgk/2010/10/18/content_1724848.htm.

② 两部门印发《能源生产和消费革命战略(2016-2030)》. (2017-04-25). http://www.gov.cn/xinwen/2017/04/25/content_5230568.htm.

《热电联产单位产品能源消耗限额》(GB 35574—2017)要求的煤电机组；改造后污染物排放或水耗不符合国家标准要求的煤电机组。同时，在国家明确淘汰关停标准的基础上，鼓励各地进一步加大煤电落后产能淘汰力度。

图 7-1 描述了能源产业的生命周期曲线。能源项目在产业生命周期的探索期，许多技术不成熟但可以获得一部分国家补贴。从技术成熟度的角度看，阶段Ⅰ具有较大的技术风险。在阶段Ⅱ的前期，随着本领域的技术逐渐成熟，新能源项目逐渐表现出更高的可靠性，但此时利润依然较低。这个阶段国家的扶持可以使得项目实现稳定的运行。随着技术的持续进步，此类能源产业逐渐进入成熟期。在阶段Ⅲ，同类型项目基本可以实现稳定的盈利，加之区域性的政策利好，这个阶段项目的风险性较小。在阶段Ⅳ，替代能源大量出现，同类项目的利润也持续下降。出于能耗、环保、材料和产业布局的考虑，国家政策通常会限制此类项目的实施，因此这个阶段项目将面临淘汰甚至被关停的风险。在测算项目的收益和投资回收期时，不仅要从经济合理性角度出发，也应该考虑国家政策对项目寿命的影响。

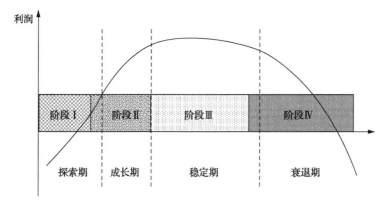

图 7-1　能源产业生命周期曲线

7.1.3　环境与可持续发展

与普通的建设工程项目相比，能源项目与环境具有更加密切的关系。此类项目不仅受所在地环境资源的限制，而且也会对周围环境产生更多影响。项目的环境评价要求识别影响项目建设和运行的环境因素，并提出综合治理与环境保护的措施。项目的建设不应该对当地水资源、土地资源、海洋资源及植被资源造成过度破坏。对于当地的人文历史遗迹要坚决保护。相关的环境保护标准应该符合《中华人民共和国环境保护法》《中华人民共和国大气污染防治法》《中华人民共和国海洋环境保护法》《中华人民共和国水污染防治法》《中华人民共和国噪声污染防治条例》等。在国外建设的项目，也要严格遵循当地的环境、资源保护法规。

回顾近二十年能源产业的发展，全球发达国家和发展中国家对能源与环境、可持续发展和安全性问题的关注越来越高。在 2015 年巴黎气候变化大会后，各国逐渐加大了对清洁能源和可再生能源的扶持力度。在高效、清洁、可持续和多元化的理念下，能源产业的格局逐渐发生深刻变化。在《巴黎协定》的推动下，承诺限制碳排放和可再生能源供给的国家越来越多，全球有望在 2050 年实现再生能源供给。当前，全球可再生能源发展表现出以下三个特征：可再生能源发电装机容量增长迅速、各国对可再生能源的需求不断增加、可再生能源逐渐成为全球能源的主导(刘媛媛，2018)。

对于传统能源项目，我国石油储备量中大部分是属于蜡状重质原油，其开采成本高、开采难度大，并且容易发生凝固。目前我国以煤炭资源为主导，一些工业体系的建立以煤炭资源开采为基础。但煤炭能源体系对自然环境的不良影响较多，污染防治问题依然严峻。在新能源项目中，风能项目相比于其他可再生能源项目而言对环境的影响更小。一次性化石能源的储量是有限的，随着利用强度的不断加大，未来可开采的余量也将逐年减少。美国、日本、韩国及欧盟国家均把风能作为解决未来能源问题的有效途径而加大对风能技术的开发。我国拥有丰富的风能资源，陆地 70m 高度层年平均风功率密度达到 $300W/m^2$ 以上的风能资源技术可开发量为 2.6TW。无论是广阔的西北和东北地区，还是河北与浙江、江苏、福建一带，都具有风能资源开发与利用的价值(何凡能等，2010)。科学家对风电场的长期调研发现，风电场具有能耗低、污染物排放少等特点，几乎不消耗任何水并可促进防风固沙。其主要问题在于噪声干扰和电磁辐射。相比于传统的能源项目，风电项目可以大量减少二氧化碳的排放。我国太阳能资源丰富且高于全球平均水平，陆地表面太阳辐射的功率约为 1680TW。内蒙古、西北广大地区及青藏高原等地区年总辐射辐照量不小于 $6300MJ/m^2$，新疆、西北和华北部分地区及山东、海南等地区年总辐射辐照量也在 $5040MJ/m^2$ 和 $6300MJ/m^2$ 之间(李耀华和孔力，2019)。

相比于风能项目，太阳能光伏项目并非完全环保的，光伏材料多晶硅在生产过程中也会产生大量四氯化硅、氟化物等有毒有害物质，而铅酸电池又有铅、锑、硫酸等毒性物质；光伏产业链不可避免地产生含有氢氧化钠、异丙醇、氨氮的碱性废水，会造成土壤生态的改变从而破坏自然环境(孙利利等，2015)。且光伏产业链中的硅、电池片等生产制备过程需要消耗大量的能量和资源。城市商业楼和居民建筑外表面的太阳能板会产生光污染，造成人的眼部病变。如果是单纯建设光伏发电项目，环境评价完全符合标准。但是设计光伏产业生产和制造的项目，就应该充分考虑其对环境的影响性。

相比于其他能源类项目，核能项目的安全性一直是一个棘手的问题。1986 年，号称全世界最可靠核电站的切尔诺贝利核电站的四号反应堆在试验中突发失火并导致连续爆炸，核反应堆炸毁导致大量高能辐射物质扩散到大片区域。事故导致 31 人死亡和之后 15 年内 6 万～8 万人丧生，预计 3 万～6 万人死于辐射引发的癌症，多至 6.6 万白俄罗斯人患上甲状腺癌。受核泄漏影响区域内，女性乳腺癌发病率上升。仅乌克兰就有 250 多万人因事故而身患各种疾病，包括 47.3 万名儿童。这次核泄漏灾难释放出的辐射线剂量远远超过广岛原子弹爆炸，专家预计这次事故对自然的影响超过十万年。2011 年日本发生九级地震并引发海啸侵袭，致使距震中最近的福岛电站受损严重。福岛核电站的选址位于临海地震断裂带，事发后核电站厂区内 1.15 万 t 含放射性物质的污水被直接排入海中，大量的辐射物随事故散发并悬浮于空气中。本次事故使得人类和海洋生物面临严重的致癌和致畸风险。此后核能项目安全问题再度引发全世界的关注，一些核能项目开始被重新评估。全球核能发电量停滞和核能发电建设项目的减缓也是福岛核电站事故造成全球对核能发电项目安全性的重新反思。

鉴于能源类项目的高风险性，此类项目在技术方案选择时就一定要选择安全、环保和可靠的方案。对于构筑物的主体结构，应该达到更强的抗震、防水和防风等级。技术方案的选择应该考虑有毒有害气体的泄漏与排放。相应的等级必须达到国际主流和先进标准，例如氢能源项目需要达到建筑设计防火规范、美国 NFPA50A、NFPA52 规范以及美国压缩气体协会"关于氢气与其他可燃气体安全间距的说明"等文件，以及国内的氢氧站设计规范、氢气安全技术规程、天然气加气站设计施工规范等，满足远离人口聚集地、远离火源等要求。对于临海项目，要更多考虑主体加固、建筑物附属件防护和防风防潮等设计参数。对于自动化程度低的项目，应设计危险气体侦测预警系统、防火系统和人员逃生通道。

7.2 能源项目进度管理

7.2.1 能源项目进度控制的方法

能源项目进度控制是指在目标明确的工程期限内，制定最优的工程进度安排；在执行既定进度计划期间，需要经常检查土建施工和安装工程实际执行效果，并将其与已经制订的计划进度作对比；如果工程的实际执行与现有的进度计划存在偏离，就需要分析这种偏离产生的原因和对工程工期的影响程度；根据综合分析，制订出行之有效的调整方案；根据科学合理的原则修改原计划，不断迭代，直到工程顺利完工并交付使用。

随着现代项目管理技术水平的不断提升与演进，在多学科融合的背景下不少新的管理技术被越来越多地应用到了项目管理领域。在对这些先进的项目管理技术进行分析后可以看出，科学的规划和控制可以使得传统或新型的项目实施过程达到预先设定的效果，而且在大型复杂工程，尤其是能源工程项目管理领域可以推广使用。在能源工程项目建设过程中，进度控制技术的科学合理使用，不仅可以实现对大型能源工程项目进度的有效预测、纠偏和管理，而且还可以保证费用投入的合理性和项目执行过程效率的提升 (Tserng et al.，2014；Takey et al.，2015)。能源项目进度控制的要求是合理配置各方的生产资源，以及可利用的外部自然资源，以与当地自然条件协调的原则，完成项目的进度控制安排并使得项目收益合理化。能源项目的特征决定了此类项目严格实施进度控制的意义。

工作分解结构(work breakdown structure，WBS)的原理与数学中的因数分解是相同的思想，就是把一个项目按其规律进行一步步地分解。把一个项目分解成若干个任务，再把任务分解成若干子任务，然后把子任务再分解成一项项相互联系的具体工作，再把这些具体的工作分配到不同执行人的工作活动中，直到分解为最基本的无法拆分的活动单元为止，即项目—任务—工作—日常活动。WBS 以能够交付具体成果为导向，可以对能源工程施工项目要素进行分组。工作结构分解归纳和定义了项目的具体范围，随着分解的一层层下降，活动的描述将更为具体。工作结构分解始终是计划过程的中心，可以作为能源工程项目进度计划、资源配置、项目成本控制和各类风险因素控制的依据。

　　为了能够实现能源工程项目的总体工期目标，需要对具体项目的工作结构进行分解。在这种思路下，要将系统分解的观点作为基础，对具体项目进行逐步的细化分解。在对工作结构进行分解时，有必要结合工程实际情况对具体的工作进行详细的分析。之后，构建整个项目各个环节工序的具体工作内容。WBS 为计划、成本、进度计划、质量、安全和费用控制奠定共同基础，是项目进度测量和控制的基准，可以以此确定工作内容和工作顺序。在能源项目中，这些分解工作有助于明晰工作责任，帮助改进时间、成本和资源配置的准确度。某光伏发电设备安装运行的 WBS 如图 7-2 所示。

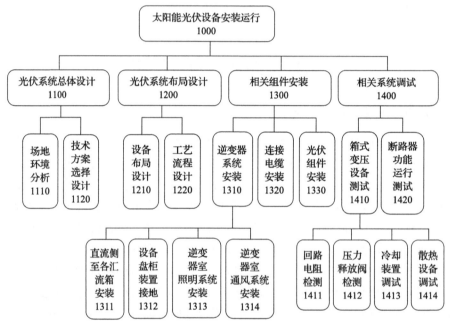

图 7-2　某光伏发电设备安装运行的 WBS

　　能源工程项目进度控制方法主要为规划、控制和协调。规划是指确定项目各级目标并制定进度安排。控制是指在工程项目执行的阶段，将实际进度与计划进度作对比，及时发现偏差并积极采取纠偏措施。协调是指合理安排工程参与人之间的配合方式，以及部门和施工班组之间的衔接关系。一般而言，协调工作对工程进度控制影响最为直接。建设工程进度计划的表示方法有多种，常用的是"横道图"或"网络图"表示工序的完成时间。网络计划可以清晰显示不同任务的衔接，根据时间参数的计算，确定关键线路和对时间计划有重要影响的活动，并使用模拟软件进行分析与优化。典型的项目进度控制方法还有基于工作之间的衔接关系和利用网络规划图设计的"关键路径法（CPM）"，以概率论为基础使用针对行为占用时间的不确定性进行合理评估和分析的"PERT 计划评审技术"，以及以产出贡献为主的指标体系"约束理论（TOC）"等（Pajares and Lopez-Paredes，2011）。上述方法在使用的过程中，还要结合能源工程项目本身的特点进行分析。

7.2.2 能源项目环境的复杂性对进度控制的影响

石油、煤炭、天然气及非化石能源的开发是经济发展的驱动燃料，涉及我国基础设施建设和社会发展的方方面面。一些大型能源工程项目涉及地区经济发展和产业提升。因此，能源工程的进度控制不仅影响相关投资者、建设方和施工方的直接收入，也关系着区域发展规划目标的实现和资源开采规划的合理性等一系列问题。不同于一般的民用建筑，能源工程项目通常受到外部环境的影响更大。一些工程位于沙漠、隔壁或山岭间，交通运输和补给困难。施工条件的复杂性对能源工程项目的进度控制提出了更高的要求。

许多能源工程项目所在的地理与水文条件是复杂的。就煤炭和矿山工程来说，项目所在地地质结构的多样性程度高，石炭纪—二叠纪煤田的岩溶-裂隙水害区占全国煤炭生产能力的一半以上，复杂和极复杂型煤矿总数数量占比高；而华南晚二叠世煤田的岩溶水害区，也容易受到底板岩溶裂隙水等水害威胁（唐燕波等，2012）。能源工程项目所在地自然环境的复杂性、施工的困难性和灾害性地质条件，对项目进度的影响巨大，这是与普通民用建筑工程的重大区别之一。

对于风力发电项目来说，陆上风力发电项目受风能资源限制，多处于我国西部和北部地区，当地的电网建设不是非常乐观，这种地理特性限制了对风电工程项目的进度管理。此外，风电工程的高压电力路线自身的施工要求也比较高，往往还需跨越铁路、公路、桥梁、河流、湖等不同的地形，这些地理限制对工程施工造成了较大影响，从而影响工程进度。海上风电项目中，雷击事故会造成的风电机组和塔筒、风电机叶片损坏，台风可以造成叶片断裂、发电机掉落，海面涌浪能够造成承台附属设施的破坏和承台钢结构、停靠设施、加固设施等的破坏，这些因素都会严重阻碍项目的施工进程（Gatzert and Kosub，2016）。

在光伏发电项目中，由于全国光照条件主要集中在西北、新疆、内蒙古等区域，光照资源集中，使得光伏项目选址即较为集中，由此引发了项目并网送出困难、土地指标和租地用地等问题，可能会影响施工、并网进度。光伏项目主要以太阳能激发半导体内部电子溢出形成电流的原理实现发电，而目前的技术仅能达到 20%不到的太阳能转换效率，要实现较大规模生产，必须占据比较大面积的土地用于收集和转化太阳能。所以绝大多数光伏项目选择人迹罕至的戈壁滩、高海拔山区，建设条件变得较为艰难，给项目进度管理带来了较大的挑战。

复杂的自然环境因素对进度计划的影响具有不确定性。在设备和人为因素的综合作用下，意料之外的突发情况时常难以避免。加固支架坍塌、构筑物被冲垮等突发性事件也被称为不可预见事件，这些事件经常成为项目成本增加和拖延项目进度的主要原因。能源工程的复杂性和不确定性，给项目预期计划的制定带来了许多难题。能源项目的计划和管理部门，应当针对项目本身的特点，及时掌握项目所在地的环境、地质和气象条件，提出足够的保障性措施；对缺少勘察和其他地质资料给项目带来的潜在风险性，应有足够的预判。同时，也必须对复杂条件有充分的准备。针对能源工程项目的外部环境特征，科学合理的进度安排显得更为重要。根据已有的施工组织方法，加强对各类能源工程进度计划的控制和调整，降低各种人为和环境因素对能源工程施工进度的影响。应当积极引入和采用工程建设的辅助手段，在面临复杂环境因素时可以适当改变设计图纸或工程附属物结构，在确保质量的前提下为工程建设争取时间。

7.2.3 能源项目管理进度控制的复杂性分析

由于能源工程项目具有规模庞大、工程结构与设备工艺技术复杂、建设周期长及相关参与人知识结构差异大的特点，影响其进度控制的因素比较多。这些因素主要有建设方因素、勘察设计因素、施工技术因素、自然环境因素、社会环境因素、组织管理因素、材料因素、设备因素以及资金因素等。能源工程项目具有更多的主体参与性和更强的复杂性，因此科学规划项目的实施进度尤为重要。与其他的大型复杂工程类似，除了一般的土建工程外，能源项目还包括矿山矿井建设、采油管线建设、电厂或化石燃料厂建设，以及太阳能电池板和电网系统建设等。按照传统的工程分类，能源工程项目可以分为土建工程和设备安装两大类。对于传统的能源开采项目，如煤炭开采、陆地可燃气体开采、油气田建设等，一些传统能源项目也可以分为开采系统建设和辅助工程建设两个部分。

能源工程项目的各个子系统之间具有密切的联系和相互影响的关系。如煤炭开采项目，地下矿井的建设和地面土建安装工程时常同步进行。设备的安装投放和基础结构的建设对地下工程的展开和推进具有重要影响。而对核电项目而言，包含电厂配套装置和核岛建设等各个子项目又如同影响系统整体的若干个子系统，这些子系统的相互关系可以决定核电厂的建设进度。光伏发电项目工程也是一个由土建、电气、调试三部分及多系统组成的工作，仅设备工程就包括光伏组件装配、汇流箱安装、配电柜安装、逆变器调试、各级变压器安装、电缆敷设和防雷接地等。这些子系统不仅是构成系统整体不可缺少的部分，在项目进行过程中也成了安装、安全等工序的衔接点。这些部分的相互配合甚至决定其他项目工序的开始节点和建设的时序，因此项目计划顺序和进度安排需要规划和分析这种复杂的关系。

系统动力(system dynamics，SD)学作为系统科学与管理科学的重要分支，是一门系统科学理论与计算机仿真技术紧密结合、研究系统反馈结构的学科。在系统动力学的观点中，系统的内部结构决定了系统表现出的特性和行为模式。反馈的思想将整个系统看做一个复杂的反馈系统，当变量 X 影响到了变量 Y，我们不能孤立地认为变量 Y 也会发过来作用于变量 X，而是 Y 通过一系列复杂的因果反馈环节，通过因果链最终作用于 X。系统动力学模型的本质是带有时滞的一系列微分方程组。系统动力学的特点使其适用于分析一些工程领域的、动态的复杂性问题，可作为能源工程项目管理成本与进度控制的分析工具。由于 SD 模型具有非线性性，其高阶复杂的时变系统往往表现出一系列超乎我们直观认识的动态特性(钟永光，2012)。

能源工程管理的复杂性、多主体参与性和物质材料的变化性，使得系统资源调配的冲突和参与者的相互影响在环境变化过程中被放大。系统的任何一个流率变量的变化，都有可能引发整个体统的剧烈震动，从而对整个项目产生影响。由于工程不同参与方的行为和策略在不同时间点是不相同的，且外部影响因素实时变化，因此多主体共治系统往往是高阶、非线性且具有时变性的。国外已经有学者利用系统动力学模型分析一些项目管理中的资源配置和实施计划变更(Howick and Eden, 2001；Park, 2005)。如果把某一能源工程项目视为一个开放系统，那么其内部项目成本子系统、工程质量子系统和项目进度子系统的相互关系如图 7-3 所示。

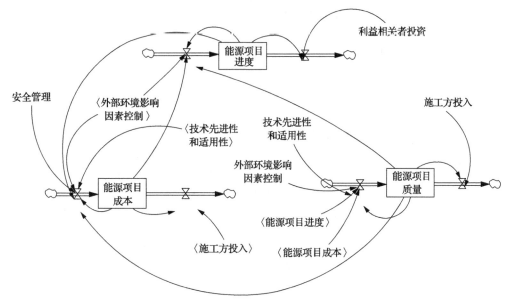

图 7-3　能源工程项目中成本、质量和进度子系统的关系

正的反馈回路也叫增强回路，用"＋"进行标识；负的反馈回路也叫平衡回路，用"－"标识，表示一个因素对另一个因素起反方向的作用。只有准确识别能源工程项目系统中多因素相互影响的关键要素、弄清不同子系统中因果回路的结构，才能对多方参与下的项目管理系统及其对工期的影响有一个清晰的认识。以能源工程进度控制为中心，将建设单位、施工单位、设计单位和政府等其他参与者纳入系统，构建相应的系统动力学模型。能源工程项目管理系统是一个复杂的动力学系统，各子系统之间、各要素之间关系错综复杂。资源投入、质量控制和工期控制的过程是多类型主体互动的过程，因此所构建的模型也应该是多层次的。在此基础上，构建相应的系统动力学流位和流率变化图，进一步分析一阶、二阶和高阶正负反馈系统的行为。多主体共治的系统动力学因果关系图如图 7-4 所示。

能源工程项目进度控制与项目的综合成本具有密切关系。能源工程自身的特点决定了进度控制和成本控制本身的复杂性。例如，火电工程使用大量施工材料，仅仅是汽轮发电机组工程，就涉及汽轮机本体、发电机、励磁装置、直接空冷系统、除氧器、盐碱水淡化、水处理设备、凝结水处理和废料废渣处理系统。在安装工程，购买国产或进口高精度仪器和设备的支出在能源工程项目中占有较高的比重。以其中的电气、热工仪表及控制装置为例，在变压器、高压电器、蓄电池建设和热控装置等方面的投入多少都与热电项目的施工和工期安排以及其他相关配套工程的实施有密切关系。因此，能源工程项目更需要根据进度计划的顺序安排相关的安装工程和材料项目的资金，同时合理利用已有的设备和临时工程。从设备安装速度和临时工程建设速度上缩减项目的工期，这对项目成本与工期的相互控制具有重要意义。

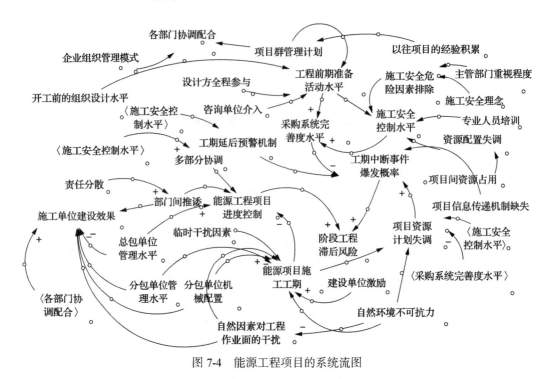

图 7-4　能源工程项目的系统流图

准确梳理各个子系统的因果关系图和整个系统的因果关系图之后，就可以进行流率和流位的分析。系统中关键的流位变量有三个，分别是工程材料流、资金流和进度流。能源工程项目管理的目标，是在保证工程安全和质量的同时，实现工程成本的降低、施工效果的提升和项目风险的降低。要想实现这一目标，需要设计方、设备供应商、总承包单位、分包商和其他利益相关者合作模式的优化。对于管理者而言，需要将建设项目系统中不同作业单位之间的依赖关系、临时性工程变更、因突发事件引起的各种时间延迟和资源分配状况等诸多影响大型复杂建设项目进度的因素纳入统一的系统框架内。

7.3　能源项目质量管理

7.3.1　能源工程项目质量控制的目标与任务

能源工程项目质量控制的目标，就是根据设计阶段的目标和所要实现的功能与参数，使能源项目的功能性、安全性、耐久性和节能性达到相应的要求。项目的能耗、污染排放、节能性和环保性也需要满足投资方的要求，并符合国家法律、行政法规和所在行业的技术标准要求。与此同时，考虑到能源项目与环境的高度嵌入性，项目在运行之后应该与当地的自然环境相互协调，实现可持续发展。能源项目的质量也涵盖项目的设计质量、相应的材料质量、各种专业设备质量和施工过程质量等，各项质量都必须符合不同能源项目所在行业的相关的技术规范和标准的规定。

对于采用新技术的新能源项目来说，确保工程质量是一项艰巨的任务，特别是在核能、风能、海洋油气开采等行业。建设方和其他利益相关者希望最终建成的产品兼顾高质量和低成本，且必须在尽可能短的时间内建成，以减少巨额的资金占用。因此，无论是建设方、各级承包商，还是材料与设备的供应商，都正面临越来越复杂的目标和越来越高的进入门槛。

能源工程项目质量控制的任务，就是对具体项目的建设、勘察、设计、施工、监理等单位的工程质量行为，以及涉及项目工程实体质量的设计质量、材料质量、设备质量、施工质量进行控制。由于能源工程项目的质量目标最终体现在具体的工程实体，而具体项目实体的质量最终是通过施工作业形成的，相应的设计质量、各类原材料质量、运行设备质量往往也要在施工过程中进行检验，因此施工阶段的过程质量控制是各类能源项目质量控制的关键。

7.3.2　项目质量管理理论

质量管理是保证有组织的活动按照计划的方式进行的一种系统方法。各式各样的质量管理体系，尽管可以细分到不同的具体行业，但是它们的共同目标都是实现符合规定的高质量的工程产出物(Sullivan，2010)。1979 年，英国颁布了国家质量体系统一标准 BS 5750。随后，英国标准学会(BSI)向 ISO 提交了一份建议，建议成立一个新的技术委员会来制定与质量保证技术和实践相关的国际标准。目前，两种典型的质量管理体系(TQM)分别是全面质量管理体系和 ISO 9000 质量管理体系。在众多的质量管理体系中，ISO 9000 认证已被许多国家广泛采用。该体系提供了质量管理体系的基础。ISO 9000 系列定义了全面质量管理的概念和指南，质量体系应该包含哪些要素，但没有具体说明如何实现这些要素。因此，BSI 随后发布了实施全面质量管理(TQM)的指导方针，被称为 BS 7850。对于大型复杂工程，TQM 能够将计划、组织、流程和人员配置统一起来，以确保完成一致的目标，从而实现较高的施工工艺质量(Palaneeswaran et al.，2006)。

质量控制(QC)主要处理工程项目与计划和规范的符合性有关的问题。这意味着应用于能源项目的所有材料、系统和工艺都必须符合文件中规定的要求。QC 可以使用许多不同的机制来完成：提交报告、实物模型、施工图、检查材料和测试结果，这些都是很多能源项目中要求的。另一方面，质量保证(quality assurance，QA)是通过施工人员的合理组织，以及与分包和采购相关的各种程序，以有效实现良好的工艺和质量，从而保证 QC 可以被实现的过程。Nayaka 等(2015)认为，全面质量是一种通过产品和过程的持续改进，让每个人都全面参加和贡献的结构化方法，有助于能源企业提高其绩效。

如果承包商投入足够的资金来计划和控制质量，可以节省大量的时间和成本。根据 Sullivan(2010)的调查，启动一个适当的质量管理系统将节省至少 0.5%～3%的项目成本，并且能为开发商和承包商带来超过 5 倍的投资回报。此外，高质量的结构将在整个建筑的使用寿命中减少维护成本。因此，项目的时间和成本都可以通过适当的质量管理体系在长期内得到改善。尽管质量控制可以明显改善利益相关者的效益，但是工程建设领域的质量却落后于制造业等许多行业。Hoonakker 等(2010)发现，如果建设工程项目暴露在不利的气候条件下，不确定因素会中断施工的顺利进行并破坏其质量管理过程。对于能源工程项目来说，对工程原计划范围内的修改是常见的，这将影响工程系统后续的质量和耐久性。

7.3.3　能源项目质量管理体系的建设

与其他建设工程项目一样，能源工程项目的施工质量也包括工程产品质量和工作质量两个方面。前者包括最终交付物的性能、抗老化性、可靠性、安全性和环境适应性，后者指的是生产过程工作质量，包括管理工作和技术工作质量。无论是传统能源项目还是新能源项目，都涉及很多新技术、新工艺及新材料，这就要求建立完备的质量管理体系，把各参与者的质量管理职能组织起来，形成一个互相协调、互相促进的有机整体。能源项目质量管理体系框架如图 7-5 所示。

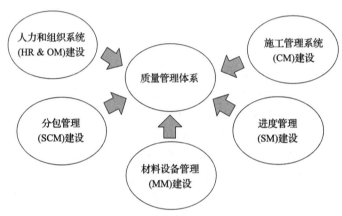

图 7-5　能源项目质量管理体系框架

1. 能源项目人力和组织系统建设

能源工程行业，尤其是新能源建设领域，是最复杂、问题最多的人力管理领域之一。根据欧洲质量管理基础框架和 ISO 9001 质量体系，在力求保证项目建设质量的过程中，涉及质量管理的组织结构是各单位必须考虑的首要问题。在能源工程建设的过程中，一个典型质量管理单元的组成包括对工程质量总负责的质量经理，以及负责工程土建结构、负责工程设计、负责机械及电气设备安装调试的部门经理。一些能源工程涉及化工生产过程，所以也需要配备对能源化工质量负责的部门。质量控制单位和相关工作人员必须将质量管理作为他们在项目中的主要角色之一，以确保从一开始就将质量控制贯彻于整个项目的建设过程。项目内部的质量管理单位需要被授予必要的权力来批准和控制工作程序，并对不符合质量要求的环节进行报告。

项目实施之前，必须明确的是分配给每个成员的角色和职责，以避免在完成各自的工作范围时出现任何误解和疏忽。例如，在火电项目中，负责锅炉机组工程质量检查和负责汽轮发电机组工程质量检查验收的相关人员，如果不具备相关领域的知识，就不能彼此覆盖工作范围。前者的职责范围包括由火电项目钢结构检查、烟风煤系统检查、一些附属机械的检查、输煤系统的检查、燃油设备及管道的检查，以及除尘清渣装置和脱硫系统等的验收，后者的职责覆盖范围包括汽机主体检查、发电设备检查、励磁装置检查、空冷系统检查、给水泵组检查，以及废水处理系统的检查等。完善组织系统的目的是明确分包商的责任划分，以防其在交接领域相互推诿而忽视实现工程质量的可靠性（Palaneeswaran et al.，2006）。

只有少数人遵循质量管理理念是不够的，因为能源工程项目比一般的土建工程涉及更多的交叉领域，工程质量的控制不再是任何一方的单一责任，而需要项目所有涉众团队的协调合作。因此，每一项任务都应该专门分配给各自的负责人，以防止质量控制范围的模糊不清并确保没有一项任务被忽视。在能源工程项目中，让每位工作人员都明白实现工艺质量的重要性，才能促进不同技术领域的成功交接，可以采取质量控制环（QCC）和跨职能团队的组织模式改进质量控制。新能源项目中多领域的交接需要管理团队和工作人员的应变和创新，因此最高管理层必须提供必要的资源，并创造有利于一线工作人员参与技术创新的工作环境。

2. 能源项目分包管理建设

分包商就像主承包商的供应商一样，在能源工程项目施工工程的施工质量方面起着重要的作用。每个分包商也必须有自己的质量管理方案，以确保其最终产品符合标准的工程质量水平（Ghobadian and Gallear，1996）。Eom 等（2008）发现，大型总承包商把分包商的服务和财务稳定放在首位，而分包商把技术能力、竞争力、自我成长、财务成长和现场流程放在首位。在复杂项目中，在每个项目上有大量的分包商是很常见的，这也使得控制每个分包商的工程质量变得更加困难（Fewings，2005）。这是因为每个分包商只关心他们各自的所负责的工作范围，往往忽略了对其他承包商后续工作的影响。如果上一个工程没有把衔接工作处理好，将会影响后续项目施工质量。对于工序庞杂的能源工程来说，这可能会在多个子工程系统配合时产生问题，除非对分包商建立了严格的合同前选择。

对于能源工程项目而言，主承包商应该能够更好和更彻底地监控其控制的管理工作流程，以确保实现优良的施工质量。这就要求按照能源项目的专业划分，建立一个更专业的分包商管理系统，并保持与其中固定数量分包商的合作以加深专业范围内的彼此了解。除了选择更专业的分包商和供应商来提供高质量的工程产品外，还应该对他们进行更严格的筛选。在招标阶段，主承包商应该从他们批准的分包商名单中寻找报价。被批准的分包商名单应该不断更新，以便将更优质的合作伙伴纳入公司。这些新的合作伙伴必须证明其在过去的项目中提供了高质量标准的工程产品和服务。被列入名单的分包商、材料提供商、设备供应商必须达到了良好的产品质量，而那些表现不佳的供应商应避免其出现在未来的项目中。新的分包商可以提交他们的质量资格以获得批准。在一些新能源项目里，对于新的技术和工艺，应该特别关注他们的技术创新和施工方案先进性，以及这些工程技术措施在他们过去的项目中的效果。其他筛选条件也包括他们的技术专利数量和制造商或行业协会的认可。除了满足基本的工程目标，那些以高质量而享有良好声誉的分包商可以被允许提供更先进的施工或设备供应方案，这有助于更先进技术的采纳。

让每个分包商对其各自的工作范围负责，并努力确保他们的交付质量不会因前一分包商的质量问题而受到影响。两种方式可以激励他们实现更高的工程质量。第一种，如果分包商达到了质量控制合同规定的预期目标就可以给予奖励。然而这种方法的初始合同金额通常较低，因此分包商将通过确保更好的施工和设备安装工程质量来获得额外的奖励。第二种，将授予一个更高的质量控制合同标准以帮助分包商弥补在提升工程质量方面所需的额外成本，如果分包商的质量没有达到预期标准，相应的负责人将面临惩罚。这将促使他们努力使施工质量达到良好，从而避免受到惩罚。此外，对于新能源工程具有的技术复杂性特点，总承建商需要经常与分包商就新的施工技术和新的材料使用进行研究探讨。

3. 能源项目进度管理建设

适宜的进度计划表不是促使项目在最短时间内完成的时间表，而是能够根据能源项目所处的外部环境，保证满足项目质量要求的计划表。对于多参与人的大型项目，项目进度表还可以作为项目参与者之间的交流工具，使他们能够尽早发现潜在的问题并有效地协调各种活动。通过确定每个活动的开始时间、持续时间和完成日期，所有的参与主体都将明确特定工作是否可以在规定时间内完成。能源工程项目涉及的参与方和活动较多，导致工作重叠。为确保工作将顺利进行及在规定的时间表内进行衔接工作，协调是至关重要的。

一些能源工程的设备投入占项目投入的很大比例，如火电项目的锅炉机组和发电机组。由于项目的基础结构工程最终将被覆盖且无法在最终的建筑产品上看到，所以必须在这些组件(如模板、钢筋和成品混凝土)的下一个工作活动继续之前进行质量评估。评估人员应该评估随机选择一定比例的关键结构位置。可以采取措施防止或纠正任何可能出现的结构缺陷以完善土建结构的质量。隐蔽的土建结构工艺缺陷可能导致设备的受损，因此承包商的目标是完善结构部件的质量，以防止返工对进度的延误以及潜在缺陷在多年后暴露。随着时间的推移，质量问题带来的运行风险性逐渐增加。在任何质量问题的迹象开始显现时，都应该迅速采取补救措施。不能因为为了达到预期的进度而掩盖已有的缺陷。

由于水文条件、地质条件的复杂性，现场实际条件和图纸之间的差异可能造成工程协调的困难(Peurifoy et al.，2010)。对于风电、海上油气项目等，复杂多变的天气状况也会影响施工进度，在这些地点采取协调一致的措施以确保工程质量可能会变得更为困难，因此详细的工程预案和替代方案的准备也十分必要。对于大型工程，需要通过稳定、科学的生产计划和分包商任务分配方案来提高工程质量。这也有助于减少外部不确定性因素的影响。

4. 能源项目材料设备管理建设

能源工程，尤其是太阳能光伏电、非化石能源发电工程和现代能源储存工程等，先进材料所占的比重远高于传统的建造项目。如果选择不合格或效率不高的材料和设备，会对整个工程质量产生较大影响。对于特殊项目，施工的方式和顺序是根据材料和设备的具体特征制定的。一旦材料被选择和批准，相应的施工方案和施工计划也会随之确定。因此，对于新型设备和材料，承包商和分包商既要寻求供应商的帮助来确定施工方法，需要根据自己对施工的理解和经验提出行之有效的工程措施。

承包商必须选择和采购合适的工程建设材料以满足合同规定的要求。除了项目已经注明了具体的品牌和型号，否则应深入研究和分析不同的材料性能及其供应商的声誉，并检查其在不同施工手段下的兼容性(Peurifoy et al.，2010)。为了应对潜在的变化和风险，至少要有一组可供备选和替代的设备与材料供应商。应当尽量使用工厂化标准下制造的产品，例如预制混凝土、预制组件和预包装砂浆，以使得最终产品质量可以得到更好的控制。一旦设备和材料交付到位，必须当即对其状况进行检测。如果所供应的材料不符合规定和批准，应当场拒收并退回。不符合规定测试标准的产品和设备必须根据测试报告的建议进行拆卸和重新制造，必须有相应的仪器设备确定工艺质量，而不仅仅是进行肉眼检测。

设备与材料在运输和存储期间的适当保护也常常被忽略。对于电气、热工仪表及控制装置，不得在雨中进行任何运输和装卸，材料到位后应立即送往安装区域。材料和设备的贮存区应封闭、清洁和干燥。对于特种管线、仪器等，应该主要防止化学品腐蚀，且其中的精密仪器要注意防磁防震等保护。在某些工程完成后以及在整个工程完成前，需要对特殊部分工程和设备进行充分的保护，以防止其受到其他工程活动的影响。例如，在某些线路管网工程完成后应该避免其他人员通过踩踏，以保护新铺设的材料和仪器不被损坏。为了保证设备安装质量符合要求，应有防积水、防结冰、防潮、防雷措施。例如在光伏电工程的施工过程中，相应的电缆管道、光伏组件和电器元件在刚安装完毕后还应设置适当的防护屏障，以使其不会受到损坏、污染或其他干扰。

5. 能源项目施工管理系统建设

大部分施工活动是在现场进行的，因此现场工作实际上是影响能源工程项目最终质量表现的直接因素。施工图可以展示所选择的材料、设备和具体施工方法，也可包括详细的建议施工步骤。能源项目的设计必须切合实际，以确保项目能够适应当地复杂的自然环境。更严格的施工图审核程序与实际施工前对材料的预选一样重要。

对于能源工程，计算机辅助模型可以模拟施工方法与各种复杂环境的适应性。项目场景模拟模型要求设计人员根据实际具体参数进行建模。在一个仿真模型中，特定的细微差别，如管线布置、传感器分布、钢筋预埋、甚至细节的图案和纹理都可以被更好地观察和检查，而不是仅仅通过参考纸质文件(钟登华等，2003)。在海上工程项目中，计算机模拟系统可以帮助预见潮汐、台风、水流侵蚀等情况。在石油工程中，相关的模拟技术可以进行地面和钻井配置模拟、地层和油藏特征模拟，也可以进行地质条件特征分析、钻具组合的力学分析、实钻井眼轨迹的控制和修正，以及钻井地质导向控制等(孙旭等，2012)。

预备检查可保证工程的每一步都规范进行，并最早发现可能的缺陷，以避免任何可能破坏施工质量的遗漏、错误和返工。然而受到工期的限制，许多项目的赶工问题严重，以至于项目团队可能只进行最后的检查。不当工作顺序的早期纠正或缺陷的早期修复成本要比整个工程系统完成后的修复低得多。检查是随着细分工作的进展进行，而不是等到工作完成后才发现质量缺陷，这样可以将纠正工程缺陷的费用控制在最低限度。在能源工程中，应当根据不同的工程子系统专门定制质量检查清单。这些清单将用于整个施工过程的细节检查。对于设备安装工程，也有许多与各种产品的测试和调试相关的质量标准，这些标准必须符合合同规范材料和设备的交付规范（Meier and Wyatt，2008）。如果发现不合规范之处，应及时报告并执行跟踪程序，直到满足规定的质量要求（Coffey等，2011）。

7.4 能源项目采购管理

7.4.1 项目采购管理概述

物资采购管理，就是要通过设计一个合理的组织管理机制，根据项目需求制订出科学合理的采购计划，并根据采购计划落实责任人分配和物资的检验入库等环节。项目采购与传统采购的区别在于合作期限，合同期限普遍较长，且供应商更有可能参与项目的设计。按照采购的形态可分为有形物采购和服务采购，前者主要指通过招标和其他方式选择承包商、机械、设备、材料、仪器仪表等，后者主要指的是通过招标等方式获得咨询和其他技术服务。项目采购按照采购的方式可分为招标和非招标采购两大类。招标采购又包括无限竞标采购和邀请投标采购，非招标采购包括谈判采购、询价采购等。采购合同的类型有成本加成本百分比合同、成本加固定费用合同、成本加奖励费合同、固定价格加奖励费用以及固定总价合同等。

科学周密的采购计划不仅可以有效降低项目的成本，减少各类合同纠纷和违约行为，而且对提升项目质量及保障项目的进度有重要意义。从项目进度计划的角度分析，由于采购活动具有较长的准备时间，因此采购经常成为项目进度网络的关键节点。有效的采购策略，如国际采购、长期供应商合同、与供应商在项目设计上的合作、风险和信息共享等，可以最大限度地提高这些项目的建设水平（Foreman and Vargas，1999）。供应商的管理包括供应商选择、招投标管理、供应商合同管理和供应商关系管理（张旭凤，2005）。

能源工程项目相比于普通的建设项目而言，涉及诸多新材料和新装备的使用，因此与装备水平有更加紧密的关系，物资采购也占更大的比重。例如在电力工程项目中，物资采购一般占电厂总投资的 50%～60%。由于从外部供应商购买的材料和组件占项目成本的很大一部分，因此有效的采购可以显著增强项目的收益。对于工程建设项目的研究表明，通过与供应商和分包商的密切合作和对项目早期的参与可以实现显著的物资供应效率提升（Ballard and Cuckow，2001）。在建筑行业，供应商和其他合作伙伴的合作创新和协同合作可以降低项目的成本，提升类似的施工效率和质量，并可减少一定比率的工程缺陷和事故（Watson，2001）。

7.4.2 能源工程项目采购的特点

第一，能源工程采购的复杂性高于一般的建筑工程。以火电项目为例，需要采购的物资就包含热力、燃料动力、除灰、化学水处理、水循环、电气、热工控制、附属生产、脱硫脱硝工程等。对于风电项目，采购物包含金属、建材、风电机组、塔筒、机组变电站、升压变电设备、控制保护设备、缆线及附件以及其他设备物资等。能源工程项目采购管理具有一定的独特性。第一，采购是工程建设土建和安装调试实施的前置条件，是保证项目计划基本条件。第二，能源工程项目的设备和材料采购费用占总成本的比重高于普通的土建施工项目。第三，能源工程项目的设备要保证技术先进性、耐用性、可靠性和环境适应性，因此关键设备的技术水平和原材料参数性能会从根本上影响整个项目的质量。第四，能源工程项目对设备和材料采购的系统性要求很高，设备和材料之间的关联性较强。

对于能源工程项目，尤其是海外工程和大型工程，最重要的环节之一就是物资供应系统的建立和供应商的管理。能源工程的大型设备涉及长周期关键设备的采购，此类设备采购需要有前期设计、采购程序、现场验收调试等环节。能源工程涉及诸多行业特殊设备，如行业专业计算分析软件、石油开采钻机、石油开采钻头、测井录井仪器、油田抽油机、输油主泵等。一旦长周期关键设备采购进度滞后，将严重影响项目完成进度。

7.4.3 能源项目供应商评价体系建立

特种建设项目需要与供应商建立长期的合作关系，并让供应商参与工程和设备的前期设计，因此对于供应商的选择就十分关键。对供应商不熟悉和缺乏战略合作，将导致供应商报价偏高并表现出产品质量方面的投机倾向。许多公司缺乏供应商筛选和准入审批流程，导致供应商准入门槛低，低价中标和以次充好的供应商逐渐替代了优质供应商。因此，需要建立科学合理的供应商筛选体系。根据 Araújo 等(2017)的研究，较为全面的供应商评价筛选体系如表 7-1 所示。

表 7-1 供应商评价筛选体系

分类	考查内容	具体描述
质量	质量控制与管理	审核机制、QA/QC 程序、资格评估、质量保证措施、质量保证体系、质量保证、质量控制和保证计划、质量认证、质量控制认证、满意度指数
	质量事故	不符合质量规范，以往影响工程关键目标的故障，影响客户次要目标的故障，不合格项
	质量标准	质量标准体系建设、产品标准和企业资质、质量规范管理
	质量实现	以往类似工程实际质量达标、合同实际质量达标、实际质量达标
技术	技术方案	技术能力、方法/技术解决方案、技术先进性
	研发	专利储备、研发体系、专利数量、知识产权
	设备	先进的设施、制造设备
	创新	新的解决方案、新的技术、各项参数性能的改善
成本与价格	成本与价格控制	成本控制和报告系统，成本管理，我方报价与投标价格的比较
	投标价格	投标价格、承包人报出的投标价格、投标金额、最低投标价与最低投标价之差、投标价与所有投标价平均值之比
	折扣额度	折扣金额、成本价差、折扣百分比
	性价比	性价比在同类项目中处于领先水平
	后续成本	承担后续维护、维修、设备保养的便利性

分类	考查内容	具体描述
人员	人员充足性	技术人员充足、劳动力资源充足、人力设施充足
	人员资格	关键人员的资质、QA/QC 人员的资质、关键人员的资质、人力资源的质量和数量、管理人员的资质和经验
	人员数量	项目关键人员的数量、项目可用的关键人员的数量、关键人员的可用性
	人员经验	经验丰富的技术人员、管理人员的经验
财务	财务担保	银行资信证明、银行资信评级、AAA 级资信评估证书、银行协议与担保
	财务能力	经济能力、财务稳健性、财务能力、财务状况、财务能力
	支付	预付款、现金信用、延期付款方式、授权及实收资本、流动性比率
公司管理	管理系统	可提供项目管理软件、组织管理系统、项目管理系统
	工作管理	工程的管理和组织、承包商的工作策略、劳动计划、工作分解
	管理能力	项目管理能力、项目管理专业知识
经验	类似工程	类似项目经验、所在行业经验、类似项目团队经验水平
	地区经验	在项目地理区域有经验、在当地有经验
	累积经验	已完成项目的规模、承包商完成的工程总数

对战略性物资的供应企业，可以通过第三方权威机构进行考察。对于能够组织现场考察的，应组织相关评价人员对供应商进行现场检查，主要考察其规模、设备、经营情况、技术研发能力、质量控制体系和安全环保执行情况等。相同的考察团队应该由施工管理人员、工程技术人员、商务及法律等相关业务人员组成。要动态调整供应商清单，对于存在质量问题、技术问题、合同履约问题、交货时限问题和售后不及时的供应商，要上报管理部门并将其从采购清单中及时剔除。

7.4.4 能源项目采购管理流程

能源工程项目的采购流程应该根据采购目标和对象的不同而选择不同的采购方式。基本的采购流程包括计划、采购和验收。根据公司内部的授权方式，分为总公司统一采购和项目物资公司负责采购。对于物资的各类采购，应该做到计划周密，要求相关负责人深入生产现场和物资采购企业考察调研并选择最优的供应商。物资计划编制应当配合项目的施工进度和经济效益，使用经济批量订购的方法缩减采购成本。对物资需求计划进行分级编制，健全验收制度并反馈各类计划和管理漏洞。对于关键设备和大型设备的采购，须有科学规划和中长期物资计划。对低值易耗物资应该简化流程和审批，改为每周或每月报送计划即可。重视对项目询价的过程，组建由多部门技术人员组成的评标小组进行采购价格评估。相关的采购流程如图 7-6 所示。

在采购的整个流程中，计划编制是采购工作的最重要环节，直接影响整个采购流程的进行和效果。采购计划的编制需要在充分了解项目内部需求和市场供求的情况下，由多个部门的技术和管理人员协同制定。由于能源项目大型设备资金占用高和专业设备需要量大的特点，物资采购可通过全球公开招标方式进行。物资采购的验收需要由专业测试人员依照产品使用说明和测试仪器完成。对于需要量大的材料和物资，验收人员可对其进行抽样检验，之后将符合要求的物资入库。对于特殊的材料和仪器仪表，验收之后也要重视对其进行防腐、防潮和防磁、防震等保护。

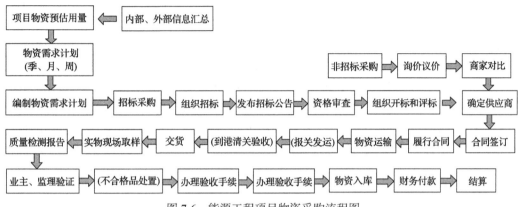

图 7-6　能源工程项目物资采购流程图

括号中的内容表示不是必须经过的环节，例如，报关发运特指进出口的货物，如不涉及进出口，则报关发运不是必须的环节

7.5　能源项目风险管理

7.5.1　能源工程项目的环境复杂性与风险

大型工程项目，尤其是能源项目，面临着日益复杂的环境，这限制了项目管理方法的有效性。多年来，项目管理领域一直以项目的长期运营规划为导向。之前的项目管理理论通常假定项目所面临的问题范围和外部环境或多或少是固定不变的，而且从当前掌握的资料和信息可以很容易地推断出未来的情况。然而，在过去的 20 年里，对于化石能源开采、深海及非常规石油开采工程，以及各类水力发电和风力发电等大型能源工程项目，由于外国项目实施地的制度环境改变、经济发展的不连续性、环境和社会运动的不确定性，以及在一定程度上的技术变革和创新而造成的动荡，使得此类大型能源项目面临着越来越多的复杂因素。

能源工程项目，特别是大型能源项目具有复杂性特征。能源工程项目管理的复杂性不仅体现在前期开发阶段，也体现在整个项目的实施过程中。一些对项目实例的研究表明，多因素作用、不确定性和风险性，是能源工程项目的主要特征。以石油行业为例，根据国际能源署的研究，那些易开采的石油已经被大量开采，而新油田将在更困难的情况下进行开采，例如在深水或偏远地区，这增加了项目的不确定性。增加的不确定性会增加项目的复杂性，从而增加预算和进度超支的可能性。因此，对于技术、组织和环境的综合分析显得至关重要(Bosch-Rekveldt et al., 2011)。在大型工程中，项目成本超支和时间延误现象时常出现。项目失败的原因之一是项目的复杂性增加，或者管理人员低估了项目的不确定性(Williams,2005)。能源行业受到项目复杂性日益增加的影响尤其明显,面临着提高其项目绩效的巨大压力(Mc Kenna et al.,2006)。

各类能源工程与我国国计民生有着十分密切的联系,由于此类工程项目庞大且复杂、建设周期较长,而且涉及参与者广、利益相关者众多、工序繁杂、技术要求高、交叉作业多,能源工程项目在建设的过程中往往具有较大风险,因此能源工程的风险管理十分重要。及时和正确查明可能的风险是工程项目管理的主要工作之一,也是十分重要的步骤之一。项目的管理人员需要查明和处理可能出现的不利情况,为项目争取最有利的条件。优秀的项目管理人员虽然在项目的开始阶段就进行了全面的风险识别,但在各类能源工程项目的生命周期中,管理人员通常都会面临更多出乎意料的事件。例如在某电厂项目中,管理人员预计的主要风险是锅炉的技术问题,该工程必须使用相对较新的和未经测试的循环流化床技术。他们的担心后来被证明是多余的,因为涉及相关机械部件时,一个有信誉和技术能力的供应商被选中,因此在项目启动和运行期间没有造成任何重大问题。然而,该项目却遇到了与燃料处理系统、燃料和电力价格趋势逆转有关的重大问题,这些问题都是项目管理者没有预料到的。我们将在项目生命周期中发生的意外事件称为"战略意外",这些意外事件会对能源项目的实施造成重大挑战,甚至威胁到相关公司的生存。战略规划是对预期风险的战略系统功能的前瞻性构建,与战略规划不同,项目治理是对真实事件的反应性活动。治理是由战略系统的一系列属性来实现的,这些属性构成了项目的治理能力。

7.5.2 能源项目的主要风险

1. 火电项目的风险

使用化石燃料,如煤炭,石油和天然气来发电的工程统称为热力发电。根据发电方式的不同,火电发电可分为燃煤涡轮发电、燃油涡轮发电、燃气-蒸汽联合循环发电和内燃机发电。火力发电站的主要设备系统包括燃料供给系统、给水系统、蒸汽系统、冷却系统、电气系统及其他一些辅助处理设备。火电建设工程项目风险的宏观来源主要包括:第一,宏观经济和政策风险。国家政策对火电建设的宏观调控和市场需求变化,使得火电工程的预期效益具有更多不确定性。第二,我国火电的装机容量不断扩大,煤炭随时有可能成为稀缺品,这就也导致了煤炭价格的波动。而火电项目的运营成本被煤炭牵制,一旦煤炭价格攀升,可以引发火力项目成本的大幅度增加。第三,煤电价格联动是一项重要的传导机制。但是多种因素导致的电价疏导滞后使得电价长期处于低位,制约了火电项目的预期利润。

火电工程项目建设主要由热单元设备、电气系统及输电设施、热工仪表集成设备与相应的保护设备等组成,这些都涉及高度专业化的电力基础设施建设。火力发电项目属于技术密集型项目,由于先进生产技术应用越来越广,从而使得火电企业涉及的专业越来越多,例如强制性脱硫设备,涉及的专业就有机务建设、电气系统建设、热控系统布置、水处理设备的协调控制、清灰和清渣等不同系统。这些系统协调配合难度较大,建设期的风险因素也较多。

火电建设工程项目一般属于较大型工程，基于其自身的复杂程度，因而涉及的风险种类繁多，主要包括：第一，火电项目在建设经营期间的财税政策风险。第二，发电厂建设和设备的成本超支。第三，建设资金链断裂风险。第四，发电项目设计的缺陷、遗漏和不规范。第五，建设实施阶段的各种不确定性因素。第六，电厂的勘测调查风险。第七，电网运行方式不周全导致的风险。第八，电力交易体制风险。第九，电厂建设规模大和工期长带来的合同风险。

2. 海洋石油项目的风险

海洋石油建设项目的主要风险可以分为管理组织机构风险、安装建造过程管理风险、采办管理风险和设计管理风险。第一，管理组织机构风险包括油田开发项目权力分散导致的组织过程难以协调。相应工程项目管理经验丰富程度低，项目管理风险的能力偏弱，应急处理能力不足。第二，安装、建造过程管理风险包括油气设备质量检验方法不得当和技术不成熟等导致的质量问题和项目费用超标。第三，采办管理风险指的是供应商选择方面没有严格按照技术参数指标规定和项目整体协调的要求，厂家的供应速度、技术均不合格。由于工程计划与物资配件供应缺乏科学的调配，导致各种采购工作无法按照项目既定的进度计划实施，造成了人财物资源的浪费。工程的计划工作没有符合项目进度周期的协作要求，也没有对将各项石油工程设备采购工作落实，导致到货延期，耽误生产。第四，设计管理风险指的是数据资料收集存在的风险、数据资料分析存在的风险。油田项目各项参数标准不合理，涉及施工图纸、设计宽松程度、核准时间等。同时还包括设备调试及试运转是否正常，设计中存在系统缺陷等问题。第五，海上施工比陆上、江河施工安全风险大，不利因素多。海上项目的施工受到各种恶劣气候、暴风、潮汐的影响。潮汛期及海风达到 5 级以上、浪高大于 1.5m 以上都不能进行海上施工作业，有效施工时间短。海上施工不可预见性大，投资与进度控制困难。

3. 石化能源建设项目的风险

石化能源项目是一类具有较大环境风险的建设项目。石化能源项目技术过程较为繁杂，而且涉及多种山体地质条件和石化本身的有毒有害性。石化能源项目一旦发生泄漏、爆燃，就会严重影响当地的生态环境、社会的局部稳定性和经济运行。因石油化工工程建设发生的事故具有系统性、隐匿性及危害巨大等特点，对于其风险的防范是此类项目实施的难点。就石化能源建设项目的环境影响因素来看，要关注此类项目在实施和运行中的各类潜在问题。研究这些问题在形成和叠加的过程中，如何使得项目组合系统风险耦合式扩散。这些问题的爆发会对企业本身和当地环境造成不可估量的负面影响。此类风险的破坏性及难以预测性是石化能源项目的典型特征。

石化能源建设项目面临的环境风险具有不同的形成路径以及多样化的表现，可以从如下几个角度进行划分：第一，根据风险源危害的大小进行划分，可以分为局部风险、整体风险和灾害性风险。第二，根据外部风险的产生路径，可以分为外部自然环境风险、外部社会环境风险以及外部经济环境风险。第三，根据风险的物质属性，可以分为化学风险和物理风险。前者指的是化石燃料的有毒性和爆炸等引发的风险，后者是指各种设备问题导致的风险。第四，根据风险的责任方和利益相关者，可以划分不同施工阶段和不同项目分包工程参与人引起的风险。

4. 太阳能光伏发电项目的风险

太阳能光伏发电项目的风险可以分为政策风险、材料价格变化风险、建设安装风险、技术风险、能效风险、并网风险和运行维护风险。①政策风险。此类风险涉及光伏的政府补贴政策和上网电价政策。政策会不断优化调整，其变化会导致经济环境、行业标准、政府管控、税收调控等的一系列变化。因此，政策风险是光伏并网发电项目最大的风险。②材料价格变化风险。对于光伏项目，其主要施工的配件和原材料价格随着政策和经济运行而浮动。与太阳能光伏发电项目紧密相关的太阳能电池组件、并网逆变器、支架系统、汇流及保护设备、避雷装置及避雷接地系统、安全接地、避雷接地系统、安全接地施工等材料的价格上涨将直接增加项目的施工成本，缩减各个分包商的利润，并增加项目的投资回收期。③建设安装风险。技术角度出发，无组件筛选、接线错误、施工中破坏屋面防水、防水层破坏后处理工艺不当、施工造成建筑消防线路破坏，以及直流传输电路的开路、短路等都是太阳能光伏发电项目建设过程中的典型风险。④技术风险。主要包括对局域电网产生干扰、没有产生足够的电力、对主体建筑的结构和消防线路等造成了损害、电池板的通风散热、太阳电池板倾角设计不合理、电池电路线路压降过高、没有考虑屋面载荷、控制系统设计不合理、逆变器余量过大和逆变器输入过载。⑤能效风险。光伏发电项目的能效取决于项目建设地的太阳位置、光资源特性、出力特征、稳定性与电能质量等方面，能效风险也主要来源于上述几个方面。⑥并网风险。关系到能否实现光伏发电项目的经济目标，主要包括总体接入方案无法与主电网衔接、功率因数和电压调节能力无法满足和电力消纳风险。⑦后期的运行维护风险。包括太阳电池组件损坏或性能衰退以及电池组件局部发热过高而引起组件失效。

7.5.3 能源项目风险管理的方法

表 7-2 对能源项目的风险类型进行了分类，包括关键的利益相关者、企业面临的障碍、风险类别和风险定义，并对每个风险类别进行了描述。我们需要明确哪些实体和参与者导致或产生了风险，以及在某些情况下不同风险类别之间如何相互关联的。能源项目的风险可以区分内生风险和外生风险。外生风险包括政策和监管风险、创新风险、自然灾害和天气、资源风险(Ahola and Davies，2012；Gatzert and Kosub, 2016)。由于自然条件的复杂性和参与人的广泛性，能源工程项目的风险来源通常比一般工程项目要复杂得多。表 7-2 将能源项目的风险进行了分类，并列出了相关的风险出现方式和涉及的参与方。

表 7-2　能源项目的相关风险描述

风险类型	描述	实体/参与者(风险原因)
1.战略/商业风险		
1.1 融资风险/专家不足/管理知识不足	由资本不足(如债务)或投资者的专业知识不足和/或管理知识不足而引起的风险，会导致潜在的收入损失	债务提供者/投资者/项目开发人员

续表

风险类型	描述	实体/参与者(风险原因)
1.2 技术与创新风险	早期规划中关于能源资源评估和可再生能源技术供应的不准确所带来的风险，导致技术效率降低/技术过时的创新，以及公众(和政治)接受度不足，使得政策支持计划出现潜在的不利变化，收入低于预期	项目开发商/供应商/公众
1.3 公众接受度不足	公众对可再生能源的接受或抵制可能产生的不利变化，导致对建设的抵制和/或政策支持计划的不利变化所带来的风险	公众/最终用户/国家层面
1.4 复杂的审批流程	对能源项目的许可证和许可证的管理效率低下或程序复杂，可能导致拖延或超过预期付款	公共管理部门
2.运输/建设/完成	运输和建造阶段的各种中断或损坏或偷窃所引起的风险，从而导致启动延误和收入损失	供应商/电网运营商/自然灾害/项目开发
3.运营维护		
3.1 一般操作和维护风险	由于疏忽、事故、损耗或由于能源设备的不可靠和低效运行，能源工程设备日常运行的问题导致收入损失，进而可能导致的意外关闭。同时要考虑物资资产损害风险	供应商/项目开发人员
3.2 自然灾害造成的损失(恶劣天气)	风能、核能、生物能、石化能源等因自然灾害造成的损害而产生的风险，导致收益损失	自然灾害
3.3 由连续损耗引起的损坏	由缺陷部件、运行设备损耗引起的风险(连续损失)，导致收入损失	供应厂商
3.4 运营中断造成收入损失	由于潜在的业务中断而产生的风险(见风险3.1~3.3)，导致收入损失	供应商/项目开发人员
4.责任/法律风险	由于潜在的环境损害，或由此产生的法律纠纷的不确定性，以及由于复杂的审批过程导致收入损失，进而产生的承包风险和对第三方承担责任的风险	供应商和国家相关部门
5.市场风险		
5.1 由于天气、资源风险导致的收入变化	由于资源或容量评估不准确，导致未来能源项目的收入低于预期，而产生的不确定性风险	项目开发人员、投资方
5.2 由于电网可用性/缩减风险带来的收入变化	由于网格管理/基础设施的限制而导致的低于预期收益的风险	公司/电网运营商
5.3 由价格波动引起的收入变化	未来能源价格的不确定性带来的风险，导致收入低于预期	能源市场环境(供求)
6.合作伙伴风险		
6.1 操作与维修服务供应商	供应商产品质量差而导致收入损失的风险	供应厂商
6.2 风险购买协议(PPA)	交易合作方信用质量差而导致收入损失的风险	购电商
7.政治、政策和监管风险	能源项目投资的具体国家政策、资助计划或规章可能发生不利变化，从而导致不确定性所引起的风险以及收入低于预期	政策制定者和相关部门

项目风险管理的目标是控制和处理项目风险，防止和减少损失，减轻或消除风险的不利影响，以最低的成本取得对项目安全保障的满意结果，保障项目的顺利进行。在能源工程项目的初始阶段，需要进行大部分需求分析，完成对于项目可实现目标的制定。要了解当地水文地质情况，注意对自然风险的勘测和识别。及时掌握经济政策，对此类

风险提出有效的应对措施。对能源工程项目而言，项目风险管理的主要工作和内容也包括项目风险管理规划、项目风险识别、项目风险定性分析、项目风险定量分析、项目风险应对和项目风险监控。

项目活动包含的内容非常广泛，涵盖由开始至结束的所有工作，例如项目建议书、项目的准备、项目设计、项目的执行、项目的试运行、项目的验收等。由于能源项目的复杂性，对于其风险的识别应遵循系统性、全面性、预测性的原则。按照风险的产生来源，可以分为工程技术方面的风险、外部环境引发的风险、组织方面的风险和项目建设实施过程中的风险。工程技术风险指由于现有的工程技术发展制约和技术范围的有限性，进而带来的对于施工过程的控制不到位而导致的风险，如石化能源储运设备的密封性和强度不足引发泄漏，进而导致重大损失的风险。

能源项目一般与当地经济紧密联系，由于能源价格变动、产业需求变化、原材料和设备价格变动等因素导致经济损失的风险，以及外购设备时由于外汇汇率变动以及通货膨胀而引起的风险，都可以被称作外部环境风险。与此同时，由于能源项目的特殊性，自然环境的超预期变化和突然扰动，也可以对项目造成重大的影响。在海底勘探、海上油气田开采、钻井平台建设等过程中，海洋飓风对项目的影响不可估量。对于风电项目、油气储运等，洪水、火灾和地震等自然现象不仅会导致项目的中断，还会对施工人员的安全构成巨大威胁。能源工程项目的风险分解如图7-7所示。

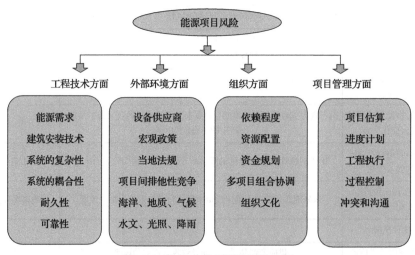

图7-7　能源工程项目风险分解图

7.5.4　建立能源项目鲁棒性系统的战略

大型能源工程项目具有较长的时间跨度，需要大量的、不可逆转的承诺，潜在的下行损失很大，但上行收益有限。在动荡的环境中，管理者必须处理许多预期的但不确定的不利情况和不断出现的控制体系之外的新情况。鲁棒性和治理性是维持项目稳定运行的两种重要机制（Floricel and Miller，2001）。鲁棒性是指能够处理预期风险的战略系统属性，而可治理性主要指的是可以使项目对意外事件做出反应的一组属性。我们对大型项目的研究表明，越来越多的项目是由许多公司组成的联盟来开发的，企业联盟的解体也是大型项目面对危机时的典型情形。因此，项目的治理能力取决于战略系统的内聚性，以及它在重组过程中保持其完整性或耦合的能力。图 7-8 总结了大型工程项目中战略制定和治理行为。

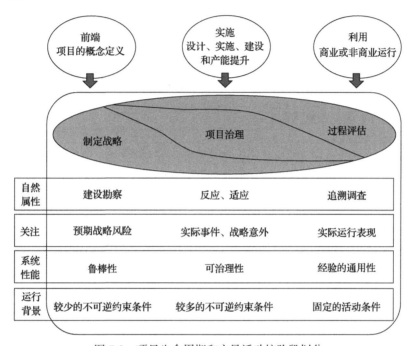

图 7-8　项目生命周期和主导活动按阶段划分

为大型能源项目建立一个战略系统依赖于对可能产生重大负面影响的事件和过程的识别。大型能源项目可能面临以下几类风险：现金流和资金链中断，市场需求变化，社会可接受性、监管和规制变化，各方财务状况、执行过程和运营过程风险等。管理人员应该使用以下的方法来处理他们预期的风险。根据这些手段的性质，可以划分出五类主要手段：信息、协同决策、分配、设计和行动，如表 7-3 所示。

表 7-3　大型能源项目的风险策略分类

战略类型	定义	实施方法
信息战略	用于收集信息和形成项目概念的方法	研究方向：文献检索、预测、调查、测试、模拟以及决策理论模型
		私人搜索：使用个人联系人来获取独特性信息，并积极地塑造项目机会
		关系探测：与公众和反对者会面以识别风险，消除不可行的选项并丰富项目概念
协同决策战略	获取所需能力和安全访问资源的方法	延伸：引入独立实体的范围
		链接：所有者与其他增选实体之间建立的关系
		层级：业务单位和子公司

战略类型	定义	实施方法
协同决策战略	获取所需能力和安全访问资源的方法	合伙：共有人、合资企业、股权投资
		合同：合同和其他正式协议
		协约：非正式协议
		界定：一个实体负责的任务分组的范围
		选择：招标类型和谈判程序，规格详细程度
分配战略	使用合同条款在参与者之间分配奖励、风险和责任	责任：详细描述各方的义务以及履行这些义务的条件
		价格：合同价格的确定公式，包括风险分担、处罚和激励
		转移：限制一方在负面事件中暴露的条款
设计战略	使用项目概念元素来减少风险的可能性和影响	技术：包含元素、整体架构和特定解决方案、性能级别
		组织架构：监管、报告和信息流的结构；协调和解决冲突的程序和地点
		时间表：活动的时间和顺序
		财务：资金流动的类型和时间，支付条件
行动战略	使用行动来减少反对的可能性或消除项目开发的障碍	对抗：激进的策略，如起诉和组织抗议
		说服：沟通策略和利益相关者教育
		交换：向个人和社区支付报酬或提供其他福利，以补偿不便并获得支持
		合法化：表示正直、公平、关心和尊重的方法和象征性姿态
		先发制人：尽早采取行动以表明自己的承诺并阻止最终的竞争或反对，或发展其他行动途径

1. 信息战略

信息战略是指管理者用来收集有关项目及其环境的各种信息，以及形成项目资料库和备选方案库。第一，项目管理者进行客观信息搜集活动，主要包括能源工程项目的技术特点、各种指标参数和大型机械运行状态的预测，涉及决策理论模型和正式执行程序。第二，管理者的个人搜索行为涉及使用联系人网络来获取"特权"信息，它通常需要以前的合作和信任的历史。第三，进行关系探测，主要指的是与潜在参与者，如银行、监管机构、客户、供应商、施工和建筑公司、运营商以及受影响的各方进行长时间的面对面交流，在此过程中信息会浮出水面，相关的项目管理理念也会被直接讨论。适当与批评者进行商议，以主动发现各种未知的缺陷或风险。借助反复的迭代讨论和协商发现替代方案的缺陷，并激发更好的项目概念的出现。

2. 协同决策战略

协同决策战略要求确保一套基本的核心能力，这些能力如技术匹配和工程施工技能等将增加大型能源项目的成功机会。在关键领域的项目执行中确保获得支持性资源，如市场、项目融资、法律支持甚至公众支持。合作的第一步是决定哪些资源可以由所有者的业务单位或子公司提供，通过层次链接进行合作，确定哪些领域需要引入独立的参与者。对于外部组织，开发者必须决定他们与项目之间的联系。一些参与者可以通过伙伴关系联系以作为共同所有者、合资伙伴或投资者，或者可以通过合同和正式协议(如项目融资和税收条约)来增选资源。此外，可以通过与社区和其他利益相关者的非正式"参与"来获得一些资源，以获得他们的支持。传统上，工程公司根据成本补偿合同设计一个项目，并使用固定价格或单价合同与大量公司签订施工合同。工程采购-建筑和交钥匙合同将这些活动组合在一起，以更好地协调工程和建筑之间的激励机制。类似建设-经营-转让(build-operate-transfer, BOT)的方案让单个公司或企业联盟不仅负责项目的开发、设计和建造，还负责项目的长期运营，这提出了一种更加合适的调整激励机制的方式。最后，与公开招标相比，所采用的参与方选择程序，如邀请谈判及合同规范的细节也是这组策略的一部分。合作选择策略决定了参与者的数量和质量，以及它们之间的联系结构和每个参与者将控制的资源、活动和决策约束。

3. 分配战略

分配战略指通过价格、转让、惩罚、激励和其他合同条款，在参与者之间分配权利、责任、奖励和风险的具体方式。合同当事人约定各自的责任范围：在什么时候和在什么条件下他们每个人必须向另一方提供什么。一个由一家拥有发电厂的公用事业公司和一家建造并拥有燃气厂的独立公司合资的某能源项目就提供了一个典型的例子：他们之间的协议规定，该公司为燃气厂提供场地，保证煤炭、脱盐水和辅助动力的供应和质量。燃气厂的所有者从公用事业公司租用场地，并保证合成气体和高压蒸汽的供应。条款规定公司有义务接收所有符合质量要求的合成气体，并拥有气化过程产生的所有副产品。未能可靠地提供所需的数量将招致罚款。这样的机制可以降低其中一方承担的风险。

价格决定协议是另一种常见的合同分配策略。在成本补偿合同中业主承担成本超支的风险，而固定价格合同将成本超支风险转移给承包商。在基于成本激励和绩效的价格确定方案中，业主和承包商共同承担风险和承担报酬。在许多电厂项目中，如果承包商提前交付工厂，或者性能测试显示实际工厂容量大于规定容量，那么交钥匙合同的价格就会上涨。其他的风险分配策略限制了对合同一方的负面影响。例如，实用程序通常包括监管出局条款，允许它们在监管机构不允许它们从客户那里全额收回合同成本的情况下取消与独立开发商的合同。经济调度协议将那些以次优容量运行发电厂而产生的额外成本转嫁给购买电力并对发电厂进行调度的电力公司。分配策略决定了哪些参与者将承担特定的风险，同时也决定了业主对承包商行为的影响程度，以及承包商和业主之间是敌对还是友好的关系。合作与分配策略将风险划分为两个基本领域：一是风险由所有者内部化；二是由与所有者有股权关系、伙伴关系和成本加成合同联系的参与者控制，风险由所有者通过固定价格合同进行分散和外部化。

4. 设计战略

设计战略包括使用技术、组织、计划和财务选择来减少风险的可能性和影响。主要用于政治风险的技术解决方案。一个典型的例子是，在一艘驳船上建造一座发电厂，在遇到困难时可以将其拖离东道国海岸。其他的例子是通过提供燃料灵活性来降低供应风险的技术解决方案，为旧的工厂重新供电以避免监管风险，以及通过设计选择来获得当地社区的支持。例如，与监管机构和社区的积极计划，使得某大型能源工程项目的管理者在他们的项目中组织建设了超长的管道，以从严重污染的运河输送冷却水，而避免使用当地的水源。这些举动化解了该能源项目与当地居民的矛盾。

5. 行动战略

行动战略包括使用法律或信息手段解决矛盾和冲突。说服其他参与者和利益相关者，如银行、评级机构、监管机构、政府部门、公众中的反对者。在监管机构或社区面前，做出使项目合法化的各种活动。制订备选方案，以便在优选的行动路线因不良事件受阻时使用。采取先发制人的步骤来表明承诺。例如，面对可能出现的社会反对，某电厂项目的业主在当地社区内建立了一个公共关系中心，并组织了市政厅会议以对该项目进行解释。此外，电厂项目的建设单位主动与当地居民沟通，并协调他们的安置工作，甚至为他们提供在电厂工作的机会。这些行动化解了当地居民的对立情绪，使得社区反对的声音减弱了，媒体和居民成了这个新建能源项目的支持者。

7.6　能源项目合同管理

7.6.1　能源项目合同的订立

能源工程浩大，资金额度高，建设周期长，在建设过程中工种专业繁多，合同种类多，变更多，合同管理尤为重要。能源工程合同签订质量的优劣和履行的效果直接影响到建设工程是否能够顺利进行。如果业主与参建各方在建设过程中产生了纠纷，合同就成为解决双方争议最主要的依据，因此，订立一份完整有效的合同，严格按合同的约定履行各自的义务十分重要，否则就可能带来重大的损失。

1. 合同的内容

合同是指构成对发包人和承包人履行约定义务过程中，有约束力的全部文件体系的总称。合同的内容由当事人确定，但基本包括：当事人的名称或者姓名和住所，标的，数量，质量，价款或者报酬，履行期限、地点和方式，违约责任及解决争议的方法。

2. 合同的类型

在能源工程项目中，根据承包的内容不同，合同主要分为建设工程勘察合同、建设工程设计合同、建设工程施工合同等，各主体之间关系如图 7-9 所示。从承包工程的计价方式划分，一般划分为总价合同、单价合同和成本加酬金合同。总价合同要求投标者按照招标文件的要求，对工程项目报一个总价。采用这一合同形式，要求在招标时能详细而全面地准备好设计图纸和说明书，以便投标能准确地计算工程量。它主要适用于工程风险和规模都不太大的项目。单价合同是指整个合同期间执行同一合同单价，而工程量按实际完成的数量进行计算的合同。成本加酬金合同是指建设单位向施工企业支付工程项目的实际成本，并按事先约定的某一种方式支付酬金的合同类型。在这类合同中，建设单位需承担工程建设实际发生一切费用，因此，也就承担了项目的全部风险。根据合同的设计深度，项目规模和复杂程度，项目管理模式和管理水平，合同条件的完备程度，项目的外部环境因素选择适合的合同类型。

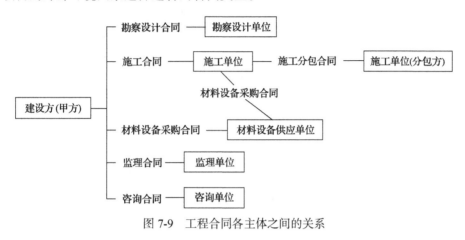

图 7-9　工程合同各主体之间的关系

3. 合同的订立

《中华人民共和国合同法》要求，建设工程合同应采取要约、承诺的方式，在一般情况下，招标行为(招标公告或者投标邀请书)是要约邀请，投标行为是要约，招标人发出的中标通知书则是合同的承诺。由于建设工程合同的重要性，在建设工程合同实质已成立的情况下，双方还应当签订书面的建设工程合同。合同生效后，即在已经成立的合同在当事人之间产生了一定的法律约束力，合同的执行受法律的保护和约束。

7.6.2　能源项目合同的履行和变更

1. 合同的履行

合同的履行，是指合同依法成立后，当事人双方按照合同约定的标的、质量、数量、价款或者报酬、履行期限、履行地点、履行方式等内容，全面地完成各自承担的义务，从而使合同的权利义务得到全部实现的整个行为过程。合同的履行是合同法的核心，合同的订立、担保、变更、解除以及违约责任等的规定都是围绕合同履行这个核心进行的。合同条款订得再好，如果在履行合同过程中经常失误，不能正确而有效地执行合同，也不会取得成功。

合同履行过程中，各方应明确各方的责任与义务，应该严格遵循合同条款执行，如果在项目建设过程中，没有按照合同约定的规定执行，构成违约行为，可以依法追究违约方的违约责任。

2. 合同的变更

能源工程项目一般规模较大、自然条件复杂、施工难度系数大，在这样的施工条件下，不可避免有一些可能会导致施工过程中出现了与签订合同时的预计条件不一致的情况，需要改变原定建设项目施工承包范围内的某些工作内容，基于这种需要实际改变这些工作内容的行为和结果称为工程变更。通常通过工程签证管理来管理变更，工程签证是工程施工合同履行过程中针对工程变更所形成的新的补充合同，是整个工程施工合同的有效组成部分。互相书面确认的工程签证可以作为工程结算或最终结算增减工程造价的具有约束力的凭据变更。

但在签证管理中应该注意，有一些签证，如零星工程、零星用工等，发生的时候就应当及时办理。如果在施工过程中发生改动，但既无设计变更，也不办现场签证，到结算时往往发生补签证困难，引起纠纷。现场签证一般情况下需要业主、监理、施工单位三方共同签字、盖章才能生效，缺少任何一方都属于不规范的签证，不能作为结算的依据，因此，应该尽可能避免不规范的签证。在现场签证过程中，应注意现场签证必须是书面形式，手续要齐全，现场签证内容应明确，项目要清楚，数量要准确，单价要合理。现场签证要及时，在施工中随发生随进行签证，应当做到一次一签证，一事一签证，及时处理。甲乙双方代表应认真对待现场签证工作，提高责任感，遇到问题双方协商解决，及时签证，及时处理。

7.6.3 能源项目合同的违约、索赔和争议

1. 违约责任

在能源工程项目建设过程中，可能会出现发包人或者承包人不履行或者不适当履行合同义务的情况，应当要求违约的一方承担继续履行、采补救措施或者赔偿损失等违约责任。当事人双方都违反合同的，应各自承担相应的责任，不论主观上是否有过错。当然，违反合同而承担的违约责任，是以合同有效为前提的。无效合同，自订立之时起就没有法律效力，所以谈不上违约责任问题，但对部分无效合同中有效条款的不履行，仍应承担违约责任。所以，当事人承担违约责任的前提，必须是违反了有效的合同或合同条款的有效部分。承担违约责任的方式主要有继续履行、采取补救措施、赔偿损失、赔偿违约金或者定金罚则等。但应该从源头上就尽可能减少违约行为的出现，通过公平的招标或其他选择方式选择信用较好的承包人，尽可能避免选择有过多不良违约行为的承包人。还可以在合同中约定发包人对《建设工程施工合同》中的《通用条款》里的预付款、工程进度款、竣工结算的违约应承担的具体违约责任，约定承包人对《通用条款》违约应承担的具体违约责任以及其他违约责任。违约金与赔偿金应约定具体数额和具体计算方法，应越具体越好，具有可操作性，以减少事后产生争议。

2. 工程索赔

索赔是当事人在合同实施过程中，根据法律、合同规定及惯例，对不应由自己承担责任的情况造成的损失，向合同的另一方当事人提出给予赔偿或补偿要求的行为。在工

程索赔实践中，一般把承包方向发包方提出的赔偿或补偿要求称为索赔；而把发包方向承包方提出的赔偿或补偿要求，以及发包方对承包方所提出的索赔要求进行反驳称为反索赔。在工程建设的各个阶段，都有可能发生索赔，但在施工阶段索赔发生较多。

引起索赔的原因有多种，按照索赔事件的性质分类主要有工程延误索赔、工程变更索赔、合同被迫终止的索赔、工程加速索赔、意外风险和不可预见因素索赔、其如因货币贬值、汇率变化、物价、工资上涨、政策法令变化等原因引起的其他索赔。

索赔应该遵循客观、合法、合理的原则，索赔必须以合同为依据，认真、及时、全面地收集有关证据，实事求是地提出索赔要求，真实反映索赔事件造成的实际损失，也要结合工程的实际情况，兼顾对方的利益，不要滥用索赔。业主应及时、合理地处理索赔。索赔发生后，依据合同的准则及时地对索赔进行处理。如果承包方的合理索赔要求长时间得不到解决，单项工程的索赔积累下来，有时可能会影响整个工程的进度。此外，拖到后期综合索赔，往往还牵涉到利息、预期利润补偿、工程结算以及责任的划分、质量的处理等，大大增加了处理索赔的困难。

【索赔案例】

某水电站是混合式发电站，枢纽建筑物由沥青砼心墙堆石坝、防空洞、引水隧洞、双室式调压井、压力管道和发电厂房组成。工程主体土建划分为大坝工程标、右岸基础处理工程标、放空隧道及泄洪隧道工程标、引水涵洞工程标、调压室工程标和厂区枢纽工程标。在招标阶段大坝工程标下施工中，实际合同执行由于修改开挖高程，致使比原开挖量要少，在地质条件的影响下开挖量中的可利用料较低，实际开挖利用料不能满足重料填筑的需求量，为此设计和业主单位根据实际情况，确定了盖重料的补充原料，而由于补充原料在运输距离、金额、开采方式上与原合同条件相差较大，费用增加，最终补偿运费以及原料费用。在右岸施工标中其中一段防渗墙施工时，由于地质原因造成钻孔过程漏浆，渗漏至下部的防渗墙廊道，影响廊道施工，最终监理工程师停止施工，停工期 280 天，为此进行工期索赔处理。处理时按照合同中规定的停工界定：非承包方的原因在发包方认为有必要时可以授意监理工程师停工指示，并给业主方提出各项承诺，灵活应对，拒绝口头指令。最终在进行合同谈判时达成索赔事实，补偿停工期间各项费用 2000 万元，大坝施工增加的距离运费补偿每立方米 18.12 元，原料合同单价增加 8.92 元。

---

3. 合同争议

合同争议也称合同纠纷，是指合同当事人对合同规定的权利和义务产生了不同的理解。能源项目合同具有工程规模大、设备材料消耗量大、法律风险高的特点，一旦发生纠纷，争议隐患处理不当，不仅给承包方带来巨大的现实损失，也可能为日后的声誉和利益带来不利的影响。合同争议的解决方式有和解、调解、仲裁、诉讼四种。

和解是指合同纠纷当事人在自愿友好的基础上，互相沟通、互相谅解，从而解决纠纷的一种方式。合同发生纠纷时，当事人应首先考虑通过和解解决纠纷。事实上，目前在能源项目合同的履行过程中，绝大多数纠纷都可以通过和解解决。这种解决方式简便易行，能经济、及时地解决纠纷。有利于维护合同双方的友好合作关系，使合同能更好地得到履行。

调解是指合同当事人对合同所约定的权利、义务发生争议，不能达成和解协议时，在经济合同管理机关或有关机关、团体等的主持下，通过对当事人进行说服教育，促使双方互相做出适当的让步，平息争端，自愿达成协议，以求解决经济合同纠纷的方法。这种解决方式往往是当事人经过和解仍不能解决纠纷后采取的方式，因此与和解相比，它面临的纠纷要大一些。与诉讼、仲裁相比，仍具有与和解相似的优点：它能够较经济、较及时地解决纠纷；有利于消除合同当事人的对立情绪，维护双方的长期合作关系。

仲裁是当事人双方在争议发生前或争议发生后达成协议，自愿将争议交给第三者做出裁决，并负有自动履行义务的一种解决争议的方式。这种争议解决方式必须是自愿的，因此必须有仲裁协议。如果当事人之间有仲裁协议，争议发生后又无法通过和解和调解解决，则应及时将争议提交仲裁机构仲裁。

诉讼是指合同当事人依法请求人民法院行使审判权，审理双方之间发生的合同争议，做出有国家强制保证实现其合法权益、从而解决纠纷的审判活动。合同双方当事人如果未约定仲裁协议，则只能以诉讼作为解决争议的最终方式。

【合同争议案例】

2015 年 5 月 12 日，西双版纳恒鼎新能源发展有限公司(发包方)与中国能源建设集团云南省电力设计院有限公司(承包方)签订某 50MW 光伏项目《工程总承包合同》，约定：合同工期为 2015 年 7 月 31 日前完成所有光伏组件的铺设，2015 年 12 月 10 日全部具备投运条件；项目投产后支付到 90%，结算完成后支付到结算价的 95%，余款 5% 质保期满(投产后一年)后支付。合同签订后，云南公司进场施工，但恒鼎新公司未按合同约定支付款项，造成工程未按期完成，直到 2016 年 6 月 13 日全部 50MW 工程才移交给恒鼎新公司，导致其中 17MW 未能获得 2015 年度分配控制性建设规模指标，而无法投产发电。后双方因工程款支付事宜发生纠纷，云南公司诉至法院，请求判令恒鼎新公司支付其全部工程款及违约金。该案的争议焦点是：恒鼎新公司应否向云南公司支付 17MW 未获得规模指标部分的工程款。

法院认为：虽然工程存在延期，但发包人存在逾期支付工程款的事实，且无法投产的原因为涉案工程无法取得年度分配控制性建设规模指标，云南公司对于工期延误以及无法投产不应承担责任。对于 17MW 光伏主体工程的工程款金额，双方在《工程款确认书》中已做了确认，视为已结算完成，按照《工程总承包合同》约定，应支付到结算价的 95%，但因云南公司无法证明 17MW 工程部分已投运，且已投运满一年，故剩余 5% 的质量保证金应按合同约定预留。

第 8 章

能源企业管理

8.1 能源企业概述

能源是人类生存和社会经济发展的基础动力,目前世界上 2/3 的能源来自石油和天然气。能源行业中最大的公司是石油公司。中国的能源消费中煤的比例接近 70%,由于煤、石油、天然气绝大部分都在地下,能源资源储量是有限的,这就从根本上限制了经济的潜在增长水平。更重要的是,从地下开采到管道运输,到炼油厂加工,再到用户和消费者手中,中间需要相当多的过程,在产业链的每一个阶段都存在气候、生态、环境污染的问题。随着温室效应的增强,要解决气候危机、环境危机,就必须转向清洁生产,其中节能产品和新能源的开发、生产和应用是最重要的部分。

新能源是相对于传统的煤、油、气而言的,主要包括两大类:一是水能、风能、核能、太阳能、生物质能等新型能源;二是对传统能源进行技术创新和变革所形成的新的动力,例如对煤炭的清洁高效利用、替代传统燃料的新材料电池、钾能电网等(替代能源)。对新能源的定义有广义和狭义之分。广义的新能源主要实现了温室气体减排的效果,其中包括对能源和资源的高效综合的利用,还包括可再生能源、代替能源、核能、节能等。狭义的新能源是指把我们常见的一些常规性能源排除在外的,这些主要指大型水力发电之外的风能、太阳能、生物能、地热能、海洋能、小水电和核能等能源的总成。现阶段我国对风能、海洋能、小水电和核能的使用主要在电能的转换上,而关于对太阳能、生物能、地热能的利用方面除了要转换为电能,还应该发展为向热能和燃气的转换上。总体来讲,新能源的利用主要将各种能源转换为电能。

目前新能源行业的发展水平已经成为衡量一个国家和地区高新技术发展的依据,也是国际竞争抢占的制高点,很多的发达国家已经把发展新能源作为推进国家经济发展和产业调整的重要举措。加之,我国对新能源的发展提出区域专业化、产业集聚化的方针,并且在大力度地规范新能源产业,对于相关企业推出了一系列扶持政策,使得新能源行业有足够的成长空间。随着新能源行业的不断发展,一些问题也会随之而来,比如在全国范围内新能源行业园区地区间分布不均衡;各个产业发展门类齐全、产业规模参差不齐;综合性的国家级或省级园区始终占主导,而一些专门的新能源行业得不到很好的发展;围绕新能源产业研发、制造及新型材料的发展相对成熟,而新能源行业的应用相对较弱等。新能源行业是我国发展最快的行业之一,据调查,我国新能源行业在过去的几年中实现了跳跃式发展,我国对新能源资源的利用实现了质的飞跃。随着对一些可再生资源利用的规模加大,我国的新能源行业在未来发展得将会更快。

按照美国新能源战略，美将致力于利用可再生的新型能源取代传统的化石能源的主导地位，能源行业在 10 年内，每年投资 150 亿美元，创造 500 万个新能源、节能和清洁生产就业岗位，将美国传统的制造中心转变为绿色技术发展和应用中心。该计划将确保利用新能源发电量到 2012 年达到总量的 10%，到 2025 年达到总量的 25%；每年改造 100 万户房屋，使之变得更加节能；开发和利用清洁煤炭技术；投资发展智能电网气加快家电能效标准制定，能源行业强化政府建筑节能和绿色采购；设立新技术培训网点等。如果其他发达国家跟着出台相关政策，并主导新能源产业的发展，可以预计，新的技术革命将围绕新能源展开，将对未来的经济发展模式带来重大变化。

8.2　能源企业管理的特点

能源管理（能源企业管理）是指综合运用自然科学和社会科学的原理和方法，对能源的生产、分配、供应、转换、储运和消费的全过程进行科学的计划、组织、指挥、监督和调节工作，以达到经济合理，有效地开发和利用能源。

能源管理（能源企业管理）目的：①管理常规能源，减少浪费；②利用少量能源创造更多价值；③开发利用新能源，减少常规能源的开采使用；④合理利用资源和能源，减少对环境的污染。

能源管理（能源企业管理）对人类社会的重大意义：能源是国民经济发展的支柱，是实现四个现代化和提高人民生活水平的物质基础；节能降耗对提高我国国民经济增长的质量和效益具有十分重大的战略意义。

8.3　能源企业管理的主要内容

1. 合理组织生产

建立健全节能管理机构，明确节能管理职责。设立节能管理办公室，负责节能工作的综合管理。单位是节能工作的主体，主要领导要亲自抓，明确节能管理业务机构和人员，设立专职节能管理岗位。提高劳动生产效率，提高产品产量和质量，减少残次品率，利用电网低谷组织生产，均衡生产，减少机器空转，各种用能设备是否处在最佳经济运行状态，排查生产管理方面的"跑冒滴漏"，提高生产现场的组织管理水平，减少各种直接和间接能耗、物耗损失等。

2. 合理分配能源

不同品种、质量的能源应合理分配使用，减少库存积压和能源、物资的超量储备，提高能源和原材料的利用效率；合理利用能源；努力降低能源消费，提高能源应用效率、转换效率和输送效率；建立市场化收费机制；鼓励发展和推广应用天然气、煤层气、太阳能、水煤浆等优质清洁能源。

3. 加强能源购进管理

提高运输质量，减少装运损耗和亏损，强化计量和传递验收手续、提高理化检验水平，按规定合理扣水扣杂等。

4. 加强项目的节能管理

新上和在建、已建项目是不是做了"节能篇"论证，核算其经济效果、环境效果和节能效益是否达标。

5. 加快推进节能技术进步

积极开发、推广、应用节能新技术、新工艺、新设备、新材料。公司节能投入资金优先考虑节能示范工程和节能技术推广项目。各单位每年要安排节能专项投入资金，有计划、分重点地组织实施节能技术更新改造，加快淘汰高耗能的落后工艺、技术和设备。

6. 规章制度落实情况

企业能源管理各种规章制度是否健全合理，是否落实到位，如能源、物资的招标采购竞价制度，对质量、计量、定价、验收、入库、票据、成本核算是否严格把关，要认真细致地排查、分析、诊断问题。一般企业在管理方面存在的问题比较多，漏洞多，浪费严重，管理节能是不花钱的节能，只要加强管理，严格制度，就能见效、做好节能管理基础工作。建立节能季度例会制度，分析查找存在的问题，研究制定改进措施。加强节能计划管理、能源计量管理、能源统计管理。制定主要装置、产品和主要设备能耗定额或指标，实行生产经营全过程能源消耗成本管理。加强监督、检查与考核。管理的核心是调动人的积极性，企业内部的能源管理过程中，既要完善考核激励机制，建立目标责任制，突出人性化管理，又要合理设计科学的指标体系，确保提高考核激励工作的可操作性和实效性。

8.4 企业能源管理体系

8.4.1 能源管理体系产生的背景

能源管理体系概念的产生源自对能源问题的关注。世界经济的发展，在不同程度上给各个国家带来了能源制约问题，发展需求与能源制约的矛盾唤醒和强化了人们的能源危机意识。而且人们意识到单纯开发节能技术和装备仅仅是节能工作的一个方面，人们开始关注工业节能、建筑节能等系统节能问题，研究采用低成本、无成本的方法，用系统的管理手段降低能源消耗、提高能源利用效率。一些思想前瞻的组织还建立了能源管理队伍，有计划地将节能措施和节能技术用于生产实践，使得组织能够持续降低能源消耗、提高能源利用效率，这不仅极大地促进了系统管理能源理念的树立，还促使形成了能源管理体系的思想和概念。

8.4.2 企业贯彻能源管理体系的作用

我国人均能源占有量远低于世界平均水平，能源供给不足已经成为社会经济可持续发展的一个重要制约因素。由于我国许多行业和地区能源利用效率低、浪费严重，目前我国单位国内生产总值能源消耗量大大高于世界平均水平。且我国正处于高速工业化和城市化的发展阶段，这一阶段的能源供给矛盾尤为突出，因此在一定程度上制约了我国的经济发展。

在国家宏观能源政策导向下，虽然能源管理工作在我国已经得到了重视并取得了一定成绩，但是组织能源管理的各项制度和措施之间尚未形成一个有机整体，缺乏全面系统地策划、实施、检查和改进，缺乏全过程系统的科学监控，系统的能源管理思想没有得到具体体现和贯彻实施。为了切实地加强组织的能源管理，促进节约能源并降低组织生产成本，需要有新的思路、新的管理理论和方法。推行规范化管理、建立能源管理体系，便是一条科学可行的途径。

在组织内部建立规范的能源管理体系，使能源管理的各项手段和措施形成一个有机整体，全面系统地策划、实施、检查和改进各项能源管理活动，实施全过程管理，以期获得最佳的节能效果。建立和实施能源管理体系的重要意义在于：

(1) 有利于推进国家能源方面法律法规、政策、标准和其他要求的实施。建立能源管理体系标准能够有效地将企业现有的能源管理制度与能源有关的法律法规、能源节约和鼓励政策、能源标准，如能效标准、能耗限额标准、计量和监测标准等，以及其他的能源管理要求有机结合，形成规范合理的一体化推进体系，使组织能够科学地强化能源管理，降低能源消耗和提高能源利用效率，促进组织节能减排目标的实现。

(2) 有利于组织将节能工作落到实处。这是由于传统的能源管理方式，只解决了"谁来做、做什么"的问题，而"如何做""做到什么程度"，主要由执行者凭个人的经验甚至意愿来决定，导致有些节能工作不能达到预想的效果。通过系统地建立一套科学合理且具有可操作的能源管理体系，便能大大减少工作中的随意性，进而提高节能工作整体效果和效率。

(3) 有利于及时发现能源管理工作中职责不清的问题，为建立和完善相互联系、相互制约和相互促进的能源管理组织结构提供保障。通过识别节能潜力以及节能管理工作中存在的问题，并通过持续改进，不断降低能源消耗，从而实现组织的能源方针和能源目标。

8.4.3 企业能源管理体系核心思想

能源管理体系以降低能源消耗、提高能源利用效率为目的，针对企业活动、产品和服务中的能源使用或能源消耗，利用系统的思想和过程方法，在明确目标、职责、程序和资源要求的基础上，进行全面策划、实施、检查和改进，以高效节能产品、实用节能技术和方法以及最佳管理实践为基础，减少能源消耗，提高能源利用效率。引入持续改进的管理理念，采用切实可行的方法确保能源管理活动持续进行、能源节约的效果不断得以保持和改进，从而实现能源节约的战略目标。能源管理体系借鉴 ISO 9000 和 ISO 50001: 2018 的理念和思想、强调规范各种能源管理制度和措施、注重识别和利用适宜的节能技术和方法，以及最佳能源管理实践和经验，达到节能减排的目的。

建立和实施能源管理体系是企业最高管理者的一项战略性决策。能源管理体系的成功实施取决于企业各层次的全员参与，尤其是最高管理者的承诺。通过本标准的实施，企业能够建立节能遵法贯标机制，主动获取并自觉落实节能法律法规、政策、标准和其他要求；建立全过程的能源管理控制机制，促进能量系统优化匹配，使能源管理活动规范有效并不断得到改进；建立节能技术进步机制，主动收集、识别并合理采用先进、成熟的节能管理方法和节能先进技术，实现节能技术进步常态化；建立节能文化建设机制，使全体员工节能意识不断增强，节能制度不断完善，节能行为不断规范。

能源管理体系的核心是在企业内部持续改进能源绩效，并通过管理节能、结构节能和技术节能，实现从注重单体设备能源效率、系统单元能源效率到注重整个企业能源效率的实质性转变，其运行的基本原则如下。

(1)采用过程方法和管理的系统方法，使所有过程有机结合，发挥整体的管理效率。

(2)运用 PDCA(plan-策划、do-实施、check-检查、action-改进)持续改进模式，针对每一个过程和活动都进行有效策划和实施控制，并进行监视和测量，发现问题及时改进，使能源管理融入组织的日常活动中。

(3)构建规范的管理体系，用标准化的理念实现系统节能。

(4)在能源管理体系覆盖范围内，实现全员参与和全过程控制。

(5)贯彻落实相关法律法规、政策、标准和其他要求。

(6)评价体系运行的有效性，注重能源绩效的提高。

(7)应用先进有效的节能技术和管理方法，借鉴最佳节能实践和经验。

(8)通过管理节能来推动技术节能和结构节能。

(9)与其他管理体系相融合，并将现行有效的能源管理方法纳入能源管理体系，如节能目标责任制、能源审计、能量平衡、清洁生产、能效对标等。

1. 企业能源管理的基本要求

1)提高节能意识

(1)节能意识是让每个员工了解自身贡献的重要性，及组织中的角色。

(2)以主人翁的身份去解决各种节能问题。

(3)使每个员工根据各自的节能目标，评价其业绩状况。

(4)使员工积极地寻找机会，增强他们自身的能力、节能知识和经验。

2)领导作用

(1)考虑所有相关方的节能需求和期望。

(2)为组织未来描绘清晰的节能远景，确定富有挑战性的节能目标。

(3)在组织的所有层次上，建立价值共享、公正和伦理道德观念。

(4)为员工提供所需的资源和培训，并赋予其职责范围内的自主权。

3)配套称职的能源管理人员和能源管理网络

4)健全能源使用的管理制度

5)健全能源计量和统计

2. 企业能源管理体系运行模式(图 8-1)

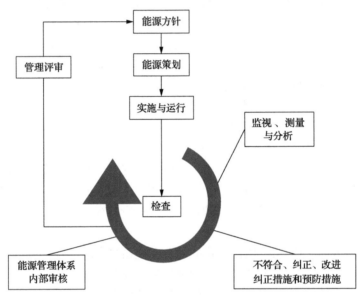

图 8-1 能源管理体系运行模式

3. 企业能源管理体系中的 PDCA 方法

能源管理过程中的 PDCA 方法详述为：①P(策划)——实施能源评审，明确能源基准和能源绩效参数，制定能源目标、指标和能源管理实施方案，从而确保组织依据其能源方针改进能源绩效；②D(实施)——履行能源管理实施方案；③C(检查)——对运行的关键特性和过程进行监视和测量，对照能源方针和目标评估确定实现的能源绩效，并报告结果；④A(改进)——采取措施，持续改进能源绩效和能源管理体系。

4. 企业能源管理主要环节和内容

企业能源管理的主要环节有能源输入环节、能源转换环节、能源分配和传输、能源使用(消耗)、能源消耗状况分析、节能技术进步等。

1)企业能源的输入管理

(1)购入能源的要求：建立合格供方质量明细表，制定采购计划，签订采购合同。

(2)输入能源的管理：明确对购入能源验收的原则，按原则实施验收验证，做好贮存保管工作。

2) 企业能源的使用管理

(1) 优化生产工艺, 降低能源消耗。

(2) 耗能设备的经济运行。

(3) 节能操作。

(4) 加强用能管理: 实行能源消耗定额管理, 对用能情况的检查和整改, 加强二级单位用能管理。

3) 企业能源管理的规章制度

主要从以下几个方面制定相关制度: 供能管理制度, 用能设备管理制度, 用能计量管理制度, 用能统计分析及定期报告制度, 能耗定额管理制度, 耗能设备管理制度, 节能技术管理制度, 节能监督检查制度, 节能考核制度, 节能培训教育制度, 对进厂的能源管理制度。

4) 能耗分析

进行能耗分析有多种办法, 简单介绍三种方法:

(1) 企业能量平衡测试分析法。

企业应进行企业热平衡、电平衡、水平衡企业能量平衡, 收集大量数据, 可进行耗能分析并找出节能方向。

(2) 企业能源审计分析法。

通过对企业能源的审计得出大量的能耗数据, 找出能耗症结进行能量分析。

(3) 利用基础数据、耗能记录等大量数据。

利用节能矩阵图法, 找出关键节点, 便于解决问题, 还可利用骨刺图(又叫因果图)对能耗进行系统分析, 还可用系统图法进行分析。例如某工业炉的因果分析图。

能源管理体系是企业管理体系的一部分。组织建立实施能源管理体系时, 应与其他管理体系相融合, 如质量、环境或职业健康安全等管理体系要求, 最终实现本组织整体管理体系的融合。能源管理体系与其他管理体系整合的关键是本标准各项要求在组织管理体系中得到落实。

8.4.4　能源管理体系的控制要求

企业建立能源管理体系可以使企业实现其承诺的能源方针, 并采取必要的措施来提高其能源绩效, 包括提高能源利用效率和降低能源消耗。同时, 通过系统的能源管理, 降低能源成本、减少温室气体排放及其他相关环境影响。此外, 能源管理体系的要求, 使企业能够根据法律法规要求和主要能源使用的信息来制定和实施能源方针, 建立能源目标、指标及能源管理实施方案。

1. 总体要求

企业应根据相关法律法规、政策、标准和其他要求及自身规模、能力、需求等状况, 建立、实施、保持和改进能源管理体系。同时, 要确定能源管理体系覆盖的边界和范围, 并将其形成文件。能源管理体系的范围与企业内部的一系列活动有关, 边界更多地与地理位置有关，一个范围可包含多个边界。企业确定的范围至少是能够单独进行能源核算的单元，可包括生产过程、辅助生产过程和附属生产过程的能源利用全过程，以及与实现该过程相关的能源种类、管理职责等。最后，在满足本标准要求的前提下，注重节约的同时合理利用能源、提高能源效率，达到持续改进能源绩效和能源管理体系的目的。

2. 管理职责

最高管理者(领导)是在最高管理层指挥和控制企业的决策者或决策层。最高管理者应对策划、实施、检查和改进能源管理体系做出承诺，并通过其领导行为推动能源管理体系，以实现其承诺。最高管理者应确保提供与建立、实施、保持并持续改进能源管理体系相适宜的资源，如人力资源、设备设施、资金、节能技术方法、信息等；在企业长期规划中考虑能源绩效，确保持续改进能源管理体系绩效；企业开展管理评审，对能源管理体系运行的效率和效果进行评价，确定新的改进机会，确保能源管理体系的持续改进。

企业管理层应当根据政府、行业的能源发展战略、规划、政策等，制定出适合自身特点的能源方针。确定企业能源管理方面的行动纲领、应当履行的责任及对相关方做出的承诺。能源方针是企业整体方针的一部分。

3. 能源管理方案的实施与运行

为实现企业的能源目标和指标，企业应策划与主要能源使用相关的运行和维护活动，使之与能源方针、能源目标、指标和能源管理实施方案一致。与主要能源使用相关的过程和活动可包括产品和过程的设计控制、设备设施的配置与控制、生产和服务提供过程的控制、能源的购入贮存、加工转换、输送分配及最终使用、余热余压利用等过程的控制。

在新、改、扩建项目的设计中，针对影响能源绩效较显著的设施、设备、系统和过程，企业应考虑能源绩效改进的机会和运行控制的需要。其中，在新产品或产品改进的设计阶段，应考虑产品结构、原材料、零部件等的选择对产品实现过程能源消耗的影响。

企业在产品和过程设计阶段要进行合理用能评估，内容主要包括：是否符合国家法律、法规、产业政策、标准、节能技术政策大纲和行业节能设计规范及有关部门规定的其他内容；用能总量及用能种类是否合理；是否采用先进节能技术；是否达到国内外能耗先进水平；是否严格执行国家明令淘汰的设备、产品目录；能耗指标分析；采用的节能技术措施和预期达到的节能效果分析；经济效益分析等。

4. 检查、管理和评审

1) 监视、测量与分析

企业应在生产运营过程中，对体系的运行情况和决定能源绩效的关键特性进行监视、测量和评价，及时发现问题，采取措施，进行有效控制。企业应在能源管理体系策划阶段考虑监视测量的需求。

2) 能源管理体系的内部审核

内部审核是对能源管理体系进行定期、全面的检查方式，目的是评价能源管理体系实施和运行的符合性和有效性。它是企业自身为衡量体系文件是否符合标准要求、体系文件是否得到执行及体系运行绩效所采取的检查、分析和评价过程，是实施保持能源管理体系的重要手段。能源管理体系内部审核是相对独立的活动，为管理评审提供依据。

审核方案应覆盖能源管理体系的全部要求，应根据企业的不同区域和活动的运行状况、能源使用的重要性和以往的审核结果，安排审核频次、审核范围和时间，其内容包括：审核的目的、范围与程度、审核的职责与资源、审核程序、审核的实施、审核员的评价与选择。

每一次内审不必覆盖整个体系，审核方案需确保企业的所有职能、层次和体系要素以及整个能源管理体系都能得到定期审核。对于运行状况问题较多、重要的区域或某一管理体系标准执行较弱的部门和场所，应加大审核力度。审核可采用集中时间审核，也可结合日常检查活动进行滚动式审核。通常通过制定年度审核计划来具体实现审核方案。企业应注意保持审核活动的独立性、公正性。应由客观、公正的审核员，必要时在由企业内部或外部选择的技术专家的帮助下实施审核。

3) 纠正和预防措施

为使能源管理持续有效，企业应以系统的方法确定实际和潜在的不符合，采取纠正和预防措施。当能源管理体系的要求未规定或未实施，或未达到能源管理绩效要求时，即被视为不符合。

企业应建立、实施并保持一个或多个程序，其内容包括：识别和纠正不符合，确定不符合产生的原因，评价不符合的严重程度、处置不符合采取的纠正措施和预防措施，以避免不符合的重复发生和潜在不符合的发生。

企业应评审所采取纠正措施和预防措施的有效性及适宜性，并确保评审人员能够做出正确判断。企业应保存实施纠正、纠正措施和预防措施的结果记录。当纠正、纠正措施和预防措施涉及程序文件等的修改时，应按照文件管理的要求对涉及的相关文件进行修改。

4) 管理评审

管理评审的目的是评价能源管理体系的绩效和企业的能源绩效，做出适当调整，确保持续改进。最高管理者应按规定的时间主持管理评审，对能源管理体系的适宜性、充分性和有效性进行评判，以持续改进能源管理体系。最高管理者对管理评审过程的承诺至关重要，是管理过程的核心要素。企业可自行决定参加管理评审的人员，通常应包括管理者代表、能源管理人员、对能源消耗和能源管理体系有重要影响的关键部门负责人。

管理评审通常每 12 个月进行一次，一般在一次完整的内部审核后进行。管理评审过程要记录，结果要形成评审报告。

评审报告是管理评审活动的结果，是最高管理者对企业能源管理体系做出战略性决策的重要依据。评审报告内容应包括：①对企业能源管理体系适宜性、充分性和有效性的总体评价；②决定能源管理体系和能源节约持续改进的措施，包括提高能源管理绩效、重点用能设备改造、重大节能技术引进、工艺流程改进等；③能源发展战略、能源基准、能源绩效参数、能源方针、目标、指标的变更，以及支持实现能源管理方案变更的重大决策；④支持管理评审输出活动的资源需求。

8.5　产业生态系统理论下的能源企业管理

产业生态思想起源于自然生态系统的存在方式。20 世纪 70 年代初期，Ayres 和 Simonis(1995)、Frosch 和 Gallopoulos(1989)分别提出"产业代谢""工业代谢"和"产业生态"等概念，并结合生态系统理论，提出了"产业生态系统"和"产业生态学"的概念，认为产业系统活动过程类似自然生态系统的新陈代谢过程——吸收原料、能源并将其转变成产品与废物，传统的产业活动模式应当学习自然生态系统建立产业生态系统，来减少产业活动对环境的影响，从而使产业系统更具可持续性。70 年代，丹麦卡伦堡工业园区找到了一种革新性的废弃物管理利用途径，称之为"工业共生"现象。90 年代末，Graedel 和 Allenby(2004)认为生态学的生物组织和产业中的企业组织具有相似性，产业系统通过与自然环境之间的互动与协调实现产业的可持续发展。同期 Graedel 等(1993)提出，产业生态系统三级进化理论，三级生态系统包括四类主要行为主体：资源开采者、处理者(制造商)、消费者和废料处理者。区域产业生态系统中的企业通过竞争、合作、寄生和捕食与被捕食等模式实现互动协同进化。

20 世纪 90 年代初，我国开始引进国外产业生态理论，近年来产业生态理论的研究和应用成为热点。国内众多学者提出，产业生态化是把产业活动及其对自然资源的消耗和对环境的影响纳入大生态系统的物质、能源总交换过程，使资源、环境能系统开发、持续利用，实现产业系统中物质的闭环循环和大生态系统的良性循环与持续发展。20 世纪末期，杨丁元和陈慧玲(1999)首次将"产业生态"应用于企业经营环境分析，用"生态"概念研究高科技产业发展。21 世纪初，有学者进一步研究提出产业组织系统是一种类似于生物有机体的自组织复杂适应性系统，运用生态学理论对产业生态系统进行个体、种群、群落、生态系统等层面的分析，提出了产业生态系统的企业组织、产业种群、产业集群、产业系统四个构成层次，并对自然生态系统和产业生态系统的层次要素进行了对比分析。

最终逐渐形成了现代产业生态理论的基本思想：在生态系统中，各种生物及生物群落与其无机环境之间，在一定的时间与空间范围内，通过能量转换和物质循环而相互作用，构成一个统一的整体。针对产业活动及其对自然系统的影响，通过比拟生物新陈代谢过程和生态系统的结构与功能，特别是物质流与能量流的运动规律，产业生态系统的各个企业和产业各司其职，分别承担生产者、消费者、分解者等不同的角色，由企业物种、产业种群、产业集群、产业系统等形成不同的层次，具有自然生态系统"共生互惠、协同竞争、领域共占、结网群居"等特点，企业之间、产业之间、产业和环境之间存在着相互联系、相互依存、相互作用的关系，并进行特定的物质、能量和信息流的交换。

生态产业理论强调物质能量的循环流动，产业生态系统内不同企业和产业占据着不同的生态位，形成了类似自然生态系统的生态链，使资源在产业系统内得到循环利用，减少废物排放，降低产业活动对环境的污染和破坏，实现产业系统与生态系统的良性循环和可持续发展。

产业生态系统即是依据这一生态系统原理、基于生态系统承载能力、具有高效的经济过程及和谐生态功能的网络化生态经济系统。换而言之，产业生态系统是一个由制造业企业和服务业企业组成的群落，它以系统解决产业活动与资源、环境之间的关系为研究视角，在协同环境质量和经济效益的基础上，利用产业结构功能优化实现产业整体效益的最大化。因此，在产业生态系统的构建过程中，不可避免地要淘汰那些陈旧设备、高物耗、高能耗、污染严重的产业部门和环境负效应严重的产品。在现代社会工农业生产中大力倡导采用高效、低耗、环境污染小、经济效益高的技术，积极调整产业结构，不断地探索既有利于保护环境又能提高企业效益的经营管理模式，实现国民经济的良性循环与持续发展。

十九大报告明确指出，推进能源生产和消费革命，构建清洁低碳、安全高效的能源体系[①]。当今各国都在积极抢占能源技术创新和商业模式创新的制高点，储能技术、分布式能源、智慧能源管理、虚拟电站、能源互联网、碳交易、互联网+售电、能源金融等产业变革的大幕正在拉开，我国既面临能源大国向能源强国转变的难得历史机遇，又面临诸多问题和挑战。

能源企业一直给人的感觉是"庞大、封闭、发展缓慢、高门槛"。但如今，随着技术升级与体制改革不断深入，越来越多的科技创新企业将触角伸向了能源领域，他们逐渐打破固有边界、搅动能源产业链市场。例如利用大数据分析、云计算来实现能源企业或园区的综合能源智能服务和管理；利用人工智能视觉技术甄别和监测风电场/光伏电场/电力设备运维过程；利用区块链技术找到电力物联网入口的通行证等。而与此同时，能源行业巨头对于数字技术赋能产业智能化转型的需求也展露端倪，不断以内部创新、寻找外部资源合作等方式，试图利用新技术赋能现有业务板块，甚至改变产业与生态，创造新的业务增长点。

未来2~3年，清洁能源、储能技术、能源互联网、能源金融等新型能源企业将会快速发展，"能源互联网"对于现有能源产业链将会产生重大的影响，有的业内人士甚至认为影响将是颠覆性的、具有互联网特征的新兴能源服务商将从需求端发力，对产业链现状带来最大的冲击，不仅提供B2B[②]、B2C[③]的能源服务，还将借此平台延伸至其他领域，例如家居、零售、交通、金融等行业，创造价值更大的市场。因此，不管是新型能源企业还是传统能源企业，在产业生态系统理论下，对企业能源管理提出了新的要求。

---

① 习近平：决胜全面建成小康社会 夺取新时代中国特色社会主义伟大胜利——在中国共产党第十九次全国代表大会上的报告. (2017-10-27). http://www.gov.cn/zhuanti/2017-10/27/content_5234876.htm。

② B2B，即企业与企业 (business to business) 之间通过互联网进行产品、服务及信息交换的营销模式。

③ B2C，即企业对消费者 (business to customer) 的电子商务模式。

8.5.1 产业生态系统理论下能源企业管理特点

未来能源企业的发展面临的竞争是完全不同于以往 1.0 时代的企业自身产品或服务，竞争基础是企业自身的资源；也不同于 2.0 时代的产业链间竞争，竞争边界扩大到不同的产业链上，但竞争依然在处于行业内。而当下 3.0 时代，主要面临来自能源企业对产业链协调运作效率的提高带来的溢价形成的企业生态系统间的竞争，竞争基础是企业可以控制和影响的资源，属于一种产业链间的竞争。因此，对于当下基于产业生态系统理论下的能源企业具有以下显著的核心竞争力及其管理特点。

1. 持续性的技术创新将成为常态化

能源进入新的转型时期，能源格局正在发生重要变化，首要表现就是能源领域技术持续创新。如分布式能源技术在全球大范围推行，风能、太阳能等新技术得到推广，水平压裂技术在美国油气行业广泛应用等新兴能源技术创新，给整个世界的能源产业带来了革命性影响。

2. 能源结构优化、多元化以及清洁化

全球范围内低碳发展在生活层面、道德层面、法律层面获得优势支持，可再生能源比例增加、全力推动清洁能源消纳，可以预见，随着互联网信息技术、可再生能源技术以及电力改革进程加快，综合能源服务将成为更多能源企业转型发展的方向。这不只是观念的革命、技术的革命，更是产业的革命。

3. 鼓励跨界融合和多边能源合作

中国、美国、欧盟都将保持较高的可再生能源增长速度。2016 年中国的风电总装机容量、光伏发电的设备生产和装机容量，已经位居全球第一。中国已成为全球能源结构优化进程中最重要的推动力量。能源合作是"一带一路"最重要的领域之一，中国与世界能源市场将会更加紧密结合、加大参与和引领国际能源合作的力度。能源合作包括贸易，也包括技术、资本，以及人力资源。此外，互联网、大数据、云计算等信息技术与能源技术深度融合，渗透到能源生产和消费的各个环节，促进了能源生产和消费的智能化，提高了能源生产和消费的效率。也将有诸多"跨界竞争"者加入。

8.5.2 产业生态系统理论下能源企业管理作用

在科技革命和经济全球化发展的背景下，产业生态系统在给企业带来便利和机遇的同时也给企业带来巨大的竞争压力。一是在信息高度透明的今天，企业很难依靠某项单一不变的技术和管理能力长时间地保持对其他竞争者的竞争优势，即使采用诸多的保密措施和信息壁垒，信息和技术的外溢最终还是难以避免。二是由于社会整体的管理和技术水平发展日新月异，企业要获得长期的竞争优势和增长动力，同样也面临着如何寻找新增长点的压力。因此，在这样的科技背景下，企业之间的同质化竞争的趋势越来越明显。传统的能源管理方式和共性技术能力，仅能保证能源企业获得基本的增长，但无法为企业提供更为强劲的跨越式发展动力和与全球产业生态链中的企业竞争力。

经济全球化是当代世界经济发展的重要特征之一，也是世界经济发展的重要趋势。经济全球化，有利于资源和生产要素在全球产业生态系统更加合理的配置，有利于资本和产品在全球性流动，有利于科技在全球性的扩张，有利于促进不发达地区经济的发展，是人类发展进步的表现，是产业生态系统发展的必然结果。因此，产业生态系统理论下的能源企业管理必须向着提升企业跨越式发展动力和与全球产业生态企业竞争力上做足准备，主要表现促进技术创新、促进节源减排、促进市场规范三个方面。

1. 促进技术创新

在一个生态系统中，各种生物之间存在相互依赖、相互制约的关系。与此类似，产业生态系统是由众多成员参与一种产品的研发、设计、生产、分销的系统，每一个成员在该系统中都承担着重要的职能，成为产业发展所不可或缺，相互之间形成服务与被服务、供应与被供应的关系。单个的成员、要素无法创造价值，只有分散的成员、要素集合起来形成一个整体才对产业的发展具有意义。创新、生产、应用三个子系统构成了完整的产业链环节，创新子系统为生产子系统提供了技术基础和产品原型，为应用子系统提供了新的分销渠道、服务形式和用户参与方式；生产子系统将创新子系统的构想以物质或非物质的形态体现出来并提供给应用子系统；应用子系统实现产品的价值，并将用户意见反馈到创新与生产环节，甚至直接参与前两个子系统的活动，帮助前两个子系统实现不断提升。

对于产业生态系统中存在相互竞争与合作关系的具体企业之间，通过不断地合作互助与竞争淘汰，得以生存的企业之间都是一种相互依存相互竞争的关系。在不同的环境下，需要不同的关系来实现各自在产业生态系统循环往复不断向前发展，这种通过企业之间的竞争和合作关系，可以容易发现同行业内的主要竞争对手和合作伙伴，依据不同对象选择不同的策略，可以极大提升创新主体的创新能力。

在产业生态系统中，技术、参与成员、辅助因素都在不断地发生着变化：新的科学技术、新的产品设计不断涌现，参与者不断进入、成长或衰亡，生产要素、基础设施、社会文化环境、政策体系、国际环境等辅助因素也时刻处于变化之中。这些变化通过产业生态系统各构成要素之间的联系互相影响，通过自我强化的反馈机制共同推动整个产业生态系统的演化。创新投入的增加和水平提高有利于生产环节的发展，而产业规模的扩大又能够进一步增加对创新的投入，如此循环反复，推动整个系统的发展。如同自然系统一样，产业生态系统中的变化也存在着偶然性、不确定性，最终只有适应整个系统环境的变化才能保留下来并影响系统的格局。从更大范围内来说，只有适应整个全球经济社会发展环境、具有竞争力的产业生态系统才能够生存下来。产业生态系统的演化可能是内生的，系统的参与者会不断自发地进行技术的变革、产品的创新，产业内激烈的竞争将会加速变化的过程。一般来说，系统内的核心企业会在演化中发挥更加积极的作用，它们建立平台、制定标准，带动产业链上下游做出改变。

2. 促进节源减排

产业生态系统是节源减排在一定时间和空间范围内,由产业群体与其支撑环境组成的一个整体,这个整体也是具有一定的大小和结构,各成员通过物质、能量及资金的流动及信息的传递相互关联构成了一个具有自组织和自调节功能的复合体。其结构由产业群体及其环境组成,其中产业群体主要有生产者、消费者、分解者。环境要素主要由生物环境、非生物环境、物质资源组成。其中生产者主要包括资源开发企业、原料生产企业、原料生产农场;消费者主要包括产品生产企业、供应商、销售商、单位消费体、个体消费体等;分解者主要包括废品收购站、废品分类厂、废品加工厂、垃圾处理厂。生物要素主要包括动物、植物、微生物;非生物要素包括气候(光、温度、降水、风等)、市场(参与者、价格、资金、交易场所等)、管理(管理部门、政策、法规、司法等)、支撑(网络信息,交通等);物质资源包括能源(化石燃料、太阳能、风能、水能、生物能、潮汐能等)、矿物(自然元素矿、化合物矿)及其他(森林、农产品、固定资产)。

产业生态系统的主要功能也可从生产者功能、消费者功能和分解者功能三部分功能来分析。通过物质、能量及资金流动以及信息传递,三方面功能形成有机整体。其资源流是实现这些功能的命脉(图 8-2)。生产者功能主要是利用自然资源生产消费者需要的各种原料,这些原料产品是围绕消费市场来生产的,在种类和数量上具有时间和空间动态变化的特征。消费者的层次主要分四层:产品生产企业、供应商、销售商、单位和个体

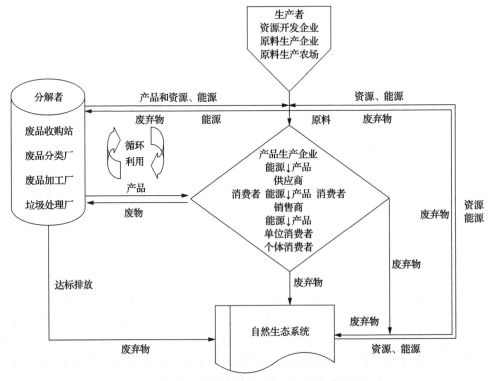

图 8-2 产业生态系统的功能及资源流示意图

消费者。初级消费者(产品生产企业)的功能是将原料加工成产品，提供给下一级消费层使用，起到了对原料的再加工作用和物质资源的传递作用。其中，在企业共生体中，企业与企业的消费联系主要是通过产品或副产品的利用，即上游企业的产品或副产品成为下游企业的原料。消费级主要由上下级的个数决定。另外，消费者的需求直接影响企业群的种类和规模。分解者的功能是将生产者和消费者的废弃物收集、分类、再资源化、无害化处理排放，使得整个系统的废弃物得到资源化和无害化处理，减弱系统排放对生态环境的胁迫。

传统的资源管理模式是以经济利益最大化为核心的，忽视自然生态系统的支撑能力和发展。在资源管理上，资源的获取和废弃物的排放是分割的，没有形成废弃物质资源化的物质循环机制。通过功能分析，可得在传统资源管理模式中资源链和资源网还不完善，且分解者的功能未能良好发挥。这导致了整个系统资源流的不合理性而引发的生态环境问题。因此，传统的资源管理模式造成了严重的生态环境胁迫而阻碍了城市的可持续发展，急需能源管理模式上的创新，加强节源减排，促进能的高效利用与废弃物资源的回收再处理。

建立一种产业资源生态管理机制，即一种保障资源良性循环及企业共生的生态网络机制。构建的目的是促进产业在传统的产业链基础上利用共生和循环设计进行产业链的生态重组，或者构建新的生态产业网，通过提高资源的使用效率、使用清洁能源和废弃物的循环利用实现产业资源的生态化管理，促进经济与环境的协调发展。

产业资源生态管理机制主要通过促进建立基于循环共生的生态网络的管理来实现(图 8-3)。即对原有的三个方面的产业结构进行生态重组和生态管理，对三个方面新建设的产业进行生态设计和生态管理。如资源开发生态管理：围绕如何提高资源的开采效率，

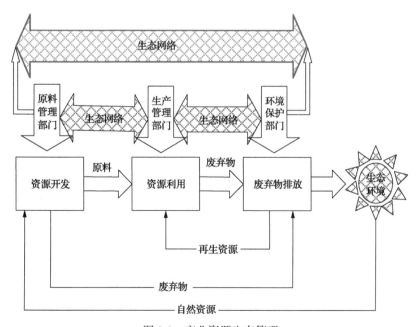

图 8-3　产业资源生态管理

减少对资源开采区的生态环境破坏，对现有的资源开发产业进行生态重组，对新的资源开发产业要求生态设计。资源利用生态管理：围绕如何提高资源利用的效率，鼓励使用可再生资源，减少不可再生资源的使用，降低单位产品资源和能源的消耗管理。

一方面，企业在废弃物生态管理方面，从产业生态角度应将废弃物视为待利用的资源，在系统中提供一个废弃物再利用的平台，使废弃物得到循环利用，减少废弃物排放量，并实现无害化排放管理方法主要是通过建立在虚拟网络基础上的资源循环-企业共生系统进行管理(图 8-4)，主要包括资源开发循环共生平台、资源利用循环共生平台、废弃物循环利用管理平台、生态管理平台。资源开发循环共生平台主要提供对资源开发利用的强度、速度和广度进行信息化生态管理服务，使资源开发符合资源可持续利用的要求；资源利用循环共生平台主要提供促进产业向资源循环共生模式转型的生态管理服务；废弃物循环利用交易平台主要提供废弃物资源化和无害化生态管理服务；评价及生态管理平台主要通过物质流分析、生命周期评价及投入产出分析等手段对运行中的产业群进行实时动态评价并提出相应的调整策略。通过产业资源的生态管理，企业将积极利用效率高环境友好型的技术进行生产，废弃物将得到最大限度的资源化利用和达标排放，产业资源管理将建立循环共生机制，促进产业生态系统与自然生态系统的协调发展。

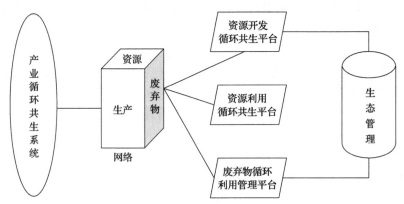

图 8-4　产业资源循环共生系统

另一方面，成本因素对传统产业系统积极向产业生态系统演化起着很重要的推动作用，实际上进一步降低成本是系统转变和升级的重要动力，在实践中要合理利用成本因素，可以有效推进产业系统生态化演化进程。首先，可以提高资源利用效率，降低采购成本。因为构建产业生态系统可以打造有助于增加价值的产业生态链和价值链，上游企业的副产品甚至废物都有可能成为下游企业用于生产的重要原材料，本来是生产废物或者说没有明确用途的副产品，经过回收处理可以变成另一家企业的生产原料，一般以该种方式获得的原材料的成本都比较低甚至免费，降低原材料的采购成本对下游企业有较强的吸引力。其次，对于上游企业来说，把副产品和废物提供给下游企业作为原料，既可以降低原本很高的废物处理成本，甚至还可以带来不错的转让收入。政府制定了更加严格的环保标准，社会各界越来越重视环境保护问题，企业的废物处理成本也在不断增加，那些化工、能源生产类企业的废物处理费在成本中占着较高的比例。因此，满足环保要求降低副产品的处理费是上游企业愿意发展产业共生关系的重装原因。上游企业和下游企业通过上述过程在实现共赢的同时，也推动了产业系统形成并不断发展。

3. 促进市场规范

产业生态系统进行能源企业管理，首先，必须从系统的整体性出发，基于全局而言，每个企业都必须服从整个产业生态系统的总体利益，坚持产业生态系统的运行和发展方向，认真遵守国家的法律法规，在全局发展的前提下实现自身的不断完善。其次，还必须考虑系统的层次性。只有依据层次性管理，才能保持系统的协同性。产业生态系统可被划分为不同的层次，任何一个较小的产业都是较大产业的组成部分。一般来讲，低层次的较小产业耦合成高层次的较大产业的过程是一个非线性过程，高级产业具有低级产业所不具备的结构和功能，低级产业的可持续并不保证高级产业的可持续发展。因此，在对该系统进行管理的过程中，就必须在强调系统管理整体性的同时，注意管理的层次性，使得该系统内的各子系统能够围绕系统的总目标协同一致地开展工作。

在产业生态系统内部，激烈的竞争是系统演化发展的根本动力，竞争可以增强企业的活力，激发企业的创新能力，提高企业的运行效率防止系统进入平衡态，促进其动态有序地演化；协作可以实现资源、品牌、资金、信息等要素的共享，优势互补，强强联合，共同创新，取得协同效应。这种既竞争又合作、既分工又整合的动力机制，增强了产业生态系统的竞争力，推动了系统的协同演化。而产业间的协同则能够保证产生的新思想、方法和观念稳定下来，防止过度竞争导致的无序状态产生，使演化方向得以明确。这种竞争与协作促进了产业生态系统内技术的发展、产业价值链和价值网络的形成。能源企业站在全局角度统筹规划，对于不整合优化企业资源配置，就难以跟上产业生态系统中竞争合作企业发展的脚步。因此，需要去不断优化企业资源配置，满足在一段良性发展的产业生态系统中企业维持竞争力和其所占据的地位的需求。

能源资源的优化配置与合理利用涉及面很广，涉及调整产业结构、行业结构、企业结构、产品结构和能源消费结构，合理组织生产，提高产品质量，节约原材料，废旧物资回收利用以及能源开发、运输、贮存、加工、转换、燃料替代等，目的是达到能源利用的最佳整体效益促进国民经济向节能型发展。一是调整产业布局，合理组织生产，实现有效利用能源资源。有条件的矿区发展煤电联营、煤化工以及煤炭建材联营等多种经营、综合利用的能源产业。高耗能工业布局应靠近能源产地，水电站附近配置高耗电工业。逐步实现电镀、铸、锻、热处理以及制氧等专业化生产。二是调整高耗能产品生产结构和用能品种结构，实现规模化生产。提高废钢利用率、降低铁钢比、提高材钢比、提高机焦占比；发展节能型墙体材料、降低黏土砖占比；调整化肥氮、磷、钾占比，发展精细化工；增加煤炭洗选占比，合理调整焦煤、动力煤的生产占比；增加轻、重柴油及船用内燃机油占比；提高煤炭转换二次能源的占比和高耗能原材料的替代率。

我国是世界上最大的能源消费国，能源需求量大，能源储备规模较小，油气对外依存度较高。从长期发展看，完善能源管理体制和监管体系对于促我国能源总量平衡、结构优化和效率提升，确保国家能源安全具有重要作用。改革开放以来，我国能源管理体制虽变动频繁，但减少行政审批、加强政府监督管理的总体方向是明确的。当前，我国正处于坚持和完善中国特色社会主义制度的重大历史时期，处于推进国家治理体系和治理能力现代化的关键时期，处于加快推进能源生产与消费革命的攻坚时期。完善能源管理体制、加强能源监管，对于贯彻落实"四个革命、一个合作"能源安全新战略，推动能源体制机制改革与创新，促进国家能源重大战略、规划有效落地，形成统一开放、竞争有序的能源市场秩序等都具有十分重要的政治意义和现实意义。

8.5.3 产业生态系统理论下能源企业管理主要内容

提升全社会能源利用率是目的，产业生态系统理论下能源企业管理主要内容包括以下三点：

(1)加强行业的协同政策，促进行业生态系统的形成。

以鼓励综合能源优化、促进产业发展为导向，推广以电为基础的"1+N"能源服务模式(N 是指包括能效诊断、节能改造、运行托管等在内的能源增值服务)，政府、能源客户、设备厂商、能源服务公司和电网企业充分协调，配合出台相关措施，吸引不同主体参与，构建利益共同体生态圈，形成行业发展内生动力，促进全社会整体能源利用效率的不断提升，持续推动能源生产和消费变革。

(2)促进跨平台的行业标准体系规范。

研究综合能源生产、供应的公用事业规范、技术标准体系和统计监测体系的建设，促进综合能源服务的产业升级和优化，推动行业的可持续发展。

(3)加快统一的综合能源管理和信息平台建设，实现系统级的能源互联网。

由政府部门和重要能源企业牵头，通过先进信息技术(大数据、云计算、物联网、移动互联网等)与能源服务业务的融合，开展城市能源互联信息平台的建设，汇聚并贯通能源流、信息流和产业流，形成促进行业健康发展的信息土壤。

8.5.4 产业生态系统理论下企业能源管理体系

产业的健康发展需要完善、协调的产业生态系统做支持。产业生态系统理论下企业能源管理体系应重点抓好以下几个方面：

第一，完善创新生态系统建设，实现根本性创新的突破。政府的任务应当是推动建立有利于创新的制度环境和激励机制，通过一种竞争性的、公平的方式分配政府研发(research and development，R&D)资金，引导并调动大学、科研机构、创新链中的不同企业向积极投入重大技术与相关配套技术创新，促进创新联盟、技术中介等新型创新组织发展，形成以市场为导向、以企业为主体的产学研用有机体系。

第二，完善生产生态系统建设，促进创新成果的产业转化。一是建立包括国内外科研机构、生产企业、原材料和零部件供应商、设备供应商的公共信息平台，减少技术产业化过程中的市场交易成本。二是加强国际对话，推动中国进一步融入世界经济体系，减少对中国进行限制的各种政治壁垒，使生产企业能够比较容易购买到国外的先进技术、零部件与先进生产设备。三是加强知识产权保护，严厉打击侵犯知识产权的行为，使企业的创新与产业化投入能够得到应有的回报。四是改善融资环境，使作为配套投入供应商、互补品生产商的中小企业能够获得所需的资金支持与相对公平的成长环境。

第三，完善支撑要素的培育，创造企业能源管理良好环境。重视要素市场的培育、基础设施的建设、社会文化环境与国际环境的改善及政策体系的完善。在加大制造技术的研发、促进现代制造技术和制造系统的突破与应用的同时，要更加注重与现代制造技术和制造系统具有战略互补关系的配套技术、现代生产管理方法、知识型员工培养、企业组织结构和运行机制的完善。通过建立科学的官员考核机制、推进要素价格形成机制改革、加强资源和生态环境保护等措施，抑制地方政府的投资冲动、理顺生产要素的价格扭曲，从而避免企业能源管理脱离整个产业生态系统的畸形发展。

站在更高的角度看，中国经济要实现高质量发展、中国产业要实现新旧动能转换、能源领域科技创新与转型升级，需要用产业链和产业生态的理念引导。

第9章

能源工程管理与社会经济发展

9.1 能源对社会经济的影响

能源是促进经济增长和推动社会发展的重要物质基础，而能源工程管理是对能源的系统化和科学化利用的研究，对全社会的发展至关重要。一个快速增长的经济需要消耗大量的能源，而大量的能源消费带来了许多环境问题。目前，能源工程管理已经日益成为社会经济发展的重要方面，它对产业结构、技术进步、能源转型等方面有重要影响。

9.1.1 能源对经济发展的影响分析

经济增长和能源发展相互依赖、相互依存，也相互制约。一方面，经济增长是以能源消耗为基础的，能源促进了国民经济的发展；另一方面，能源发展是以经济和科技发展为前提的，新能源和可再生能源的大规模开发和利用要依靠经济的支持。能源作为经济增长动力因素的同时也是一种制约因素，随着经济的快速增长，必然面临能源需求的不断增长和能源稀缺性问题之间的矛盾。

正确认识和处理能源利用与经济发展之间的关系，寻求二者和谐发展途径尤为重要。能源是人类社会赖以生存的重要保障，也被称为经济发展的血液。能源在其开发利用过程中，涉及市场、价格、供求关系等多个经济问题，与人们的日常生活及社会经济的发展息息相关。能源作为一种物质基础，支撑国民经济的发展，是其他工业部口的产品得以形成的基础和源泉。随着全球经济的发展，能源作为不可或缺的生产要素之一，研究能源与经济发展的相互关系，促进能源与宏观经济的协调发展是近些年能源经济学研究的热门问题。

1. 能源对宏观经济发展的促进作用

从20世纪70年代开始，能源对某一国宏观经济影响的研究引起国际学术界的广泛关注。由于研究选取的能源政策不同、数理模型不同、国别和地区不同、经济发展和阶段不同、参数估计与假设检验方法不同及样本数据的多样性，影响效应也会有显著性差异。基于此种原因，这一问题受到国际国内学者的长期关注。

(1)能源为经济发展提供动力来源。

能源推动着经济的发展，并对经济发展的规模和速度起到举足轻重的作用。能源是现代经济发展的重要物质基础。现代社会几乎所有的生产都需要投入一定的能源，如果没有适当的能源，无论多么先进的机器设备都不可能形成现实的生产能力。在现代化生产中的每一个行业的发展都离不开能源。以机械化与信息化为基础的现代工业中，各种机器设备的正常运行都需要能源提供动力，现代农业的机械化、水利化、化学化和电气化都需要大量地使用机器设备并消耗能源，交通运输的发展更是与能源密切相关，人们的衣食住行等日常活动都离不开能源。

　　能源是推动生产力发展的重要因素。世界经济发展史表明几乎每一次重大的技术进步所带来的生产力的提升都是与新的能源的使用紧紧联系在一起的。人类社会早期的生产主要依靠人力，即使加上一些畜力、水力等辅助生产力，整个社会生产力的发展速度也是相当缓慢的。第一次工业革命以后，大量使用煤炭和蒸汽动力，开拓了人类社会工业化的进程。能源工业本身也是国民经济的重要组成部分，煤炭、石油、天然气及可再生能源使用范围的逐渐扩大，不但促进了能源工业的技术进步，而且因此推动了整个社会的经济发展和技术进步。在第二次工业革命中电力得到了广泛的使用，社会经济进入了电气化时代，由于电力的使用使得生产的机械化与自动化程度大幅提高，降低了劳动强度，减少人力成本，提高了劳动生产率。因此，新的能源使用能够促进技术进步，从而促进劳动生产率的提高。

　　能源是人民生活水平提高的主要物质基础之一。热能的利用首先也是从生活利用开始的。现代生产离不开能源提供动力，现代生活同样需要能源，民用能源的数量和质量是衡量生活水平的重要指标。随着人民生活水平越来越高，家用电器的使用深入，炊事、取暖、卫生、娱乐等生活的方方面面，生活水平的提高就与能源的使用联系在一起了，对能源的依赖就越来越强。另外包括交通、商业、饮食服务业等公共事业也需要使用能源，能源在为人民生活提供动力的同时，也促进生产发展为生活提高创造了日益增多的物质产品。

　　(2)经济发展提升能源发展。

　　人类文明的发展在经历了原始文明、农业文明到工业文明三个阶段，目前正向生态文明发展。回顾历史我们看到人类文明的每一次进步都与能源利用进步相关。在一般情况下，经济增长和能源需求之间存在一定的同步关系，经济的发展会导致能源需求量的上升。建设生态文明在保护生态的前提下，整个社会正在迈进清洁型、环境友好型的能源发展之路，表现在能源新品种的需求方面，如改变原有能源消费结构，降低煤炭、石油、天然气消费比重，同时相应提高风能、太阳能等可再生能源的开发和使用力度。优质高效的能源是提高能源效率的根本保证，特别是在当前节能减排的严峻形势下，能源产品质量的不断提高已经成为新能源发展的重要环节，这必定会促进能源产业的又一次大发展。

　　从 20 世纪 70 年代开始，学术界针对不同国家和地区选取不同样本和指标，对能源消费与经济增长之间的关系进行了大量实证研究，研究往往因研究样本和指标的不同而得出不同结论。最早研究能源消费与经济增长之间关系并做出开拓性研究的是 Kraft 和 Kraft(1978)，他们实证研究了美国 1947～1974 年的经济增长和能源消费水平，通过对两组数据的分析发现两者之间存在着单向因果关系。Yu 和 Hwang(1984)把上述研究中的美国样本区间扩大 5 年，发现增长和能源消费之间并不存在因果关系，这与 Kraft 和 Kraft(1978)的研究结果完全不同。Yu 和 Choi(1985)则将样本扩大到美国、波兰、英国、韩国和菲律宾五国，对各国和能源消费水平关系进行研究发现，不同国家呈现的结果有所不同。菲律宾存在着从能源消费到经济增长的单向因果关系，韩国则存在从经济增长到能源消费的单向因果关系，而其他三国则根本不存在因果关系。Erol 和 Yu(1987)分析研究了六个工业化国家的能源消费和经济增长之间的关系，发现能源消费、增长和就业之间不存在显著的因果关系。

近年来，许多学者逐渐将协整方法应用于该研究领域，更加科学和准确地分析了两者之间的关系。Hwang 和 Gum(1991)对台湾地区能源消费与经济增长关系进行实证研究，发现两者之间存在双向因果关系。Cheng 和 Lai(1997)则认为，台湾地区只存在即增长对能源消费的单向因果关系，其研究结论与 Hwang 和 Gum(1991)的结论不同，原因在于样本选择不同，同时，不同样本在不同时期价格指数不同，因此，研究结论会受到影响。

Stern(2000)综合运用单方程静态协整分析和多元动态协整分析法，实证研究发现能源因素在解释增长中具有显著效果，国民生产总值(GNP)、资本、劳动力和能源之间存在协整关系。Asafu-Adjaye(2000)运用协整性检验和误差修正模型分别对印度、印度尼西亚、菲律宾和泰国的能源消费和增长关系进行研究，发现印度和印度尼西亚两国均存在能源消费对增长的单向因果关系，而能源消费和经济增长的双向因果关系则存在于菲律宾和泰国两国，不同国家得出不同结论。Soytas 和 Sari(2003)在对七国集团和 16 个新兴市场经济国家进行研究时，发现阿根廷存在着能源消费和增长变量之间的双向因果关系，意大利和韩国两国存在从增长到能源消费的单向因果关系，而土耳其、法国、德国和日本四国则存在从能源消费到增长的单向因果关系。Ghali 和 El-Sakka(2004)运用新古典生产函数，并综合考虑资本、劳动力、能源三要素在经济增长过程中的要素投入，分析了加拿大能源要素投入与经济产出之间的关系，发现两者之间存在双向因果关系。

国内研究方面，过启渊和吕秋凉(1988)认为，存在国民经济增长和能源需求之间的因果关系，并指出国民经济的增长必然会促进能源消费需求的增长，而两者之间的关系可以用能源消费弹性系数衡量，即能源消费年增长率和国内生产总值年增长率的比值。徐寿波(1989)认为，能源消费增长与经济增长之间会呈现同步增长超前增长滞后增长同步增长的变化规律。赵丽霞和魏巍贤(1998)在道格拉斯生产函数中引入能源作为新的变量，并建立向量自回归模型，运用大量数据对中国经济增长与能源消费之间的关系进行实证研究，发现能源投入已成为中国经济发展过程中不可完全替代的限制性要素。林伯强(2003)综合利用协整性检验和误差修正模型，衡量了中国电力能源消费与经济增长之间的关系，研究认为，资本、人力资本和电力消费之间的长期均衡关系是存在的。马超群等(2004)研究了一年间中国经济和能源消费之间以及能源消费各构成部分包括煤、石油、天然气和电力等之间的长期均衡关系。韩智勇等(2004)、周少甫和闵娜(2005)分别对中国能源与经济之间的协整性和因果关系进行了研究。马宏伟和张兆同(2005)主要运用灰色系统理论的关联度，分行业对能源消费进行研究。他们统计了有关能源消费总量和行业能源消费量相关数据以及近年来变化情况，通过灰色系统理论的关联度对能源消费总量与变化之间的关系以及各行业能源消费与产出增长之间的关系进行分析，认为能源消费总量与增长之间存在正相关关系，且经济增长过多依赖于能源消耗较大行业的发展。

(3)能源价格对经济的影响。

Hamilton(1996)从石油价格与国民经济生产总值的关系进行研究，证明了石油价格的变动与 GDP 的增长之间表现出非线性关系的特征。Cuñado 和 Gracia(2003)进行协整关系检验，并通过通货膨胀率、工业品价格与石油价格的脉冲波动关系，得到后者在长期对通胀率有显著作用、在短期对生产增长率有非对称效应，而且脉冲波动效应在不同区域经济体效果各异的结论。Berument 和 Taşçı(2002)指出，石油价格的涨跌对通货膨胀的作用是较为有限的，条件是名义工资、利润、利息和租金在长期是保持不变的；但是条件发生改变之后，如名义工资、利润、利息和租金在短期随着因变量的价格波动，则因变量对通货膨胀率的反应强烈。Cunado 和 Gracia(2005)以亚洲的 6 个国家作为研究对象，考察石油价格冲击对该国经济行为以及消费品价格指数的影响，研究得出石油价格对经济行为和消费价格指数影响显著。Katayama(2008)设计模型得出石油价格上涨对经济的影响变弱，但反应时间提前。Blanchard 和 Gali(2007)对比了进入 21 世纪以来石油价格对经济的影响，指出石油价格对通货膨胀和经济衰退影响减弱的具体原因。林伯强和牟敦国(2008)运用 CGE(computable general equilibrium)方法研究石油与煤炭价格上涨对中国经济的影响，将煤炭和石油价格上涨对宏观经济的影响程度作为对比，分析其影响度与中国现阶段经济特点的相关性，以及如何应对能源价格上涨对宏观经济带来的冲击。林伯强和王锋(2009)运用投入产出价格影响模型，分别从能源价格管制和非管制两种视角，推算能源价格增加对一般商品价格增加的推动作用。研究认为在能源价格上涨可完全和顺畅传导到一般价格水平的情景下，如果不考虑预期等因素对价格的影响，各类能源价格上涨导致一般价格水平上涨的幅度都比较小；价格管制对能源价格向一般价格水平的传导具有一定控制效果；运用结构向量自回归(SVAR)递归模型，得到结论，在首月能源价格上涨对生产价格指数有一定的影响，但这种影响程度较小，在随后六个月能源价格上涨对生产价格指数有较为强烈的作用；而能源价格上涨变量对消费物价指数有微弱的影响，并且前者对后者的传导滞后时间未得到充分体现。

Parks 和 Richard(1987)对美国 1930～1941 年和 1948～1975 年能源价格与经济增长的相关数据进行研究发现：能源相对价格变动的方差与通货膨胀(紧缩)率之间存在显著的关系。Hamilton(1983)、Burbidge 和 Harrison(1982)则在线性协整框架下分析了原油价格和 GDP 之间的关系。Hamilton(1983)运用格兰杰因果检验法研究了 1949～1982 年石油价格变动与美国经济增长之间的关系，得出油价波动对 GDP 和失业率影响较大的结论，Burbidge 和 Harrison(1982)则采用不同国家样本数据和不同检验方法证实了 Hamilton 的这一结论。20 世纪 80 年代中期，随着国际原油价格的下跌，原油价格变动对经济活动的正向影响作用比线性模型预计的要小，且两者之间存在一种非线性对称关系，呈现出能源价格上升时对经济影响较大，能源价格下降时对经济影响较小的规律。Burbidge 和 Harrison(1982)使用向量自回归模型分别研究了石油价格变动对美国等五个国家工业价格和工业产出的影响，及对该国宏观经济走势的影响，研究发现 1973～1974 年石油危机和 1979～1980 年石油危机对工业价格和工业生产的影响并不相同，前一阶段的影响较大，而后一阶段的影响则较小。最近对能源消费与经济增长关系的研究主要采用了非对称协整分析框架，并区分了时间序列的正、负增量，从而可将时间序列分解为初始值和正、负累计值。

国内研究方面，国内学者大多借鉴国外的模型和研究思路，实证分析中国能源价格带来的经济影响。赵元兵和黄健(2005)从理论上分析了石油价格上涨对中国经济发展、国际收支平衡以及国内石油与非石油行业之间利润再分配带来的影响。苏长生等(2005)研究认为，油价波动对石油相关行业的影响作用不同，油价上涨一方面增加了石化相关上游产业的企业利润，促进了这些部门的发展，另一方面油价上涨经价格传导机制的作用，使得石油下游行业及相关行业企业生产成本被动提高，这些行业部门企业利润下降，从而阻碍了这些部门的发展。杨柳和李力(2006)综合运用协整检验和误差修正模型分析了能源价格变动对经济增长及通货膨胀的影响。林伯强(2003)运用协整检验方法对中国能源需求、电力需求与中国经济发展和价格之间的关系进行分析，并在误差修正分析中研究了能源价格短期波动对经济发展的影响。林伯强(2009)指出，能源价格上涨对中国经济增长具有紧缩作用，这种紧缩作用往往因产业而异，不同产业的紧缩程度不一致，能源价格在影响国家经济增长的同时也推动了产业结构的变化。

(4)能源消费对经济的影响。

Stern(1993)使用 GDP、劳动力、资本和能源四个变量，采用向量自回归(VAR)模型进行了标准的因果关系检验，发现存在能源消费到 GDP 的单向 Granger 因果关系。在其后续的研究中，Stern(2000)使用单方程静态协整分析法及多元动态协整分析法拓展了其在 1993 年的分析结果，发现能源在解释 GDP 变动中具有显著的影响效果，并确认在 GDP、资本、劳动力和能源之间存在明显的长期协整均衡关系。Yong 和 Lee(1998)对新加坡的能源消费和 GDP 进行了 Granger 因果关系检验。Asafu-Adjaye(2000)运用协整性检验方法，构建误差修正模型，研究东南亚四国能源消费与国内生产总值是否存在因果关系，结论显示印尼和印度两国能源消费与国内生产总值之间存在因果关系，而菲律宾和泰国两国则呈现双向因果的关系。赵丽霞等(1998)采用柯布-道格拉斯生产函数模型，并引入新变量对我国经济增长和能源消费之间的关系进行了实证分析，结果表明中国能源消费与经济增长呈正相关关系。能源已成为中国经济发展过程中不可完全替代的限制性要素。魏一鸣等(2005)通过对 1978～2000 年中国能源消费与经济增长协整性和因果关系的研究，得出中国能源消费与经济增长之间存在双向的因果关系，但不具有长期的协整性的结论；同时建议中国在制定能源政策时既要考虑对经济增长目标的冲击，同时也要充分估计能源供应压力的严重性和紧迫性。赵进文和范继涛(2007)利用非线性平滑转换回归(STR)模型技术对中国能源消费与经济增长之间内在结构依从关系展开研究，揭示了中国经济增长对能源消费的影响具有非线性特征、非对称性、阶段性等特征。林伯强和林立民(2010)分析了在当前中国石油进口需求的价格弹性相对较小的情况下，应对 10 年一遇的石油供应中断危机，最优的战略石油储备规模为 80 天进口量，而应对更大规模的石油中断危机需要更大的石油储备量。赵湘莲等(2012)认为，空间误差模型弥补了普通回归分析可能存在的缺陷，更适合进行分析能源消耗与经济增长的空间关系，因此他们以空间地理视角，通过空间计量分析中国各省市能源消费对经济增长驱动影响，分别建立了包含生产产出、能源消费、劳动力投入、资本投入以及工业产出的空间自回归(SAR)模型和结构方程模型(SEM)，空间计量研究结果与实证研究结果相结合，得出中国不同省市的经济发展和能源消耗水平存在着较大差异，其中部分省市经济发展与能源消耗呈现正相关，并具有显著的空间集聚效应，能源对经济增长的拉动作用逐步下降。

（5）能源环境政策对经济的影响。

能源环境政策研究主要集中在研究能源税、碳税等环境税收政策对宏观经济的影响，Kemfert 和 Welsch（2000）通过一个动态的多部门 CGE 模型来评估限制二氧化碳排放对德国的经济影响，得出适当收取碳税将减少劳动力成本，对就业和国内生产总值有积极作用。鲍勤等（2013）通过构建一个包括美国等 4 个国外账户和 37 个生产部门的动态可计算一般均衡模型，发现美国征收碳关税将直接缩减中国企业对美出口利润，减少中国对美出口，进而间接地对中国总体经济造成负面影响。魏巍贤和华于（2009）构建了一个关于中国能源环境的 CGE 模型，引入环境反馈机制。分析减少重工业出口退税、征收化石能源从价资源税及经济结构变动下的节能减排对中国宏观经济的影响，指出征收化石能源从价资源税是节能减排的一个有效途径，但征收必须结合各种补贴形式，并应建立合理透明的能源价格机制；中国必须长期有步骤分阶段地降低重工业比例，提高第三产业比例，短期内可逐步取消重工业的出口退税。王灿和邹骥（2005）模拟了一个旨在刻画资源、能源与环境问题的递推动态 CGE 模型，以观测我国低碳政策的实施效果与影响。通过对 2010 年碳税政策的情景分析，实证研究了 GDP 能源与资本价格等经济变量之间的动态演进关系。得到结论：当满足以下条件，GDP 损失率在 0%～3.9%、碳减排率在 0%～40%，碳减排的边际减排社会成本大约是技术成本的两倍。我国的碳减排政策对提升能源效率起到积极作用，而对经济增长和就业带来负面影响。

（6）能源供需对经济影响的研究。

从 20 世纪 40～50 年代开始，国外学者普遍在能源问题研究中加入数学方法。1973 年石油危机后，人们开始意识到能源的过度消耗会对经济和社会发展带来严重后果，能源利用不当会阻碍经济和社会的进一步发展。因此，许多国家和研究机构开始把能源问题上升到战略高度进行研究，把能源视为一个整体系统，运用系统工程方法对能源供需问题进行全面研究和系统评价，以期提出相应的能源战略和政策。1974 年，美国布鲁克海文国家实验室（Brookhaven National Laboratory）在能源系统网络图的基础上提出了国家能源模型（BESOM），并在模型设立中运用了线性规划方法。1977 年，美国在 BESOM 基础上，综合运用伊利诺伊大学的能源投入产出模型和赫德森-乔根森的宏观经济模型，建立了新的国家能源系统模型，该模型主要用于更科学地预测能源供需未来走势。1977 年，世界替代能源战略研究组提出了全球能源系统模型（WAEA），并根据国家或地区的能源供需状况把世界划分为能源进口区和出口区，这两个区域能源供需情况完全不同，他认为要根据不同国家或地区的经济发展速度和能源政策，用线性规划方法进行分类研究，根据未来不同的能源供需形势制定合理的燃料替代战略。世界能源模型（WEC）于 1978 年由世界能源大会提出，该模型被用于对未来 40 年的世界能源需求情况进行预测。1981 年，国际应用系统分析研究所（IIASA）用系统工程方法对未来 50 年的世界能源形势进行预测，并就未来世界替代能源系统的建立及有关能源开发利用技术工艺、资金和时间提出了分析意见。Solow（1986）研究认为，长期的资源供给安全必须满足代际公平原则，在此基础上才能保证能源和经济的协调发展。Kemp 和 Tawada（1982）论述了自然资源的合理有序开发利用能带动资源的可持续利用,从而提高资源的供应效率,增加社会福利。

国内研究方面,黄俊等(2004)在运用模型对中国一年的能源消费量进行了回归分析和预测。刘勇和汪旭辉(2007)运用模型对中国一年的能源消费总量数据进行回归分析和预测,该预测结果达到了最小方差意义下的最优,同时提出了中国未来的能源产业发展战略应由开发和节能并重战略转为节能优先战略的政策建议。魏一鸣等(2007)建立了能源经济模型,分析了投资率、能源价格、技术进步等因素对能源需求的影响,并针对不同的经济增长情景,运用能源经济模型预测了"十一五"期间中国的能源需求和节能潜力。孙廷荣等(2006)建立了基于径向基函数的能源消费预测模型,分别以 1978~1997年、1998~2002 年中国能源消费相关数据为样本进行检验,证明该模型拟合效果良好,预测精度较高,得出网络预测模型优于网络预测模型的结论。

(7)能源效率对经济影响的研究。

能源效率主要指用较少的能源投入能生产出同样数量的服务或有用的产出,能源效率可以由多种数量上的指标来进行衡量和测算。随着对能源效率研究的不断深入,传统的单要素能源效率评价指标的局限性逐步显现,并受到了越来越多的质疑。目前,能源效率尚未形成统一概念,学术界关于能源效率有着不同的衡量指标和界定标准,能源效率的评价指标也存在一定问题,因此,不同研究计算出来的能源效率结果差异较大,导致无法准确判断能源效率的真正水平。不同研究对于能源效率测度的争议主要集中在能源投入、能源技术效率和能源产出的测度三个方面。Wilson(1994)认为,单要素能源效率指标并不能准确测量能源技术效率,因为能源强度除受到能源投入影响之外,还受到产业结构的变动,能源与劳动、资本之间的替代,能源投入结构的变化,能源价格的波动等多种因素的影响,但这些因素对能源技术效率并没有什么影响。Patterson(1996)认为,能源生产率指标只是衡量了能源这一单一要素对经济产出的作用,没有综合考虑其他投入要素对经济的影响,但是经济产出本身却与所有要素投入相关联。因此,仅将能源要素投入与经济产出的比值作为测度能源效率的指标存在较大局限性。Patterson(1996)研究了能源效率的四种衡量指标,包括热力学指标、物理-热量指标、经济-热量指标和纯经济指标。

随后,1997 年国际能源署提出能源效率指标金字塔模型,Phylipsen(1997)等重点对能源效率指标研究进行了拓展,重构了能源效率指标的组成因素和结构。Hu 和Wang(2006)在全要素生产率框架基础上提出了全要素能源效率指标。魏楚和沈满洪(2007)将能源效率定义为当前固定能源要素投入下实际经济产出能力达到最大产出的程度,或是在经济产出固定条件下实现能源要素最小投入的程度。

国外学者对能源效率进行了大量的指标测度和实证研究。Saha 和 Stephenson(1980)建立了针对新西兰居民能源利用的工程经济模拟模型,该模型主要包括关键技术、经济和人口变量因素,进一步利用该模型对 1976~2000 年新西兰多种节能策略的实施效果进行了评价。Tzeng 等(1992)建立了包括能源利用技术、环境影响、社会经济因素及其发展趋势等诸多变量在内的评价体系,对台湾的能源发展状况进行了综合评价,并对台湾未来的能源系统发展战略提出了对策建议。Eyre(1998)主要以英国能源效率为研究对象,分析研究了自由主义能源市场内能源效率的影响机制。Sun 和 Meristo(1999)建立了一个基于物质化和非物质化的概念框架，在此基础上构建了一个完整的分解模型用于对能源效率进行测度，通过运用该模型对 1960～1995 年经济合作与发展组织(OECD)成员国的 Laspeyres 指数进行统计分析，计算了 OECD 国家的年均能源利用效率和节能潜力。Mulder 和 Degroot(2004)利用行业数据研究了 OECD 成员国的能源生产率的差别性和收敛性。

在国内研究方面，何祚庥和王亦楠(2005)用名义汇率和购买力平价方法计算了中国的能源效率。魏楚和沈满洪(2007)在全要素生产率框架基础上，运用方法定义了全要素能源效率指标，并通过计算前沿曲线上最优能源投入和实际能源投入的比值较准确地测度了中国的能源效率。齐志新等(2007)从增加值率、产业结构、技术进步等角度构建了能源效率的测算框架，较为全面地测度了中国的能源效率。齐绍洲和罗威(2007)运用滞后调整的面板数据模型，分析了一年间中国西部和东部地区的能源效率与人均差异之间的关系，研究了中国区域经济增长与能源效率之间存在的差异。陈军和成金华(2007)采用数据包络分析法评价了一年间中国各省份不可再生能源的生产效率，研究了中国区域层面上不可再生能源生产效率的变化趋势及其影响因素。

2. 能源对宏观经济发展的反向作用

能源的大量开发利用，一方面推动了经济的高速发展，另一方面又带来了污染。人类在享受经济增长带来的物质文明的同时，不得不付出巨大代价来治理环境污染以及承担由环境污染引发的自然灾害所带来的严重后果。进入工业化社会以后，大规模的工业生产需要大量的能源为其提供动力支持。能源逐渐成为一个国家国民经济能否健康稳定发展的重要物质保障。对于一个国家来说，能否拥有充足的能源供给以及较高的能源利用效率，是衡量其经济能否实现可持续增长的重要标准之一。因此，能源与经济增长之间具有非常密切且重要的关系。能源为经济增长提供必需的动力，经济的增长又提高了人类开发和利用能源资源的技术水平，从而提高了能源的利用效率，丰富了能源消费结构。另外，在人类社会大规模利用能源资源并实现经济增长的过程中，能源消耗产生的环境问题又成为制约经济进一步增长的严重阻碍。

(1)有限的能源资源储量已经无法满足人类长期的可持续发展，成为经济增长的瓶颈之一。

随着对煤炭、石油、天然气等不可再生的化石能源资源的大规模开发利用，重要化石能源已经面临枯竭的境地。据 BP(2004)的研究显示，目前占世界能源消费比重最高的石油、天然气、煤炭可供开采年限分别为 41.6 年、60.3 年和 133 年，如果不转变现有的能源利用方式、提高能源利用效率的话，能源消费量的增长速度会越来越快，地球上的化石能源资源将无法满足地球上 75 亿人口未来的能源需求。有限的能源资源储量与持续增长的能源需求之间的矛盾已经成为经济可持续发展的重大障碍之一。另一方面，经济增长过程中的能源开发和利用又造成了严重的环境问题。在能源资源的开发和利用过程中，会产生大量的废气、废水以及固体废弃物。废气的大量排放严重污染了大气环境。如温室效应、臭氧层破坏和酸沉降等。废水和固体废弃物又会对地球的水循环系统和土地造成严重污染。

(2)能源在推动经济增长的同时也有可能成为经济持续增长的障碍。

在影响经济增长因素的早期研究中，学者对生产要素投入的认识一直是满足于劳动力、资本和土地，而能源只是被看作原材料的一部分，并没有引起必要的注意，更谈不上对经济增长与能源消费之间关系进行深入研究。20 世纪 70 年代初，Meadows 等 (1972) 建立了"世界末日模型"以研究人口增长与资源消耗之间的关系，其中考虑了能源消费、资源消耗、人类粮食生产、人类工业发展、世界人口增长以及资源消耗和工业化带来的环境污染等各个要素，得出结论显示如果保持当时的人口增长速度以及资源消费增长速度不变，那么世界资源将会耗竭。而随后出现的两次石油危机似乎印证了他们的观点。这一结论引起了包括经济学家以及工程技术专家对能源问题的关注，从此能源经济理论研究取得了长足的发展。

能源消费与经济增长的理论研究可以追溯到 20 世纪 70 年代早期"罗马俱乐部"的《增长的极限》一书中，学者开始认识到能源对经济增长和社会发展产生强大的制约作用。他们将能源提升到与劳动和资本相同的地位，将其看作是一种基本的生产要素，以说明其对经济增长具有非常显著的影响。随后，经济学家为了考查能源对经济可持续增长的约束作用，根据经济增长理论建立了一系列模型。而根据技术进步是内生还是外生的假定，最初的理论研究分为两类。

在基于技术进步外生假定的研究中，Simmon(1981)对 Ramsey 模型进行了拓展，首次在生产函数中引入了可耗竭自然资源以及人造资本两个因素，他们假定上述两者之间的替代弹性是不变的，得出结论认为最终消费将在最优增长路径上减少。Nordhaus(1992)认为，技术进步因素会降低资源对经济增长约束作用，技术进步可以使经济实现可持续的增长。Valente(2005)将可再生资源、外生技术进步等因素加入经济增长模型中，用于分析可再生资源以及技术进步两个因素与经济可持续发展之间的关系，并得出如下结论：在资源再生率和技术增长率大于社会贴现率的条件下，对于任何规模报酬不变的技术，都可以实现经济的可持续增长。随着一些学者对能源消费所带来诸如污染等负外部效应重视程度的加深，这些负外部效应也被引入到经济增长模型中进行研究。Stokey(1995)通过将污染因素引入经济增长模型来研究技术进步与增长之间的关系，研究发现人均收入与环境质量之间存在"倒 U"形关系。

新经济增长理论的出现和发展为经济学家的研究开辟了新的思路，即假定技术进步内生以研究能源消费对可持续经济增长的影响。Bovenberg 和 Smulders(1996)为了研究环境政策在短期和长期中对经济增长的影响及其差异，首先假定技术进步内生，然后将环境因素加入内生经济增长模型中进行研究。Grimaud 和 Rouge(2003)假定技术进步取决于用于研发的劳动力和已有创新，并将可耗竭资源加入内生增长模型中，并分析了最优经济增长路径。Grimaud 和 Rouge(2005)对环境污染、技术进步以及经济增长之间的关系进行了分析，在分析过程中对生产部门进行了划分，将其分为研发部门和最终产品部门，对技术进步也做了简单的内生假定。

能源消费与经济增长关系的实证研究，大致可以分为线性回归模型阶段、时间序列协整阶段以及面板协整阶段。美国计量经济学家 Granger(1969)提出因果关系的概念和方法之后，Granger 因果关系检验方法便被学者大量应用于能源与经济增长之间关系的研究之中。首先使用这一方法研究能源问题的是 Kraft 和 Kraft(1978),他们对美国 1947~1974 年的年度 GDP 和能源消费数据进行了分析,研究发现 GDP 到能源消费存在单向的 Granger 因果关系。随后, Akarca 和 Long(1979)运用相同方法对美国月度 GDP 和能源消费数据进行了分析, 得出了与 Kraft 和 Kraft(1978)一致的结论。

Yu 和 Choi(1985)采用标准 Granger 因果关系检验方法实证分析了韩国 GDP 与能源消费之间的 Grange 因果关系,结果显示存在其 GDP 到能源消费的 Granger 因果关系。Ebohon(1996)采用坦桑尼亚等三个发展中国家的相关数据进行了实证分析, 得出结论认为三个国家的能源消费与经济增长互为因果,并证实了能源在这些国家的经济增长过程中起到的关键性作用。Erd 和 Yu(1987)采用 6 个工业化国家的相关数据对其 GDP 与能源消费进行了 Granger 因果关系检验,发现了混合结果。Stem(1993)建立了一个包含 GDP、劳力、资本以及能源消费四个变量的向量自回归(VAR)模型,对美国 1947~1990 年的相关数据进行了实证分析,结论同 Kraft 和 Kraft(1978)、Akarca 和 Long(1979)相一致。

9.1.2　能源与社会发展

人类社会的发展与能源利用密不可分,人类正是通过对能源利用的深化不断推动生产力的进步,进而促进社会发展,在某种程度上可以说,人类社会的发展史就是一部人类如何开发利用能源的历史,人类对能源的开发利用表现在种类越来越多、范围越来越广、数量越来越大、技术越来越精、效率越来越高。

随着社会的发展,人类可利用的能源种类越来越多。人类社会发展的初期,人类对能源的利用可以说是少而又少,当时主要靠采摘野果、狩猎野兽为生,人类主要靠自身的体力;社会不断向前发展,人类学会了生火、学会了驯化动物,生物能的利用大大改变着人类的生存条件,人类自身获得发展的同时社会也逐步得到发展,能源利用的条件得到改善,可利用能源的种类越来越多。

社会不断发展,人类探索的脚步不断向前迈进,可利用能源的分布范围越来越广。最初的人类只是在陆地上活动,可以利用的能源当然是分布在陆地上的能源。例如水能、风能、生物能等地表能源。但是随着社会发展,人口数量不断增多,生产规模越来越大,所需能源也越来越多,仅仅依靠陆地表层所提供的能源已经不能满足人类的需求。于是人类向更深、更高、更广的范围要能源,人类开采地下能源例如煤炭、石油、天然气等。现在人类开发能源的范围已经由陆地扩大到海洋、由表层扩大到深层、由地球扩大到太空。例如, 建设海上钻井平台开发海底石油,飞入太空建设太空太阳能电站,开发月球岩石中的核燃料等。社会不断发展,人类探索的脚步永不停息,人类可利用能源的范围必将不断扩大。

纵观能源利用与社会发展,我们就会发现,历史上每一种新能源的推广使用都极大地推动着社会向前发展。火的使用改变了人类的食物结构,从而改善了人类的体质;蒸汽机的发明和推广使用才有资本主义的工业革命,才创造了前所未有的财富;石油的使用才会有汽车飞奔、飞机上天。随着矿物燃料的数量日益减少,人类必须开发更多更新的能源才会促进社会不断地持续发展。人类社会永不停息地向前发展,人口数量飞速增长, 社会生产的规模不断扩大,所需要的能源总量也越来越多。

地球上的化石能源数量毕竟是有限的，但是人类社会的发展脚步永不停息，要想维持社会可持续发展，人类必须提高能源的利用技术，人类也正是在不断提高能源利用技术的基础上，扩大了能源利用的范围，增加了能源利用的种类，促进了社会不断向前发展。当今世界，能源利用技术水平的高低正成为衡量一个国家是否发达的重要标志。今后看一个国家能否持续发展就要看其新能源利用技术水平的高低。只有那些技术水平高的国家在国际竞争的舞台上才能立于不败之地，综合国力的竞争首先是科技水平的竞争。

社会的发展依赖能源的开发利用，但是能源的开发利用会受到很多因素的限制，提高能源的利用效率是实现社会可持续发展的必由之路。只有用最少的能源，生产出最多的产品，满足社会最大的需求，才是真正的可持续发展之路。

1. 能源与国家安全

国家安全是指一个国家处于没有危险的客观状态，也就是国家既没有外部的威胁和侵害，又没有内部的混乱和疾患的客观状态。在现今国际社会中，能源安全是国家安全的一道警戒线，能源问题得到有效解决，其国家安全便得到几分保障。到了工业经济时代后期，随着世界人口的不断增加和全球科学技术突飞猛进的变革，世界各个国家的公民生存方式、工作方式、娱乐方式、交通方式、联络方式、生产方式等现存的生活方式已经发生本质的突变。随着世界各国农业、工业、国防、居民生活的能源需求的猛增，国际原油、煤炭等一次性能源价格的一路飙升，能源安全问题已经成为关系到每一个独立主权国家能否生存和可持续发展的核心问题。

全球自然能源资源结构与能源最终消费结构存在显著的错位。石油和天然气在世界自然能源消费结构中所占的比例，比其在自然能源资源结构中所占比例高出一倍以上。世界能源消费与能源自然资源储量在空间上也存在着非常强的不对称问题。从全球范围看，石油最终消费需求量最大的国家多数是石油资源较少或石油资源极为贫乏的发达国家和地区。所谓的能源安全是保障对一国经济社会发展和国防至关重要的能源的可靠而合理的供应。能源供应暂时中断、严重不足或价格暴涨对一个国家经济的损害，主要取决于经济对能源的依赖程度、能源价格、国际能源市场，以及战略储备、备用产能、替代能源等。

从全球能源现有的存量和研究应用水平来确定能源资源储量的国际分布，可将世界各国划分为以下五类：一是具有充足国内能源资源的发达国家或经济大国，如俄罗斯、加拿大等；二是拥有丰富能源特别是石油资源较发达的国家，如石油输出国组织的成员国等；三是具有一定国内能源资源的发达国家或经济大国，如美国、中国等；四是缺乏能源资源的发达国家或经济大国，如德国、日本、法国、意大利、西班牙和韩国等；五是缺少足够石油资源量的不发达国家，大部分第三世界国家。

按照上述标准划分，我国的能源资源状况在世界上处于中间位置。尽管自然资源的自然禀赋在一定程度上给我国未来的能源供给带来了诸多不利因素，但与我们基本相近的发展中国家也普遍存在国内能源资源贫乏的问题。从资源条件和能源供求关系方面看，我国在世界能源系统中仍拥有较大的回旋空间。

2. 能源与环境保护

经济增长常常伴随着能源资源约束与环境污染问题，过度追求经济增长会带来资源环境的负效应。自 18 世纪至 19 世纪经济增长与资源环境之间矛盾受到广泛关注以来，实现二者的协调发展成为各国追逐的新目标。过去 30 多年，中国高投入、高消耗、粗放型经济增长方式是以消耗资源能源和生态环境污染为代价的。2016 年，中国 GDP 占世界 GDP 的 15.5%，能源消耗占世界消耗总量的 21.3%，是世界第一大能源消费国。以煤为主的能源结构和较低的能源效率是环境问题日益突出、城市雾霾天气频发的重要原因。2009 年 12 月在丹麦哥本哈根召开的联合国气候变化大会上，我国政府对降低单位生产总值二氧化碳排放量作出了承诺。

随着中国迈向"新时代"，资源能源约束进一步趋紧，环境治理成本不断上升，加之城市化、工业化的提速，对能源依赖也将与日俱增，因此能源资源与环境约束在今后很长一段时间内都将影响中国经济增长、生态环境和工业转型升级。

Meadows 等（1972）在《增长的极限》一书中强调，通过技术创新可避免生态极限危害，技术进步在经济增长与资源环境协调发展中具有重要作用。早期技术进步在增长理论中被假设为中性，但实际研究中发现技术进步并非独立于资本和劳动等投入要素以中性态势作用于经济增长，而是存在要素偏向性特征。因此，近年来技术进步偏向性问题成为内生经济增长理论关注重点，尤其自 Acemoglu 开创性地将技术进步偏向性纳入内生增长理论框架下分析资源（能源）环境约束下的经济增长与技术进步问题，使技术进步与经济增长、资源环境在理论上初步形成有机联系。因此，在当前中国资源环境约束日益趋紧以及经济增长方式转型的背景下，探索能源节约偏向型技术进步对经济增长、节能减排的作用机理和影响效应，具有重要的现实意义和研究价值。

9.1.3 能源对中国经济发展影响的现状及问题

我国的能源事业自改革开放以来取得了巨大的成就，能源产量位居世界前列，以较少的能源增长保障经济迅速发展，摆脱了长期困扰经济社会的能源"瓶颈"制约，单位 GDP 能耗大幅下降等。

1. 我国能源产业发展的历程与现状

改革开放以来，我国在经济高速增长的同时，能源发展也非常迅猛。能源经济的快速发展体现在以下几个方面。首先，能源消费量大幅增长，能源消费总量由 1978 年的 5.7 亿 t 标准煤增长至 2019 年 48.6 亿 t 标准煤。2019 年能源消费总量同比增长 3.3%。煤炭消费量增长 1.0%，原油消费量增长 6.8%，天然气消费量增长 8.6%，电力消费量增长 4.5%。煤炭消费量占能源消费总量的 57.7%，比上年下降 1.5 个百分点；天然气、水电、核电、风电等清洁能源消费量占能源消费总量的 23.4%，上升 1.3 个百分点。重点耗能工业企业单位电石综合能耗下降 2.1%，单位合成氨综合能耗下降 2.4%，吨钢综合能耗下降 1.3%，单位电解铝综合能耗下降 2.2%，每千瓦时火力发电标准煤耗下降 0.3%。全国万元 GDP 二氧化碳排放下降 4.1%。其次，能源工业取得巨大成就。能源产量快速上升，能源工业管理体制不断推进。煤炭市场已经完全放开，电力工业完成政企分开，油气工业部分领域也已经放开，石油定价机制逐步与国际接轨。再次，能源利用效率不断提高。主要表现为能源强度以及能源消费弹性系数的逐步减低。虽然改革开放以来我国能源经济发展迅猛，但是也面临着诸多问题与挑战。

1997 年后，由于煤炭开采成本低、国际石油价格暴跌和进口量的增加以及电力市场构造的不合理，使得煤炭、电力和石油相继出现供大于求的局面，在该背景下，国家适时地调整了能源政策，并明确了我国能源供需的主要矛盾仍为结构性短缺，为我国能源工业的发展指明了方向。

同时，能源消费的副作用——环境问题也已凸显。2006 年，中国政府发布的《中国的环境保护》白皮书指出，近年来随着中国经济持续快速发展，发达国家上百年工业化过程中分阶段出现的环境问题在中国集中出现，环境与发展的矛盾日益突出。能源资源相对短缺、生态环境脆弱、环境容量不足，逐渐成为中国发展中的重大问题。一方面，我国目前正处于工业化中期以及城市化进程快速推进阶段，在未来比较长的一段时间内，经济增长对高能耗的工业品需求会持续增长；另一方面，粗放的经济发展方式以及较低的能源开发利用技术水平和管理水平使得能源经济发展过程中还面临着诸多的问题与挑战，如产业结构重化造成我国工业发展模式形成资源密集、能源密集、资本密集，以及污染密集的粗放式发展局面。

如果不改变现有的能源消费结构和经济结构，在未来的一段时间，我国不得不依靠大规模的能源投入才能保证经济的持续快速增长，这样下去不但会导致能源供需矛盾加剧，而且会付出更加巨大的环境代价。因此，在能源资源日益紧缺的背景下，如何能够在有限的能源资源条件以及最小的环境代价前提下保证经济的可持续发展，逐步提高能源利用效率，是摆在我国学术界与各级政府面前的热点、难点问题之一。

面对问题和危机，理想的解决方法是针对能源资源相对短缺，力争少用对环境污染严重的能源。但减少能源消费量并不是绝对的，而是在保证经济发展的前提下相对地减少，其关键在于提高能源经济效率。为此，"十一五"发展规划提出，在优化结构、提高效益和降低消耗的基础上，实现 2010 年人均 GDP 比 2000 年翻一番，资源利用效率显著提高，单位 GDP 能源消耗比"十五"期末即年末降 20%左右[①]。把单位能耗降低 20%左右作为"十一五"规划的重要约束性节能指标在历史上是从未有过的，是一项影响深远的重大决策。

"十一五"规划所要求的到 2010 年底单位能耗降低 20%，其总体目标是 2020 年相比 2000 年翻两番、能源消费只翻一番在我国是有成功经验的。即在 20 世纪最后 20 年，中国 GDP 翻两番、能源生产消费只翻了一番。"一番保两番"的成功为"十一五"规划降低单位能耗的目标提供了宝贵经验。不过经过多年的改革开放，中国经济形势发生了重大变化，从传统工业到现代工业的过渡已基本完成，且由于投资推动型增长模式和城市化带来的大规模基础设施建设刺激了耗能工业的发展，进一步降低单位能耗会变得更

---

① 中国国民经济和社会发展"十一五"规划纲要（全文）. (2006-03-16). https://www.chinanews.com.cn/news/2006/2006-03-16/8/704064.shtml。

加困难，这一点已被近年来能耗呈上升的趋势所证明。因此，到 2020 年中国 GDP 翻两番、能源消费只翻一番，相比 20 世纪更为困难，但又是一个必须实现的目标。

不同的经济发展阶段，单位能耗呈现一定的变化规律。国际经验表明，一个国家的单位能耗变化曲线一般表现为倒 U 形。对照世界主要发达国家的工业化历史发现，单位能耗显著上升的爬坡阶段基本都出现在工业化初期与中期之间，过了这个特定的历史阶段，经济发展的内在规律可以促使一国的单位能耗曲线转为下降。按照经济发展水平，我国仍然处于该曲线的上升阶段。降低单位能耗的目标，就是要打破该曲线的变化规律。那么，如何实现这一目标？社会各界普遍认为，调整经济产业结构和优化能源消费结构是实现降低单位能耗的重要手段之一。郭小哲和葛家理(2006)将经济产业结构和能源消费结构称为能源的双重结构，《能源辞典》在对能源强度定义时指出，一个国家或地区的能源强度通常以单位 GDP 耗能量来表示，它反映经济对能源的依赖程度，受一系列因素的影响，包括经济结构、经济体制、技术水平、能源结构、人口等。可见，双重结构是影响单位能耗的重要因素。要降低单位能耗，结构节能是一项重要措施，而结构节能范围比较广，包括产业、行业、产品结构、企业结构、地区结构、贸易结构、能源结构等变化引起的单位能耗的变化，可见双重结构是其中重要的组成部分。就能源结构而言，优化能源结构是提高我国能源经济效率的有效手段，能源结构优化对我国经济发展具有积极影响作用，能够促使单位能耗大幅下降。不同品种的能源对经济产出的支持能力不同，所以能源结构的变化肯定会对能源经济效率产生影响。因此，需要对双重结构对单位能耗的影响做出定量判断，定量分析双重结构对节能降耗所起的作用，形成一套宏观层面研究的理论和工具，以期为达到提高能源效率、节能降耗、促进经济发展、环境和谐的目的服务。

2. 能源对经济发展的制约作用

当前，我国能源消耗急剧上升，能源对经济发展的制约作用日趋凸显。近年来，我国能源消耗年均增长量较大，中国已经从一个能源出口国转为世界最大的能源消耗国。石油对外依存度较大。目前世界各国都努力提高能源利用效率，我国的能源利用效率也有显著提高，但与发达国家相比还存在明显差距。《“十三五”国民经济和社会发展规划纲要》中提到，到 2020 年，单位 GDP 的能耗要下降 15%[①]。根据国家统计局数据，我国单位 GDP 能耗自 2015 年的 0.662t 标准煤/万元下降至 2018 年的 0.570t 标煤/万元，降幅达 13.85%，已完政策目标的 90%多。

我国能源强度的下降主要由两方面的因素驱动：①经济结构转变，主要体现为第二产业占比下降、第三产业占比提高。国际能源署的《世界能源展望中国特别报告》中提到，中国服务行业每个增量的单位能耗比工业低 13 倍。对比 2000 年和 2017 年的 GDP 构成和能源消费总量构成可见，2000～2017 年第三产业占比自 39.8%提高到 51.9%，增加了 12.1%；同时，第三产业耗能占比由 14.2%增加至 17.6%，仅仅增加了 3.4%。②能效管理改善，尤其是高能耗行业的能耗下降。《世界能源展望中国特别报告》中提到，

---

① 国民经济和社会发展第十三个五年规划纲要(2016—2020 年).(2016-4-1).http://www.12371.cn/special/sswgh/wen/#yi。

2000~2016 年中国服务业的能源强度下降了 27%，而工业则下降了 31%。根据国务院2016 年 12 月印发的《"十三五"节能减排综合工作方案》，到 2020 年我国单位工业增加值能耗下降 18%，各主要工业行业的能耗都将会有不同程度的下降[①]。

横向对比各国近几年的能源强度，我国较世界平均水平仍有差距。我国的能源强度还有充分的下降空间，预计将在经济结构继续调整、能效管理继续优化的驱动下，长期持续下降。从美国经验来看，随着第三产业占比的提升、主要产业能耗的下降，单位 GDP能耗也呈现出长期下降的趋势，且近年来的年均下降速度并未放缓。

我国能源的分布极不均衡、利用水平地区差异巨大。北部、西南部能源资源丰富而经济落后，能源的利用效率低下；东部沿海经济发展水平高而能源贫乏，能源的利用效率相对高。国家需建立大量的交通、电网设施以解决能源的外调问题。能源的分布不均又与各地的经济发展水平相联系，与产业结构、投资、就业、外资等因素相关。能源效率的研究可以为区域的发展、产业政策制定提供建议。

当前，中国经济正从持续的高增长向高质量发展阶段过渡，由周期性的需求拉动向结构性调整转变，为加快推动经济增长方式转型，提高经济增长质量，需大力推进创新驱动战略实施，而突破资源环境约束，有效改善生态环境，则需加速前沿绿色、清洁型技术的研发和应用，因此本书研究对中国加快提升绿色技术进步能力，推动中国以技术进步带动经济增长方式根本性转变、经济结构转型升级，实现中国经济增长高质量、绿色发展具有一定理论价值和实践指导意义。

3. 生态环境破坏严重

我国大气污染物的主要来源是化石能源燃烧。据统计，我国二氧化硫排放量、烟尘排放量及氮氧化物排放量均来源于煤炭的直接与间接利用。上述污染物排放对我国生态环境乃至国民的健康状况均造成了严重的影响。化石能源消耗对环境最突出的影响是大量温室气体排放所引起的气候变化。大气系统中温室气体含量的增加将导致全球平均气温的逐渐升高，气温的上升又会引起南北极和高海拔地区冰川的融化，进而导致海平面上升。此外，全球气温异常还会引发干旱、洪涝、飓风等极端灾害天气。与其他国家或地区相比，气候变化对我国的影响将比较严重。

(1)现阶段我国矿产资源、能源和水资源等主要自然资源的开发利用规模巨大。中国能源消费总量持续快速增长。过去几年间，我国主要资源消费的增加量占世界总增加量的比例，包括能源、煤炭、石油和钢等均居世界第一位，资源开发利用的规模巨大。我国水资源总量占世界总量的 6.5%，用水总量占世界总量的 15.4%，黄河流域、淮河流域和海河流域水资源的开发利用率已分别高达 70%、60%和 90%。而国际上公认的河流水资源开发利用率应低于 40%，否则将危害河流健康和流域安全。

(2)我国资源开发利用的效率不高。目前我国的原材料利用效率低、浪费严重，单位产值的消耗强度大大高于世界平均水平，单位资源产出水平仅相当于美国的 1/10、日本

---

① 国务院关于印发"十三五"节能减排综合工作方案的通知. (2017-01-05). http://www.gov.cn/zhengce/content/2017-01/05/content_5156789.htm。

的 1/20[①]。以水资源为例,我国农业灌溉用水消耗的水资源总量占水资源总消耗量的 70%,但由于输水方式、灌溉方式、农田水利基础设施、耕作制度、栽培方式等方面的原因,农业用水的利用率不高,渠道灌溉区只有 30%~40%,机井灌溉区也只有 60%,低于发达国家水资源利用率 80% 的水平。

(3)污染物排放量大,生态环境的污染和破坏严重。我国的污染物排放总量大,单位 GDP 的二氧化硫和氮氧化物排放量是发达国家的 8~9 倍[①],能源消费量和二氧化碳排放量均居世界前列,日耗水量和日均污水排放量都居世界第一位,有机污水排放量相当于美国、日本和印度排放量的总和,单位 GDP 污染物排放量是发达国家平均水平的十几倍(翟金良,2007)。

(4)环保投入不足,历史欠账大。从总体和全局上来看,我国现阶段环境污染治理缓慢,治理的速度赶不上破坏和污染的速度,重点环境治理工程成效不明显且容易出现反复。我国环保投入虽然总量上有所增加,但占国内生产总值的比例仍然偏低。环保投入不足造成历史欠账大,有限投入的使用效益又不高,加上环境污染的时间跨度长、地域范围广、污染物总量大、污染类型复杂,加剧了我国环境污染治理的难度。

(5)政绩考核过分注重经济指标。改革开放后,以经济建设为中心被放在我国经济社会发展的首要位置,长期以来,经济指标已成为党政领导政绩考核的主要依据,使党政领导过分地注重 GDP 的增长,甚至以牺牲资源环境为代价换得短期经济量的增长。由于在政绩考核中缺乏资源环境保护方面的明显约束,地方政府在资源环境保护方面的积极性不高,往往预算内的环保配套资金都难以到位,加上社会资本投入有限,使得我国环保投入长期不足。

(6)粗放式经济增长方式和不合理的能源结构造成严重的资源消耗和环境污染。在当前的国际市场分工中,我国已成为世界加工厂,承接了国际市场上劳动密集型的高投入、高消耗、高污染型经济的产业转移。多年来经济增长依靠的是高投入、高消耗、高污染的粗放式发展道路,经济总量的增长在相当程度上建立在资源大量消耗和环境严重污染的基础上。造成中国环境污染日益严重的主因是在高速发展消耗大量一次能源的同时缺乏降低污染排放的生态保护和控制措施。

我国是目前世界上少数能源消费以煤炭为主的国家,目前我国煤炭生产量和消费量均占到世界总量的 30% 以上。据估算,全国烟尘排放量的 70%、二氧化硫排放量的 90%、氮氧化物排放的 67%、二氧化碳排放量的 70% 都来自煤炭燃烧,燃煤是造成我国煤烟型大气污染和酸雨污染的重要原因。能源的过量消费和温室气体过量排放已引起许多严重自然灾害。

2005 年 5 月 24 日,国家环境保护总局科技司副司长罗毅在第八届科博会中国循环经济发展高峰会上透露,中国目前流经城市的河流 90% 的河段受到比较严重的污染,75% 的湖泊出现了富营养化的问题,1/3 面积的国土已经被酸雨污染。我们环境问题非常严重,治理环境的压力非常大,能源的过度消耗超出了环境的承受力。我国现有产业结构也出现明显问题,经济经过近二十多年粗放式增长,对能源、原材料消耗极大,造

---

① 实现历史性转变 开创环保工作新局面.(2006-6-19). http://www.gov.cn/govweb/jrzg/2006-06/19/content_314072.htm。

成严重的环境污染，超出环境的可承受范围，中国廉价劳动力无限供给的特征也不复存在。种种现象表明，原先的粗放式生产、贸易模式难以继续，产业结构迫切需要进行深度调整，能源效率迫切需要提高。

9.2 能源工程管理在经济社会发展中的作用

能源工程管理对经济增长和社会发展具有重要作用，对能源技术经济的研究有很重要的意义，它能在每项能源技术方案还没有付诸实践以前估算出他们的经济效益和财务状况。分析比较不同的能源技术方案的价值，可以帮助我们选用最符合现场实际情况的能源技术，还可以帮助我们推广经济效益和财务效果更好的能源技术代替老技术，促进能源技术发展、改革，从而为能源发展事业直接服务，并使之不断发展。为了确保中国经济、社会的可持续发展，在新的发展时期，研究能源管理工程，对中国的可持续快速发展具有重大意义。

9.2.1 技术创新

技术创新是实现经济持续增长的源泉之一。自 1978 年以来，中国经济近三十年的高速增长是以能源资源大量消耗与生态环境恶化为代价的，具有典型的"高增长、高能耗、高污染"特征。而随着能源资源约束进一步趋紧，生态环境进一步恶化，环境治理成本不断上升，经济增长方式的转型迫在眉睫。如何在经济持续增长同时有效保障生态环境质量，实现两者之间的协调发展，对中国以技术进步带动经济增长方式根本性转变、经济结构转型升级，推动经济发生质量变革、效率变革、动力变革，实现高质量、绿色发展，建设现代经济体系具有重要意义。因此，探索能源节约偏向型技术进步如何影响经济增长、节能减排，及其作用机理、影响效应具有重要的研究意义和研究价值。

中国目前的能源技术水平与世界能源科技强国和引领能源革命的要求相比，还有较大的差距，未来发展目标是到 2030 年"进入世界能源技术强国行列"。今后我国要根据终端能源需求选择关键技术，动员产学研各方力量组织攻关。建立能够形成有效竞争的市场结构和规范的公司治理结构，形成不断推动技术创新的有效激励机制，从而步入良性发展的轨道。

为了有效破解能源技术创新面临的问题，国家发改委、国家能源局联合有关部门先后发布了《能源技术革命创新行动计划（2016—2030 年）》《中国制造 2025—能源装备实施方案》以及《能源发展"十三五"规划》《能源技术创新"十三五"规划》《关于推进"互联网+"智慧能源发展的指导意见》《关于促进储能技术与产业发展的指导意见》等一系列规划文件，明确了我国能源技术革命的总体目标是到 2020 年，能源自主创新能力大幅提升，一批关键技术取得重大突破，能源技术装备、关键部件及材料对外依存度显著降低，我国能源产业国际竞争力明显提升，能源技术创新体系初步形成；到 2030 年，建成与国情相适应的完善的能源技术创新体系，能源自主创新能力全面提升，能源技术水平整体达到国际先进水平，支撑我国能源产业与生态环境协调可持续发展，进入世界能源技术强国行列[①]。上述文件明确将高效太阳能利用、大型风电、氢能与燃料电池、生物质能、海洋能、地热能、先进储能、现代电网、能源互联网、节能与能效提升等领域作为"十三五"乃至中长期中国能源技术创新的主攻方向，提出了相关创新目标、重点任务和创新行动[②]。

与世界能源科技强国相比，与引领能源革命的要求相比，我国能源技术创新还有较大的差距，突出表现为基础研究薄弱，氢能、燃料电池、碳排放等前沿技术投入及研究有限，为实现跨越式发展的技术储备不足。一些关键核心技术还未突破，燃气轮机及高温材料、海洋油气勘探开发等尖端技术长期被国外垄断。原创性成果不足，新能源等新兴技术还是以引进消化吸收为主。创新环境有待进一步完善，科技创新与产业发展结合不够紧密，对创新的激励不足，科技对经济增长的贡献率还不够高。

今后，我国应该加强对能源互联网、智能电网、电力储能等新兴技术的引导，推动企业真正成为技术创新、研发投入和成果转化的主体，促进形成有利于技术创新的政策环境。打造创新平台培育前沿技术开发能力。加强能源技术装备国际交流合作。在能源技术装备领域务实推进国际合作，广泛开展双边或多边的交流，加强与优势国家和地区在高比例可再生能源消纳、高效储能、先进能源等领域的合作，促进国外先进能源技术和装备的引进、消化、吸收。

9.2.2 强化节能

通过对能源工程管理的不断研究，可以加大能源应用产业的节能意识，使其主动寻求更加经济合理的能源技术。自主寻找更合理的能源利用方式，一方面可以使经济增长更加趋向于合理，提高经济效益；另一方面也从根本上减少对能源的消耗，达到节能的目的。根据终端能源需求选择关键技术，动员产学研各方力量组织攻关；通过建立能够形成有效竞争的市场结构和规范的公司治理结构，形成不断推动技术创新的有效激励机制，从而步入良性发展的轨道。

---

① 国务院关于印发"十三五"节能减排综合工作方案的通知. (2017-01-05). http://www.gov.cn/zhengce/content/2017-01/05/content_5156789.htm。

② 国务院关于印发"十三五"节能减排综合工作方案的通知. (2017-01-05). http://www.gov.cn/zhengce/content/2017-01/05/content_5156789.htm。

发展改革委 能源局印发《能源技术革命创新行动计划(2016-2030 年)》. (2016-06-01). http://www.gov.cn/xinwen/2016-06/01/content_5078628.htm。

三部门关于印发《中国制造 2025－能源装备实施方案》的通知.(2016-06-21). http://www.gov.cn/xinwen/2016-06/21/content_5084099.htm。

国家发展改革委 国家能源局关于印发能源发展"十三五"规划的通知. (2017-01-17). https://www.ndrc.gov.cn/xxgk/zcfb/ghwb/201701/t20170117_962221.html?code=&state=123。

能源技术创新"十三五"规划. (2017-08-09). https://www.ndrc.gov.cn/fggz/fzzlgh/gjjzxgh/201708/t20170809_1196881.html?code=&state=123。

关于推进"互联网+"智慧能源发展的指导意见. (2016-02-29). http://www.nea.gov.cn/2016-02/29/c_135141026.htm。

关于促进储能技术与产业发展的指导意见. (2017-10-11). http://www.nea.gov.cn/2017-10/11/c_136672015.htm。

能源工程管理可以节约使用各种资源，建立节能型工业、节能型社会，必将成为增强经济发展后续保障能力的重要途径。必须树立新的发展观，以提高能源利用效率为目标，以调整经济结构、转变增长方式、推进技术进步为根本，以完善法规和创新机制为重点，搞好规划，健全法规，完善政策，改进技术，抓住重点，加强管理，有效推进全社会节能，促进全面建成小康社会奋斗目标的实现。

9.2.3 调整和优化能源结构

目前，世界能源消费结构已经完成了固体向液体能源的转化，并且开始向气体能源转化。而我国在一次能源消费中仍然以煤炭为主。根据研究，2020 年在中国能源消费结构中煤炭的比重每下降一个百分点，相应的能源需求总量可降低一千多万吨标准煤。因此，我国应着重研究能源工程管理项目，进行能源消费结构的调整，充分利用结构优化所产生的节能效果。

我国要减少环境污染，在城市或者区域的发展过程中稳步推进能源结构的调整和优化。这个问题的核心在于能源结构调整和城市区域的发展问题。2019 年我国的城镇化率已经超越了 60%以上。能源的消耗和污染的排放，主要集中在城市以及与城市密切相连的工业企业，从这个角度来说，如果把城市和区域的污染防治治理作为污染防治攻坚战的主战场并不为过，特别是涉及能源结构问题。近些年来不断加大城市污染治理力度，正在倒逼能源结构加快调整优化，加快提升能源效率，促进减排的提升。2012 年以来，在能源结构方面，煤炭占总的能源消费比重下降了超过 8 个百分点，而清洁可再生能源的比重提升了 6 个百分点。现在能源结构最突出的问题就是煤炭的比重太重，最高在 2011 年时达到了 70%以上，目前下降到了 59%左右，但这个比重还是很高。所以把城市区域的发展和能源结构的调整和优化结合起来考虑和部署，这非常重要。

9.3 基于产业生态系统理论的能源工程管理与经济社会发展

产业生态思想起源于美国科学家 Frosch 和 Gallopoulos(1989)，他们强调工业生产对环境的不利影响可以通过转变生产方式来减少，并借此来展开产业生态学的思想。他们把生态系统原理应用在了产业系统中，使产业系统中材料循环利用，具有可持续性。自此以后，产业生态学受到了高度的关注并开始蓬勃发展。能源工程管理可以借鉴这个思想来研究经济社会发展。

9.3.1 能源工程管理与经济社会发展的相互作用机理

能源在推动经济增长的同时也有可能成为经济持续增长的障碍。有限的能源资源储量已经无法满足人类长期的可持续发展，成为经济增长的瓶颈之一。能源的开采、输送、转换、利用和消费都直接或间接地改变着自然界的生态平衡，必然对生态环境造成各种影响，其中很多影响正是产生环境污染的根源。能源转换与利用过程中会产生大气污染，渣污染、热污染、水污染对生态环境造成破坏。

9.3.2　能源工程管理促进经济社会发展的机制

能源是人类赖以生存和发展的主要物质基础。当今能源问题已经成为国民经济发展的战略重点。而能源工程管理则可以将现代科技和知识运用于能源管理过程中，解决各种复杂问题。20 世纪以来，随着科学的发展，人们掌握了越来越多的能源技术。由于能源科学技术的发展，即使对同一能源技术方案来说，也可以采用不同的技术参数方案。

能源利用、经济增长和环境保护既互相制约，又互相促进，环境保护要求终端能源消费的清洁化，这就会引起清洁能源生产技术和一次能源供应结构的重大转变，促使企业采用节能减排技术，有效控制污染物排放。从长远角度来看，节能减排技术的应用不仅促进了企业生产成本的下降和生产效率的提高，还有利于保护生态环境。

9.3.3　能源工程管理促进经济社会发展的路径

随着我国经济不断发展，对能源需求量日益增多，而传统的能源利用方式不适合现代发展的理念，通过基于产业生态系统理论对能源管理这一概念的不断研究，可以适时地调整能源利用方式及方法，从而使国家更好更快地发展。具体的路径可以参考以下四个方面：

一是针对大中城市和重点地区，重点在使工业领域加快实施"双替代"（天然气代煤、电代煤）。另外，煤炭消费总量控制逐步推行。现在煤炭消费总量，从实物量来讲，接近40 亿 t。这样大量煤的消耗、消费，包括取暖及其他各种形式的用煤，造成了碳排放和主要污染物下降的速度很慢。尽管煤炭消费的峰值已经达到，但是污染的排放中最主要的碳排放要到 2030 年左右才能达到峰值，煤炭在这里面占了很大比重。所以"双替代"对城市尤其是工业领域是重中之重。

二是在城市大力推进节能建筑、建筑节能。在这方面国外有很多经验可供我们借鉴，也可以进一步充分利用现在科技的发展。另外，在城市取暖、散煤替代方面还有一个捷径，就是燃煤电厂各种形式的余热取暖和热能利用，这里面也有很大的潜力。另外，有条件的地方可以加大地热能的开发和利用，尤其是供暖、制冷。

三是要优化重点区域运输的结构，积极推进京津冀等重点地区公路转化为铁路，建设低碳高效的交通运输体系。公路转铁路，现在中国的货运主要是靠公路，2017 年时约472 亿 t 的货运量，78%通过公路，14%多一点通过水路，铁路货运量只有 7.8%。而公路运输靠汽车，载重汽车主要消耗汽油，甚至很多是柴油，汽油柴油对空气污染严重。将来我国运输货运的发展方向，或者能源结构调整的方向就是更多地利用水运或铁路，这是重中之重。另外，现在城市群逐步在发展，特别是京津冀协同发展，特别讲到世界级城市群，长三角也是一个世界级城市群，其他一些地区中心城市逐渐向城市群发展。而在城市群发展的过程当中，公共交通的发展是我们应对污染防治攻坚的重要的方面。还有清洁能源车辆，这两点是重中之重。

四是进一步改革完善电力供应体制。收入水平比较高的一些地区、城市能力比较强的城市可以加大水电、风电、光伏在能源使用上的比重。可再生能源，尤其是风电和光伏是受自然条件的制约因素多一些，发电生产不一定很稳定，所以要把这项措施和电力体制的改革完善进一步结合起来，可以先试点，条件成熟以后再逐步推进。

第10章

能源工程管理发展趋势

10.1 能源工程发展趋势分析

10.1.1 能源工程发展成绩

"十三五"以来，我国能源工程领域取得了长足进步。"华龙一号"、蓝鲸系列、特高压建设等一系列国之重器，打造了亮丽的中国名片。煤炭的能源化利用与资源化利用并举，致力于煤炭产业的清洁高效发展。风电、光伏为代表的可再生能源产业化技术水平进步明显。氢能、储能等新兴能源领域强势发展，实验室研究与产业化探索齐头并进。碳排放方面也提前完成了减排承诺，2018年碳排放强度比2005年下降45.8%，已提前实现"2020年碳排放强度比2005年下降40%~45%"的承诺。下面分别针对主要能源类型，简述其能源工程发展现状。

1. 煤炭开采与利用工程

我国以大型煤矿建设和开采技术、以燃煤发电污染物超低排放技术、燃煤发电技术和现代煤化工技术为代表的煤炭清洁高效转化与利用取得了重要突破。

1) 煤炭开采的规模化与集约化趋势

我国煤炭工业实施大基地发展战略，已规划建设14个亿吨级大型煤炭生产基地，在大型煤炭基地内建成一批大型、特大型现代化煤矿(薛毅，2013)。根据《煤炭工业发展"十三五"规划》，截至"十二五"末，我国千万吨级煤矿数量达到53处，千万吨级煤矿产量达到7.3亿t，分别比"十一五"增长了5.8%和5.4%[①]。我国提出未来煤炭生产开发要进一步向大型煤炭基地集中，到2020年大型煤炭基地产量占全国总产量的95%以上，5000万t级以上大型企业产量占全国总产量的60%以上。同时，煤炭企业与燃煤发电企业正朝一体化经营转型。煤电一体化经营有助于缓解我国"市场煤"与"计划电"的长期矛盾，实现煤矿与电厂的有机整合，促进煤炭开采业与燃煤发电企业的集约化经营(朱大庆，2018)。以中国国电集团公司和神华集团有限责任公司合并成国家能源投资集团为代表，煤电一体化经营思路是煤电行业体制改革的重要突破，给煤电产业链规模化与集约化发展树立了成功典型。

---

① 国家发展改革委 国家能源局关于印发煤炭工业发展"十三五"规划的通知. (2016-12-22). https://www.ndrc.gov.cn/xxgk/zcfb/ghwb/201612/W020190905497889672824.pdf。

2) 煤炭利用的清洁化与高效化趋势

我国针对燃煤火电提出了大气污染物的超低排放标准，即燃气机组排放限值($SO_2<35mg/m^3$、$NO_x<50mg/m^3$、烟尘$<5mg/m^3$)。"十三五"期间计划完成煤电机组超低排放改造 4.2 亿 kW，超低排放煤电机组到 2030 年要占全国煤电机组总量的 80%以上。

"十二五"末期我国煤电机组平均供电煤耗为 318g 标准煤/(kW·h)，比"十一五"时期下降了 18g 标准煤/(kW·h)，"十三五"目标是将煤电平均供电煤耗下降到 310g 标准煤/(kW·h)。煤电机组供电煤耗的下降得益于现役煤电机组节能改造和大容量的超临界、超超临界以及整体煤气化联合循环发电(IGCC)技术的发展应用(Gu et al., 2016)。超临界机组容量一般在 600MW 以上，早期超临界机组设计的蒸汽参数一般为压力 24MPa 左右，初温 560℃左右，发电厂热效率约 42%。未来超临界机组开发的蒸汽压力和初温分别提升至 30MPa 和 600℃以上，发电厂热效率提升至 44%以上(周一工，2011)。超超临界机组容量一般在 1000MW 以上，发展超超临界机组的目标是进一步提升燃煤电厂热效率至 50%左右(周云龙等，2018)。同时，整体煤气化联合循环发电是目前国内外应用广泛的燃煤发电新技术，其机组容量正向 600MW 及以上的方向发展，其热效率可达 55%以上，较好地实现了煤炭化学能的梯级利用(Cormos et al., 2015)。

3) 煤炭利用的多元化趋势

现代煤化工产业将煤从燃料向原料转变，主要包括煤制油、气、氢、烯烃及其他精细化学品，这对发挥我国富煤的资源优势和弥补贫油少气的资源劣势具有重要战略意义。国家明确发展现代煤化工产业是能源革命的重要内容，以山西、内蒙古、陕西为代表的富煤省份，在国家政策的支持下，积极开展现代煤化工产业建设布局。山西省打造能源革命排头兵，依托山西潞安矿业集团、山西焦煤矿业集团、山西晋城无烟煤矿业集团等煤炭企业，开展了一批现代煤化工产业示范，形成了一定的产能规模，并于 2018 年出台了山西省现代煤化工产业发展行动计划，在全省 11 个地级市重点推进 100 个项目建设，涉及煤制油、煤制气、煤制精细化学品等众多现代煤化工子产业。截至 2019 年底，我国现代煤化工产业实现 1.55 亿 t 的原料煤转化量，约占煤炭消费量的 5.6%，行业发展已形成规模。

2. 油气勘探、储藏与输运工程

我国在油气藏勘探理论技术、老油田精细注水与化学驱提高采收率技术等方面居世界前列，并在深水油气、致密气、页岩气、致密油、煤层气的勘探开发技术方面取得重大进展。经过 70 年发展，我国原油产量从 1949 年的 12.0 万 t 增至 2019 年的 1.91 亿 t；天然气产量从 1949 年的仅 0.1 亿 m^3 增至 2019 年的 1508.84 亿 m^3。然而，我国石油和天然气对外依存度一直居高不下，石油对外依存度超过七成，天然气对外依存度超过四成。保障石油和天然气的稳定供给是油气工程的主要发展目标，目前主要从油气藏勘探、油气储藏与油气输运三方面落实。

1) 油气藏勘探工程

全国相继发现并建成塔里木盆地、鄂尔多斯盆地、四川盆地、柴达木盆地、莺歌海盆地、东海地区、松辽盆地、渤海湾盆地、准噶尔盆地 9 大油气生产基地。截至 2018 年底，全国累计石油探明地质储量为 398.77 亿 t，全国累计天然气探明地质储量为 14.92 万亿 m^3。2019 年我国油气勘查开采呈现良好态势，其中石油新增探明地质储量 11.24 亿 t，同比增长 17.2%；天然气新增探明地质储量 8090.92 亿 m^3，同比下降 2.7%；页岩气新增探明地质储量 7644.24 亿 m^3，同比增长 513.1%。除此之外，还探明我国近海的油气区包括渤海、黄海与东海西部、南海北部。

2）油气储藏工程

增加油气储备能力，提升油气调峰能力，也是我国油气产业目前的发展重点。目前，我国已建成舟山、舟山扩建、镇海、大连、黄岛、独山子、兰州、天津及黄岛国家石油储备洞库共 9 个国家石油储备基地，形成了相当于我国 35 天左右净进口量的储备规模。同时，我国已初步形成京津冀、西北、西南、东北、长三角、中西部、中南、珠三角八大储气基地，约占全国天然气消费总量的 3.5%左右。然而，这个比例仍远低于国际经验 12%的要求和发达国家 15%以上的水平。

3）油气输运工程

截至 2018 年底，已建成全国长输原油管道 2.38 万 km，成品油管道 2.60 万 km。已建成天然气干线管道 7.6 万 km，一次输气能力 3200 亿 m^3，LNG 接收站已投产 22 座，接收能力达 7000 万 t/a。

根据油气体制改革"管住中间、放开两头"的意见，把具有自然垄断属性的管输业务和部分储存设施从三大石油公司剥离出来，组建独立的国家油气管网公司，即形成"N+1+N"（其中，N 指的是油气体制改革中的两头，分别是上游油气勘探开发和下游炼油化工销售；"1"指的是中间，包括油气运输、储备、接收等）油气输运体系。规划到 2025 年，建成广覆盖多层次的油气管网，管网覆盖面和通达度显著提高，基础设施网络功能完备，原油、成品油、天然气管网里程分别达到 3.7 万 km、4.0 万 km 和 16.3 万 km。

3. 可再生能源与电网工程

可再生能源产业发展迅速，新增发电装机已经超过化石能源新增装机。可再生能源的发展促进了分布式能源系统的发展，可再生能源发电与现代电网也在不断融合。同时，现代电网向大电网和微型电网并行发展并逐步向智能化方向发展。在特高压/柔性输电、大电网稳定控制与优化调度、可再生能源发电等技术领域已经取得丰硕成果，在智能电网关键技术、装备和示范应用方面具有良好的发展基础。

截至 2019 年底，全国水电装机已超过 3.5 亿 kW，风电和光伏发电累计装机已分别达 2.1 亿 kW 和 2.04 亿 kW，以水电、风电、光伏发电为代表的我国可再生能源产业规模已稳居世界第一。

除了水电之外，我国目前风电和光伏发电成本偏高，长期依赖于价格补贴，尚未实现规模化平价上网。尤其是海上风电，其装机规模尚未完成规划目标，成本也偏高，与发达国家相比，尚不具备竞争优势。截至 2019 年底，我国海上风电新增装机约 240 万 kW，累计装机约 684 万 kW，招标未建设项目共 2132.5 万 kW，主要集中分布在江苏，其次为广东、福建、山东等省份。2020 年 1 月 23 日，国家财政部、国家发改委、国家能源局紧急联合下发《关于促进非水可再生能源发电健康发展的若干意见》，明确 "新增海上风电和光热项目不再纳入中央财政补贴范围，按规定完成核准（备案）并于 2021 年 12 月 31 日前全部机组完成并网的存量海上风力发电和太阳能光热发电项目，按相应价格政策纳入中央财政补贴范围。"[①]。然而，以广东省为例，当地脱硫煤电上网电价是 0.453 元/(kW·h)，若按照欧洲的电价每年下降幅度 5%～8.3% 来计算，广东最快可在 2023～2024 年实现海上风电平价上网，最慢要到 2026～2027 年实现海上风电平价上网。

此外，受制于能源传输通道、省间壁垒、可再生能源的电力间歇性以及电力消费市场疲软等多种原因，我国目前的弃风、弃光、弃水问题尚未根本解决。例如，2016 年，我国弃风电量达 497 亿 kW·h，约等于 2015 年西班牙全国的风力发电总量，相当于火电燃用 1590 万 t 标准煤，等效排放 4135 万 t 二氧化碳、38 万 t 二氧化硫。水电水利规划设计总院副院长易跃春认为，"十四五" 期间，弃水、弃风、弃光等问题将基本得到解决。

4. 新能源汽车及储能工程

我国在新能源汽车、分布式电源/储能、节能、燃料电池等新兴技术领域取得了较大进步。智能电网、储能、能源互联网、节能等技术的不断突破，将提高电能在终端能源消费中的比重，大幅提高能源系统整体效率，助力 "系统节能提效革命"。

我国新能源汽车销量从 2009 年的不足 500 辆增长至 2019 年的 120.6 万辆，截至 2019 年底，全国新能源汽车保有量达 381 万辆，产销量占到全球一半以上。以纯电动汽车、插电式混合动力（含增程式）汽车、燃料电池汽车为代表的新能源汽车产业，在我国正处于由导入期向成长期过渡的关键阶段。国家电网对外宣布，2020 年计划投资 27 亿元新增 7.8 万个充电桩，新增规模为去年的 10 倍。此前，南方电网也表示，未来 4 年将以投资或并购方式投入 251 亿元，建成大规模集中充电站 150 座、充电桩 38 万个，为现有数量的 10 倍以上。充电桩市场规模的扩大将有助于新能源汽车市场的发展。

据不完全统计，截至 2016 年底，我国电力储能装机总规模约 24.2GW，占电力总装机的 1.7%，以抽水蓄能为主。电化学储能规模增长迅速，在技术层面，出现了适用于电网的集成功率达到兆瓦级的电池储能技术，储能技术在电力系统的应用已从电网扩大到发电侧和用户侧，从削峰填谷、调频服务扩大到新能源并网、电力输配和分布式发电以及微网。截至 2019 年 6 月，我国已投运电化学储能累计装机规模为 1189.6MW，上半年新增规模为 116.9MW。当前我国电化学储能成本仍然偏高，其度电成本为 0.6～0.8 元/(kW·h)，而抽水蓄能电站度电成本仅为 0.21～0.25 元/(kW·h)。

10.1.2　能源工程发展趋势研判

能源工程技术、能源清洁低碳转型取得一系列成果的同时，也必须认识到我国目前能源工程发展水平与人民群众美好用能需求之间，尚存在一定差距。未来能源工程发展

---

① 关于促进非水可再生能源发电健康发展的若干意见. (2020-01-20). http://www.gov.cn/zhengce/zhengceku/2020-02/03/content_5474144.htm.

仍需关注以下两点：

1. 保障能源供给安全是能源工程高质量发展的首要任务。

我国电力需求总量巨大，近年来虽增速趋缓，但年净增绝对量仍十分可观，电力工业供应保障任务仍然艰巨。同时，随着跨省区电力资源配置规模和范围的不断扩大，新能源电源装机占比的不断提高，我国电力系统安全稳定运行的新问题不断涌现，对稳定运行机理和电力系统运行革新等均提出了更高的要求。此外，由于当前国际形势深刻变化、地缘政治不确定因素增多，而我国石油和天然气对外依存度一直居高不下，这已成为国家总体安全的现实威胁之一。未来应该是"多元发展能源供给，提高能源安全保障水平"，在供给侧继续加大可再生能源电源开发力度，在消费侧不断提升电气化水平。

电源侧，客观认识当前化石电源在电力托底保供中的"压舱石"作用。在东部地区适当布局安全支撑性电站，在中部地区依托蒙华铁路等煤运通道布局一批支撑性路口电站，在西部地区建设一批煤电风光储一体化综合电力安全保障基地。在提高常规与非常规油气资源采收率的基础上，还应着力发展接替能源，包括但不局限于低成本高效率的煤制油、煤制气等技术，探索核能工业供热、可移动电源热源等应用场景，拓展光热、生物质能、地热能利用空间，尤其加强深远海油气开采、风力发电等海洋资源利用，践行海洋强国战略。同时，探索建立容量市场，完善推广辅助服务市场，引导化石电源发挥基础性作用，将电量市场更多让渡给非化石电源。

负荷侧，主要依托市场手段调动需求侧响应资源，削减尖峰负荷，在减少电源装机需求的同时，提升电源、电网设备利用效率。同时，依靠多能互补技术、机制创新等手段，在经济可行的基础上，持续在交通、居民采暖、港口岸电等领域推动电能替代，继续提高电力在终端能源消费的比重。

电网侧，借助大数据、云计算、物联网等现代化信息技术，继续在全国范围实施电力资源优化配置。重点提升现有输电通道能力，统筹优化存量与新增电力流，促进电力潮流全局优化，整体提升非化石电源在电力资源优化配置中的比重。

2. 绿色转型是能源工程高质量发展的总体方向

面对严峻的生态环保形势以及人民群众日益提高的绿色用能需求，我国发布的《中共中央 国务院关于完整准确全面贯彻新发展理念做好碳达峰碳中和工作的意见》中提出了到 2025 年"非化石能源消费比重达到 20% 左右"的战略目标[①]。2020 年到 2030 年间为"能源领域的变革期"，这一阶段能源需求的增量要由清洁能源，特别是可再生能源替代煤炭能源。2030 年到 2050 年是"能源革命的定型期"，实现能源的"清洁低碳、安全高效"终极目标，形成"需求合理化、开发绿色化、供应多元化、调配智能化和利用高效化"能源产业格局。现阶段能源产业绿色转型的关键是清洁高效和电气化。

化石能源清洁转化利用是实现非绿色能源向绿色转型的重要途径。随着全球油品升

---

① 新华社. 中共中央国务院关于完整准确全面贯彻新发展理念做好碳达峰碳中和工作的意见. https://www.gov.cn/zhengce/2021-10/24/content_5644613.htm。

级换代步伐加快,炼油业脱硫能力需进一步提升,以满足国际海事组织"限硫令"要求。继续发展碳捕获、利用和储存(CCUS)技术,从一次能源源头控排。将推动煤炭清洁高效开发利用作为能源转型发展的立足点和首要任务,对煤炭深加工过程进行烟气污染物脱除、有机废水净化等处理,满足环境和政策要求。

加快提升水能、太阳能、生物质能等可再生能源消费比重,安全高效发展核电,高标准支撑绿色转型。在宏观布局方面,重点建立以消纳能力为核心约束的各地新能源发展规模宏观调控机制,促进新能源规划建设与系统消纳能力的协调。在开发外送方面,重点以"煤电风光储一体化""水电风光储一体化""风光储一体化"模式建设一批综合电力保障基地,在保障受端地区电力安全的基础上,促进送端地区新能源开发利用。在就地利用方面,重点以"源网荷储一体化"模式,依托技术与机制集成创新,形成一批服务各地产业的、具备各地特色的新能源就地利用发展新路径。在电站本体方面,重点以系统消纳等系统需要为核心,依托功率预测、优化调度、储能集成等手段,推进新一代"系统友好型"新能源电站设计与建设,整体提升新能源电站系统功能,提高新能源电站在未来电力市场中的竞争力。

改变长期以来我国能源行业"重输、次配、轻用"的现状,重视提升消费侧技术与管理水平。开展市政、居民、商业、交通等部门的节能提效,通过户用光伏、热泵、墙体蓄热等手段,加快打造"低碳建筑""零碳建筑"乃至"正能量建筑"。同时,鼓励广大农村地区安装分布式可再生能源电站,推广微电网、多能互补系统的应用,以可再生能源扶贫、改善低收入农村居民的用能。

10.2 能源工程管理未来发展方向

10.2.1 社会层面关注能源工程对其他产业的支撑、引领作用

能源产业是关系国民经济命脉的重要领域,能源工程科技创新必须担当起历史重任,着眼未来发展,为建设科技强国提供有力支撑。

1. 能源工程管理融合引领"新基建"

"新基建"是指以 5G、人工智能、工业互联网、物联网为代表的新型基础设施,本质上是信息数字化的基础设施,主要包括七大领域:5G 基建、特高压、城际高速铁路和城市轨道交通、新能源汽车充电桩、大数据中心、人工智能、工业互联网。

区别于传统能源工程领域的单一技术参数性能的迭代创新管理,新时代能源工程技术创新管理将更多来自多元化应用需求,引领多元化的业务形态。基于 5G、大数据、人工智能、区块链等先进信息技术的数字经济将加速对传统产业的融合与渗透,加快形成以技术创新、应用创新、模式创新为核心的新型经济形态。在技术上衍生智能电厂、智能油气田、智能矿山、智能电网等创新路线,推进能源装备自动化、控制系统数字化、运行维护无人化、能源交易透明化、能源网络互联化,最终构建智慧能源系统新形态。

同时，对创新主体、市场主体带来更加包容、开放、友好的能源科技创新生态，通过数字基建推动信息成本下降和投资门槛降低，催生共建共享的业务形态，爆发出磅礴的生产力。

2. 能源工程管理融合市场体制机制创新

在我国，由于传统能源行业重资产的属性和国有企业的绝对主导地位，市场活跃度一直较低。随着能源转型加快，能源工程新模式、新业态不断涌现和壮大，市场在我国能源技术发展导向和资源配置中的作用日益突显。

首先，可再生能源补贴"退坡"已成定局，风电和光伏发电平价上网时代渐行渐近，可通过大容量风电机组、新型高效电池等技术更迭，来实现降本增效，并研究发展混合发电、绿色制氢等新技术开拓市场。与此同时，中国碳市场建设初见成效，据报道，深圳市碳排放权交易市场运行以来，煤电、气电碳排放强度在国内同类型机组领先水平的基础上均有显著下降，碳市场的完善将有助于发电技术更新换代、可再生能源的发展与能源结构转型。其次，推动形成科学电价机制。加快完善一次能源价格、上网电价、销售电价联动机制，使电价真实反映能源成本、供求关系和生态环境成本。完善省间辅助服务补偿和交易机制，充分利用输电通道容量和受端调峰资源，促进清洁能源全国优化配置。结合电价改革进程，妥善解决电价交叉补贴问题。

同时，能源工程管理应更多地贴近新时代社会民生需求、市场需求，通过需求引导拓宽市场空间，促进商业模式迭代，调动投资积极性，建立良性循环。例如，通过区块链等技术加快构建公平、公开、公正的能源电力市场秩序，让市场主体充分分享能源发展的成果，从而支持和推动电力市场改革。再如，通过共享储能、智慧建筑等技术或模式创新实现供需高效可靠互动，提高市场用户参与度与获得感，加快能源消费转型升级。

此外，还需加强能源治理和监管政策与科技创新政策的协调配合，进一步推动能源价格改革，恢复能源产品的商品属性，建立和完善能源资源消费税、环境税（包括碳税）等综合措施，建立有利于引导合理消费，推动节能，促进能源结构向清洁、高效、低碳的多元化体系发展的市场信号系统。

10.2.2　行业层面关注能源工程的整合协调发展

在能源工程形态方面，原有各能源系统独立规划、设计和运行的既有模式将被打破，形成一体化的综合能源系统，进而重塑中国能源生产与消费体系。

1. 注重提升电力系统的总体效率

长期以来，电力行业紧扣主要矛盾，重点解决电力供应的"有与无"和电力发展的"快与慢"问题。电力工业规划、设计及运行等各环节，电源、电网及配用电等各领域，均以"保供"为主线任务，留有相当的"安全裕度"。但是，这在一定程度上制约了电力工业整体效率的提升。新时代，电力工业需要依托市场化手段与技术创新，着力加强需求侧管理进而减少尖峰负荷，着力优化电网主网架结构和调度运行进而降低系统备用，着力增强源网协调进而提升输电通道利用率，着力加强源网荷互动进而压缩设备裕度，在确保电力安全的前提下，显著提升电力运行总体效率。

2000 年以来，我国电力工业先后实施了"厂网分开、主辅分离"改革，极大促进了电力生产。但专业化分工的产业格局客观上造成了统筹优化的相对不足，电源与电网、电力生产与消费不协调、不优化的问题时有发生。新时代，为提升电力总体运行效率和绿色发展水平，电源、电网和负荷高效融合已成为电力转型变革的主要趋势。在专业化分工产业格局下，如何加强统筹优化，促进源网荷高效深度融合是当前亟待破解的重大命题。未来需建设全国统一电力市场。加强顶层设计，完善相关交易机制，推动国家与省级电力市场有效衔接并逐步融合，更好地发挥"大电网、大市场"作用，打破省间壁垒，实现能源资源跨区跨省经济高效配置。积极研究推动电力市场与碳交易市场融合，构建全国电-碳市场，整合气候与能源领域治理机制、参与主体和市场功能，实现碳减排与能源转型协同推进。

此外，单一品种能源效率提升终将遭遇瓶颈，多能源品种跨界融合将打破技术、行业壁垒，盘活灵活性资源，实现能源系统效益最大化，为能源产业高效可持续发展提供了可行的思路。因地制宜打造综合能源基地，通过风光互补、配套储能储氢以及煤电灵活性改造，进行系统集成优化，实现能源基地整体平稳出力；针对分布式能源规模化发展的趋势，通过虚拟电厂技术将独立分散的火电、可再生能源电源和储能储氢进行有机整合，统一协调，进一步提升清洁能源消纳能力；研究居民、工业、建筑、交通等领域电能替代与负荷灵活调节技术，运用智能感知、即插即用、数字孪生等技术手段，通过跨行业综合能源服务实现用能高效转换与供需互动。

2. 理顺化石能源的基础性作用

近年来，新能源电源已成为电力绿色发展的重要力量。但在当前电力市场体系下，电源企业的电量销售仍占收入主体，客观造成了新能源与化石电源较直接的市场竞争，导致相互对立、"零和博弈"现象时有发生。以新能源电源为代表的非化石电源是电力发展的潮流与方向，这是毋庸置疑的。但我国电力运行实践以及当前的经济技术条件均表明，非化石电源在当前及未来一段时期内均无法独自保障我国电力需求和电力系统安全稳定运行需要，化石电源仍需在这段时期内适度发展，并在条件成熟的前提下有序退出。我们必须客观认识各类电源在不同时期电力系统中的地位和作用，及时优化调整相关市场机制。当前应重点理顺化石电源保障电力安全、辅助电力系统调节的基础性作用，夯实电力绿色发展基础。

由于风光出力的间歇性，加之其利用小时数显著低于煤电，风光有效容量一般不能超过线路容量的 30%。若进一步提高可再生能源占比，需配套大量的储能容量，势必进一步推高可再生能源开发的总体成本。通过煤电辅助清洁能源外送，主要是考虑不同电源的技术经济特性，基于化石能源的调峰能力，尽可能保障新能源发电消纳，并降低可再生能源开发的储能成本。未来电力输送将以新能源发电为主、煤电为支撑，但目前新能源发电装机容量及出力有限，在相当长时间内煤电仍是外送电量的主要部分。

新能源电力外送的配套煤电建设，要统筹全国电力平衡和电力流优化，重新审视已批煤电基地的功能和定位。例如，我国现行煤电基地主要集中在山西、陕西和内蒙古，这些区域的煤电基地能否续建增容，是值得系统研究的问题，必须要考虑黄河流域生态保护和汾渭平原空气治理等因素。

3. 大力发展综合能源基地

"十四五"期间，我国能源供应方面要实现系统整体优化、多种能源互补的供应模式，大力改善各种能源单独供应、互补水平低的现象，充分运用储能技术，在供应侧大力发展综合能源，提高供应侧的竞争力，这是未来电力行业的战略方向。大力发展综合能源，并且是以电力为核心的综合能源，包括分布式能源、分布式微网、城市智慧能源等重要组成部分。综合能源可促进可再生能源在电力系统中的高比例应用，让可再生能源通过与其他能源形式打包的方式进入市场。未来可再生能源规模化利用、增量配电和售电业务有效开展、需求侧响应资源充分利用等都需要围绕综合能源的发展来实现突破。

首先，在可再生能源资源丰富的地区，如西北、西南、东北等，需要深度研究当地可再生能源如何与传统化石能源发电资源进行互补和打包利用，着力于整体供能系统优化，循序渐进地推进发电侧的低碳供应；其次，充分利用储能技术，通过储能来平抑可再生能源的不稳定出力；再次，分析需求侧的用户类型和消费特性，最大限度挖掘需求侧资源中的潜力；最后，有效应用智能化设备和数字技术，实现能源电力系统中信息的即时接收和处理，提升能效，促进各类市场主体为用户提供丰富多样的综合服务，丰富其服务类型和消费者选项。

对于以风电、光伏为代表的非水可再生能源未来在系统中占据多大的比例，必须站在综合能源系统、多能互补的角度来考虑。尤其是"三北"地区（东北、华北、西北）的可再生能源基地，要朝综合能源基地转型。风电和光伏一起打捆，比单纯送风电或光伏出力更平滑、更可控，搭配煤电、配合储能，与特高压线路配套，才能在一定程度上提高经济性，消纳更多的可再生能源，否则单纯"风电三峡"模式还是会遇到很多的送出壁垒和弃风弃光问题。

煤炭利用工程除了与可再生能源打捆外送之外，煤化工产业融合及一体化发展也是未来发展趋势，例如，以现代煤化工为核心的油气电多联产新模式；上游与煤炭结合、中游与电力、冶金等结合，下游和纺织、农业、建材等融合，由此进一步提高煤炭整体转化效率及清洁高效水平。此外，"十四五"开始可将煤制甲醇、化工氢纳入现代煤化工的范围。其中，甲醇汽车、甲醇船用燃料等推广，为应用拓展打开了非常好的市场前景。可推进大型甲醇能源基地建设，构建基地化、大规模、低投资、高水平的煤制甲醇产能布局。以项目为基础，带动甲醇装备制造业发展，建立完善甲醇经济体系。

10.2.3 企业层面关注能源工程管理方法手段的创新

全球能源正在向高效、清洁、多元化的方向加速转型，"十四五"期间，我国电力规划的主旋律是能源转型，而且是以电力为中心的能源转型。电力体制改革与电力市场建设的一项关键任务是助力可再生能源在系统中的高比例应用，通过市场机制这只无形的手来解决可再生能源大规模进入市场、大规模并网等问题，而企业管理手段也应顺应我国能源结构转型方向。

1. 传统化石能源电力企业管理方法要迎合市场体制改革

加快电力企业变革转型。聚焦能源电力行业绿色转型大趋势，优化调整业务布局、运营模式和管理方式，主动压减不符合清洁发展方向的业务，尽快实现主营业务绿色转型，重塑面向未来的竞争优势，提升社会价值。积极适应能源供应体系和消费方式变革，不断拓展新业务领域，加快向综合服务供应商转变。

未来煤电产业的发展路径是发展清洁、安全、高效火力发电以及相关技术，提高能效，降低污染物排放，优化火力发电结构，因地制宜发展热电联产、热电冷联产和热电煤气多联供等。然而，综合能源基地建设目标下，能源市场体制改革需要针对燃煤发电机组进行灵活性改造，低功率运行下参与电网深度调峰，提高可再生能源消纳能力，与更多的风能、太阳能等可再生能源多元共存。目前，我国燃煤火电的灵活性改造根据改造对象可主要分为两类：①针对取暖季热电联产机组的热电解耦改造，核心是增加或改造储热装置，已开发电加热储热、电热泵制热、减温减压系统供热等多种灵活性改造方案（苏鹏等，2018）；②针对纯凝火电机组，灵活性改造主要涉及自动发电量控制性能优化、一次调频优化等方面（侯玉婷等，2018）。为消纳日益增长的可再生能源电力，近期内我国火电的灵活性改造需求巨大，火电最小技术出力需从目前的 60% 降低至 30% 左右（Ye and Lin，2019a）。

虽然通过灵活性改造，可以实现煤电机组深度调峰，但在一定程度上会影响大容量、高效率机组的低煤耗优势充分发挥。测算显示，100 万千瓦级机组降至 50% 负荷煤耗增加 41g 标准煤/(kW·h)，降至 40% 负荷煤耗增加 68g 标准煤/(kW·h)。这对传统煤电企业的经营经济性提出了巨大的考验，而且目前煤电企业经营普遍困难，技改投入动辄上亿元，煤电企业管理方法如何迎合煤电的灵活性改造值得思考。同时，煤电企业的热电联产或热电冷联产都牵扯市政管网、地方政府和煤电企业需融洽对接及密切配合。

2. 能源企业管理方法要融合区域发展战略

首先，顺应区域能源发展总体战略，传统化石能源企业开展兼并重组。以云南省为例，目前，云南煤矿平均产能仅为 32.6 万 t/a，远低于全国 92 万 t/a 的平均水平。其中民营企业占比高达 84%，抗风险能力偏弱。尽管资源丰富，但云南地区地质构造复杂，煤炭开发规模受限。除少数矿区外，其余矿区不具备建设大中型煤矿的资源条件和地质条件。近年来，《关于加快推进煤矿分类处置有关工作的通知》《关于整治煤炭行业加强煤矿安全生产的通知》等区域发展战略与仿真相继出台，云南煤炭产业将进一步迎来"大洗牌"，到 2021 年底，全省煤矿数量严格控制在 200 个以内，煤企户数控制在 20～30 户之间，单个煤企所有煤矿的总产能不低于 300 万 t/a，单井规模不得低于 30 万 t/a。一方面需破解开发主体多、大型集团少的难题，在大幅减少煤矿数量的同时，培育大型现代化煤炭企业集团，加强周边区域煤炭供应和物流设施建设，并建立储配煤基地；另一方面需积极稳妥推进企业兼并重组，拓宽融资渠道、加大金融支持力度，避免再次陷入资金链困难等困局。

其次，顺应区域社会经济发展总体战略，能源企业尝试一体化发展。2019 年，国网上海电力公司积极携手江苏、浙江电网企业，共同启动长三角一体化电力先行工作并率先发布相关行动计划，吹响了能源服务融入长三角一体化高质量发展号角。沪江浙三地在探索跨省电网"互济互保、互联互通、互供互备"工作模式、创新区域合作运作机制、拓展深化合作平台、共建一流营商环境等方面取得了积极成果，为区域电力一体化发展奠定了坚实基础。近期，国网上海市电力公司正式发布《长三角一体化发展示范区电力行动白皮书（2020 年）》。该白皮书进一步明确了电力企业融入示范区建设的重点任务和行动计划。与此同时，长三角地区首个跨省供电业务"码上办"服务目前已在一体化发展示范区内试点推广。未来，沪苏浙三地电力企业将共同致力于打造共商、共建、共管、共享、共赢的能源生态，为服务长三角一体化示范区能源转型升级，构建区域清洁低碳、安全高效的现代智慧能源体系做出贡献。

3. 能源企业管理方法要顺应"走出去"战略

自 2013 年"一带一路"倡议提出至 2018 年底，我国电力对外直接投资累计实际投资总额达 835.89 亿美元，涉及项目数量共 148 例。然而，一方面面临着投资壁垒问题，部分国家贸易保护主义和"逆全球化"呈抬头趋势，实行严格但缺乏公开透明的准入审查；另一方面本质上有竞争力的项目较为缺乏，我国分包方大多仍集中在基建、土建、安装领域。

全方位加强国际能源合作是"十四五"推动能源高质量发展、实现开放条件下能源安全的必然要求。要统筹利用国内国外两种资源、两个市场，积极推动国外优质、经济的清洁电力"引进来"和我国技术、装备、产能"走出去"，积极推动和引领全球能源互联网发展，全面提升我国能源电力发展质量和效益。未来能源企业应采取多种管理方法来应对投资壁垒，包括进行小股比投资、海外资产再投资、通过基金开展海外投资以及推进第三方合作等。同时，我国未来能源工程以"新能源+分布式+智能电网"为主要发展方向，这种发展方向不能仅仅站在已经拥有坚强主干电网的国家视角来分析，还需要更多地站在全球，尤其是"一带一路"沿线国家的角度考虑，我国这种能源工程发展方向是否有利于"走出去"战略。

第一，加快我国与周边国家电力互联互通。发挥我国能源互联网平台和枢纽作用，推进与缅甸、老挝、尼泊尔、韩国、巴基斯坦等周边国家电力互联，有效利用国际资源和市场，扩大跨国电力贸易规模，助力"一带一路"建设向深走实。

第二，积极推动全球能源互联网发展。发挥我国电力行业综合优势，强化全产业、跨领域资源整合和优势互补，围绕全球能源互联网联合开展技术攻关、项目开发、市场开拓，创新商业模式，打造新的效益增长点。发挥全球能源互联网发展合作组织平台作用，推动能源电力上下游企业加强资源共享、需求对接和项目合作，积极参与全球能源互联网建设，推动中国倡议早日落地实施。

第三，打造若干国际知名的高端能源科技品牌和领军企业，推动核电、煤炭、电力等领域具有国际竞争力的能源产品、技术装备和能源基础设施整体"走出去"，开发境外能源技术市场和综合能源供应与中转基地。

参 考 文 献

安琪. 2020. 后疫情时期全球能源发展趋势展望——国际能源署《世界能源展望 2020》评述及对我国启示. 中国经贸导刊, (21): 57-60.

保罗·罗伯茨. 2008. 石油恐慌. 吴文忠译. 北京: 中信出版社.

鲍勤. 2011. 能源节约型技术进步下碳关税对中国经济与环境的影响——基于动态递归可计算一般均衡模型. 系统科学与数学, (31): 175-186.

鲍勤, 汤铃, 汪寿阳, 等. 2013. 美国碳关税对我国经济的影响程度到底如何——基于 DCGE 模型的分析. 系统工程理论与实践, 33(2): 345-353.

郝曼. 2012. 我国选煤方法及选煤设备发展情况分析. 科技致富向导, (10): 263.

蔡飞鹏, 林乐腾, 孙立. 2006. 二甲醚合成技术研究概况. 生物质化学工程, 40(5): 37-42.

常俊晓, 游文霞, 肖隆恩. 2015. 含风电的发电资源优化调度与仿真研究. 计算机仿真, 32(4): 120-123, 128.

陈柏言, 黄洁亭, 薛联芳. 2019. 基于中央企业的全国可再生能源开发预测研究及发展建议. 中外能源, 24(8): 6.

陈辉吾, 陈珊珊. 2021. 国际能源格局新变化与中国能源安全. 前线, (7): 35-38.

陈军, 成金华. 2007. 中国非可再生能源生产效率评价: 基于数据包络分析方法的实证研究. 经济评论, (5): 7.

陈树勇, 宋书芳, 李兰欣, 等. 2009. 智能电网技术综述. 电网技术, 33(8): 1-7.

陈锡芳. 2010. 水力发电技术与工程. 北京: 中国水利水电出版社.

陈新华. 2016. 大变革时代中国能源决策如何保持定力. 中国能源报, 12-19(001).

陈怡, 田川, 曹颖, 等. 2020. 中国电力行业碳排放达峰及减排潜力分析. 气候变化研究进展, 16(5): 9.

陈友骏. 2016. 日本能源困境下的电力系统改革. 太平洋学报, 24(2): 54-64.

陈有真, 庄启雪. 2019. 基于精益物流的光伏产业供应链管理问题探究. 物流技术, 38(6): 99-103.

崔婕. 2018. 新三板中小企业管理会计发展现状探析——以中海阳能源股份有限公司为例. 财会通讯, (13): 41-44.

崔明建. 2019. 泛在电力物联网的关键技术与应用前景. 发电技术, 40(2): 13-20.

崔晓莉, 凌凤香. 2008. 合成气一步法制取二甲醚技术研究进展. 当代化工, (3): 86-89.

戴家权, 霍丽君. 2021. 后疫情时代国际石油市场趋势展望. 中国远洋海运, (6): 30-35.

邓清平, 王广宏. 2007. 能源管理信息系统中信息技术的应用. 节能与环保, 12: 36-39.

狄勤丰, 张绍槐. 1997. 井下闭环钻井系统的研究与开发. 石油钻探技术, 25(2): 56-59.

丁贵明. 1996. 油气勘探工程及实践. 勘探家, 1(1): 1-5.

董秀成, 董康银, 窦悦. 2021. 后疫情时代全球能源格局演进和重塑路径研究. 中外能源, 26(3): 1-6.

杜计平, 孟宪锐. 2014. 采矿学. 徐州: 中国矿业大学出版社.

范必, 王林. 2015. 中国参与全球能源治理的思考. 中国能源报, 12-21(007).

范京道. 2017. 智能化无人综采技术. 北京: 煤炭工业出版社.

冯升波. 2021. 中国能源体制改革: 回顾与展望. 中国经济报告, (3): 22-26.

高慧, 杨艳, 刘雨虹, 等. 2020. 世界能源转型趋势与主要国家转型实践. 石油科技论坛, 39(3): 75-87.

高建良. 2013. 中国低碳能源金融发展之主要问题探讨. 湖南财政经济学院学报, 29(3): 92-96.

高世楫, 俞敏. 2021. 中国提出"双碳"目标的历史背景、重大意义和变革路径. 新经济导刊, (2): 4-8.

高啸天, 郑可昕, 蔡春荣, 等. 2021. 氢储能用于核电调峰经济性研究. 南方能源建设, 8(4): 8.

高长虹. 2017. 石油钻井技术. 北京: 科学出版社.

高中林, 张安康. 1985. 太阳能的转换. 南京: 江苏科学技术出版社.

Graedel T E, Allenby B R. 2004. 产业生态学(第二版). 施涵译. 北京: 清华大学出版社.

官建文. 2012. 中国移动互联网发展报告. 北京: 社会科学文献出版社.

郭炳焜. 2002. 锂离子电池. 长沙: 中南大学出版社.

郭海涛, 刘力, 王静怡. 2021. 2020 年中国能源政策回顾与 2021 年调整方向研判. 国际石油经济, 29(2): 53-61.

郭彤荔. 2019. 浅析世界能源供需格局及中国能源清洁化策略. 能源与节能, (11): 25-28, 73.

郭伟. 2019. 关于神华新能源生产运营模式的研究. 电力系统装备, (15): 170, 171.

郭小哲, 葛家理. 2006. 基于双重结构的能源利用效率新指标分析. 哈尔滨工业大学学报, (6): 999-1002.

国际能源署. 2019. 全球能源和二氧化碳现状报告 2018. http://www.tanpaifang.com/tanguwen/2019/0410/63503.html.

国家统计局. 2019. 中国统计年鉴. 北京: 中国统计出版社.

过启渊, 吕秋凉. 1998. 世界能源经济. 重庆: 重庆出版社.

韩智勇, 魏一鸣, 焦建玲, 等. 2004. 中国能源消费与经济增长的协整性与因果关系分析. 系统工程, (12): 17-21.

何宝林, 吕建成, 楼嘉桂. 1995. 监理制下建设单位参与工程管理的探讨. 中国铁路, (6): 5, 17-19.

何凡能, 李柯, 席建超. 2010. 中国陆地风能资源开发潜力区域分析. 资源科学, 32(9): 1672-1678.

何建坤. 2015. 中国能源革命与低碳发展的战略选择. 武汉大学学报(哲学社会科学版), 68(1): 5-12.

何祚庥, 王亦楠. 2005. 实现小康究竟需多少能源. 今日中国论坛, (1): 7.

侯玉婷, 李晓博, 刘畅, 等. 2018. 火电机组灵活性改造形势及技术应用. 热力发电, 47(5): 8-13.

侯志鹰. 2019. 对我国煤炭利用转型发展浅析. 当代石油石化, 27(2): 43-47.

胡继承. 2013. 探究金融危机形势下煤炭能源企业管理战略的制定. 煤炭技术, 32(7): 228-230.

胡咏春. 2005. 能源危机背景下对日本企业管理模式的思考. 企业经济, (12): 55, 56.

黄俊, 周猛, 王俊海. 2004. ARMA 模型在中国能源消费预测中的应用. 统计与决策, (12): 49, 50.

黄珺仪. 2016. 可再生能源发电产业电价补贴机制研究. 价格理论与实践, (2): 95-98.

黄晓勇. 2020. 疫情冲击和油价下跌凸显全球能源治理部分失灵 中国如何参与全球能源治理. 中国石油石化, (18): 44-46.

黄学庆, 潘文虎, 徐涛. 2017. 我国发电技术现状及发展趋势. 安徽电力, (12): 57-60.

姜波, 刘富铀, 汪小勇, 等. 2016. 中国近海风能资源评估研究进展. 高技术通讯, 26(8): 7.

姜薇, 曹炯明. 2021. 新能源发展形势下的煤电与光伏储能联动发展. 新能源科技, (10): 3.

蒋佩君. 2021. "互联网+"时代能源管理发展路径探析. 现代商贸工业, 42(24): 29-31.

蒋润花. 2009. 分布式能源系统研究. 北京: 中国科学院研究生院工程热物理研究所.

焦树建. 2003. 燃气-蒸汽联合循环的理论基础. 北京: 清华大学出版社.

康永飞. 2018. 专业化管理模式在万利一矿选煤厂的应用实践. 选煤技术, (4): 80-82.

李灿. 2020. 太阳能转化科学与技术. 北京: 科学出版社.

李超. 2017. 5G 移动通信网络关键技术及分析. 工程技术(文摘版): 99.

李洪兵, 张吉军. 2021. 中国能源消费结构及天然气需求预测. 生态经济, 37(8): 71-78.

李洪言, 赵朔, 林傲丹, 等. 2020. 2019 年全球能源供需分析——基于《BP 世界能源统计年鉴(2020)》. 天然气与石油, 38(6): 122-130.

李华, 李惠强, 帅小根, 等. 2006. 冷热电三联供绿色能源项目的经济分析. 华中科技大学学报 (城市科学版), 23(2): 49-52.

李俊峰. 2021. 我国生物质能发展现状与展望. 中国电力企业管理, (1): 70-73.

李茂章. 2020. 化工企业清洁能源使用现状与趋势分析. 山西化工, 40(5): 49-51.

李淑玉, 石金山. 2009. 浅谈钢筋工程管理中值得注意的几个问题. 工业建筑, 39(S1): 1001-1003.

李晓西. 2013. 世界能源新形势及我们的战略. 价格理论与实践, (8): 9-12.

李秀芬, 王健, 孙君. 2014. 冰岛地热资源管理对我国地热发展的启示. 地热能, (5): 4.

李岩. 2018. 我国清洁能源发展现状及战略研究. 百科论坛电子杂志, (12): 590.

李耀华, 孔力. 2019. 发展太阳能和风能发电技术加速推进我国能源转型. 中国科学院院刊, 34(4): 426-433.

李沂濛, 赵良英, 刘志坚, 等. 2015. 我国二氧化碳捕集研究现状——基于文献的调研与分析. 中外能源, (2): 6.

李永亮, 金翼, 黄云, 等. 2013a. 储热技术基础(Ⅰ)-储热的基本原理及研究新动向. 储能科学与技术, (1): 69-72.

李永亮, 金翼, 黄云, 等. 2013b. 储热技术基础(Ⅱ)-储热技术在电力系统中的应用. 储能科学与技术, (2): 91-97.

李月清. 2020. "一个世界两个体系"格局加速形成, 中国将深度参与全球能源治理体系. 中国石油企业, (12): 48, 49.

李忠民, 邹明东. 2009. 能源金融问题研究评述. 经济学动态, (10): 5.

李祖恩, 孔建龙. 2005. 水轮机与潮汐能发电原理简易装置的制作. 教学仪器与实验: 中学版, (3): 22, 23.

梁新成. 2013. 采煤生产技术. 北京: 煤炭工业出版社.

廖桂香. 2013, 我国磁法勘探技术发展现状及标准化工作进展. 地质论评, 59 (Z1): 1029, 1030.

林伯强. 2003a. 电力消费与中国经济增长: 基于生产函数的研究. 管理世界, (11): 18-27.

林伯强. 2003b. 结构变化、效率改进与能源需求预测——以中国电力行业为例. 经济研究, (5): 57-65, 93.

林伯强. 2018. 中国新能源发展战略思考. 中国地质大学学报 (社会科学版), 18 (2): 76-83.

林伯强, 牟敦国. 2008. 能源价格对宏观经济的影响——基于可计算一般均衡 (CGE) 的分析. 经济研究, 43 (11): 88-101.

林伯强, 王锋. 2009. 能源价格上涨对中国一般价格水平的影响. 经济研究, (12): 15.

林伯强, 杜立民. 2010. 中国战略石油储备的最优规模. 世界经济, 33 (8): 72-92.

林伯强, 黄光晓. 2014. 能源金融. 中国科技信息, (9): 159.

林伯强, 魏巍贤, 李丕东. 2007. 中国长期煤炭需求: 影响与政策选择. 经济研究, (2): 48-58.

林跃生. 2016. 浅谈基建 MIS 系统在某电力工程管理中的应用. 锅炉技术, 47 (5): 76-78.

刘殿利. 2019. 新形势下国有选煤企业经济管理模式研究. 洁净煤技术, 25 (S1): 136-139.

刘海亮. 2008. 从某工程管理中存在的问题谈幕墙工程项目管理. 施工技术, (2): 12-14.

刘翰宸, 蒋庆, 孙旭辉. 2017, 浅谈济南东南二环项目工程管理. 公路, 62 (9): 66-71.

刘辉. 2014. 能源互联网. 中国电力教育, (10): 90.

刘坚. 2016. 储能技术应用潜力与经济性研究. 北京: 中国经济出版社.

刘建军. 2006. 余热余能利用的关键技术研究与应用. 重庆: 重庆大学.

刘金霞, 王燕霞. 2021. 推进我国地热能利用大发展. 中国石化, (12): 30-32.

刘立. 2019. 我国能源供应体系建设的思考. 国土资源情报, (12): 58-63.

刘林青, 熊伟. 2020. 近 20 年新能源研究的发展回顾. 科技管理研究, 40 (19): 205-213.

刘明明, 李佳奕. 2016. 构建公平合理的国际能源治理体系: 中国的视角. 国际经济合作, (9): 28-36.

刘庆玉. 2008. 风能工程. 沈阳: 辽宁民族出版社.

刘琼根. 2018. 企业财务精细化管理的探讨. 财会学校, (2): 19-23.

刘文章. 2014. 中国稠油热采技术发展历程回顾与展望. 北京: 石油工业出版社.

刘晓慧. 2021. 钢铁行业节能减排要靠科技创新. 中国矿业报, [2021-07-23](003).

刘燕华. 2021. 实现碳达峰和碳中和促进经济可持续发展. 今日国土, (2): 16-19.

刘洋. 2019. 海洋石油工程项目管理的新模式. 石化技术, 26 (12): 218-220.

刘一江. 2001. 聚合物和二氧化碳驱油技术. 北京: 中国石化出版社.

刘勇, 汪旭晖. 2007. ARIMA 模型在我国能源消费预测中的应用. 经济经纬, (5): 4.

刘媛媛. 2018. 能源转型下可再生能源发展现状与趋势研究. 中国经贸导刊 (中), 918 (35): 11-13.

刘志坚, 余莎, 梁宁. 2020. 考虑制氢储能参与的互联电力系统优化调度研究. 电力科学与工程, (3): 1-7. http://kns.cnki.net/kcms/detail/13.1328.TK.20200416.1715.014.html.

刘宗炎. 2000. 超洁净煤技术的开发. 煤炭加工与综合利用, (2): 54-56.

罗玉峰. 2009. 太阳能光伏发电技术. 南昌: 江西高校出版社.

罗佐县, 许萍, 邓程程, 等. 2019. 世界能源转型与发展——低碳时代下的全球趋势与中国特色. 石油石化绿色低碳, 4 (1): 6-16, 21.

马超群, 储慧斌, 李科, 等. 2004. 中国能源消费与经济增长的协整与误差校正模型研究. 系统工程, (10): 47-50.

马宏伟, 张兆同. 2005. 我国能源消费与经济增长的灰关联分析. 市场周刊 (管理探索), (5): 46, 47.

马洪光. 2019. 加强煤化工企业安全生产管理模式的相关研究. 中国石油和化工标准与质量, 39 (2): 99, 100.

Ovum. 2019. 5G 消费者服务定价: 创收不尽如人意. 信息通信技术, 13 (Z1): 45-48.

欧阳予. 2008. 世界核电国家的发展战略历程与我国核电发展. 中国核电, 1 (2): 118-125.

庞志强. 2019. 大型煤企综采装备集约化管理模式的建立. 机械管理开发, 34 (1): 215, 216.

裴玉. 2011. 新能源企业财务风险预警指标体系的构建. 会计之友, 11: 1-21.

彭本红, 鲁倩. 2016. 移动互联网产业系统生态化治理研究. 中国科技论坛, (10): 32-38.

齐绍洲, 罗威. 2007. 中国地区经济增长与能源消费强度差异分析. 经济研究, 42(7): 8.

齐志新. 2006. 结构调整还是技术进步——改革开放后我国能源效率提高的因素分析. 上海经济研究, (6): 8-16.

齐志新, 陈文颖, 吴宗鑫. 2007. 中国的能源强度究竟有多高. 数量经济技术经济研究, 24(8): 8.

钱玉杰. 2013. 我国水电的地理分布及开发利用研究. 兰州: 兰州大学.

钱志鸿, 王义君. 2012. 物联网技术与应用研究. 电子学报, 40(5): 1023-1029.

秦涛. 2014. 中国农村生物质能源发展现状与展望. 防护林科技, (6): 65, 66, 90.

秦园, 肖宏, 梁莉. 2015. 全球天然气市场发展趋势预测. 天然气技术与经济, 9(1): 1-3, 77.

邱丽静. 2017. 2030～2040年全球能源发展趋势展望. 新能源经贸观察, (5): 36-41.

冉鹏, 张树芳, 郭江龙, 等. 2005. 分布式能源系统的研究现状与应用前景. 热力发电, 34(3): 1-3.

任有中. 2004. 能源工程管理. 北京: 中国电力出版社.

荣健, 刘展. 2020. 先进核能技术发展与展望. 原子能科学技术, 54(9): 1638-1643.

沈鸿雁. 2012. 高密度电法勘探方法与技术. 北京: 地质出版社.

盛松涛. 2010. P3项目管理软件在水运工程管理中的应用模式研究. 水运工程, (12): 14-18.

施源. 2019. 新型煤化工建设项目HSE管理模式探讨. 化工管理, (19): 177.

石文辉, 白宏, 屈姬贤, 等. 2018. 我国风电高效利用技术趋势及发展建议. 中国工程科学, 20(3): 51-57.

舒浩华, 唐荣, 曹坚, 等. 2004. 大型石化项目工程管理模式探讨. 化工进展, (3): 337-340.

宋泽豪. 2021. 隧道项目中存在的工程管理问题与对策研究. 建筑经济, 42(S1): 207-210.

苏斌, 戴昌京. 2009. 建筑工程管理中的成本控制. 人民长江, 40(12): 88, 89.

苏鹏, 王文君, 杨光, 等. 2018. 提升火电机组灵活性改造技术方案研究. 中国电力, 51(5): 87-94.

苏树辉, 袁国林, 李玉崙, 等. 2014. 国际清洁能源发展报告(2014). 北京: 社会科学文献出版社.

苏晓晖. 2011. 世界能源形势及我国面临的挑战. 时事报告(大学生版), (2): 62-70.

苏长生, 府亚军, 张斌. 2005. 油价上涨对国民经济的影响分析. 北京信息科技大学学报: 自然科学版, 20(1): 64-68.

孙利利, 赵雪锋, 付宏祥. 2015. 光伏太阳能电池生产中的污染问题分析. 节能, 34(11): 64-66.

孙廷容, 杨菊香, 张洪波, 等. 2006. 基于径向基函数网络的能源消费量预测模型. 西安理工大学学报, 22(2): 4.

孙旭, 赵金海, 滕春鸣, 等. 2012. 国内外钻井模拟技术现状及展望. 石油钻探技术, 40(5): 54-58.

谭澈. 2017. 对新形势下电力系统供需互动问题的研究. 经营管理者, (21): 123.

汤双清. 2007. 飞轮储能技术及应用. 武汉: 华中科技大学出版社.

唐燕波, 翟立娟, 傅耀军. 2012. 我国煤炭基地规划矿区水文地质类型划分. 中国煤炭地质, (9): 28-32.

唐遥. 2021. 碳达峰是我国高质量发展的内在要求. 社会科学报, [2021-03-18](002).

田洪志, 李慧, 魏潇洁, 等. 2021. 能源革命与大国机遇——中国参与能源定价的机制与路径研究. 经济问题, (8): 1-8.

童安怡. 2019. 中国参与全球能源治理: 问题、挑战与回应. 杭州: 浙江大学.

王灿, 邹骥. 2005. 基于CGE模型的CO_2减排对中国经济的影响. 清华大学学报(自然科学版), 45(12): 1621-1624.

王辅臣, 于遵宏. 2010. 煤炭气化技术. 北京: 化学工业出版社.

王高科. 2007. 浅议地质录井技术在煤田地质勘探中的运用. 中国煤田地质, (5): 78, 79, 87.

王慧杰. 1994. 复合材料应用研究项目的系统工程管理(上). 航空制造工程, (8): 26, 27.

王继业, 孟坤, 曹军威, 等. 2014. 能源互联网信息技术研究综述. 计算机研究与发展, 52(5): 18.

王佳喜, 王戈, 张立新, 等. 2012. 煤矿开采技术. 徐州: 中国矿业大学出版社.

王敬农. 2006. 石油地球物理测井技术进展. 北京: 石油工业出版社.

王礼茂, 屈秋实, 牟初夫, 等. 2019. 中国参与全球能源治理的总体思路与路径选择. 资源科学, 41(5): 825-833.

王连革. 2018. 油田企业HSE监督管理工作中存在的问题及改进对策. 中国石油和化工标准与质量, 38(14): 77, 78.

王凌云, 李佳勇, 杨波. 2021. 考虑电储能设备碳排放的综合能源系统低碳经济运行. 科学技术与工程, 21(6): 2334-2342.

王茂均, 肖凤凯, 粟亮, 等. 2014. 重力勘探技术. 中国科技信息, (16): 61, 62.

王怡. 2021. 2020-2060 年中国风电装机规模及其 CO_2 减排预测. 生态经济, 37(7): 9-21.

王清池, 刘永江. 2005. 从海外工程管理实践浅谈项目管理与国际接轨. 电站系统工程, (4): 63, 64.

王清江, 毛建华, 韩贵金. 2009. 定向钻井技术. 北京: 石油工业出版社.

王如竹, 翟晓强. 2004. 基于太阳能热利用的生态建筑能源技术. 建筑热能通风空调, 23(1): 11.

王同良. 2001. 钻井技术新进展. 北京: 中国石化出版社.

王昈, 康小宁, 张少华. 2012. 考虑发电商风险偏好的电力市场均衡分析. 系统工程理论与实践, 32(8): 1850-1857.

王昈, 王留晖, 张少华. 2018. 风电商与 DR 聚合商联营对电力市场竞争的影响. 电网技术, 42(1): 110-116.

王小林, 王学刚, 马翠岩, 等. 2007. 微生物驱油技术综述. 石油石化节能, 23(3): 5, 6, 8.

王晓飞, 张莹, 郭焦锋. 2021. 中国能源安全新战略与实现途径. 中国煤炭, 47(3): 62-67.

王彦哲, 周胜, 周湘文, 等. 2021. 中国不同制氢方式的成本分析. 中国能源, 43(5): 9.

王月普. 2021. 风力发电现状与发展趋势分析. 电力设备管理, (11): 21, 22.

魏楚, 沈满洪. 2007. 能源效率及其影响因素:基于 DEA 的实证分析. 管理世界, (8): 11.

魏楚, 沈满洪. 2009. 规模效率与配置效率: 一个对中国能源低效的解释. 世界经济, (4): 84-96.

魏巍贤, 华于. 2009. CGE 模型的中国能源环境政策分析. 统计研究, 26(7): 3-13.

魏一鸣, 吴刚, 刘兰翠, 等. 2005. 能源-经济-环境复杂系统建模与应用进展. 管理学报, (2): 159-170.

魏一鸣, 廖华, 范英. 2007. "十一五"期间我国能源需求及节能潜力预测. 中国科学院院刊, 22(1): 6.

文柳依. 2020. 创新推动中国清洁能源产业发展. 国际融资, (2): 27-29.

吴金星. 2019. 能源工程概论. 北京机: 械工业出版社.

吴磊. 2021. 新能源发展对能源转型及地缘政治的影响. 太平洋学报, 29(1): 62-70.

吴磊, 曹峰毓. 2019. 论世界能源体系的双重变革与中国的能源转型. 太平洋学报, 27(3): 37-49.

吴翔. 2017. 我国风力发电现状与技术发展趋势. 中国战略新兴产业, (44): 225.

吴占松. 2007. 煤炭清洁有效利用技术. 北京: 化学工业出版社.

武平. 2006. 关于确保农村能源项目顺利实施的建议. 农业经济, (7): 80.

武文星, 刘瑞婷. 2019. 全球 5G 发展综述. 数字通信世界, (5): 25, 26.

夏建波, 邱阳. 2011. 露天矿开采技术. 北京: 冶金工业出版社.

夏响华. 2005. 油气地表地球化学勘探技术的地位与作用前瞻. 石油实验地质, 27(5): 529-533.

肖宏伟. 2021. 碳达峰碳中和背景下我国能源高质量发展路径探寻. 重庆经济, (5): 4.

肖磊, 邱战洪, 冯金荣. 2012. 面向信息化的政府投资建设项目工程管理标准化探析. 建筑经济, (8): 9-11.

肖英. 2008. 我国新能源技术进步问题与对策研究. 科技进步与对策, 25(2): 82-85.

谢敏, 柯少佳, 胡昕彤, 等. 2019. 考虑风场高维相依性的电网动态经济调度优化算法. 控制理论与应用, 36(3): 353-362.

谢伟. 2020. 关于中石油炼化工程建设管理模式的选择与实施. 化工管理, (6): 5.

谢晓峰. 2004. 燃料电池技术. 北京: 化学工业出版社.

邢家维, 何志恒, 金能, 等. 2018. 计及风电不确定性及排放影响的机组组合策略及其效益评估. 智慧电力, 46(7): 7-13, 18.

徐晋涛. 2021. 碳达峰对中国经济意味深长. 中华工商时报, [2021-03-31](003).

徐寿波. 1989. 论能源经济发展的客观规律. 数量经济技术经济研究, (11): 6.

徐硕, 余碧莹. 2021. 中国氢能技术发展现状与未来展望. 北京理工大学学报: 社会科学版, 23(6): 12.

徐兴. 2017. 石化企业工程项目实施阶段 PMC 管理模式的应用研究. 北京: 北京化工大学.

许粲羚, 赵虹. 2016. 智能技术在新能源工程管理中的应用前景. 中国电力, 49(S1): 166-168.

许学娜, 李勇. 2019. 可持续发展观下的新能源企业管理控制模式探析. 物流工程与管理, 41(12): 127-129.

许友好. 2013. 催化裂化化学与工艺. 北京: 科学出版社.

薛飞. 2013. 深井超深井钻井技术现状和发展研究. 化工管理, (22): 63.

薛毅. 2013. 当代中国煤炭工业发展述论. 中国矿业大学学报: 社会科学版, 15(4): 87-94.

闫健. 2019. 海上风电并网调度管理模式研究. 哈尔滨: 哈尔滨理工大学.

闫强, 陈毓川, 王安建, 等. 2010. 我国新能源发展障碍与应对: 全球现状评述. 地球学报, 31(5): 759-767.

闫晓卿, 鲁刚. 2019. 从世界能源风向透视中国能源战略. 中国能源报, [2019-05-06] (004).

杨丁元, 陈慧玲. 1999. 业竞天择: 高科技产业生态. 北京: 航空工业出版社.

杨东升, 王道浩, 周博文, 等. 2019. 泛在电力物联网的关键技术与应用前景. 发电技术, 40 (2): 13-20.

杨柳, 李力. 2006. 能源价格变动对经济增长与通货膨胀的影响——基于我国1996-2005年间的数据分析. 中南财经政法大学学报, (4): 5.

杨铭震, 王燕霞. 1993. 人工神经网络及其在石油勘探中的应用. 北京: 兵器工业出版社.

杨泽伟. 2021. "一带一路"倡议背景下全球能源治理体系变革与中国作用. 武大国际法评论, 5 (2): 26-44.

姚军. 2011. 国外智能井技术. 北京: 石油工业出版社.

姚向君, 田宜水. 2005. 生物质能资源清洁转化利用技术. 北京: 化学工业出版社.

姚姚. 1991. 地震勘探新技术与新方法. 武汉: 中国地质大学出版社.

佚名. 2017. IEA能源展望——世界能源未来25年的重大变革. 氯碱工业, 53 (2): 48.

佚名. 2021. 中国能源系统现状及低碳能源转型趋势. 能源与节能, (6): 185.

易琛, 任建文, 戚建文. 2017. 考虑需求响应的风电消纳模糊优化调度研究. 电力建设, 38 (4): 127-143.

尹光华. 2001. 项目管理理论在电力基建工程管理中的应用. 华东电力, (12): 61-64.

由蓝. 2021. 分析我国地热能开发利用现状及发展趋势. 应用能源技术, (7): 51-53.

余建星. 2010. 深海油气工程. 天津: 天津大学出版社.

余菁. 2004. 中国能源企业改革与发展暨中国企业管理研究会2003年年会综述. 经济管理, (2): 18-22.

袁其田. 1999. 对国际工程管理的几点认识. 中国农村水利水电, (7): 37-39.

翟金良. 2007. 我国资源环境问题及其控制对策与措施. 中国科学院院刊, (4): 276-283.

詹麒, 崔宇. 2010. 我国地热资源开发利用现状与前景分析. 理论月刊, (8): 170-172.

张宝芝, 李华锋, 翟军峰. 2008. 开发生物质能源实现可持续发展. 农业科技与信息, (22): 2.

张斌. 2010. 风力发电机组智能控制技术研究. 北京: 北京交通大学.

张斌. 2014. 潮汐能发电技术与前景. 科技资讯, 12 (9): 3, 4.

张德良. 2018. 大型现代煤化工项目建设管理模式探讨. 化工设计通讯, 44 (5): 14.

张宏伟. 2017. 政策工具及其组合与海上风电技术创新和扩散: 来自德国的考察. 科技进步与对策, 34 (14): 119-125.

张华民. 2015. 液流电池技术. 北京: 化学工业出版社.

张建. 2005. 世界石油开采技术新进展. 上海: 上海辞书出版社.

张景新, 孟嘉乐, 吕坤键, 等. 2021. 我国氢应用发展现状及趋势展望. 新材料产业, (1): 36-39.

张竣溆, 金宇晖, 李燕, 等. 2018. 工业企业能源管理与优化路径研究. 标准科学, (2): 112-116.

张明亮. 2017. 海洋能资源开发利用. 沈阳: 辽宁人民出版社.

张茜芸, 仲兆平, 姚杰. 2021. "双碳"背景下我国能源产业降碳的主要路径. 能源科技, 19 (3): 3-6.

张全国, 周春杰, 魏汴林, 等. 1998. 面向21世纪解决世界能源与环境问题的主导技术: 洁净煤技术的研究. 资源节约和综合利用, (2): 10.

张生玲, 李强. 2015. 低碳约束下中国核电发展及其规模分析. 中国人口·资源与环境, 25 (6): 47-52.

张世国. 2021. 碳中和目标促进全球可再生能源再发展. 国际工程与劳务, (7): 17-21.

张所续, 马伯永. 2019. 世界能源发展趋势与中国能源未来发展方向. 中国国土资源经济, 32 (10): 20-27, 33.

张潇. 2018. 全球能源治理体系的变革与中国的作用. 武汉: 武汉大学.

张新敬, 陈海生, 刘金超, 等. 2012. 压缩空气储能技术研究进展. 储能科学与技术, 1 (1): 26-40.

张旭凤. 2005. 企业采购中供应源战略决策的影响因素分析. 中国流通经济, (3): 15-18.

张耀明. 2016. 太阳能热发电技术. 北京: 化学工业出版社.

张宜松, 田强. 2005. 基于Web技术构建施工企业工程管理信息系统. 施工技术, (2): 35-57.

张宇. 2015. 风力发电智能偏航系统的设计与研究. 北京: 北方工业大学.

张志强. 2019. 一体化管理模式在风光新能源场站运维管理中的应用. 中国高新科技, (16): 23-25.

张自仕. 2017. 生物质能源的利用现状与发展. 2017中国燃气运营与安全研讨会论文集: 391-396.

张宗祜. 2004. 中国地下水资源与环境图集. 北京: 地图出版社.

赵刚. 2017. 中国实现能源变革转型的关键问题. 学习时报, [2007-02-15](003).

赵进文, 范继涛. 2007. 经济增长与能源消费内在依从关系的实证研究. 经济研究, (8): 13-25.

赵丽霞, 魏巍贤. 1998. 能源与经济增长模型研究. 预测, (6): 32-34.

赵事, 何自华, 任勇. 2004. 输气管道工程管理信息系统的研制与应用. 江汉石油学院学报, (4): 171-173.

赵湘莲, 李岩岩, 陆敏. 2012. 我国能源消费与经济增长的空间计量分析. 软科学, (3): 33-38.

赵晓飞. 2021. 低碳化多变世界下, 能源行业何去何从. 中国石油和化工, (1): 77.

赵元兵, 黄健. 2005. 国际石油价格上扬对中国经济的影响. 经济纵横, (1): 29-31.

赵云龙, 孔庚, 李卓然, 等. 2021. 全球能源转型及我国能源革命战略系统分析. 中国工程科学, 23(1): 15-23.

赵紫原. 2021. 中国工程院院士余贻鑫: 新能源更适合就地开发与消纳. 中国能源报, [2021-07-05](002).

郑敏, 梁文英. 2010. 磁流体发电技术. 青海师范大学学报: 自然科学版, 26(4): 25-27.

中电传媒·能源情报研究中心. 2020. 中国能源大数据报告(2020). 电力决策与舆情参考.

中国电力科学研究院生物质能研究室. 2008. 生物质能及其发电技术. 北京: 中国电力出版社.

钟登华, 宋洋, 刘东海, 等. 2003. 大型引水工程施工三维可视化仿真系统研究. 系统工程理论与实践, 23(11): 111-118.

钟永光. 2012. 系统动力学. 北京: 科学出版社.

周少甫, 闵娜. 2005. 中国经济增长与能源消费关系的协整分析. 当代经济, (6): 49, 50.

周问雪. 2018. 全球能源未来发展的五个趋势. 新能源经贸观察, (11): 28-31.

周一工. 2011. 中国燃煤发电节能技术的发展及前景. 中外能源, 16(7): 91-95.

周英操, 翟洪军. 2003. 欠平衡钻井技术与应用. 北京: 石油工业出版社.

周云龙, 杨美, 王迪. 2018. 1000MW 超超临界二次再热系统优化. 中国电机工程学报, (S1): 137-141.

朱大庆. 2018. 我国煤、电厂商的短期市场势力与煤电一体化关系分析. 北京交通大学学报(社会科学版), 17(3): 72-81.

朱共山. 2017. 能源互联网技术与产业. 上海: 上海科学技术出版社.

朱松然. 1988. 铅蓄电池技术. 北京: 机械工业出版社.

朱雄关. 2020. 能源命运共同体: 全球能源治理的中国方案. 思想战线, 46(1): 140-148.

朱友益. 2013. 化学驱提高石油采收率技术基础研究及应用. 北京: 石油工业出版社.

朱云飞, 安静, 马源禾. 2020. 地方发展质量评价与财政对策研究——基于创新, 协调, 绿色, 开放, 共享的新发展理念视角. 经济研究参考, (7): 15.

朱振海. 1990. 遥感技术勘探油气资源的研究进展. 天然气地球科学, (1): 36-40.

祝平. 2018. 洁净煤技术. 能源与节能, (5): 1.

庄贵阳, 窦晓铭. 2021. 新发展格局下碳排放达峰的政策内涵与实现路径. 新疆师范大学学报(哲学社会科学版), (6): 1-10.

《能源节约与利用》编辑部. 2019. 能源安全新战略推动能源发展三大变革. 能源研究与利用, (2): 1.

Ahola T, Davies A. 2012. Insights for the governance of large projects: Analysis of organization theory and project management: Administering uncertainty in Norwegian offshore oil by Stinchcombe and Heimer. International Journal of Managing Projects in Business, 5(4): 661-679.

Araújo M C B, Alencar L H, de Miranda Mota C M. 2017. Project procurement management: A structured literature review. International Journal of Project Management, 35(3): 353-377.

Asafu-Adjaye J. 2000. The Relationship between energy consumption, energy prices and economic growth: Time series evidence from Asian Developing Countries. Energy Economics, 22(6): 615-625.

Ayres R U, Simonis U E. 1995. Industrial metabolism: Restructuring for sustainable development. Fuel & Energy Abstracts, 36(4): 275.

Ballard R, Cuckow H J. 2001. Logistics in the UK construction industry. Logistics and Transportation Focus, 3(3): 43-50.

Berument H, Taşçı H. 2002. Inflationary effect of crude oil prices in Turkey. Physica A, 316: 568-580.

Blanchard O J, Gali J. 2007. The macroeconomic effects of oil shocks: Why are the 2000s so different from the 1970s. NBER Working Papers, 6631: 1-77.

Bosch-Rekveldt M, Jongkind Y, Mooi H, et al. 2011. Grasping project complexity in large engineering projects: The TOE (Technical, Organizational and Environmental) framework. International Journal of Project Management, 29 (6): 728-739.

Bovenberg A L, Smulders J A. 1996. Transitional impacts of environmental policy in an endogenous growth model. International Economic Review, 37: 861-893.

Brainerd J G, Stobaugh R, Yergin D, et al.1981. Energy future: Report of the energy project at the Harvard Business School. Technology and Culture, 22 (1): 217.

Burbidge J, Harrison A.1982. Oil prices and the US economy. Economics Letters, 10 (1-2):179-184.

Chae M, Kim J. 2003.What's so different about the mobile Internet. Communications of the ACM, 46 (12): 240-247.

Cheng S B, Lai T W.1997. An investigation of cointegration and causality between consumption and economic activity in Taiwan Province of China. Energy Economic, (19): 435-444.

Clough L. 2012. The improved cookstove sector in East Africa: Experience from the Developing Energy Enterprise Programme (DEEP). London, UK: GVEP-Global Village Energy Partnership International, 108.

Coffey V, Willar D, Trigunarsyah B. 2011. Quality management system and construction performance//Proceedings of 2011 IEEE International Conference on Quality and Reliability, IEEE Computer Society, Bangkok.

Cormos A, Dinca C, Cormos C. 2015. Multi-fuel multi-product operation of IGCC power plants with carbon capture and storage (CCS). Applied Thermal Engineering, 74: 20-27.

Cristóbal J R S.2011.Multi-criteria decision-making in the selection of a renewable energy project in spain: The Vikor method. Renewable Energy, 36 (2): 498-502.

Cuñado J, de Gracia F P. 2003. Do oil price shocks matter? Evidence for some European countries. Energy Economics, 25 (2): 137-154.

Cuñado J, de Gracia F. 2005. Oil prices, economic activity and inflation: Evidence for some Asian countries. The Quarterly Review of Economics and Finance, 45 (1): 65-83.

Ebohon O J. 1996. Energy, economic growth and causality in developing countries: A case study of Tanzania and Nigeria. Energy Policy, 24 (5): 447-453.

Eldesouky A A. 2014. Security constrained generation scheduling for grids incorporating wind, photovoltaic and thermal power. Electric Power Systems Research, 116 (11): 284-292.

Eom C, Yun S, Paek J. 2008. Subcontractor evaluation and management framework for strategic partnering. Journal of Construction Engineering and Management, 134 (11): 842-851.

Erol U, Yu E S H. 1987. On the causal relationship between energy and income for industrialized countries. Energy Development, (13): 113-122.

Eyre N. 1998. A golden age or a false dawn. Energy efficiency in UK competitive energy markets. Energy Policy, 26 (12): 963-972.

Fewings P. 2005. Construction Project Management: An Integrated Approach. London: Taylor & Francis.

Floricel S, Miller R. 2001. Strategizing for anticipated risks and turbulence in large-scale engineering projects. International Journal of Project Management, 19 (8): 445-455.

Foreman C R, Vargas D H. 1999. Affecting the value chain through supplier Kaizen. Hospital.Materiel Management Quarterly, 20 (3): 21-27.

Franziska W, Julia T. 2018. Mayors' leadership roles in direct participation processes-The case of community-owned wind farms. International Journal of Public Sector Management, 31 (5): 617-637.

Frosch R A, Gallopoulos N E. 1989. Strategies for manufacturing. Scientific American, 261 (3): 144-152.

Gatzert N, Kosub T. 2016. Risks and risk management of renewable energy projects: The case of onshore and offshore wind parks. Renewable and Sustainable Energy Reviews, 60: 982-998.

Ghali K H, El-Sakka M I T. 2004. Energy use and output growth in Canada: A cointegration analysis. Energy Economics, 26 (2): 225-238.

Ghobadian A, Gallear D N. 1996. Total quality management in SMEs. Omega, 24 (1): 83-106.

Graedel T E, Allenby B R, Linhart P B. 1993. Implementing industrial ecology. IEEE Technology and Society Management, 12 (1): 10-17.

Granger J. 1969. Investigating causal relationships by econometric models and cross-spectral analysis. Econometrica, 37 (3): 424-438.

Grimaud A, Rouge L. 2003. Non-renewable resources and growth with vertical innovations: Optimum, equilibrium and economic policies. Journal of Environmental Economics and Management, 45 (S2): 433-453.

Grimaud A, Rouge L. 2005. Polluting non-renewable resources, innovation and growth: Welfare and environmental policy. Resource and Energy Economics, 27 (2): 109-129.

Gu Y J, Xu J, Chen D C, et al. 2016. Overall review of peak shaving for coal-fired power units in China. Renewable and Sustainable Energy Reviews, 54: 723-731.

Guta D, Börner J. 2017. Energy security, uncertainty and energy resource use options in Ethiopia. International Journal of Energy Sector Management, 11 (1): 91-117.

Haldar S. 2019. Green entrepreneurship in the renewable energy sector-a case study of Gujarat. Journal of Science and Technology Policy Management, 10 (1): 234-250.

Hamilton J D. 1983. Oil and the macroeconomy since World War II. Journal of Political Economy, 91 (2): 228-248.

Hamilton J D. 1996. This is what happened to the oil price-macroeconomy relationship. Journal of Monetary Economics, 38 (2): 215-220.

Hoonakker P, Carayon P, Loushine T. 2010. Barriers and benefits of quality management in the construction industry: An empirical study. Total Quality Management & Business Excellence, 21 (9): 953-969.

Howick S, Eden C. 2001. The impact of disruption and delay when compressing large projects: Going for incentives. Journal of the Operational Research Society, 52 (1): 26-34.

Hu J L, Wang S C. 2006. Total-factor energy efficiency of regions in China. Energy Policy, 34 (17): 3206-3217.

Hwang D, Gum B. 1991.The causal relationship between energy and GNP: The case of Taiwan. Journal of Energy Finance & Development, 16 (2): 219-226.

Jacobsson S, Bergek A. 2004. Transforming the energy sector: The evolution of technological systems in renewable energy technology. Industrial and Corporate Change, 13 (5): 815-849.

Katayama M. 2008. Dynamic analysis in productivity, oil shock, and recession. San Diego: University of California.

Kemfert C, Welsch H. 2000. Energy-capital-labor substitution and the economic effects of CO_2 abatement: Evidence for Germany. Journal of Policy Modeling, 22 (6): 641-660.

Kemp M C, Tawada M. 1982. Exhaustible resources and the set of feasible present-value production points. Production Sets:135-144.

Kong L C, Liang L, Xu J H, et al. 2019.The optimization of pricing strategy for the wind power equipment aftermarket service. Industrial Management and Data System, 119 (3): 521-546.

Kraft J, Kraft A. 1978. On the relation between energy and GNP. Journal of Energy and Development, (3): 401-403.

Kumar D, Verma Y P, Khanna R. 2019. Demand response-based dynamic dispatch of microgrid system in hybrid electricity market. Emerald Publishing Limited, 13 (2): 318-340.

Mc Kenna M G, Wilczynski H, van der Schee D. 2006. Capital Project Execution in the Oil and Gas Industry. Booz Allen Hamilton. Inc. https://www.docin.com/p-890064253.html.

Meadows D H, Meadows D L, Randers J, et al. 1972. Technology and the limits to growth. Environment Systems and Decisions, 19 (4): 325-335.

Meier H W, Wyatt D J. 2008. Construction Specifications: Principles and Applications. Chicago: Thomson Learning.

Minas L, Ellison B. 2009. Energy efficiency for information technology: How to reduce power consumption in servers and data centers. Norwood, Mass: Intel Press.

Moslener U, Mccrone A, D'Estais F, et al. 2017.Global trends in renewable energy investment 2015. UN Environment Programme.

Mulder P, Groot H D. 2004. Sectoral Energy- and Labour-Productivity Convergence. Environmental and Resource Economics volume, 36: 85-112.

Nadine G, Thomas K. 2017. Determinants of policy risks of renewable energy investments. International Journal of Energy Sector Management, 11 (1): 28-45.

Nayaka R, Shreyasgowda C H, Murthy S, et al. 2015. Total quality management in construction. International Research Journal of Engineering and Technology, 2: 1243.

Niu D X, Zhao W B, Song Z Y. 2019. Research on decision making of energy utilization project in China based on benefit evaluation. International Journal of Energy Sector Management, 13 (1): 183-195.

Nordhaus W D. 1992. The 'DICE' model: Background and structure of a dynamic integrated climate-economy model of the economics of global warming. Cowles Foundation Discussion Papers, 1009: 1-73.

Pajares J, Lopez-Paredes A. 2011. An extension of the EVM analysis for project monitoring: The cost control index and the schedule control index. International Journal of Project Management, 29 (5): 615-621.

Palaneeswaran E, Ng T, Kumaraswamy M. 2006. Client satisfaction and quality management systems in contractor organizations. Building and Environment, 41 (11): 1557-1570.

Park M. 2005. Model-based dynamic resource management for construction projects. Automation in Construction, 14 (5): 585-598.

Parks R W. 1987. Inflation and relative price variability. Journal of Political Economy, 86 (1): 79-95.

Patterson M G. 1996. What is energy efficiency. Energy Policy, 24 (5): 377-390.

Peurifoy R, Schexnayder C J, Shapira A, et al. 2010. Construction Planning, Equipment, and Methods. New York: McGraw-Hill Companies, Incorporated.

Phylipsen G, Blok K. 1997. Industrial energy efficiency. Energy Policy, 25 (7-9): 265-294.

Rastler D. 2000. Challenges for fuel cells as stationary power resource in the evolving energy enterprise. Journal of Power Sources, 86 (1-2): 34-39.

Rehme J, Nordigården D, Chicksand D. 2015. Public policy and electrical-grid sector innovation. International Journal of Energy Sector Management, 9 (4): 565-592.

Saha G P, Stephenson J. 1980. An analysis of energy conservation possibilities in the residential sector in New Zealand. International Journal of Energy Research, 4 (4): 363-375.

San Cristóbal J R. 2011. Multi-criteria decision-making in the selection of a renewable energy project in spain: The Vikor method. Renewable Energy, 36 (2): 498-502.

Shipley A M, Elliott R N. 2020. Distributed energy resources and combined heat and power: A declaration of terms. http://www.aceee.org/pubs/newe001.pdf. 2000.

Simmons P, Dasgupta P S, Heal G M. 1981. Economic theory and exhaustible resources. Economica, 48 (191): 318.

Solow R M. 1986. Economics: Is something missing. Papers and Proceedings of the Ninety-Seventh Annual Meeting of the American Economic Association, 75 (2): 328-331.

Sovacool B K, Clarke S, Johnson K, et al. 2013. The energy-enterprise-gender nexus: Lessons from the multifunctional platform (MFP) in Mali. Renewable Energy, 50: 115-125.

Soytas U, Sari R. 2003. Energy consumption and GDP: Causal relationship in G7 countries and emerging markets. Energy Economics, (25): 33-37.

Stern D I. 1993. Energy use and economic growth in the USA: A Multivariate Approach. Energy Economic, (15): 137-150.

Stern D I. 2000. A multivariate cointegration analysis of the role of energy in the US macroeconomy. Energy Economics, 22 (2): 267-283.

Stokey N L. 1995. R&D and economic growth. The Review of Economic Studies, 62 (3): 469-489.

Sullivan K. 2010. Quality management programs in the construction industry: Best value compared with other methodologies. Journal of Management in Engineering, 27 (4): 210-219.

Sun J W, Meristo T. 1999. Measurement of dematerialization/materialization: A case analysis of energy saving and decarbonization in OECD Countries, 1960–95. Technological Forecasting & Social Change, 60(3):275-294.

Takey S M, de Carvalho M M. 2015. Competency mapping in project management: An action research study in an 12 engineering company. International Journal of Project Management, 33(4): 784-796.

Tarute A, Nikou S, Gatautis R. 2017. Mobile application driven consumer engagement. Telematics & Informatics, 34(4): 145-156.

Tiwari P K, Mishra M K, Dawn S. 2019. A two step approach for improvement of economic profit and emission with congestion management in hybrid competitive power market. International Journal of Electrical Power and Energy Systems, (110): 548-564.

Tserng H P, Ho S P, Jan S H. 2014. Developing BIM-assisted as-built schedule management system for general contractors. Journal of Civil Engineering and Management, 20(1): 47-58.

Tzeng G H, Shiau T A, Lin C Y. 1992. Application of multicriteria decision making to the evaluation of new energy system development in Taiwan. Pergamon, 17(10): 983-992.

Valdes J. 2021. Participation, equity and access in global energy security provision: Towards a comprehensive perspective. Energy Research & Social Science, 78(1): 102090.

Valente S. 2005. Genuine dissaving and optimal growth. CER-ETH Economics Working Paper Series: 17.

Watson K. 2001. Building on shaky foundations. Supply Management, 6(17): 22-26.

Wene C-O. 2000. Experience curves for energy technology policy. Paris: OECD/IEA.

Williams T M. 2005. Assessing and moving on from the dominant project management discourse in the light of project overruns. IEEE Transactions on Engineering Management, 52(4): 497-508.

Wilson B, Luan H T, Bowen B. 1994. Energy efficiency trends in Australia. Energy Policy, 22(4): 287-295.

Ye L, Lin H X, Tukker A. 2019a. Future scenarios of variable renewable energies and flexibility requirements for thermal power plants in China. Energy, 167: 708-714.

Ye L, Zhang C, Xue H, et al. 2019b. Study of assessment on capability of wind power accommodation in regional power grids. Renewable Energy, (4): 647-662.

Yong U G, Lee A R. 1998. Cointegration, error-correction, and the relationship between GDP and energy: The case of South Korea and Singapore. Resource and Energy Economics, 20(1): 17-25.

Yu E S H, Hwang B K. 1984. The relationship between energy and GNP: Further results. Energy Economics, 6(3): 186-190.

Yu E S H, Choi J Y. 1985. Causal relationship between energy and GNP: An international comparison. Journal of Energy Finance & Development, 10: 2.

Zahari A R, Esa E. 2018. Drivers and inhibitors adopting renewable energy: An empirical study in Malaysia. International Journal of Energy Sector Management, 12(4): 581-600.